U0397161

高等学校专业教材

食品试验设计与数据处理

陈林林　主编
陈婷婷　王　鑫　参编

中国轻工业出版社

图书在版编目(CIP)数据

食品试验设计与数据处理/陈林林主编. —北京：
中国轻工业出版社,2023.1
普通高等教育"十三五"规划教材
ISBN 978 - 7 - 5184 - 1186 - 3

Ⅰ.①食… Ⅱ.①陈… Ⅲ.①食品检验—试验设计—
高等学校—教材②食品检验—数据处理—高等学校—教材
Ⅳ.①TS207

中国版本图书馆 CIP 数据核字(2016)第 288469 号

责任编辑:伊双双 钟 雨
策划编辑:伊双双 责任终审:唐是雯 封面设计:锋尚设计
版式设计:宋振全 责任校对:燕 杰 责任监印:张 可

出版发行:中国轻工业出版社(北京东长安街 6 号,邮编:100740)
印 刷:北京君升印刷有限公司
经 销:各地新华书店
版 次:2023 年 1 月第 1 版第 3 次印刷
开 本:787 × 1092 1/16 印张:21.25
字 数:480 千字
书 号:ISBN 978-7-5184-1186-3 定价:46.00 元
邮购电话:010 - 65241695
发行电话:010 - 85119835 传真:85113293
网 址:http://www.chlip.com.cn
Email:club@ chlip.com.cn
如发现图书残缺请与我社邮购联系调换
221682J1C103ZBW

前　言

　　本教材介绍目前在国内外最常用、最有效的几种优化试验设计方法与数据处理的基本原理,结合大量实例介绍其在化工、食品、生物、环境、农林等众多领域中的应用,并加入计算机在试验数据处理中的强大功能。主要内容包括试验设计与数据处理的基本概念及误差控制、方差分析法、回归分析法、单因素试验优选法、正交试验设计方法、均匀试验设计方法、回归正交设计和配方试验设计方法及应用分析软件在数据处理中的应用等。着重介绍试验设计方法的原理、应用范围、优缺点以及这些方法在科研和生产实际中的应用,运用优化试验设计方法设计解决科研和生产实际问题的试验方案、设置试验参数,分析试验数据、估计试验误差、对试验的结果进行评价。本教材图文并茂,实例丰富,注重理论联系实际,力求深入浅出,突出重点。可作为高等院校本科学生及研究生的教材,也可作为科研人员及工程技术人员的参考书。

　　全书共分为十章。第一章介绍了试验设计与数据处理的一些基本概念;第二章主要介绍试验设计常用术语、误差的分类及误差传递规律等试验设计与数据处理基础内容;第三章主要介绍随机误差、系统误差及可疑值的统计假设检验方法;第四章主要介绍单因素、双因素方差分析的基本原理和方法,第五章重点介绍线性回归方程的建立、回归效果的显著性检验及最优线性回归方程的统计选择等回归分析的内容;第六章介绍了一些常用的单因素试验设计方法;第七章重点介绍了正交试验设计的原理及基本步骤,并根据少数有代表性的试验确定最优组合,通过方差分析确定因素对试验结果影响的显著性;第八章介绍了均匀试验设计的特点及基本步骤;第九章介绍了一次及二次回归试验设计的基本原理和设计步骤;第十章对配方试验设计方法中的单纯形格子设计、单纯形重心设计及配方均匀设计方法的运用进行了介绍。

　　第一章、第二章由哈尔滨商业大学陈林林编写;第三章至第五章由黑龙江中医药大学陈婷婷编写;第六章由哈尔滨商业大学王鑫编写;第七章由哈尔滨商业大学陈林林编写;第八章由哈尔滨商业大学王鑫编写;第九章第一节由哈尔滨商业大学王鑫编写,第二节、第三节由哈尔滨商业大学陈林林编写;第十章由哈尔滨商业大学陈林林编写。

　　全书由陈林林统稿。在本书的编写过程中,参考了一些文献资料,在此表示由衷的感谢。

　　由于编者水平和经验有限,书中难免会有不当甚至错误之处,敬请专家、同行以及广大读者批评指正。

陈林林

2016 年 10 月于哈尔滨

目 录

第一章　绪　论

　　试验设计与数据处理是以概率论、数理统计及线性代数为理论基础,结合一定的专业知识和实践经验,经济地、科学地安排试验和分析处理试验结果的一项科学技术。其主要内容是讨论如何合理地安排试验和科学地分析处理试验结果,从而解决生产和科学研究中的实际问题。除要求掌握数学等相关课程的基础知识外,还应有较深和较广的专业知识和丰富的实践经验,将这三者紧密地结合起来才能取得良好的效果。

第一节　试验设计与数据处理的概念和性质

　　在科学研究和生产中,任何一种新产品、新工艺、新材料、新品种的产生以及任何一项科学成果的获得都需要做许多试验,并通过对试验数据的分析,来寻求问题的解决方法,如此,就存在着如何安排试验和如何分析试验结果的问题,也就是如何进行试验设计和数据处理的问题。

一、试 验 设 计

　　试验设计的目的是为了认识试验条件与试验结果之间的规律性。对于一个良好的试验设计来说,都需要经历三个阶段,即试验方案设计、试验实施以及收集整理和分析试验数据。而试验设计是影响研究成功与否最关键的一个环节,是提高试验质量的重要基础。试验设计是在试验开始之前,根据某项研究的目的和要求,制定试验研究进程计划和具体的试验实施方案。其主要内容是研究如何合理地安排试验、取得数据,然后进行综合的科学分析,从而达到尽快获得最优方案的目的。

　　一项科学合理的试验设计应能做到以下几个方面:①尽可能采用优良的试验方案,以最少的人力、物力和试验次数,实现预期目标;②能运用试验设计的基本原则,有效控制试验干扰,提高试验精度;③通过简便的计算和分析,可直接获得试验区域内较多的、有价值的信息;④试验研究结果具有良好的重现性和推广性。在方案设计阶段,要明确试验目的,即明确试验要达到什么目标,考核的指标和要求是什么,选择影响指标的主要因素有哪些以及因素变动的范围(即水平多少)大小,从而制订出合理的试验方案(或称试验计划)。试验设计能从影响试验结果的特征值(指标)的多种因素中判断出哪些因素显著,哪些因素不显著,并能对优化的生产条件所能达到的指标值及其波动范围给以定量估计。同时,也能确定最佳因素水平组合或生产工艺条件的预测模型。因此,试验设计适合于解决多因素、多指标的试验优化问题。

　　目前,已建立了的多种试验设计方法。如常用的单因素试验设计方法有黄金分割法(0.618法)、单因素轮换法、分数法、对数法、交替法和随机法等,这些方法获得的试验结果为多因素试验水平范围的选取提供了重要依据,并在生产中取得了显著成效。多因素试验设计方法有全面试验设计、正交试验设计、均匀试验设计、配方试验设计、回归正交试验设计、回归旋转试验设计等。

二、数 据 处 理

试验数据的处理与分析是试验设计与分析的重要组成部分。合理的试验方案只是试验成功的充分条件,如果结合系统科学的数据处理与分析,就能对所研究的问题有一个明确的认识,即能从大量的、带有偶然性误差的试验观测值中找出可靠的规律。数据处理主要是研究试验测量值或观测值的分析计算处理方法,并依据所得到的规律和结果对工农业生产等进行预报和控制,从而掌握和主宰客观事物的发展规律,使之更好地服务于人类。

试验数据分析通常建立在数理统计的基础上。在数理统计中就是通过随机变量的观测值(试验数据)来推断随机变量的特征。在目前常用的数据处理方法中,参数估计主要是对某些重要参数进行点估计和区间估计;假设检验是判断各种数据处理结果的可靠性程度;直观分析是通过对试验结果的简单计算,直接分析比较确定最佳效果。直观分析主要可以确定因素最佳水平组合和影响试验指标的因素的主次顺序;方差分析是分析各影响因素对考察指标的显著性程度;回归分析是描述如何获得反映事物客观规律性的数学表达式等。在试验数据处理过程中可以根据需要选用不同的试验数据分析方法,也可以同时采用几种分析方法。

第二节　试验设计与数据处理的发展历史与应用现状

试验设计与数理处理是在概率论和数理统计的基础上不断完善和发展起来的。试验统计的方法最早起源于对农业及生物遗传研究的应用统计方法,故一般称为生物统计学,它是应用数理统计学原理来研究生物界数量现象的科学方法,是一门数理统计学与生物科学相结合的应用交叉学科。

在 20 世纪 20 年代,英国生物统计学家及数学家 R. A. Fisher 在统计学的基础上创立"试验设计"方法。率先提出了"试验设计"这一概念。1923 年 Fisher 提出试验设计、方差分析等概念和方法。将随机化、拉丁方等用于田间试验,发明方差分析 Statistical Experiment Design,在试验设计和统计分析方面做了一系列先驱工作,在农业、生物学和遗传学等方面取得了丰硕的成果。1935 年 Fisher 又出版了《试验设计》一书,标志着试验设计这一崭新学科的诞生。由于 Fisher 的这些成就,1933 年他取得了伦敦大学教授职位,之后又在剑桥大学任教,并担任世界上多所著名大学的客座教授,讲授试验设计这门课,这使他成为了试验设计学科的奠基人,也因此获得了英国皇家的爵士称号。随后 1938 年,F. Yates 随机数字表使试验设计在理论上日趋完善,在应用上日趋广泛。

20 世纪 30—40 年代,英国、美国和前苏联把试验设计逐步推广到工业生产领域,在采矿、冶金、建筑、纺织、机械和医药等行业都有所应用。第二次世界大战后期,英国和美国采用这种方法在工业生产中取得了显著效果。

第二次世界大战后,日本工业飞速发展的原因之一就是其在工业领域普遍推广和应用试验设计的结果。1940 年年底美国 Deming 传播 SED 至日本,1949 年日本田口玄一博士以 SED 为基础建立"正交试验设计"法。1952 年田口玄一在日本东海电报公司运用 $L_{27}(3^{13})$ 正交表进行正交试验取得成功,之后正交表在日本工业生产中得到了迅速推广应用,仅在

1952—1962 年的 10 年中,试验达到了 100 万项,其中 1/3 的项目都取得了十分明显的效果,并获得了极大的经济效益。1957 年田口玄一在正交试验设计的基础上又提出了"信噪比设计"和"产品三次设计",将试验设计中应用最广的正交设计表格化,在方法解说方面深入浅出,为试验设计的更广泛使用做出了巨大的贡献。在日本"正交试验设计技术"被誉为国宝级的统计学设计方法。

我国从 20 世纪 50 年代开始研究"试验设计"这门科学,在正交试验设计的观点、理论和方法上都有创新,编制了一套适用的正交表,简化了试验程序和试验结果的分析方法,创立了简单易学、行之有效的正交试验设计方法。在 20 世纪 60 年代末,华罗庚积极倡导和普及"优选法",如"黄金分割法"和"分数法",后来"优选法"用于五粮液的生产并获得成功。1978 年,中国数学家王元和方开泰提出了均匀设计,构造了系列的均匀试验设计表,使得能用较少的试验点获得最多的试验信息,并首先在导弹设计中取得了显著效果。

发展至今,随着计算机技术的发展和进步,出现了各种针对试验设计和数据处理的软件,例如,SPSS、SAS、STATA 、Minitab 、Statistica、MATLAB 以及 Excel,使试验数据的分析计算不再繁杂,极大地促进了本学科的快速发展和普及。

第三节　试验设计在科学研究中的地位与作用

在科学研究和工农业生产中,经常需要通过试验来寻求所研究对象的变化规律,并通过对规律的研究达到各种实用的目的,如提高产量、降低消耗、提高产品性能或质量等,特别是新产品试验,未知的东西很多,要通过大量的试验来摸索工艺条件或配方。合理的试验设计只是试验成功的充分条件,如果没有试验数据的分析计算,就不能对所研究的问题有一个明确的认识,也不可能从试验数据中寻找到规律性的信息,所以试验设计都是与一定的数据处理方法相对应的。试验设计与数据处理在科学试验中的作用主要体现在以下几个方面。

(1)通过误差分析,能正确估计和有效控制试验误差,提高试验的精度。

(2)确定影响试验结果的主要及次要因素,找出主要因素,从而可以提高试验效率。

(3)能够较为迅速地优选出最佳工艺条件,可以确定试验因素与试验结果之间存在的近似函数关系,并能预测和控制一定条件下的试验指标值及其波动范围。

(4)根据试验因素对试验结果影响规律的分析,即各因素水平变化时指标的变化情况,可以深入揭示事物的内在规律,为控制试验提供思路。

第四节　食品科学试验的特点与要求

食品科学研究具有复杂性和特殊性,食品科学试验具有以下特点与要求。

(1)食品原料的广泛性　可以作为食品加工的原料来源广泛,可以分为植物性原料、动物性原料和微生物原料等。植物性原料又可分为粮食、果品、蔬菜、野生植物;动物性原料又可以分为畜禽、水产、野生动物、特种水产养殖等。不同的加工原料对食品加工提出了不同的要求,因而给不同产品的加工和保鲜带来困难。

(2)生产工艺的多样性　由于可作为食品加工的原料可以分为几十类,有上千个品种,体现了食品加工工艺的多样性。如有的产品加工要求保持原料原有的色泽和风味,而有的产品又要求掩盖原来的色泽和风味;有些初级产品加工只需要简单的烘干或晒干,而有的产品加工则需要均质、发酵、超滤乃至纳米技术、转基因等。充分体现了食品加工工艺的多样性。

(3)加工质量控制的重要性　食品加工的质量控制体现在以下几个方面。

①对加工过程中各个工序的控制,以保证加工过程的安全和产品加工质量的稳定。

②对各种在市场流通的产品的质量监督和检验,以保证各种产品的质量稳定和防止假冒伪劣产品,维护消费者的合法权益。

③对食品的安全进行监督保证,以防止食品在加工过程中化学物质超标或不合理使用,或者某些对人体健康有害的物质超过规定的标准。

鉴于以上食品科学试验的特点,在进行试验时就应该特别注重对试验的合理设计和科学安排,注意试验过程的正确运转,保证试验结果的可靠性和准确性,并进行科学正确的统计分析,以便于正确揭示事物的本质,得出科学的结论。

第二章　试验设计与数据分析基础

试验过程就是方案的实施过程,依靠合理的试验设计得出正确的判断和结论。试验目的是为了获得条件与结果之间的规律性认识。一个良好的试验设计可以最大限度地节约成本,缩短试验周期,同时又能迅速获得确切的科学结论。

第一节　试验设计常用术语与基本原则

一、试验设计要素

(一)质量特性值

通常,人们把各种事物与现象的性质、状态称为特性,把表现质量的数据,称为质量特性值,简称特性值。

1. 特性值的特点

(1)具有单调性　单调性是指特性值随影响因素变化呈加法性的变化。在试验范围内,特性值具有单调时被作为考核指标值是合适的,并能提高试验设计时统计分析的效率。

(2)具有可测度性　对于各种特性值,不论是计量特性值或是计数特性值都是能被测量的。

(3)能够反映试验设计的目的　即使用代用特性值代替时,这个代用特性值也能确切地反映代替项目的特性。

2. 特性值的分类

在试验设计中,可从不同角度分类。

(1)按特性值的性质分为三类　计量特性值、计数特性值和0、1数据。

用连续变量表示的特性值称为计量特性值。例如,重量、尺寸、产量、成本、寿命、硬度等。

用离散变量表示的特性值称为计数特性值。它可细分为计点特性值和计件特性值,例如,废品件数、疵点数等。

只能用"1""0"表示"合格""不合格"或"正品""次品"等的特殊数据,称为0、1数据。例如,100件工件产品中,2件不合格,98件合格,把合格的以"0"表示,不合格的以"1"表示(也可相反)。

(2)按特性值趋势分为望目特性值、望大特性值和望小特性值。

(3)按特性值的状态分为静态特性值和动态特性值。

正确地进行试验数据资料的分类是统计资料整理的前提。在调查或试验中,由观察、测量所得的数据资料按其性质的不同,一般可以分为数量特性值、质量特性值和半定量(等级)特性值三大类。

(1)数量特性值　数量性状是指能够以测量、计量或计数的方式表示其特征的性状。观

5

察测定数量性状而获得的数据就是数量特性值。数量特性值的获得有测量和计数两种方式,因而数量特性值又分为计量特性值和计数特性值两种。

①计量特性值。指用测量方式获得的数量特性值,即用度、量、衡等计量工具直接测定获得的数量特性值。数据是用长度、容积、重量等来表示。这种资料的各个观测值不一定是整数,两个相邻的整数间可以有带小数的任何数值出现,其小数位数的多少由度量工具的精度而定,它们之间的变异是连续性的。因此,计量资料也称为连续性变异资料。

②计数特性值。指用计数方式获得的数量特性值。在这类资料中,它的各个观察值只能以整数表示,在两个相邻整数间不得有任何带小数的数值出现,各观察值是不连续的,因此该类资料也称为不连续性变异资料或间断性变异资料。

(2)质量特性值 质量性状是指能观察到而不能直接测量的,只能用文字来描述其特征的性状,如食品颜色、风味等。这类性状本身不能直接用数值表示,要获得这类性状的数据资料,须对其观察结果作数量化处理,其方法有以下两种。

①统计次数法。在一定的总体或样本中,根据某一质量性状的类别统计其次数,以次数作为质量性状的数据。例如,苹果中全红果个数与半红果个数。由质量性状数量化而得来的资料又称次数资料。

②评分法。对某一质量性状,因其类别不同,分别给予评分。例如,分析面包的质量,可以按照国际面包评分细则进行打分,综合评价面包质量;新产品开发中的评价打分等。

(3)半定量(等级)特性值 是指将观察单位按所考察的性状或指标的等级顺序分组,然后清点各组观察单位的次数而得的资料。这类资料既有次数资料的特点,又有程度或量的不同。如某种果实的褐变程度是视果实变色面积将其分组,然后统计各级别果数。

三种不同类型的资料相互间是有区别的,但有时可根据研究的目的和统计方法的要求将一种类型资料转化成另一种类型的资料。例如,酸乳中的乳杆菌总数得到的资料属于计数资料,根据化验的目的,可按乳杆菌总数正常或不正常分为两组,清点各组的次数,计数资料就转化为质量性状次数资料;如果按乳杆菌总数过高、正常、过低分为三组 ,清点各组次数,就转化成了半定量资料 。

(二)试验指标

在试验设计中,根据试验目的而选定的用来考察试验效果的特性值称为试验指标,简称指标。

试验指标可分为数量指标(如重量、强度、精度、合格率、寿命、成本等)和非数量指标(如光泽、颜色、味道、手感等)。试验设计中,应尽量使非数量指标数量化。

在一项试验中,试验指标是根据试验目的而选定的,不同的试验目的选用不同的试验指标。例如,在考察不同的多糖提取工艺对多糖提取率的影响时,多糖提取率是试验指标;在考察不同提汁工艺条件对果汁褐变的影响时,果汁色泽就是试验指标。

试验指标可分为两类:定量指标和定性指标。定量指标是能用数量表示的指标,如食品的糖度、酸度、pH、提取率、吸光度、合格率等,食品的理化指标及由理化指标计算得到的特征值一般为定量指标。试验指标应尽量为计量特性值。因为这些计量特性值有利于设计参数的计算与分析。当采用计数特性值时,应特别注意数据处理的特点。定性指标是不能用数量表示的指标,如色泽、风味、口感、手感等。食品的感官指标多为定性指标。通常为了便于试验分析结果,常把定性指标进行量化,转化为定量指标。例如,食品的感官指标可用评分(10 分制或者百分制)的方法分成不同的等级,代替很好、较好、较差、很差等定性描述方式。

试验指标可以是一个也可以同时是几个,前者称单指标试验设计,后者称多指标试验设计。不论是单项指标还是多项指标,都是以专业为主确定的,并且要尽量满足用户和消费者的要求。指标值应从本质上表示出某项性能,决不能用几个重复的指标值表示某一性能。

(三)试验因素

对试验结果特性值(指标)可能有影响的原因或要素称为试验因素,简称因素。因素有时叫做因子,它是在进行试验时重点考察的内容。因素一般用大写英文字母来标记,如因素 A、因素 B、因素 C 等。在酶解制备水解动物蛋白的试验中,酶的种类、温度、pH、时间、底物浓度等都对水解度有很大的影响,这些就是影响水解度的因素。

在许多试验中,不仅因素对指标有影响,而且因素之间还会联合起来对指标发生作用。因素对试验总效果是由每一因素对试验的单独作用再加上各个因素之间的联合作用决定的。这种联合搭配作用称作因素间交互作用。因素 A 和因素 B 的交互作用以 $A \times B$ 表示。

因素有多种分类方法。最简单的分类把因素分为可控因素和不可控因素。加热温度、熔化温度、切削速度、走刀量等人们可以控制和调节的因素,称为可控因素;机床的微振动、刀具的微磨损等人们暂时不能控制和调节的因素,称为不可控因素。试验设计中,一般仅适于可控因素。

从因素的作用来看,可把因素分为可控因素、标示因素、区组因素和误差因素等。

(1)可控因素 可控因素是水平可以比较并且可以人为选择的因素。例如,机械加工中的切削速度、走刀量、切削深度;电子产品中的电容值、电阻值;化工生产中的温度、压力、催化剂种类等。

(2)标示因素 标示因素是指外界的环境条件、产品的使用条件等因素。标示因素的水平在技术上虽已确定,但不能人为地选择和控制。属于标示因素的有产品使用条件,如电压、频率、转速等;环境条件,如气温、湿度等。

(3)区组因素 区组因素是指具有水平,但其水平没有技术意义的因素,是为了减少试验误差而确定的因素。例如,加工某种零件,不同的操作者、不同原料批号、不同的班次、不同的机器设备等均是区组因素。

(4)信号因素 信号因素是为了实现人的意志或为了实现某个目标值而选取的因素。例如,对于切削加工来说,为达到某一目标值,可通过改变切削参数 v, s, t,这时三个参数就是信号因素;在稳压电源电路设计中,调整输出电压与目标值的偏差,可通过改变电阻值达到,电阻就是信号因素。信号因素在采用信噪比方法设计时用得最多。

(5)误差因素 误差因素是指除上述可控因素、标示因素、区组因素、信号因素外,对产品质量特性值有影响的其他因素的总称。也就是说,影响产品质量的外干扰、内干扰、随机干扰的总和,就是误差因素。如果说,如何规定零件特性值是可控因素的作用,那么,围绕目标值产生的波动或者在使用期限内发生老化、劣化,就是误差因素作用的结果。

试验因素又可分为数量因素和非数量因素。数量因素——依据数量划分水平的因素,如温度、pH、时间等;非数量因素——不是依据数量划分水平,如酶的种类等。

(四)因素的水平

在试验设计中,为考察试验因素对试验指标的影响情况,要使试验因素处于不同的状态,把试验因素所处的各种状态称为试验水平或位级。

试验设计中,一个因素选择了几个水平,就称该因素为几水平。例如,在酶解制备水解动物蛋白的试验中,温度分别设为30℃、40℃和50℃,就称温度为三水平。

在选取水平时,应注意如下几点。

(1)水平宜选取三水平 这是因为三水平的因素试验结果分析的效应图分布多数呈二次函数曲线,而二次函数曲线有利于观察试验结果的趋势,这对试验分析是有利的。

当充分发挥专业技术作用确定因素水平时,就可能在最佳区域中或接近最佳区域,按选择的因素水平做试验,其效率会高些;当专业技术水平较低时,因素的水平可能取不到最佳区域附近,这时应把水平间隔拉开,尽可能使最佳区域能包含在拉开的水平区间内,然后通过1~2次的试验逐次缩小水平区间,求出最佳状态或条件。当所求的最佳条件可靠性不太满意时,还可以再做重复试验,但必须无限制地做下去,这就需要寻找和计算,求出二次函数极大值。

(2)水平取等间隔的原则 水平的间隔宽度是由技术水平和技术知识范围所决定的。水平的等间隔一般是取算术等间隔值,在某些场合下也可取对数等间隔值。由于各种客观条件的限制和技术上的原因,在取等间隔区间时可能有差值,但可以把这个差值尽可能地取小些,一般不超过20%的间隔值。

(3)所选取的水平应是具体的 所谓水平是具体的,指的是水平应该是可以直接控制的,并且水平的变化要能直接影响试验指标有不同程度的变化。因素的水平通常用1、2、3…表示。

二、试验设计常用术语

1. 试验处理

试验处理是指各试验因素的不同水平之间的联合搭配,因此,试验处理也称因素的水平组合或组合处理。在单因素试验中,水平和处理是一致的,一个水平就是一个处理。在多因素试验中,由于因素和水平较多,可以形成若干个水平组合。处理的多少等于参加试验各因素水平的乘积。如三因素三水平全面试验共有 $3 \times 3 \times 3 = 27$ 个处理。

2. 全面试验

对全部组合处理进行试验,称作全面试验。全面试验的组合处理等于各试验因素水平的乘积。优点是能够掌握每个因素及每一个水平对试验结果的影响,无一遗漏。缺点是当试验的因素和水平较多时,试验处理的数目会急剧增加,如果还要重复,工作量就会更大,在实际中难以实施。因此,全面试验是有局限性的,只适用于因素和水平都不太多的情况。

3. 部分实施

部分实施是从全部组合处理中选取部分有代表性的处理进行实施。如正交试验设计和均匀试验设计等都属于部分实施。部分实施可使试验规模大大减少。如三因素三水平试验,按照全面试验有27个处理,按照正交试验设计只有9个处理,仅为全面试验的三分之一。因此,在试验因素和水平较多时,常采用部分实施的方法。

三、试验设计基本原则

1. 重复原则

重复是指对某一观测值在相同的条件下多做几次试验。若每种试验条件只进行一次,称为一次重复试验;若把每种试验条件进行多次的试验,称为多次重复试验。一般来说,有些试验只做一次就下结论往往是片面的。采用的多次重复的目的在于减少误差,提高精度。

其原因是多次重复,在这几次试验条件下可能不利,而在另外几次重复试验条件下却有利,于是条件平均值的"误差"随着重复次数的增加而减少。此外,试验设计中,试验误差是客观存在和不可避免的。试验设计的任务之一就是尽量减少误差和正确估计误差。若只做一次试验,就很难从试验结果中估计出试验误差,只有设计几次重复,才能在相同试验条件下取得多个数据的差异,把误差估计出来。同一条件下试验重复次数越多,则试验的精度越高。

因此,在条件允许时,应尽量多做几次试验。但也并非重复试验次数越多越好,因为无指导的盲目多次重复试验,不仅无助于试验误差的减少,而且造成人力、物力、财力和时间的浪费。

2. 随机化原则

在试验中,若人为地有次序地安排试验会产生系统误差,从而混淆了因素对效应作用有误的判断。令人讨厌的是,一旦有了系统误差的混入,就不能通过任何数据处理的办法来消除。有时使试验得不出正确的结论而归于失败。为了消除系统误差,在安排试验时,对各种排列采用随机化的方法是有效的。所谓随机化就是在试验中,对试验实施的顺序和因素水平排列的顺序,提高试验的可靠性和再现性。随机原则的实施,一般可借助于随机数来安排试验。

3. 局部控制原则

局部控制又称区组控制或分层控制。这一原则是为了消除试验过程中的系统误差对试验结果的影响而遵守的一条规律。局部控制原则是将试验对象按照某种分类标准或某种水平加以分组或分层。在同一组内的试验尽量保持接受同样的影响,以期尽量减少组内的差异,但使组与组之间的差异大些。在试验设计中,这种划分的组或层称为区组。由于同一区组内试验条件比较相似,因此,数据波动小,而试验精度却较高,误差必然减少。这种把比较的水平设置在差异较小的区组内,以减少试验误差的原则,称为局部控制原则。划分区组进行控制误差是实施局部控制原则的有效方法。一般可以按机器设备、班次、原料、操作人员、时间、工艺方法和各种环境条件来划分区组。

试验设计的三个基本原理,最终的目的都是为了提高试验结果的准确度,只有在正确地应用这三个原理,并在试验中贯穿实施,才能得到准确度高、可靠性好的试验结果。三者的关系如图 2-1 所示。

图 2-1　试验设计三个基本原理的关系

第二节　试验数据的测量与误差

测量是人类认识事物本质所不可缺少的手段。通过测量和试验能使人们对事物获得定量的概念和发现事物的规律性。科学上很多新的发现和突破都是以试验测量为基础的。测量就是用试验的方法,将被测物理量与所选用作为标准的同类量进行比较,从而确定它的大小。

一、数据的测量方法

数据测量就是用单位物理量去描述或表示某一未知的同类量值的大小。人们根据自然界中各种物理量测量的不同难易程度和实现测量的不同可能性,将常用的测量方法分为以下三种。

(一)直接测量法

"直接测量"指无需对被测的量与其他实测的量进行函数关系的辅助计算而直接测出被测量的量。例如,用天平和砝码测物体的质量、用电流计测电路中的电流等都是直接测量。

用一个标准的单位物理量或经过预先标定好的测量仪器去直接度量未知物理量的大小,这种方法就是直接测量法。自然界中可以直接测量的物理量很多,例如,用量筒计量体积,用温度计测量温度等。

直接测量可表示为:

$$y = x \tag{2-1}$$

式中　y——被测量的未知量,

　　　x——直接测量的物理量。

(二)间接测量法

"间接测量"指利用直接测量的量与被测的量之间的已知函数关系得到该被测量的量。例如,通过测量物体的体积和质量,再用公式计算出物体的密度。有些物理量既可以直接测量,也可以间接测量,这主要取决于使用的仪器和测量方法。

把直接测量的物理量代入某一特定的未知函数关系中,通过计算求出未知物理量的大小,这种方法就是间接测量法。如根据电阻计算某一溶液的电导等。

间接测量可用如下通用函数关系式表示为:

$$y = f(x_1, x_2, \cdots, x_n) \tag{2-2}$$

式中　y——被间接测量的物理量;

　　　x_n——直接测量的物理量。

(三)组合测量法

"组合测量"指将直接测量或间接测量的数值,代入确定的联立方程组或通过重复测量计算的方法求解未知量,这种方法称为组合测量法。

组合测量法可用如下通用联立方程组表示为:

$$\begin{cases} f_1(x_1, x_2, \cdots, x_n, y_1, y_2, \cdots, y_n) = 0 \\ f_2(x_1, x_2, \cdots, x_n, y_1, y_2, \cdots, y_n) = 0 \\ \cdots\cdots \\ f_n(x_1, x_2, \cdots, x_n, y_1, y_2, \cdots, y_n) = 0 \end{cases} \tag{2-3}$$

式中　$f_1, f_2, \cdots, f_n$——组合测量中的函数关系；

　　　　$x_1, x_2, \cdots, x_n$——直接测量的物理量；

　　　　$y_1, y_2, \cdots, y_n$——未知的物理量。

上述三种方法在试验中大量应用，不同的测量方法，所得数据的处理方法也不一样。一般说来，直接测量数据的处理在正态分布规律的基础上，求出被测量的最可信赖值（最或然值，置信区间）及其标准误差；间接测量数据的处理依据误差传递的基本原理；组合测量则普遍采用统计检验及回归分析的方法，求出未知量及其误差。

二、真　　值

真值是指某一时刻、某一状态下，某物理量客观存在的实际大小。真值是一个理想的概念，一般是不可知的，也称理论值或定义值。通常真值是无法测得的。若在试验中，测量的次数无限多时，根据误差的分布定律，正负误差的出现概率相等。再经过细致地消除系统误差，将测量值加以平均，可以获得非常接近于真值的数值。但是实际上试验测量的次数总是有限的。用有限测量值求得的平均值只能是近似真值，

在实践中，有一些物理量的真值或从相对意义上来说的真值都是知道的，有以下三种：

1. 理论真值

如平面三角形三内角之和恒为 180°；某一物理量与本身之差恒为 0，与本身之比恒为 1；理论公式表达或理论设计值等。

2. 约定真值

计量单位制中的约定真值。国际单位制所定义的七个基本单位（长度、质量、时间、热力学温度、物质的量、电流、发光强度），根据国际计量大会的共同约定，国际上公认的计量值，如基本物理常数中的冰点绝对温度 $T_0 = 273.15\mathrm{K}$，真空中的光速 $c = 2.99792458 \times 10^8 \mathrm{m} \cdot \mathrm{s}^{-1}$ 等。

3. 标准器相对真值

高一级标准器的误差与低一级标准器或普通仪器的误差相比，为 1/5（或者 1/8 ~ 1/10）时，则可以认为前者是后者的相对真值。用比被校仪器高级的标准器的量值作为相对真值。例如，用 1.0 级、量程为 2A 的电流表测得某电路电流为 1.80A，改用 0.1 级、量程为 2A 的电流表测同样电流时为 1.802A，则可将后者视为前者的相对真值。如国家标准样品的标称值、高精度仪器所测之值和多次试验值的平均值等。在科学试验中，真值就是指在无系统误差的情况下，观测次数无限多时所求得的平均值。但是，实际测量总是有限的，故将有限次的测量所得的平均值作为近似真值（或称为最可信赖值、置信区间）。

三、误差的基本概念和表示方法

由于试验方法和试验设备的不完善、周围环境的影响以及人的观察力、测量程序等限制，试验观测值和真值之间总是存在一定的差异。人们常用绝对误差、相对误差或有效数字来说明一个近似值的准确程度。为了评定试验数据的准确性或误差，认清误差的来源及其影响，需要对试验的误差进行分析和讨论。由此可以判定哪些因素是影响试验准确度的主要方面，从而在以后试验中，进一步改进试验方案，缩小试验观测值和真值之间的差值，提高试验的准确性。

（一）绝对误差

某物理量测量值与真值之差称为绝对误差。它是测量值偏离真值大小的反映，通常所说的误差一般是指绝对误差即：绝对误差（Δx）＝测量值（x）－真值（x_t）

所以有

$$x - x_t = \pm \mid \Delta x \mid \qquad (2-4)$$

$$x - \mid \Delta x \mid \leqslant x_t \leqslant x + \mid \Delta x \mid$$

在精密测量中，常常用加一个修正值的方法来保证测量的准确性，即

$$真值（x_t）＝测量值（x）＋修正值（\Delta x）\qquad (2-5)$$

最大绝对误差的估算：

（1）用仪器的精度等级估算。

（2）用仪器最小刻度估算一般可取最小刻度值作为最大绝对误差，而取其最小刻度的一半作为绝对误差的计算值。

例如，某压强表注明的精度为 1.5 级，则表明该表的绝对误差为最大量程的 1.5%，若最大量程为 0.4MPa，该压强表绝对误差为：0.4×1.5% ＝0.006MPa；又如某天平的最小刻度为 0.1mg，则表明该天平有把握的最小称量质量是 0.1mg，所以它的最大绝对误差为 0.1mg。可见，对于同一真值的多个测量值，可以通过比较绝对误差限的大小来判断它们精度的大小。

（二）相对误差

绝对误差虽然在一定条件下能反映试验值的准确程度，但还不全面。例如，两城市之间的距离为 200450m，若测量的绝对误差为 2m，则这次测量的准确度是很高的；但是 2m 的绝对误差对于人身高的测量而言是不能允许的。所以，为了判断试验值的准确性，还必须考虑试验值本身的大小，故引出了相对误差。

绝对误差与真值的比值所表示的误差大小称为相对误差或误差率。采用相对误差能清楚地表示出测量的准确程度。即

$$x_t \approx x \pm \mid \Delta x \mid_{max} \qquad (2-6)$$

由于真值一般为未知，所以相对误差也不能准确求出，通常也用最大相对误差来估计相对误差的大小范围：

在实际计算中，常常将绝对误差与试验值或平均值之比作为相对误差，即

$$E_R = \frac{\Delta x}{x} \text{ 或 } E_R = \frac{\Delta x}{\bar{x}} \qquad (2-7)$$

"相对误差"是一个无单位的，常用百分比来表示测量准确度的高低，因而相对误差有时也称为百分误差，一般保留一至二位有效数字。

【例2-1】 已知某样品质量的称量结果为：（58.7±0.2）g，试求其相对误差。

$$E_R = \frac{\Delta x}{x} = \frac{0.2}{58.7} = 0.3\%$$

用误差分析的方法来指导试验的全过程，包括以下两个方面。

（1）为了从测量中正确认识客观规律，必须分析误差的产生原因和性质，正确地处理测量数据，尽量消除、减少误差，确定误差范围，以便能在一定条件下得到接近真值的结果。

（2）在设计一项试验时，先对测量结果确定一个误差范围，然后用误差分析方法指导我们合理选择测量方法、仪器和条件，以便能在最有利的条件下，获得恰到好处的预期结果。

四、误差的来源、分类及消除方法

（一）试验误差来源

1. 试验材料

试验中,所用的试验材料在质量、纯度上不可能完全一致,就是同一厂家生产的同批号的同一包装内的产品,有时也存在某种程度的不均匀性。试验材料的差异在一定范围内是普遍存在的,这种差异会对试验结果带来影响,产生试验误差。

2. 试验仪器和设备

（1）仪器精度有限。

（2）仪器的磨损。

（3）仪器可能不在最佳状态。

（4）测量工具可能没有校正,即使校正,也不可能绝对准确,也会有误差。

（5）有时试验中,需要同时使用多台仪器,即使是同一型号的仪器也会存在一定的差异,同一台仪器不同时间的测定也有差异。

3. 试验环境条件

环境因素主要包括温度、湿度、气压、振动、光线、电磁场、海拔高度和气流等。试验在完全相同的环境条件下进行,才能得到可靠的结果。但是由于环境条件复杂且难以控制,因此环境条件对试验结果的影响不可避免,特别是试验周期较长的试验。环境的变化可能会使原料的组成、性质和结构等发生变化,同时也可能影响仪器的稳定性,从而引起误差。

4. 试验操作

试验操作误差主要由操作人员引起的。人的生理机能的差异如眼睛的分辨能力,不能正确读数以及辨别颜色的色调及深浅;嗅觉对气味的敏感度等。操作人员的习惯,读数的偏高和偏低,终点观察的超前或滞后。有的试验有多人共同操作,操作人员的素质和固有习惯。

（二）试验误差的分类

1. 随机误差（random error）

随机误差（又称偶然误差）也称抽样误差,是由于在试验过程中一系列有关因素的细小随机的波动而形成的具有相互抵消性的误差。以不可预知的规律变化着的误差,绝对误差时正时负,时大时小。它决定试验结果的精密度。在一次试验中,随机误差的大小和符号是无法预测的,没有任何规律性。多次试验中随机误差的出现还是有规律的,它具有统计规律性。

随机误差取决于试验过程中的一系列随机因素,这些因素无法严格控制,因此随机误差是不可避免的,试验人员可设法将其大大减少,但不可能完全消除。

（1）产生的原因　偶然因素。

在极力消除或修正一切明显的系统误差之后,在同一条件下多次测量同一物理量时,测量结果仍会出现一些无规律的起伏。这种在同一物理量的多次测量过程中,绝对值和符号以不可预知的方式变化着的测量误差分量称为随机误差,随机误差有时也称偶然误差。随机误差是试验中各种因素的微小变动引起的,主要有以下几种。

①试验装置的变动性。如仪器精度不高,稳定性差,测量示值变动等。

②观察者本人在判断和估计读数上的变动性。主要指观察者的生理分辨本领、感官灵

敏程度、手的灵活程度及操作熟练程度等带来的误差。

③试验条件和环境因素的变动性。如气流、温度、湿度等微小的、无规则的起伏变化等引起的误差。

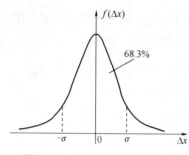

图 2 – 2　随机误差的正态分布
注:σ 标准差。

（2）特点　随机误差难以找出确定的原因,似乎没有规律性。但如果进行很多次测定,便会发现数据的分布符合一般的统计学规律——正态分布。随机误差具有一定统计规律,如图 2 – 2 所示。

①小误差比大误差出现的机会多(收敛性)。

②正、负误差出现的次数近似相等。

③当试验次数足够多时,误差的平均值趋向于零(抵偿性)。

④可以通过增加试验次数减小随机误差。

⑤随机误差不可完全避免的。

根据误差理论,在消除系统误差的前提下,测量次数越多,则测量结果的算术平均值越接近真值。也就是说,采用"多次测定,取平均值"的方法,可以减少随机误差。

2. 系统误差(systematic error)

系统误差也称片面误差(lopsided error),是在一定试验条件下由某个或某些因素按照某一确定的规律起作用而形成的误差,它决定试验结果的准确度。

系统误差的大小和符号在同一试验中是恒定的,或在试验条件改变时,按照某一确定的规律变化。系统误差可以设法避免,或者通过校正加以消除。

（1）来源　系统误差的来源有以下几个方面。

①仪器误差。由于仪器本身的缺陷或没有按照规定条件使用仪器而造成的。如温度计零刻度不在冰点、仪器的水平或铅直未调整、天平不等臂等。

②理论误差。由于试验方法本身的不完善或测量所依据的理论公式本身的近似性而造成的误差。

③环境误差。由于环境影响和没有按规定的条件使用仪器引起的。如标准电池是以 20℃ 时的电动势数值作为标称值的,在 30℃ 条件下使用时,如不加以修正,就引入了系统误差。

④个人误差。由于观测者本人生理或心理特点造成的,如动态滞后、读数有偏大或偏小的痼癖、计时的滞后、习惯于斜视读数等。

（2）分类　系统误差按数值特征或其表现的规律可分为以下几种。

①固定系统误差。这种误差在测量过程中其大小和符号恒定不变。例如,天平砝码的标称值不准确等。

②变化系统误差。这种误差在测量过程中呈现规律性变化。这种变化,有的可能随时间而变,有的可能随位置变化。例如,分光计的偏心差所造成的读数误差就是一种周期性变化的系统误差。系统误差的特征是具有确定性和方向性,或者都偏大,或者都偏小。系统误差一般应通过校准测量仪器、改进试验装置和试验方案、对测量结果进行修正等方法加以消除或尽可能减小。

系统误差是测量误差的重要组成部分,在任何一项试验工作和具体测量中,最大限度地消除或减小一切可能存在的系统误差,是试验测量工作的主要任务之一,但发现并减小系统误差通常比较困难,需要对整个试验所依据的原理、方法、仪器和步骤等可能引起误差的各种因素进行分析。试验结果是否正确,往往取决于系统误差是否已被发现和尽可能地消除了,因此对系统误差不能轻易放过。

一般而言,对于系统误差可以在试验前对仪器进行校准,对试验方法进行改进等;在试验时采取一定的方法对系统误差进行补偿和消除;试验后对试验结果进行修正等。应预见和分析一切可能产生系统误差的因素,并尽量减小它们。一个试验结果的优劣,往往就在于系统误差是否已经被发现或尽可能消除。在以后的试验中,对于已定系统误差,要对测量结果进行修正;对于未定系统误差,则尽可能估算出其误差限值,以掌握它对测量结果的影响。

消除系统误差,一般可从以下三个方面着手。

①改进或选用适宜的分析方法来消除系统误差。

②用修正值来消除测量值中的系统误差。

③在分析过程中随时消除产生系统误差的因素。

3.过失误差

过失误差(mistake error)又称粗差、人为误差:是一种显然与事实不符的误差。可以完全避免,没有一定的规律。

(1)来源 在由于试验人员粗心大意造成的,如读数错误、记录错误或操作失误等。在测量进行中受到突然的冲击、震动、干扰的影响等。

(2)特点 在测定过程中,当出现很大误差时,应分析原因,如是过失所致,则在计算平均值时将此值舍去。此类误差无规则可导,只要多方注意,工作中细致认真操作,过失误差是可以避免的。

总之,试验过程中出现误差是不可避免的,但可以设法尽量减少误差,这正是试验设计的主要任务之一。

(三)试验数据的精准度

精准度包含三个概念:精密度、正确度、准确度。

1.精密度

精密度反映了随机误差大小的程度;在一定的试验条件下,多次试验值的彼此符合程度。若观测值彼此接近,即任意两个观测值 x_i、x_j 相差的绝对值 $|x_i - x_j|$ 越小,则观测值精密度越高;反之则低。

如果试验数据分散程度较小,则说明试验是精密的,例如,甲、乙两人对同一个量进行测量,得到两组试验值:

甲:11.45,11.46,11.45,11.44

乙:11.39,11.45,11.48,11.50

很显然,甲组数据的彼此符合程度好于乙组,故甲组数据的精密度较高。

【说明】 可以通过增加试验次数而达到提高数据精密度的目的;

试验数据的精密度是建立在数据用途基础之上的;

试验过程足够精密,则只需少量几次试验就能满足要求。

精密度的判断:极差、标准差、方差、变异系数等。

2.正确度

正确度反映系统误差的大小,是指在一定的试验条件下,测量中所有系统误差的总合。

它表示测量结果中系统误差大小的程度。

正确度指观测值与其真值的接近程度。设某一试验指标或性状的真值为μ,观测值为x,若x与μ相差的绝对值$|x-\mu|$越小,则观测值x的正确度越高;反之则低。

3. 准确度

准确度(又称精确度),表示测量结果与真值的一致程度。从误差的观点来看,准确度反映了测量结果中系统误差与随机误差等各类误差的总和,如果所有的系统误差已经修正,那么准确度可用不确定度来表示。

为了形象地描述精密度、正确度和准确度的关系,我们以打靶为例,观察各种指标所对应的情况,见图2-3。

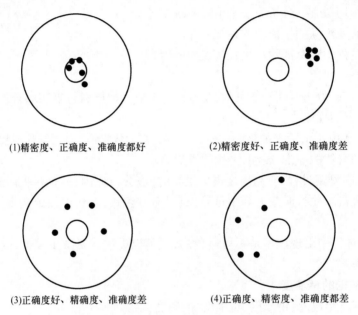

(1)精密度、正确度、准确度都好　　　(2)精密度好、正确度、准确度差

(3)正确度好、精确度、准确度差　　　(4)正确度、精密度、准确度都差

图2-3　精密度、正确度和准确度的关系

五、误差的传递

许多试验数据是由几个直接测量值按照一定的函数关系计算得到的间接测量值,由于每个直接测量值都有误差,所以间接测量值也必然有误差。如何根据直接测量值的误差来计算间接测量值的误差,就是误差传递。各步直接测量的误差是怎样影响分析结果准确度的呢?这就是误差传递所要讨论的问题。

(一)系统误差的传递基本公式

1. 加减法

若测量结果R是A、B、C三个测量数据相加减的结果,例如,$R=A+B-C$

若测量值A、B、C的绝对误差分别为ΔA,ΔB,ΔC,设R的绝对误差为ΔR:

$$R+\Delta R=(A+\Delta A)+(B+\Delta B)-(C+\Delta C) \qquad (2-8)$$

则:
$$\Delta R=\Delta A+\Delta B-\Delta C \qquad (2-9)$$

即分析结果的绝对误差是各测量步骤绝对误差的代数和或差。

如果有关项有系数m,例如:$R=A+mB-C$

则：
$$\Delta R = \Delta A + m\Delta B - \Delta C \qquad (2-10)$$

2. 乘除法

若测量结果 R 是 A、B、C 三个测量数据相乘除的结果,如:

$$R = \frac{A \cdot B}{C} \qquad (2-11)$$

引入绝对误差 ΔA、ΔB、ΔC、ΔR,则:

$$R + \Delta R = \frac{(A + \Delta A)(B + \Delta B)}{C + \Delta C}$$

经变化为相对误差,得:
$$\frac{\Delta R}{R} = \frac{\Delta A}{A} + \frac{\Delta B}{B} - \frac{\Delta C}{C} \qquad (2-12)$$

即分析结果的相对误差是各测量步骤相对误差的代数和(乘法运算中,分析结果的相对误差是各个测量值的相对误差之和,而除法则是它们的差)。

3. 指数关系

若
$$R = mA^n$$

则
$$\frac{\Delta R}{R} = n\frac{\Delta A}{A} \qquad (2-13)$$

即有指数关系分析结果的相对误差,为测量值的相对误差的指数倍。

4. 对数关系

若
$$R = m\lg A$$

则
$$\Delta R = 0.434m\frac{\Delta A}{A} \qquad (2-14)$$

(二)随机误差的传递基本公式

1. 加减法

若测量结果 R 是 A、B、C 三个测量数据相加减的结果,如: $R = A + B - C$

则
$$S_R^2 = S_A^2 + S_B^2 + S_C^2 \qquad (2-15)$$

即分析结果的标准偏差的平方是各测量步骤标准偏差的平方和。

2. 乘除法

若测量结果 R 是 A、B、C 三个测量数据相乘除的结果,如

$$R = \frac{A \cdot B}{C}$$

则
$$\frac{S_R^2}{R^2} = \frac{S_A^2}{A^2} + \frac{S_B^2}{B^2} + \frac{S_C^2}{C^2} \qquad (2-16)$$

即计算结果的相对标准偏差的平方是各测量值相对平均偏差平方的和。

3. 指数关系

若
$$R = mA^n$$

可得到
$$\left(\frac{S_R}{R}\right)^2 = n^2\left(\frac{S_A}{A}\right)^2 \text{ 或 } \frac{S_R}{R} = n\frac{S_A}{A} \qquad (2-17)$$

即结果的相对偏差是测量值相对偏差的 n 倍。

4. 对数关系

若
$$R = m\lg A$$

可得到
$$S_R = 0.434m\frac{S_A}{A} \qquad (2-18)$$

5.随机误差的传递加减法的通式

对于一般的情况 $\qquad R = aA + bB - cC + \cdots$

则 $\qquad S_R^2 = a^2 S_A^2 + b^2 S_B^2 + c^2 S_C^2 \qquad$ (2 – 19)

即分析结果的标准偏差的平方是各测量步骤标准偏差的平方与系数平方乘积的总和。

6.随机误差的传递乘除法的通式

若测量结果 R 是 A、B、C 三个测量数据相乘除的结果,如

$$R = \frac{A \cdot B}{C} \text{ 或 } R = m\frac{A \cdot B}{C}$$

则 $\qquad \frac{S_R^2}{R^2} = \frac{S_A^2}{A^2} + \frac{S_B^2}{B^2} + \frac{S_C^2}{C^2} \qquad$ (2 – 20)

即计算结果的相对标准偏差的平方是各测量值相对平均偏差平方的和。

(三)极限误差

在试验中,通常用一种简便的方法来估计分析能出现的最大误差,即考虑在最不利的情况下,各步骤带来的误差互相累加在一起。这种误差称为极值误差。当然,这种情况出现的概率是很小的。但是,用这种方法来粗略估计可能出现的最大误差,在实际上仍是有用的。

若分析结果 R 是 A,B,C 三个测量数值相加减的结果,例如,$R = A + B - C$

则极限绝对误差为 $\qquad \Delta x_R = |\Delta x_A| + |\Delta x_B| + |\Delta x_C| \qquad$ (2 – 21)

若测量结果 R 是 A、B、C 三个测量数据相乘除的结果,如

$$R = \frac{A \cdot B}{C}$$

则极限相对误差为 $\qquad \frac{\Delta x_R}{R} = \left|\frac{\Delta x_A}{A}\right| + \left|\frac{\Delta x_B}{B}\right| + \left|\frac{\Delta x_C}{C}\right| \qquad$ (2 – 22)

【例 2 – 2】 滴定管的初读数为 (0.05 ± 0.01) mL,末读数为 (22.10 ± 0.01) mL,问滴定剂体积为多少?

解:极限误差 $\Delta V = |\pm 0.01| + |\pm 0.01| = 0.02$ mL

故滴定剂体积为:$(22.10 - 0.05)$ mL ± 0.02 mL $= (22.05 \pm 0.02)$ mL

【例 2 – 3】 用容量法测定食品中铁的含量,若天平称量误差及滴定剂体积测量误差均为 $\pm 0.1\%$,问分析结果的相对极限误差为多少?

解:食品中铁的质量分数的计算式为:$\omega_{Fe} = \dfrac{cVM_{Fe}}{m_s} \times 100\%$

只考虑 m_s 和 V 的测量误差,按 $\dfrac{\Delta x_R}{R} = \left|\dfrac{\Delta x_A}{A}\right| + \left|\dfrac{\Delta x_B}{B}\right| + \left|\dfrac{\Delta x_C}{C}\right|$ 计算,求得分析结果的极

限相对误差:$\dfrac{\Delta x_R}{R} = \left|\dfrac{\Delta x_V}{V}\right| + \left|\dfrac{\Delta x_{m_s}}{m_s}\right| = 0.001 + 0.001 = 0.2\%$

应该指出,以上讨论的是分析结果的最大可能误差,即考虑在最不利的情况下,各步骤带来的误差互相累加在一起。但在实际工作中,个别测量误差对分析结果的影响可能是相反的,因而彼此部分抵消,这种情况在定量分析中是经常遇到的。

(四)通过误差计算选用仪表

1.考虑仪表量程范围

仪表的满量程选为被测量值的 $1.5 \sim 2$ 倍。上限用于被测量值波动较大的场合,通常选

用下限值。考虑到测量的精密度,实际应用中被测量值应不低于满量程的 1/3。

2.考虑应有足够高的精度等级精度等级指的是该仪器在测量范围(量程)内的相对误差,压力表的精度等级是以它的允许误差占表盘刻度值的百分数来划分的,其精度等级数越大允许误差占表盘刻度极限值越大。压力表的量程越大,同样精度等级的压力表,它测得压力值的绝对值允许误差越大。

经常使用的压力表的精度为 2.5 级和 1.5 级,如果是 1.0 级和 0.5 级的属于高精度压力表,现在有的数字压力表已经达到 0.25 级。仪表的精度等级是仪表测量中的基本误差,在实际使用中由于条件的变化,如环境温度的较大变化等还会引起附加误差,在常出现的附加误差中,温度引起的误差最大。考虑在实际测量中附加误差(仪器最佳使用温度为 5 ~ 40℃,指的是在该温度范围内使用时无附加误差)的影响,在选用已表示要有足够的精度等级。如弹簧压力表,温度对压力的影响为:

$$P_t = P_{20℃}[1 + \beta(t - 20)] \tag{2-23}$$

式中　　P_t——t℃时仪表的指标值;

　　　　$P_{20℃}$——20℃时仪表的指示值;

　　　　β——弹簧压力表的温度系数,$\beta \approx 10^{-4} \sim 10^{-3}℃^{-1}$;

　　　　t——实际工作的温度。

【例 2 - 4】　被测介质的压力大约为 7MPa,环境温度为 40℃,要求测量误差 ⊁ ±1%,试选一弹簧压力表。

解:(1)被测压力为 7MPa,希望测量误差 ⊁ ±1%,那么这个误差值 $\Delta x_{测} = 7 \times 1\% = 0.07MPa$。

(2)选用压力表的量程为被测压力的 1.5 倍左右,则压力表满量程应为 $7 \times 1.5 = 10.5$,故实际选用 0 ~ 10MPa 的压力表。

(3)温度附加误差 $\Delta x_{附}$ 为

$$\Delta x_{附} = P_{20℃}[1 + \beta(t - 20)] = 7 \times 1 \times 10^{-4} \times (40 - 20) = 0.014MPa$$

(4)所选用的压力表允许的绝对误差 $\Delta x_{仪}$ 为

$$\Delta x_{仪} = \Delta x_{测} - \Delta x_{附} = 0.07 - 0.014 = 0.056 \text{ MPa}$$

(5)所选压力表的准确度等级 a_p 为

$$a_p = \frac{绝对误差}{满量程} = \frac{0.056}{10} = 0.56\%$$

所以选用 0.5 级的仪表就可以保证足够的测量准确度。

第三节　试验数据的有效数字表达及特征数

一、试验数据的有效数字表达

(一)有效数字的含义及位数

有效数字是能够代表一定物理量的数字。

(1)有效数字的位数可反映试验的精度或表示所用试验仪表的精度,所以不能随便多写或少写。

1.5687g,精度为0.0001g,相对误差为1/15687

1.5g,精度为0.1g,相对误差为1/15

（2）小数点不影响有效数字的位数　第一个非0数字前的数字不是有效数字,而第一个非0数后的数字是有效数字。如50,0.050,5.0,29均为2位有效数字。

相对误差为 $\pm \dfrac{0.0001}{0.5180} \times 100\% = \pm 0.02\%$

若写成0.518g,则 $\Delta x = \pm 0.001g$ $E_R = \dfrac{\pm 0.001}{0.518} \times 100\% = \pm 0.2\%$

可见多一位零或少一位零,从数字角度关系不大,但确反映精密程度相差10倍。

有效数字是分析工作中实际能测量到的数字。

如 1.005	0.500	0.540	0.0054	0.5
31.05	1.86×10^{-4}	0.48%	0.002%	
6.230×10^5				

位数：　　5　　　　　4　　　　　　　3　　　　　　2　　　　　1

数字"0",作为普通数字使用时,它是有效数字,如0.2100。

只起定位作用时,不是有效数字,如0.0758。

初学者往往以为小数点后的小数位数越多,则此数越准确;或者在数值计算中,小数后的位数保留的越多则越准确,这些想法是不对的。

①小数点的位置只与某一量的单位有关,1.200L和1200mL的准确度是完全相同的;

②仪器仪表和工作人员的感官只能在一定的范围内实现测量,实际上能测得的数据的位数是有限的。

（二）有效数字的修约规则

参照《数值修约规则与极限数值的表示和制定》（GB/T 8170—2008）进行有效数字的修约。

表2-1　　　　　　　　　　　　有效数字的修约规则

口　诀	示　例	
	已知数	修约数（设保留1位小数）
4舍6入5看右	5.7418	5.7（小于等于4则舍去）
	5.7618	5.8（大于等于6则进1）
5右有数便进1	5.7518	5.8
5右有0看左方		
左方为奇数则进1	5.7500	5.8
左方为偶数则舍去	5.6500	5.6
	5.0500	5.0（0视作偶数）
	5.74546	5.7
无论舍弃多少位数字均应一次完成,不得连续进行多次修改	（不应5.7456→5.746→5.75→5.8）	

（三）有效数字运算规则

（1）在记录一个测量所得的数据时，数据中只应保留一位不确定数字。运算中，要保证先修约，后计算。

（2）除另有规定外，可疑数字表示末位有 ±1 个单位或下一位有 ±5 个单位误差。

（3）计算有效数字位数时，若第一位为 8 或 9，则有效数字位数可多记一位（主要指乘除计算）。如 9.13 可以看作四位有效数字；如 8.37 是三位数，可看作四位；0.9812 是四位数，可看作五位。

例如，8.37 的 $E_R = \dfrac{\pm 0.01}{8.37} \times 100\% = \pm 0.12\% \approx 0.1\%$

$\qquad$ 10.00 的 $E_R = \dfrac{\pm 0.01}{10.00} \times 100\% = \pm 0.1\%$

$\qquad$ 0.9812 的 $E_R = \dfrac{\pm 0.01}{0.9812} \times 100\% = \pm 0.01\%$

$\qquad$ 1.0000 的 $E_R = \dfrac{\pm 0.01}{1.0000} \times 100\% = \pm 0.01\%$

（4）加减运算时，保留小数点后位数应与所给各数中小数后位数最少的相同，既取决于绝对误差最大的数据。绝对误差的大小仅与小数部分有关，而与有效数字位数无关。

例如，0.0121 + 25.64 + 1.05782 = 26.70992 应依 25.64 为依据，即：原式 = 26.71。

（5）乘除运算时，以有效数字位数最少的为标准，即以相对误差最大的数据为标准，弃去过多的位数。

例如，$\dfrac{0.0325 \times 5.103 \times 60.06}{139.8} = 0.0712504$，修约后为 0.0713，即与 0.0325 在同一水平上，取 3 位有效数字。

又如 $3.001 \times 2.1 = 6.3$

有效数字位数的多少反映了测量相对误差的大小。如 2 位有效数字 1.0 和 9.9，它们的都是 ±0.1，相对误差分别为 ±10% 和 ±1%，即两位有效数字的相对误差总在 ±1% ~ 10%，3 位有效数字的相对误差总在 ±0.1% ~ 1%，4 位有效数字的相对误差总在 ±0.01% ~ ±0.1%。

可见，相同有效数字位数的数字，其相对误差 E_R 处在同一水平上，而且 E_R 的大小，仅与有效数字位数有关，而与小数点位数无关。因此，积或商的相对误差必然受到相对误差最大的那个有效数字的制约，且在同一水平上。

例如，前例：$0.0325 \rightarrow \dfrac{\pm 0.0001}{0.0325} \times 100\% = \pm 0.3\%$

$\qquad$ 5.103　　　　　　　　　　　　　　 ±0.02%

$\qquad$ 60.06　　　　　　　　　　　　　　 ±0.02%

$\qquad$ 139.8　　　　　　　　　　　　　　 ±0.07%

$\qquad$ 0.0713　　　　　　　　　　　　　　 ±0.1%

总之，不论是加减，还是乘除运算，都要遵循一个原则，即计量结果的精度取决于测量精度最差的那个原始数据的精度。

（6）4 个以上数的平均值计算中，平均值的有效数字可增加一位。如 (22.6 + 22.8 + 22.5 + 22.3 + 22.5)/5 = 22.54 原来只有 3 位有效数字，而计算结果增加了一位。

（7）在所有计算式中，常数 π、e 的数值，以及 $\sqrt{2}$、$1/2$ 等系数的有效数字位数，可以认为无限制，即在运算时，需要几位就可以写几位。

（8）在对数计算中，所取对数位数应与真数的有效数字位数相等。例如，$\ln 6.84 = 1.92$，$\ln 0.00004 = -4$

（9）乘方、开方运算后的结果的有效数字位数应与其底数的相同。例如，$2.4^2 = 5.8$，$\sqrt{6.8} = 2.6$。

（10）一般的工程计算中，取 $2\sim 3$ 位有效数字。

二、试验数据的特征数

（一）试验数据的平均值

平均值是统计学中最常用的统计量，用来描述资料的集中性，即指出资料中数据集中较多的中心位置。平均数是资料的代表数，可综合反映研究对象在一定条件下所形成的一般水平，常用来进行同类性质资料间的相互比较。在食品试验研究中，平均数则广泛用来比较各种技术措施的优劣。

1. 算术平均值

算术平均值（arithmetic mean）是指观察值的总和除以观察值个数所得的商值，常用 $\bar{x}$，$\bar{y}$ 等表示。可根据样本大小及分组情况采用直接法或加权法计算。

（1）直接法　主要适用于样本含量 $n < 30$ 未经分组资料平均值的计算或等精度的试验、试验值服从正态分布（等精度的试验指试验人员、试验方法、试验场合、试验条件相同的试验）。

设 $x_1, x_2, x_3, \cdots, x_n$ 为各次测定结果，n 为测定次数，则

$$\bar{x} = \frac{1}{n}(x_1 + x_2 + \cdots + x_n) = \frac{1}{n}\sum_{i=1}^{n} x_i \qquad (2-24)$$

（2）加权法　适用场合为对于样本含量 $n \geq 30$ 且已分组的资料，可以在次数分布表的基础上采用加权法计算平均值，非等精度的试验、试验值服从正态分布。

对某一物理量用不同方法测定、由不同人测定、采用不同试验条件测定或测定结果由不同部分组成，在计算平均值时常对比较可靠的数值予以加重平均，称为加权平均。

设有 n 个试验值：$x_1, x_2, x_3, \cdots\cdots, x_n$；$w_1, w_2, w_3, \cdots, w_n$ 代表单个试验值对应的权，则它们的加权平均值计算公式为

$$w = \frac{w_1 x_1 + w_2 x_2 + \cdots + w_n x_n}{w_1 + w_2 + \cdots + w_n} = \frac{\sum_{i=1}^{n} w_i x_i}{\sum_{i=1}^{n} w_i} \qquad (2-25)$$

式中　w_i——统计权重。

权数或权值的确定：

①当试验次数很多时，以试验值 x_i 在测量中出现的频率 n_i/n 作为权数。

②如果试验值是在同样的试验条件下测定但来源于不同的组，则以各组试验值出现的次数作为权数。

③加权平均值即为总算术平均值。

④根据权与绝对误差的平方成反比来确定权数。

例如,权数的计算。

若 x_1 的绝对误差为 0.1; x_2 的绝对误差为 0.02,则:

x_1 的权数为 $w_1 = 1/0.1^2 = 100$

x_2 的权数为 $w_2 = 1/0.02^2 = 2500$

【例 2 - 5】　某食品车间一次技能考核的成绩如下:得 100 分的 6 人,得 90 分的 15 人,得 80 分的 18 人,得 70 分的 6 人,得 60 分的 3 人,得 50 分的 2 人,计算这次全车间考核的平均成绩。

分析由于数据重复出现,可考虑用加权平均数计算。

解:用加权平均数公式得

$$w = \frac{\sum\limits_{i=1}^{n} w_i x_i}{\sum\limits_{i=1}^{n} w_i} = \frac{6 \times 100 + 15 \times 90 + 18 \times 80 + 6 \times 70 + 3 \times 60 + 2 \times 50}{50} = 81.8(\text{分})$$

(3)算数平均值的特性

①样品各观察值与平均数之差的和为零,即离均差之和等于零,用公式表示为

$$\sum_{i=1}^{n} (x_i - \bar{x}) = 0 \tag{2 - 26}$$

②样品各观察值与平均数之差的平方和最小,即离均差平方和为最小,用公式表示为

$$\sum_{i=1}^{n} (x_i - \bar{x})^2 < \sum_{i=1}^{n} (x_i - a)^2 (\text{常数} a \neq \bar{x}) \tag{2 - 27}$$

2. 均方根平均值

均方根平均值(root mean square)用于服从泊松(poisson)分布的数据。泊松分布是一种可以用来描述和分析随机发生在单位空间或时间里的稀有事件的概率分布。要观察到这类事件,样本含量 n 必须很大。所谓稀有事件即是小概率事件。在生物、医学等研究中,服从泊松分布的随机变量也是常见的。例如,一定面积内的菌落数,正常生产线中单位事件生产出不合格产品个数,单位事件内机器出现故障的次数,每升饮水中大肠杆菌数,计数器小方格中血球数,一批香肠中含有毛发的香肠数,1000 袋面粉中含有金属物的袋数等,都是服从或近似服从泊松分布的。其特点是每个个体出现在哪里完全是随机的,与其邻居无关。符合这一特点的现象通常服从泊松分布。

$$u = \sqrt{\frac{1}{n}(x_1^2 + x_2^2 + \cdots + x_n^2)} = \sqrt{\frac{1}{n} \sum_{i=1}^{n} x_i^2} \tag{2 - 28}$$

3. 对数平均值

当试验数据的分布曲线符合对数特性分布时,常用对数平均值(logarithmic mean)。设有两个数值 x_1、x_2,都为正数,则它们的对数平均值为

$$\bar{x}_L = \frac{x_1 - x_2}{\ln x_1 - \ln x_2} = \frac{x_1 - x_2}{\ln \dfrac{x_1}{x_2}} = \frac{x_2 - x_1}{\ln \dfrac{x_2}{x_1}} \tag{2 - 29}$$

注意: $\bar{x}_L \leqslant \bar{x}$

若 $0.5 \leqslant \dfrac{x_1}{x_2} \leqslant 2$,可用 $\bar{x}$ 代替 $\bar{x}_L$,误差 $\leqslant 4.4\%$

4. 几何平均值

n 个观测值相乘之积开 n 次方所得的方根,称为几何平均数(geometric mean),记为 G。当对一组测量值取对数,所得的图形的分布曲线为对称时,常用几何平均值。它主要应用于科学研究中的动态分析,如微生物的增长率、人口的增长率等。当观测值呈几何级数变化时,用几何平均数比用算术平均数更能代表其平均水平。

设有 n 个正试验值:$x_1, x_2, \cdots, x_n$,则它们的几何平均值为 G。

$$G = \sqrt[n]{x_1 \cdot x_2 \cdot x_3 \cdots \cdots x_n} = (x_1 \cdot x_2 \cdot x_3 \cdots \cdots x_n)^{\frac{1}{n}} \tag{2-30}$$

【例 2 - 6】 假设某食品厂生产的产品要经过 3 道连续作业的工序,3 道工序的合格率依次为 95%,90% 和 98%,试求 3 道工序的平均合格率。

解:因为产品的总合格率是各道工序合格率的连乘积,所以计算 3 道工序的平均合格率应采用几何平均值方法。

$$G = \sqrt[3]{95\% \times 90\% \times 98\%} = 94.28\%$$

即 3 道工序的平均合格率为 94.28%。

5. 中位值

将一组测定值按大小排列起来时的中间值称为中位值(median),记为 M_d。若测定次数为奇数,中位值为中间一次的值;若测定次数为偶数,则为中间两次结果的平均值。只有在正态分布时,中位值才能代表最佳值。当所获得的数据资料呈偏态分布时,中位数的代表性优于算术平均数。

未分组数据资料中位数的计算方法:对于未分组资料,先将各观测值由小到大依次排列,然后按以下两种情况进行计算。

(1)当观测值个数 n 为奇数时,第 $(n+1)/2$ 位置的观测值,即 $x_{(n+1)/2}$ 为中位数:

$$M_d = x_{(n+1)/2} \tag{2-31}$$

(2)当观测值个数 n 为偶数时,第 $n/2$ 和第 $(n/2+1)$ 位置的两个观测值的算数平均值为中位数,即

$$M_d = \frac{x_{n/2} + x_{(n/2+1)}}{2} \tag{2-32}$$

6. 众数

众数(mode)是指资料中出现次数最多的那个观测值,用 M_0 表示。对于间断性变数资料(即计数资料,指用计数方式得到的数量资料,它的各个观测值只能以整数形式表示,两个相邻整数间不可能有任何带小数的数值出现),因各观测值易集中于某一个数值,故众数容易确定;而对于连续性变数资料(即计量资料,指用测量手段得到的数量资料,这种资料的各个观测值不一定是整数,两个相邻的整数间可以有带小数的任何数值出现,其小数位数的多少由度量工具的精度而定,它们之间的变异是连续性的),因各观测值不易集中于某一数值,所以不易确定众数。对于大样本资料,尤其是连续性变数资料需要制成次数分布表,在表内出现次数最多的那一组的组中值即为众数。

7. 调和平均值

调和平均值(harmonic average)是试验值倒数的算术平均值的倒数,它常用在涉及到与一些量的倒数有关的场合。数学中"调和"的意思为"对称",故调和平均值为算数平均值的对称变形,调和平均值不是独立的,是附属于算数平均值的。试验值的倒数服从正态分布,

记为 H。

$$H = \frac{1}{\frac{1}{n}\left(\frac{1}{x_1} + \frac{1}{x_2} + \cdots \frac{1}{x_n}\right)} = \frac{1}{\frac{1}{n}\sum\frac{1}{x}} \qquad (2-33)$$

由同一数据资料计算的算术平均值($\bar{x}$)、几何平均值(G)、调和平均值(H)之间大小关系是:$\bar{x} > G > H$

综上所述,不同的平均值都有各自适用的场合,选择哪种平均值的方法取决于试验数据本身的特点,如分布类型、可靠性程度等。

(二)试验数据的变异数

用平均数作为样本的代表,其代表性的强弱受样本资料中各观测值变异程度的影响。因此,仅用平均数对一个资料的特征作统计描述是不全面的,还需引入度量资料中观测值变异程度大小的统计量。才能通过样本观测数据更好地描述样本,乃至描述样本所代表的总体,为此必须有度量变异程度的统计量。具有此功能的统计量称为变异数。常用的变异数有极差、方差、标准差和变异系数。

1. 极差

极差(range)又称最大误差、误差范围、全距,记作 R,是数据资料中最大值与最小值的差值。R 是表示资料中各观测值变异程度大小最简便的统计量。

$$R = R_{max} - R_{min} \qquad (2-34)$$

R 值越大,平均数的代表性越差。但是全距只利用了资料中的最大值和最小值,没有充分利用全部资料,与测定次数无关。它不能表现出随测量次数增加,随机误差减少的情况。因此,它不能反映出测定的精密度。不能准确表达资料中各观测值的变异程度,是比较粗略的。当资料很多而又要迅速对资料的变异程度作出判断时,可以利用极差这个统计量。

通常把极差与算术平均值的比值称为最大误差系数。即

$$K_R = \frac{R}{\bar{x}} \qquad (2-35)$$

2. 算术平均误差

算术平均误差(arithmetic mean error)是指绝对误差绝对值的算术平均值,记作 δ。设试验值 x_i 与算术平均值之间的偏差 Δx 为,则算术平均误差定义式为:

$$\delta = \frac{\sum_{i=1}^{n}|\Delta x|}{n} = \frac{1}{n}\sum_{i=1}^{n}|x_i - \bar{x}| \qquad (2-36)$$

求算术平均误差时,偏差 Δx 可能为正也可能为负,所以一定要取绝对值。显然,算术平均误差可以反映一组试验数据的误差大小,但是无法表达出各试验值间的彼此符合程度。

3. 方差

为了准确地表示数据资料中各个观测值的变异程度,人们首先会考虑到以平均值为标准,每一个观测值均有一个偏离平均值的度量指标,求出各个观测值与平均值的离差,$(x_i - \bar{x})$,即离均差。

虽然离均差能表示一个观测值偏离平均数的性质和程度,但因为离均差有正、负,离均差之和为零,即 $\sum(x_i - \bar{x}) = 0$,因而不能用离均差之和 $\sum(x_i - \bar{x})$ 来表示资料中所有观测值的总偏离程度。

为了解决离均差有正、负,离均差之和为零的问题,可先求离均差的绝对值并将各离均差绝对值之和除以观测值个数 n 求得平均绝对离均差,即 $\dfrac{\sum |x_i - \bar{x}|}{n}$。虽然平均绝对离均差可以表示资料中各观测值的变异程度,但由于平均绝对离差包含绝对值符号,使用很不方便,在统计学中未被采用。

采用将离均差平方的办法来解决离均差有正、负,离均差之和为零的问题。

先将各个离均差平方,即 $(x_i - \bar{x})^2$,再求离均差平方和,即 $\sum (x_i - \bar{x})^2$,简称平方和,记为 SS;由于离均差平方和常随样本大小而改变,为了消除样本大小的影响,用平方和除以样本量大小,即 $\dfrac{\sum (x_i - \bar{x})^2}{n}$,求出离均差平方和的平均数;采用将离均差平方的办法来解决离均差有正、负,离均差之和为零的问题。

为了使所得的统计量是相应总体参数的无偏估计量,统计学证明,在求离均差平方和的平均数时,分母不用样本含量 n,而用自由度 $n-1$,所以,我们采用统计量 $\dfrac{\sum (x_i - \bar{x})^2}{n-1}$ 表示资料的变异程度。

统计量 $\dfrac{\sum (x_i - \bar{x})^2}{n-1}$ 称为均方(mean square,MS),又称样本方差(variance),记为 S^2,即

$$S^2 = \frac{\sum (x_i - \bar{x})^2}{n-1} \tag{2-37}$$

相应的总体参数称为总体方差,记为 σ^2。对于有限总体而言,σ^2 的计算公式为

$$\sigma^2 = \frac{\sum (x_i - \bar{x})^2}{n} \tag{2-38}$$

4. 标准误差

标准误差(stand deviation)又称均方差、标准偏差,简称为标准差。

(1)标准差的定义及公式

统计学上把样本方差 S^2 的平方根叫做样本标准差,记为 S,即

$$S = \sqrt{\frac{\sum (x_i - \bar{x})^2}{n-1}} \tag{2-39}$$

由于

$$
\begin{aligned}
\sum (x - \bar{x})^2 &= \sum (x^2 - 2x\bar{x} + \bar{x}^2) \\
&= \sum x^2 - 2\bar{x}\sum x + n\bar{x}^2 \\
&= \sum x^2 - 2\frac{(\sum x)^2}{n} + n\left(\frac{\sum x}{n}\right)^2 \\
&= \sum x^2 - \frac{(\sum x)^2}{n}
\end{aligned}
$$

所以上式可改写成为 $\qquad S = \sqrt{\dfrac{\sum x_i^2 - \dfrac{(\sum x_i)^2}{n}}{n-1}} \tag{2-40}$

相应的总体参数称为总体标准差,记为 σ。对于有限总体而言,σ 的计算公式为

$$\sigma^2 = \frac{\sum (x_i - \mu)^2}{n} \qquad (2-41)$$

在统计学中,常用样本标准差 S 估计总体标准差 σ。标准差与每一个数据有关,而且对其中较大或较小的误差敏感性很强,能明显地反映出较大的个别误差。

(2)标准差的计算方法

①直接法。对于未分组或小样本资料,可直接利用定义公式来计算标准差。

【例2-7】　10 瓶罐头的净重(g)分别为 450,450,500,500,500,550,550,550,600,650,计算标准差。

由已知,计算:$\sum x = 5400$,$\sum x^2 = 2955000$,代入公式得:

$$S = \sqrt{\frac{\sum x^2 - (\sum x)^2/n}{n-1}} = \sqrt{\frac{2955000 - 5400^2/10}{10-1}} = 65.828(\text{g})$$

10 瓶罐头净重的标准差为 65.828 g。

②加权法。对于已制成次数分布表的大样本资料,可利用次数分布表,采用加权法计算标准差。计算公式为

$$S = \sqrt{\frac{\sum f_i (x_i - \bar{x})^2}{\sum f_i - 1}} = \sqrt{\frac{\sum f_i x_i^2 - (\sum f_i x_i)^2 / \sum f_i}{\sum f_i - 1}} \qquad (2-42)$$

式中　　f_i——各组次数;

x_i——各组的组中值;

$\sum f_i = n$——总次数。

【例2-8】　由次数分布计算 100 听罐头净重的标准差。100 听罐头净重的次数分布表如表 2-2 所示。

表 2-2　　　　　　　　　　　　100 听罐头净重的次数分布表

组限	组中值(x)	次数(f)	组限	组中值(x)	次数(f)
329.5	331.0	1	344.5	346.0	17
332.5	334.0	3	347.5	349.0	8
335.5	337.0	10	350.5	352.0	2
338.5	340.0	26	353.5	355.0	1
341.5	343.0	31	356.5	358.0	1

$$S = \sqrt{\frac{\sum f_i (x_i - \bar{x})^2}{\sum f_i - 1}} = \sqrt{\frac{\sum f_i x_i^2 - (\sum f_i x_i)^2 / \sum f_i}{\sum f_i - 1}}$$

$$= \sqrt{\frac{(331^2 \times 1 + 334^2 \times 3 + \cdots 358^2 \times 1) - 34267^2/100}{100 - 1}}$$

$$= 4.43(\text{g})$$

(3)标准差的特性

①标准差的大小受资料中每个观测值的影响,如观测值间变异大,求得的标准差也大,

反之则小。

②计算标准差时,在各观测值加上或减去一个常数,其数值不变。

③每个观测值乘以或除以一个常数 a,则所得的标准差是原来标准差的 a 倍或 $1/a$ 倍。

④在资料服从正态分布的条件下,资料中约有 68.26% 的观测值在平均数左右一倍标准差($\bar{x} \pm S$)范围内;约有 95.43% 的观测值在平均数左右两倍标准差($\bar{x} \pm 2S$)范围内;约有 99.73% 的观测值在平均数左右三倍标准差($\bar{x} \pm 3S$)范围内。也就是说全距近似地等于 6 倍标准差,可用(全距/6)来粗略估计标准差。

标准误差不仅是一组测量中各个测量值的函数,而且对一组测量中的较大误差或较小误差的反映非常敏感。所以,标准误差能够很好的反映除测量的精密度。

5. 变异系数

变异系数(coefficient of variation)是衡量样品中各观测值离散程度的另一个统计量。标准差与平均数的比值称为变异系数,记为 $C \cdot V$。

变异系数的计算公式为:

$$C \cdot V = \frac{S}{\bar{x}} \times 100\% \tag{2-43}$$

在比较两个样本或制定食品质量标准时,因单位不同,平均数各异,就不能用标准差进行食品质量评价,就应采用变异系数来评价两个或多个样本的相对变异程度。变异系数可以消除单位 和(或)平均数的影响,可以比较不同样本资料的相对变异程度。

变异系数是标准差除以平均数的百分数。它是一个相对值,没有单位,其大小同时受平均数与标准差的影响,在比较两个或两个样本变异程度时,变异系数不受平均数与标准差大小的限制。

变异系数是以相对数形式表示的变异指标。它是通过变异指标中的全距、平均差或标准差与平均指标对比得到的。变异系数越大,波动程度越大。

变异系数的应用条件是为了对比分析不同水平的变量数列之间标志值的变异程度,就必须消除数列水平高低的影响,这时就要计算变异系数。

注意:变异系数的大小,同时受平均数和标准差两个统计量的影响,因而在利用变异系数表示资料的变异程度时,最好将平均数和标准差也列出。

【例2-9】 红玉苹果与金冠苹果所制果脯的含酸量平均数和标准差如表2-3所示,计算变异系数。

表2-3　　　　　　　　　　　　　红玉苹果与金冠苹果制果脯的含酸量结果

品种	$\bar{x}$	S	$C \cdot V$
红玉	6.44	1.91	23.9%
金冠	5.63	1.43	25.4%

变异系数的大小,同时受平均数和标准差两个统计量的影响,变异系数表示样品质量的变异程度,变异系数越大,食品质量的波动越大,因此变异系数是衡量食品质量优劣的一种指标。

总之中数、众数、样本均值是描述数据的平均状态或集中位置的;绝对误差、相对误差、算术平均值的标准误差估计值、样本方差、标准差和极差是描述数据的波动情况或离散程度的。

6. 极限误差

通常定义极限误差的范围为标准误差的 3 倍,即 ±3S。

7. 算术平均值的标准误差估计值(又称标准误)

$$\sigma_{\bar{x}}(\text{或} S_{\bar{x}}) : S_{\bar{x}} = \frac{S}{\sqrt{n}} \tag{2-44}$$

8. 置信区间

数据变动范围
$$\mu = \bar{x} \pm t_{(a,n-1)} S_{\bar{x}} = \bar{x} \pm t_{a,n-1} \frac{S}{\sqrt{n}} \tag{2-45}$$

【例 2 – 10】　用苯酚硫酸法测定某食品中总糖的含量,结果如下:总糖 67.48% 、67.37% 、67.47% 、67.43% 、67.40% 。

解:$\bar{x}$ = 67.43

$$|\Delta x_i|\ 0.05 \quad 0.06 \quad 0.04 \quad 0.00 \quad 0.03 \quad \sum_{i=1}^{5} |\Delta x_i| = 0.18$$

$$|\Delta x_i|^2\ 0.0025 \quad 0.0036 \quad 0.0016 \quad 0.0000 \quad 0.0009 \quad \sum_{i=1}^{5} |\Delta x_i|^2 = 0.0086$$

$$R = 67.48 - 67.37 = 0.11$$

$$\delta = 0.18/5 = 0.036$$

$$S = \sqrt{\frac{0.0086}{5-1}} = 0.046$$

$$CV = \frac{0.046}{67.43} = 0.068\%$$

$$S_{\bar{x}} = \frac{0.046}{\sqrt{5}} = 0.021$$

$$\mu = \bar{x} \pm t_{0.05,4} \frac{S}{\sqrt{n}} = 67.43 \pm 2.776 \times 0.021 = 67.43 \pm 0.058$$

【例 2 – 11】　有两组观测数据:

第一组　2.9　3.1　3.0　2.9　3.1

第二组　3.0　2.8　3.0　3.0　3.2

求平均值、算术平均误差和标准差,并分析其准确度和精密度。

列表计算如下。

表 2 – 4　　　　　　　　　　　两组观测数据计算结果

统计量	第一组	第二组
平均值	3.0	3.0
算术平均误差 δ	$\frac{0.1 + 0.1 + 0 + 0.1 + 0.1}{5} = 0.08$	$\frac{0 + 0.2 + 0 + 0 + 0.2}{5} = 0.08$
标准差 S	$\pm\sqrt{\frac{0.1^2 + 0.1^2 + 0.1^2 + 0.1^2}{5-1}} = \pm 0.1$	$\pm\sqrt{\frac{0.2^2 + 0.2^2}{5-1}} = \pm 0.141$

由计算数据可知:

(1)两组数据的平均值一样,即测量的准确度一样。

（2）两组数据的测量精密度不一样。$S_1 < S_2$，说明第一组数据的重现性较好，即精密度较高。而此时两组的算术平均误差 δ 是一样的，显然 δ 未反映出精密度的变化。

习　题

1．试验指标、试验因素、水平在试验设计中选取的依据是什么？请举例说明。

2．试验设计遵循的原则是什么？这些原则在试验设计中的作用如何？

3．平均值的计算类型有哪些？请说明每种平均值类型的适用条件及特征。

4．试说明算术平均误差、标准差、变异系数各自的特点及在评价数据准确度中的作用。

5．测定某蔬菜提取物中的碳水化合物的含量，结果如下：36.18%、35.37%、37.47%、39.43%、40.40%，试计算结果中的绝对误差、最大相对误差、算数平均误差和标准差。

第三章 试验数据的统计假设检验

第一节 统计假设检验基本术语

统计学的一些基本术语贯穿于试验数据统计假设检验的全过程,正确理解这些基本术语,有助于我们进行周密的设计,并严格按照设计方案搜集、整理、分析和表达试验数据资料。

一、总体与样本

(一)总体

总体(population)根据一定的研究目的和要求所确定的研究对象的全体,构成总体的每一个对象称为个体。如检测某厂生产的某食品的营养成分含量,则该厂生产的全部食品营养成分含量测量值就构成所描述的总体,该厂生产的每个食品的营养成分含量就是一个观察单位。

根据研究的总体是否有明确的观察单位数,总体可以分为有限总体和无限总体。有限总体中观察单位数是有限的或可知的,而无限总体的观察单位数是无限的或不可知的。在实际工作中,对总体特征与性质的认识,一般情况下是没有必要甚至也不可能去对总体中每个观察单位进行全面的逐个研究,而常常是从总体中抽取部分个体来进行抽样研究。

(二)样本

样本(sample)是从总体中随机抽取的具有代表性的个体的集合。一个样本所包含的观察单位数目称为样本容量或样本数。抽样的目的是通过对样本的考察和分析,根据该样本所提供的信息对总体的某些特征做出估计和推断。所以样本必须对总体具有良好的代表性,抽样研究时应注意样本的构成分布与总体构成分布基本上保持一致,样本含量要足够大。

在抽取样本时,要求方法简单易行,并且对抽取的数据便于用统计方法进行处理和推断。抽样的方法很多,对于有限总体,一般采用有放回的抽样,在总体的研究对象数量相对于样本大得多时,可近似采用无放回的抽样。总体中的每一个研究对象以相等的概率被抽取,这种等概率抽样称为单纯随机抽样,常用抽签或查随机数表等方法实施。

若采用机械抽样(按一定的间隔抽取,如取 4 号、24 号、44 号……)、分层抽样(把研究对象分为互不重叠的层,在各层随机抽样)和整群抽样(把研究对象分为互不重叠的群,随机抽取若干群的全体),则可以得到非简单随机样本。

二、参数与统计量

参数(parameter)是反映总体的统计指标,一般用希腊字母表示,如 μ(总体均数)、σ(总体标准差)等;统计量(statistics)是反映样本的统计指标,通常用英文字母来表示,如 $\bar{x}$(样本均数)、S(样本标准差)等。

对某一事件而言,总体参数是该事件本身固有的、不变的,是一个稳定的数据,而且往往是未知的,而统计量则是随机的,一般是已知的或可通过计算来获得,并随着试验样本的不同而不同,但是有一定的分布规律,如小样本均数服从 t 分布,大样本均数服从正态分布等,这些规律是进行统计推断的理论基础。

第二节　统计假设检验的基本原理与基本步骤

一、统计假设检验的基本原理

对总体的分布类型或其中的某些未知参数作某种假设,然后从总体中抽取样本,根据样本提供的信息构造合适的统计量,对所作假设的真伪进行推断,做出拒绝或接受这一假设的决策,这类统计方法称为假设检验(hypothesis test)。实际中,多数情况是用样本数据去推断总体,由于个体变异和随机抽样误差,不能简单地根据样本统计量数值的大小直接获得结论。例如,比较甲、乙两种食品包装的受欢迎程度,甲种包装的食品购买量为 100 袋,乙种包装的食品购买量为 150 袋,并不能说明乙包装更受欢迎,因为如果再重新做一次试验其结果可能相反。所以需要利用假设检验的方法达到由样本推断总体的目的。

假设检验的理论依据是"小概率事件原理",即小概率事件在一次试验中几乎不会发生。在统计推断中,把概率很小的事件叫作小概率事件。"小概率事件原理"就是概率很小的事件在一次试验中认为是不可能发生的。如果预先的假设使得小概率事件发生了,类似于数学中传统推理的反证法出现逻辑矛盾那样,就认为出现了不合理现象,从而拒绝假设。一般把概率不超过 0.10、0.05、0.01 的事件当作"小概率事件",用 α 表示,称为检验水准或显著水平(significance level),α 通常取 0.05、0.01,实际问题中也可取 0.10、0.001 等。

假设检验的基本原理就是首先对所需要比较的总体提出一个无差别假设,然后通过样本数据利用"小概率事件原理"推断是否拒绝这一假设。下面举例说明假设检验的基本原理。

【例 3－1】　某厂机器生产的维生素,额定标准为每丸重 8.9g。从机器所生产的产品中随机抽取 9 丸,$\bar{x} = 9.0111$,$S = 0.1182$。问该厂机器生产的维生素丸的丸重是否符合标准?

样本的均数 $\bar{x} = 9.0111$g 与额定标准 8.9g 之间的差异有两种原因造成:一种是机器工作不正常造成的,也称为本质原因,样本均数与总体均数有实质性差异;另一种机器工作正常,样本均数与总体均数没有实质性差异,差异是由随机误差所造成的。统计上就是要根据样本的信息去推断究竟是哪种原因造成的。

先假设该厂机器生产的维生素丸的丸重符合标准 8.9g,判断其是否成立,从而判断机器工作是否正常。根据抽样分布的理论,在此假设条件下,可以构造出一个统计量。

$$t = \frac{\bar{x} - \mu}{S / \sqrt{n}} \tag{3-1}$$

服从自由度为 $df = n - 1$ 的 t 分布。

由附表 1 可知

$$P(\mid t \mid > 1.86) = 0.05 \tag{3-2}$$

式(3-2)说明$|t| > 1.86$是一个小概率事件,即$|t|$超过1.86的可能性是很小的。在本问题中由随机样本可得:

$$t = \frac{9.0111 - 8.9}{0.1182/\sqrt{9}} = 2.8201$$

$|t| = 2.8201 > 1.86$,显然是小概率事件发生了,与"小概率事件原理"相违背。上面的推理是没有错误的,问题只能出在假设上,从而拒绝假设,可以认为该厂机器生产的维生素丸的丸重不符合标准。

上面的推理类似于数学上的反证法,思路是一样的,但又有所不同。数学上的反证法是推出一个与逻辑相矛盾的结论,而假设检验推出的是一个与"小概率事件原理"相矛盾的结论。

二、统计假设检验的基本步骤

一般的,统计假设检验可以按照如下四个步骤进行:

1. 建立统计假设

根据具体的实际问题,提出统计假设。如【例3-1】中,假设该厂机器生产的维生素丸的丸重是8.9g。

2. 计算统计量

由样本的信息和假设的情况,构造一个分布已知的统计量并计算出具体值。如【例3-1】中,构造出的统计量是$t = \dfrac{\bar{x} - \mu}{S/\sqrt{n}}$。

3. 对于给定的显著水平α查统计用表,确定临界值

如【例3-1】中,对于给定的显著水平α,通过查书后相应的附表,找出满足$P(|t| \geq t_{\alpha/2}) = \alpha$条件的临界值$t_{\alpha/2}$。

4. 做出统计推断

如【例3-1】中,把具体的统计量t值与查出的临界值$t_{\alpha/2}$作比较,得出统计结论。如果$|t| > t_{\alpha/2}$,$P < \alpha$,拒绝假设;如果$|t| < t_{\alpha/2}$,$P > \alpha$,不拒绝假设。

第三节　样本特征数的假设检验

一、均数的假设检验

(一)单个样本均数的假设检验

常用的单个样本均数的假设检验方法是t检验,应用条件是试验数据服从正态分布,即正态性(常用统计软件验证,具体方法详见本章第六节);条件不符合时,常用秩和检验。

单个样本均数的t检验又称单样本t检验(one sample t-test),适用于样本均数$\bar{x}$与给定值μ_0的比较(给定值μ_0一般指真值、标准值或经过大量观察所得的稳定值),目的是推断该样本均数$\bar{x}$所代表的未知总体均数μ是否与μ_0有差别。检验统计量t为:

$$t = \frac{\bar{x} - \mu}{S_{\bar{x}}} = \frac{\bar{x} - \mu_0}{S/\sqrt{n}}, df = n - 1 \tag{3-3}$$

服从自由度为 $n-1$ 的 t 分布,其中,$\bar{x}$ 为样本均数,μ_0 为给定值,n 为样本含量,分子是样本均数与 μ_0 的差距,分母 $S_{\bar{x}} = S/\sqrt{n}$ 称为样本均数的标准误。对于给定的显著水平 α,通过查书后相应的附表1,找出临界值,把具体的统计量 t 值与查出的临界值作比较,得出统计结论。

对于双侧检验(表3-1),如果 $|t| > t_{\alpha/2}$,拒绝假设,判断该组数据均数与给定值 μ_0 有显著差异;如果 $|t| < t_{\alpha/2}$,不拒绝假设,判断该组数据均数与给定值 μ_0 无显著差异。

对于单侧检验,如果 $t > t_{\alpha}$,拒绝假设,判断该组数据均数与给定值 μ_0 相比有显著增大,否则,该组数据均数与给定值 μ_0 相比无显著增大,称此单侧检验为右检验;如果 $t < -t_{\alpha}$,拒绝假设,判断该组数据均数与给定值 μ_0 相比有显著减小,否则,该组数据均数与给定值 μ_0 相比无显著减小,称此单侧检验为左检验。

一般的,对于假设检验所研究的问题只关心有无显著差异,则采用双侧检验;如果研究的问题是想判断某个参数是否比某个值偏大,采用单侧检验中的右检验;如果研究的问题是想判断某个参数是否比某个值偏小,采用单侧检验中的左检验。

表3-1 单样本的 t 检验

前提	信息	统计量	临界值	有显著差异
正态分布	$\bar{x} \neq \mu_0$	$t = \dfrac{\bar{x} - \mu}{S/\sqrt{n}}$	$t_{\alpha/2}$	$\|t\| > t_{\alpha/2}$
	$\bar{x} > \mu_0$		t_{α}	$t > t_{\alpha}$
	$\bar{x} < \mu_0$	$df = n - 1$	$-t_{\alpha}$	$t < -t_{\alpha}$

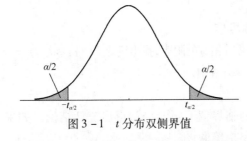

图3-1 t 分布双侧界值

【例3-2】 通过对以往大量资料分析得出某城市中年消费群体对某商品每月的平均购买量为167份,现在随机抽取当地20名中年消费者,得到一组购买量数据(份):173,168,166,165,162,175,174,163,169,171,170,177,168,169,174,173,167,179,166,170。问当地中年消费者平均购买量是否比以往高?

解:依题意,是要检验当地中年消费者平均购买量是否比以往高,所以选用单侧(右侧)t 检验。

1. 建立假设

假设当地中年消费者平均购买量与以往相同。

2. 选择检验方法,计算检验统计量 t 值

$n = 20$,计算得 $\bar{x} = 169.95$,$S = 4.55\text{cm}$,$\mu_0 = 167$,代入式(3-3)得:

$$t = \frac{\bar{x} - \mu}{S_{\bar{x}}} = \frac{\bar{x} - \mu_0}{S/\sqrt{n}} = \frac{169.95 - 167}{4.55/\sqrt{20}} = 2.894。$$

3. 对于给定的显著水平 $\alpha = 0.05$,$df = n - 1 = 20 - 1 = 19$,查统计用表(附表1),确定临界值 $t_{0.05}(19) = 1.729$。

4. 作出统计推断

因为 $t > t_{\alpha}$,按单侧 $\alpha = 0.05$ 水准,拒绝假设,可认为现在当地中年消费者平均购买量比以往高。

（二）两个样本均数的假设检验

在科研试验中,常常会遇到两个样本均数的比较问题。例如,在临床试验中比较新药和旧药的效果或比较两种治疗方法之间是否有差异,在食品生产中比较新旧工艺的优劣等都属于这类问题。处理这类问题,常用配对比较和成组比较两种统计方法。

1. 配对 t 检验

配对 t 检验,亦称成对 t 检验(paired/matched t-test)。在此检验中,试验数据成对出现,除了被比较的因素外,其他条件相同。

配对 t 检验主要适用于以下情形。

①观察同一批病人在治疗前后的变化,治疗前的数值和治疗后的数值是配对数据;

②同一批病人或动物用不同的方法处理。通过对两组配对资料的比较,判断不同的处理效果是否有差别或某种治疗方法是否起作用。

③两种分析方法或两种仪器测定同一来源的样品,或两名分析人员用同样的方法测定同一来源的样品,以判断两种方法、两种仪器或两名分析人员的测定结果之间是否存在系统误差。

配对 t 检验比较的目的在于每一对中两个观察值之差,用 t 检验推断差值的总体均数 μ_d 是否为 0,检验的统计量为

$$t = \frac{\bar{d} - \mu_d}{S_{\bar{d}}} = \frac{\bar{d} - 0}{S_d / \sqrt{n}} = \frac{\bar{d}}{S_d / \sqrt{n}}, df = n - 1 \tag{3-4}$$

式中　$\bar{d}$——差值的均数;

S_d——差值的样本标准差;

n——对子数。

如果 $|t| < t_{\alpha/2}$,则配对数据之间不存在显著的系统误差,否则,配对数据之间存在显著的系统误差。

【例 3-3】　为研究食用丝素蛋白对小白鼠血液中胆固醇含量的影响,将 20 只小白鼠按性别、体重、窝别配成对子。每对中随机抽取一只服用丝素蛋白,另一只作为阴性对照。经过一定的时间,测量小白鼠血中胆固醇含量,结果如表 3-2 所示。问小白鼠服用丝素蛋白后血中胆固醇含量与对照组有无不同?

表 3-2　　　　　　　　　不同组别小白鼠血中胆固醇含量(mg/dL)

配对号	1	2	3	4	5	6	7	8	9	10
对照组	23	28	24	23	18	31	27	24	19	16
丝素蛋白组	14	16	15	18	17	21	19	20	15	17
差值	9	12	9	5	1	10	8	4	4	-1

解:选择配对 t 检验方法,计算检验统计量 t 值。

本例中, $n = 10, \bar{d} = 6.1, S_d = 4.175$

$$t = \frac{\bar{d}}{S_d / \sqrt{n}} = \frac{6.1}{4.175 / \sqrt{10}} = 4.620$$

$$df = n - 1 = 10 - 1 = 9$$

按 $\alpha = 0.05$ 水准,查 t 界值表(附表1),得 $t_{0.05/2}(9) = 2.262$, $|t| > t_{0.05/2}(9)$,可以认为小

白鼠服用丝素蛋白后血中胆固醇含量与对照组不同,服用丝素蛋白后小白鼠血中胆固醇含量低于对照组。

2. 成组 t 检验

配对比较虽然有利于减小误差,暴露本质,但某些实际问题不便配对或很难配对。这时,只能把全部研究对象随机分配到试验组和对照组,进行成组 t 检验。成组 t 检验目的是推断两个样本分别代表的总体均数是否相等。其应用条件是①两组试验数据服从正态分布,即正态性;②两组试验数据的总体方差相等,也称为方差齐。

设有两组试验数据,第一组试验数据为 $x_1, x_2 \cdots x_{n_1}$,样本均数为 $\bar{x}$、样本方差为 S_1^2;第二组试验数据 $y_1, y_2 \cdots y_{n_2}$ 的样本均数为 $\bar{y}$、样本方差为 S_2^2。成组 t 检验统计量的计算公式为

$$t = \frac{\bar{x} - \bar{y}}{S_\omega \sqrt{\dfrac{1}{n_1} + \dfrac{1}{n_2}}} \qquad (3-5)$$

服从自由度为 $df = n_1 + n_2 - 2$ 的 t 分布。$S_\omega^2 = \dfrac{(n_1 - 1)S_1^2 + (n_2 - 1)S_2^2}{n_1 + n_2 - 2}$ 为两样本的合并方差。

【例 3 - 4】 将 20 只小鼠随机等分为试验组与对照组,3 个月后观察体重上升的幅度,结果如表 3 - 3 所示,设两组数据的方差无显著性差异,试问两组体重上升的幅度有无差别?

表 3 - 3	试验组和对照组体重上升值									
组别	体重上升值/g									
试验组	12	17	13	8	4	10	9	12	10	7
对照组	11	8	12	13	9	10	8	10	7	16

解:根据试验数据,计算出各自的平均值和标准差得:$\bar{x} = 10.2, \bar{y} = 10.4, S_1 = 3.58, S_2 = 2.72$。进行成组设计两样本定量资料的 t 检验。计算统计量 t 值代入式(3 - 5)得

$$t = \frac{\bar{x} - \bar{y}}{S_\omega \sqrt{\dfrac{1}{n_1} + \dfrac{1}{n_2}}} = \frac{10.2 - 10.4}{\sqrt{\dfrac{3.58^2 \times (10 - 1) + 2.72^2 \times (10 - 1)}{10 + 10 - 2} \times \left(\dfrac{1}{10} + \dfrac{1}{10}\right)}} = 0.141$$

本例 $df = n_1 + n_2 - 2 = 10 + 10 - 2 = 18$,查附表 1($t$ 界值表),双侧 $t_{0.05/2}(18) = 2.101$,本例 $t = 0.141 < t_{0.05/2}(18)$,故按照 $\alpha = 0.05$ 的检验水准,尚不能认为两组体重上升的幅度有差别。

3. 异方差 t' 检验

若两样本来自的总体方差不相等(不齐),可应用 t' 检验。统计量为

$$t' = \frac{\bar{x} - \bar{y}}{\sqrt{S_1^2/n_1 + S_2^2/n_2}} \qquad (3-6)$$

t' 检验近似的方法有 Cochran - Cox 法(1950)、Satterthwaite 法(1946)、Welch 法(1947)三种,常用 Satterthwaite 法。

Cochran - Cox 法,是对 t 界值进行修正,即

$$t'_\alpha = \frac{t_\alpha(n_1 - 1)\dfrac{S_1^2}{n_1} + t_\alpha(n_2 - 1)\dfrac{S_2^2}{n_2}}{\dfrac{S_1^2}{n_1} + \dfrac{S_2^2}{n_2}} \qquad (3-7)$$

Satterthwaite 法,是对自由度进行修正,即:

$$df = \frac{\left(\dfrac{S_1^2}{n_1} + \dfrac{S_2^2}{n_2}\right)^2}{\dfrac{1}{n_1 - 1}\left(\dfrac{S_1^2}{n_1}\right)^2 + \dfrac{1}{n_2 - 1}\left(\dfrac{S_2^2}{n_2}\right)^2} \tag{3-8}$$

Welch 法,也是对自由度进行修正,即

$$df = \frac{\left(\dfrac{S_1^2}{n_1} + \dfrac{S_2^2}{n_2}\right)^2}{\dfrac{1}{n_1 + 1}\left(\dfrac{S_1^2}{n_1}\right)^2 + \dfrac{1}{n_2 + 1}\left(\dfrac{S_2^2}{n_2}\right)^2} - 2 \tag{3-9}$$

由式(3-8)、式(3-9)计算的自由度按四舍五入的规则取整,查 t 界值表,作结论。

【例 3-5】 设马铃薯中蛋白质含量服从正态分布,用两种方法各 10 次测定蛋白质含量($g/100g$),测定值均数分别为 $\bar{x} = 2.2150$($g/100g$)、$\bar{y} = 2.2651$($g/100g$),标准差分别为 $S_1 = 0.1284$($g/100g$)、$S_2 = 0.0611$($g/100g$)。假设两组总体的方差有显著差异,问第 1 种方法测定的蛋白质含量是否低于第 2 种方法?

解:因为两组总体的方差有显著差异,所以进行异方差 t' 检验,根据实际问题,选用单侧(左侧)检验。$n_1 = n_2 = 10$,由 Satterthwaite 法,计算得到

$$df = \frac{(10 - 1) \times (0.1284^2 + 0.0611^2)^2}{0.1284^4 + 0.0611^4} = 12.8771$$

$$t' = \frac{2.2150 - 2.2651}{\sqrt{0.1284^2/10 + 0.0611^2/10}} = -1.1142$$

查统计用表 1,$t_{0.05(13)} = 1.771$,$t' > -t_{0.05(13)}$,由单侧(左侧)检验知两组均数无显著差异。不能认为第 1 种方法测定的蛋白质含量低于第 2 种方法。

4. 秩和检验

前面介绍的检验方法都要求试验数据服从正态分布,而当试验数据资料不服从正态分布时或分布类型不清以及的一端或两端无确定数据(如 < 0.5 或 > 0.5 等)的资料,常用秩和检验(rank sum test)。

所谓"秩"(rank),就是将各原始数据从小到大排列,分别给每个数据的一个顺序号。秩和检验是将试验数据经过秩转换后求秩和,计算检验统计量,做出统计推断的假设检验方法。两样本的秩和检验是由 Mann,Whitney 和 Wilcoxon 三人共同设计的一种检验,有时也称为 Wilcoxon 秩和检验,用来检验两组数据或两种试验方法之间是否存在系统误差,两种方法是否等效等。

设有两组试验数据 $x_1, x_2, \cdots, x_{n_1}$ 与 $y_1, y_2, \cdots, y_{n_2}$,设两组试验数据相互独立,其中 n_1, n_2 分别为两组数据的个数,秩和检验的方法如下。

(1)将两样本看成是单一样本(混合样本)然后由小到大排列观察值统一编秩。编秩时如遇到相同数据时取平均秩。

(2)求秩和,确定统计量 T 两组秩分别相加。若两组例数相等,则任取一组的秩和为统计量 T。若两组例数不等,则以样本例数较小者对应的秩和为统计量 T。

(3)对于给定的显著性水平 α 和 n_1, n_2,由秩和临界值表(附表 2)查得 T 的上下限 T_2 和 T_1。如果 $T > T_2$ 或 $T < T_1$,则认为两组数据有显著差异,否则无显著差异。

【例 3-6】 比较两组饲料喂养雄性大鼠所增体重,如表 3-4 所示,试进行秩和检验。

表 3 - 4   高蛋白饲料和普通饲料两种饲料对雄性大鼠体重增加量

普通组体重增加量/g	等级	高蛋白组体重增加量/g	等级
52	1	82	6.5
60	2.5	84	8
60	2.5	85	9
62	4	97	11
64	5	102	13
82	6.5	111	15
95	10	130	16
100	12	144	17
106	14	152	18
		156	19
R_1	57.5	R_2	132.5

解: (1) 将两组数据混合, 并按照大小顺序编秩。最小的数据秩次为 1, 第二小的数据秩次为 2, 以此类推; 如果出现相同值, 取平均秩作为其秩次, 如 60, 60 取其平均秩 $(2+3)/2 = 2.5, 82, 82$ 取其平均秩 $(6+7)/2 = 6.5$。

(2) 普通组样本观察值的例数 $n_1 = 9$; 高蛋白组样本观察值的例数 $n_2 = 10$; 普通组样本观察值的各项秩和 $R_1 = 57.5$, 高蛋白组样本观察值的各项秩和 $R_2 = 132.5$。因为 $n_1 < n_2$, 所以 $T = 57.5$。

(3) 对于给定的显著性水平 $\alpha = 0.05$, 由秩和临界值表 (附表 2) 查得 T 的上下限 $T_2 = 111$ 和 $T_1 = 69$。$T < T_1$, 认为两组数据有显著差异, 两种饲料饲养后雄性大鼠体重增加量的总体均数不同, 高蛋白组的雄性大鼠体重增加量高于普通饲料组。

二、方差的假设检验

(一) 单个样本方差的假设检验

在许多的实际问题中, 不但要考虑试验数据的平均性, 而且也要研究试验数据的波动性, 方差或标准差都是反映取值波动性的指标。为了使生产比较稳定就需要控制方差, 方差的假设检验的基本思想与均数的假设检验是一样的, 主要差别是统计量不同, 下面介绍检验方法。

设试验数据 $x_1, x_2, \cdots, x_n$ 是来自正态总体的样本, 样本方差为 S^2。

统计量

$$\chi^2 = (n-1)S^2/\sigma^2 \tag{3-10}$$

服从自由度 $df = n - 1$ 的 χ^2 分布。方差的假设检验可类似进行双侧检验或单侧检验, 在实际问题中常用单侧检验。选用检验水准 α, 查统计用表 4 确定临界值, 如图 3 - 2 所示, 可以按照表 3 - 5 所示进行单个样本方差的 χ^2 检验, 其中, σ_0^2 为给定值。

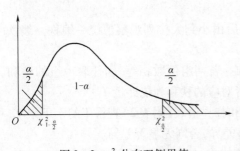

图 3 - 2 χ^2 分布双侧界值

表 3 - 5　　　　　　　　　　　　　　　　　**单个样本方差的 χ^2 检验**

前提	信息	统计量	临界值	有显著差异
正态分布	$S^2 \neq \sigma_0^2$	$\chi^2 = \dfrac{(n-1)S^2}{\sigma_0^2}$	$\chi_{\frac{\alpha}{2}}^2$	$\chi^2 < \chi_{1-\frac{\alpha}{2}}^2$ 或 $\chi^2 > \chi_{\frac{\alpha}{2}}^2$
	$S^2 > \sigma_0^2$		χ_α^2	$\chi^2 > \chi_\alpha^2$
	$S^2 < \sigma_0^2$	$df = n - 1$	$\chi_{1-\alpha}^2$	$\chi^2 < \chi_{1-\alpha}^2$

【例 3 - 7】　某食品的含铁量服从正态分布,方差不超过 0.048^2。从某批产品随机抽取 5件,测得含铁量(mg)为 1.32、1.55、1.36、1.40、1.44。试问这批产品的方差是否正常?

解:根据实际问题,选用单侧检验。计算得到:

$$n = 5 \text{、} \bar{x} = 1.4140 \text{、} S = 0.0882$$

$$\chi^2 = \frac{4 \times 0.0882^2}{0.048^2} = 13.5056$$

由 $df = 4$,查统计用表 4,$\chi_{0.01}^2(4) = 13.2767$,$\chi^2 > \chi_{0.01}^2(4)$,故以 $\alpha = 0.01$ 水准的单侧检验可以认为该批产品的方差高于 0.048^2,不正常。

(二)两个样本方差的假设检验

设有两组试验数据,第一组试验数据为 $x_1, x_2, \cdots x_{n_1}$,样本均数为 $\bar{x}$、样本方差为 S_1^2;第二组试验数据 $y_1, y_2, \cdots, y_{n_2}$ 的样本均数为 $\bar{y}$、样本方差为 S_2^2。要检验这两组方差是否有显著性差异,称这样的检验为方差齐性检验。

方差齐性检验是两样本均数的差异性检验的重要前提,方差齐性检验的基本思想与前面介绍的假设检验的基本思想上是没有什么差异性的,只是所选择的统计量不一样。方差齐性检验选择的统计量为

$$F = \frac{S_1^2}{S_2^2} \tag{3-11}$$

服从第 1 自由度 $df = n_1 - 1$、第 2 自由度 $df_2 = n_2 - 1$ 的 F 分布,记为 $F(n_1 - 1, n_2 - 1)$。两个样本方差的假设检验,可类似进行双侧检验或单侧检验,选用检验水准 α,查统计用表 5确定临界值 $F_{1-\frac{\alpha}{2}}$、$F_{\frac{\alpha}{2}}$。如果 $F < F_{1-\frac{\alpha}{2}}$ 或 $F > F_{\frac{\alpha}{2}}$,则认为这两组方差有显著性差异,若 F 在区间 $(F_{1-\frac{\alpha}{2}}, F_{\frac{\alpha}{2}})$ 内则认为这两组方差无显著性差异。

为了计算上的方便,一般取样本方差中较大者为分子,较小者为分母,即

$$F = \frac{S_{大}^2}{S_{小}^2}, df_1 = n_{分子} - 1, df_2 = n_{分母} - 1 \tag{3-12}$$

由此算得 $F = \dfrac{S_{大}^2}{S_{小}^2} > 1$,再与 F 分布的上界值比较,即当 $F > F_\alpha$,认为两组方差有显著性差异。这个用 F 分布的统计量进行检验的方法,也叫 F 检验法,并且常用单侧检验。

【例 3 - 8】　用两种方法测定某食品中的糖含量,各测定 4 次,得到的数据如表 3 - 6 所示。

表 3 - 6　　　　　　　　　　　　　　**两种方法测定食品中的糖含量**

	含糖量/%			
方法一	3.28	3.28	3.29	3.29
方法二	3.23	3.29	3.26	3.25

假定测定数据服从正态分布,试检验两种测定方法的方差是否有显著性差异?(α =0.05)

解:两组数据计算得 $n_1 = 4$, $S_1 = 0.0058$; $n_2 = 4$, $S_2 = 0.0250$

计算统计量 $F = \dfrac{S_{\text{大}}^2}{S_{\text{小}}^2} = \dfrac{0.0250^2}{0.0058^2} = 18.5791$

给定 $\alpha = 0.05$,查附表 5 得临界值 $F_{0.05}(3,3) = 9.28$ 。因为 $F > F_{0.05}(3,3)$,所以,在 $\alpha = 0.05$ 条件下,可以认为两法测定的食品中的糖含量方差有显著差异,方差不齐。

三、可疑数据的检验

在试验室检验工作和研究试验过程中,常会在一组重复测量的试验数据里,出现少数几个偏差特别大的数据,这类数据称为异常值、坏值或含有粗大误差的数据(Outlier 或 Exceptional Data)。产生异常值的原因一般是由于疏忽、失误或意外原因造成的,如读错、记错、仪器示值突然跳动、突然震动、操作失误等。所以,在整理试验数据、计算测量结果时要考虑异常值的判别和剔除。对于异常数据不能简单地凭直觉判断或任意的抛弃,需要通过对异常数据的分析,发现引起误差的原因,进而改进试验过程或试验方法。

对异常数据的判别一般用数理统计的方法,如拉依达检验法(3σ 判定法)、格拉布斯(Grubbs)检验法则、狄克逊(Dixon)检验法、肖维勒检验法、罗曼诺夫斯基检验法、 t 检验法(罗曼诺夫斯基准则)、 F 检验法等。由于这些方法都有各自的特点,效果也不尽相同,例如,拉依达检验法不能检验样本量较小(显著性水平为 0.1 时, n 必须大于 10)的情况,格拉布斯检验法则可以检验较少的数据。在国际上,常推荐格拉布斯检验法和狄克逊检验法。这里介绍几种常用的判别方法。

1.拉依达检验法

拉依达检验法又称 3σ 判定法,它是常用的也是判别异常值最简单的方法。

对于某个测量列 $x_i(i = 1,2,\cdots,n)$,如果在测量列中发现某测量值 x_p 与试验数据的算术平均值 $\bar{x}$ 的偏差的绝对值 $|d_p|$ 大于三倍(或两倍)的标准差,即

$$|d_p| = |x_p - \bar{x}| > 3S \text{ 或 } 2S \qquad\qquad (3-13)$$

则可认为 x_p 为异常数据,应该剔除。一般情况下,显著性水平 $\alpha = 0.01$ 时选取 $3S$, $\alpha = 0.05$ 时选取 $2S$ 。在使用拉依达检验法时,允许一次将满足式(3-13)的所有数据剔除,然后,再将剩余各个数据重新计算标准差,并再次用式(3-13)继续剔除异常数据。

3σ 判定法偏于保守,它是以测量次数充分多为前提的。在 $n \leqslant 10$ 时,用 $3S$ 作界限,即使有异常数据也无法剔除;若用 $2S$ 作界限,则 5 次以内的试验次数,无法舍弃异常数据,所以,当 $n \leqslant 10$ 的情形,最好不要选用 3σ 判定法。在要求不高时,拉依达检验法还是可以使用。但对测量次数较少而要求又较高的测量数据列,则应采用后面介绍的 t 检验法或格拉布斯检验法。

【例 3-9】 对某食品物理量进行 15 次测量,测得值为 0.42,0.43,0.40,0.43,0.42,0.43,0.39,0.30,0.40,0.43,0.42,0.41,0.39,0.39,0.40。若设这些值已消除了系统误差,试用拉依达检验法来判别该测量列中,是否含有异常数据。

解:(1)先计算均数 $\bar{x}$ 和标准差 S :

$$\bar{x} = 0.404, S = 0.033$$

(2)计算 $|d_p|$ 和 $3S$:

$$|d_8| = |x_8 - \bar{x}| = |0.30 - 0.404| = 0.104$$

$$3S = 3 \times 0.033 = 0.099$$

（3）比较 $|d_p|$ 和 $3S$：

因 $|d_8| > 3S$，故应将 x_8 剔除。再将剩余的 14 个测得值重新计算，得：

$$\bar{x}' = 0.411, S' = 0.016$$

$$3S = 3 \times 0.016 = 0.048$$

按上述方法逐个计算剩余的 14 个测得值的偏差 d_i'，均满足 $|d_i'| < 3S$。故可以认为这些剩下的测量值不再含有异常数据。

2. 格拉布斯（Grubbs）检验法

格拉布斯（Grubbs）检验法应用的前提条件是随机样本来自正态总体。如果怀疑 x_p 为异常数值，先求出该测量列的均数 $\bar{x}$ 和标准差 S，当

$$|d_p| = \frac{|x_p - \bar{x}|}{S} > G_{(\alpha, n)} \tag{3-14}$$

应将 x_p 视为异常数值将其删除。其中 $G_{(\alpha, n)}$ 称为格拉布斯检验临界值，n 为数据数目，α 为显著性水平，附表 6 列出了格拉布斯检验法的临界值。

根据式（3-14）若将某一异常试验数据剔除，则剩余 $n-1$ 个数据，重复利用式（3-14），再次判断，直到经过 m 次判断，得到无异常数据。但需要指出的是：应对测试数据异常值进行详细分析，只有确定其是由于测量过失引起的误差，才能进行剔除处理。为了便于说明，以下举例说明。

【例 3-10】 测得食品生产机器的某状态下电性能指标分别为 1.54，2.08，2.10，2.12，2.25，2.31，2.41，2.43，2.56，2.67 等 10 个数据，试用格拉布斯检验法判断第一个观测数据 1.54 是否为异常数据。（$\alpha = 0.05$）

解：（1）先计算均数 $\bar{x}$ 和标准差 S

$$\bar{x} = 2.247, S = 0.317$$

（2）计算 $|d_p|$

$$|d_p| = \frac{|x_1 - \bar{x}|}{S} = \left| \frac{1.54 - 2.247}{0.317} \right| = \frac{0.707}{0.317} = 2.23$$

（3）比较 $|d_p|$ 和 $G_{(\alpha, n)}$ 查附表 6 格拉布斯临界值 $G_{(0.05, 10)} = 2.18$，所以 $|d_p| > G_{(0.05, 10)}$，因此，认为第一个观测数据 1.54 为异常数据。

3. 狄克逊（Dixon）检验法

采用狄克逊（Dixon）检验法，不必计算均数和标准差。而是根据试验次数 n 的不同，计算出相应的 D 值，所以计算量较小。

（1）单侧检验步骤

①将 n 个试验数据 $x_i (i = 1, 2, \cdots, n)$ 按照从小到大的顺序排列，设为

$$x_1 \leqslant x_2 \leqslant \cdots \leqslant x_{n-1} \leqslant x_n$$

如果有异常值存在，一定出现在两端，当只有一个异常值时，此异常值不是 x_1 就是 x_n。值得注意的是，每次只检验一个可疑值。

②根据表 3-7 中的公式，计算统计量 D 或 D'。D 与 D' 都与试验次数 n 和可疑值有关。

③对于给定的显著性水平 α，查附表 7 狄克逊单侧临界值 $D_{1-\alpha}(n)$。

④检验高端值时，当 $D > D_{1-\alpha}(n)$ 时，则 x_n 为异常值；检验低端值时，当 $D' > D_{1-\alpha}(n)$ 时，则 x_1 为异常值；否则，判断没有异常值。

表 3 - 7　　　　　　　　　　　狄克逊(Dixon)检验异常值统计量 D 计算公式

n	检验高端异常值	检验低端异常值	n	检验高端异常值	检验低端异常值
3 ~ 7	$D = \dfrac{x_n - x_{n-1}}{x_n - x_1}$	$D' = \dfrac{x_2 - x_1}{x_n - x_1}$	11 ~ 13	$D = \dfrac{x_n - x_{n-2}}{x_n - x_2}$	$D' = \dfrac{x_3 - x_1}{x_{n-1} - x_1}$
8 ~ 10	$D = \dfrac{x_n - x_{n-1}}{x_n - x_2}$	$D' = \dfrac{x_2 - x_1}{x_{n-1} - x_1}$	14 ~ 30	$D = \dfrac{x_n - x_{n-2}}{x_n - x_3}$	$D' = \dfrac{x_3 - x_1}{x_{n-2} - x_1}$

（2）双侧检验步骤

① 根据表 3 - 7 中的公式,计算统计量 D 或 D'。

② 对于给定的显著性水平 α,查附表 7 狄克逊双侧临界值 $\tilde{D}_{1-\alpha}(n)$。

③ 检验高端值时,当 $D > D'$,$D > \tilde{D}_{1-\alpha}(n)$ 时,则 x_n 为异常值;检验低端值时,当 $D' > D$,$D' > \tilde{D}_{1-\alpha}(n)$ 时,则 x_1 为异常值;否则,判断没有异常值。

【例 3 - 11】　用狄克逊检验法对举例 3 - 10 的数据进行判断有无异常数据。

解:依题意,$n = 10$

（1）单侧检验

$$D = \frac{x_n - x_{n-1}}{x_n - x_2} = \frac{2.67 - 2.56}{2.67 - 2.08} = 0.186$$

$$D' = \frac{x_2 - x_1}{x_{n-1} - x_1} = \frac{2.08 - 1.54}{2.56 - 1.54} = 0.529$$

查附表 7 狄克逊单侧临界值 $D_{0.95}(10) = 0.477$,$D' > D_{0.95}(10)$,所以最小试验数据 1.54 为异常值,应予以剔除;$D < D_{0.95}(10)$,所以最大试验数据 2.67 不是异常值,应予以保留。

（2）双侧检验

$D = 0.186$,$D' = 0.529$。查附表 7 狄克逊双侧临界值 $\tilde{D}_{0.95}(10) = 0.530$,$D' > D$,而 $D' < D_{0.95}(10)$,所以最小试验数据 1.54 不是异常值,应予以保留。

由【例 3 - 11】知,应用不同的检验方法检验同样的数据时,对于相同的显著性水平,可能得到不同的结论。这种情形往往出现在那些处于临界剔除的数据检验中,如本例的 1.54,双侧检验时,D' 与临界值 $\tilde{D}_{0.95}(10)$ 相差很小。

4. t 检验法(罗曼诺夫斯基准则)

由数理统计理论已证明,在测量次数较少时,$t = \dfrac{\bar{x} - \mu}{S / \sqrt{n}}$ 服从 t 分布,t 分布不仅与测量值有关还与试验次数 n 有关,当 $n > 30$ 时 t 分布就很接近正态分布了。所以当测量次数较少时,依据 t 分布原理的 t 检验法(罗曼诺夫斯基准则) 来判别异常值较为合理。t 检验的特点是对测量列 $x_i(i = 1,2,\cdots,n)$ 先剔除一个可疑的测量值 x_p,然后计算平均值(计算时不包括 x_p):

$$\bar{x} = \frac{1}{n - 1} \sum_{i=1}^{n-1} x_i \tag{3 - 15}$$

接着按余下的 $n - 1$ 个测试值及剩余误差来计算标准差的估计量 S:

$$S = \sqrt{\frac{\sum_{i=1}^{n-1} (x_i - \bar{x})^2}{(n - 1) - 1}} = \sqrt{\frac{\sum_{i=1}^{n-1} (x_i - \bar{x})^2}{n - 2}} \tag{3 - 16}$$

最后再按 t 检验准则确定该测量值是否应该被剔除。查附表 1，t 分布临界值 $t_{\alpha/2}(n-2)$，若被怀疑并被剔除的测试值确实属于含有过失误差应满足：

$$|d_p| = \frac{|x_p - \bar{x}|}{S} > t_{\alpha/2}(n-2) \tag{3-17}$$

也就是说满足于上式时，该测试值剔除是合理的；如果不满足上式，则说明该测试值不含有异常数据，所以应将它放入测试值的数列，并重新计算标准差 S。

【例 3-12】　测试得到某食品生产使用的电线电缆产品的电性指标为 5.29，5.29，5.30，5.28，5.31，5.27，5.30，5.31，5.32，5.28 等 10 个数据，用 t 检验法判断是否含有异常数据。

解：首先怀疑最大的 5.32 是异常值，剔除 5.32 后按照式（3-15）、式（3-16）进行计算得：$\bar{x} = 5.292$，$S = 0.0139$

查附表 8 可得：$t_{0.05/2}(8) = 2.306$

$$|x_i - \bar{x}| = |5.32 - 5.292| = 0.028$$
$$t_{0.05/2}(8) \cdot S = 2.306 \times 0.0139 = 0.03205$$

即满足 $|x_i - \bar{x}| < t_{0.05/2}(8) \cdot S$。所以测试 5.32 不含有过失误差，不是异常数，不应剔除。

采用以上方法判别时应注意以下问题。

（1）显著水平值不宜选得过小　除拉依达检验法外，上述其他的几个检验方法都涉及选显著水平 α 值。如果把 α 值选小了，把不是异常值判为异常值的错误概率 α 固然是小了，但反过来把确实混入的异常数据判为不是异常数据的概率却增大了，这显然也是不允许的。

（2）应逐步剔除　若判别出测量数列中有两个以上异常测量值时，只能首先剔除含有最大误差的测量值，然后重新计算测量数列的均数及其标准差，再对剩余的测量值进行判别，依此程序逐步剔除，直至所有测量值都不再含有异常数据时为止。

（3）用不同的检验方法检验同一组试验数据，在相同的显著性水平上，可能会有不同的结论。

（4）单侧检验时，剔除一个数据后，如果还要检验下一个数，则应注意试验数据的总数发生了变化。例如，在应用拉依达检验法和格拉布斯检验法时，$\bar{x}$ 和 S 都会发生变化；在应用狄克逊检验法时，各试验数据的大小顺序以及 D，$D_{1-\alpha}(n)$ 也会随着变化。

上面介绍的四种检验方法各有其特点。当试验数据较多时，使用拉依达检验法最简单，但当试验数据较少时，不能应用；格拉布斯检验法和狄克逊检验法都适用于试验数据较少时的检验，但总的来说，试验数据越多，可疑数据被错误剔除的可能性越小，准确性越高。对测量次数较少而要求又较高的测量数据列，则最好使用格拉布斯检验法、t 检验法或狄克逊检验法。

四、参数区间估计

1. 区间估计的概念

区间估计是指按照预先给定的概率，计算出一个区间，使它能够包含未知的总体参数。事先给定的概率 $1-\alpha$ 称为置信度或可信度（通常取 0.95 或 0.99），α 称为显著水平（significance level），计算得到的区间称为置信区间或可信区间（confidence interval，CI），可信区间通常由两个数值界定的可信限（confidence limit）构成，其中数值较小的一方称为置信下限，数值较大的一方称之为置信上限。

区间估计是用数轴上的一段距离表示未知参数所处的可能范围,它虽不具体指出总体参数等于什么,但能指出某一区间包含总体未知参数的概率有多大。例如,当置信度为 $1-\alpha$ $=0.95$ 时,从统计学意义看,表明在总体中独立地抽取 100 个样本,那么就会有 100 个常数区间,其中大约有 95 个区间包含待估计的参数,可靠性为 95%。

2. 总体均数的区间估计

在试验数据的处理问题中总体均数的区间估计常用 t 估计法。

设一组试验数据 $x_1, x_2, \cdots, x_n$ 的样本均数为 $\bar{x}$,样本标准差为 S,则总体均数的置信度 $1-\alpha$ 的置信区间为

$$(\bar{x} - t_{\alpha/2} \cdot \frac{S}{\sqrt{n}}, \bar{x} + t_{\alpha/2} \cdot \frac{S}{\sqrt{n}}), df = n - 1 \tag{3-18}$$

【例 3 – 13】 用碘量法进行某食品淀粉含量的测定,设淀粉含量服从正态分布,在同一批产品中随机抽取 5 份样品,测得淀粉含量为:21g、18g、20g、16g、15g。求该批产品淀粉含量总体均数置信度为 0.99 的置信区间。

解:计算得 $n = 5, \bar{x} = 18, S = 2.5495, df = 4$,查统计用表 1,$t_{0.01/2}(4) = 4.6041$,该批产品淀粉含量总体均数置信度为 0.99 的置信区间为

$$18 \mp 4.6041 \times 2.5495 / \sqrt{5} = (12.7506, 23.2495)$$

第四节　计算机软件在误差分析中的应用

随着计算机技术的发展,统计学软件在试验数据处理中的作用日益突显。应用统计学软件能够提高试验数据处理的准确性和规范性,并且大大提高数据处理的效率。在试验过程中,可以很快的知道试验是否成功,有效的减少试验数据处理的误差。常用的统计软件有 SAS(statistical analysis system), SPSS(statistical package for the social science),Matlab,Origin 和 Stata 等。其中,SPSS 最显著的特点是菜单和对话框操作方式,绝大多数操作过程仅靠点击鼠标就可以完成,因此,它以易于操作完成而成为非统计学专业人员应用最多的统计软件。Origin 的特点是使用简单,采用直观的、图形化的、面向对象的窗口菜单和工具栏操作,全面支持鼠标右键、支持拖拽方式绘图等。本书选择介绍 Origin 8.0、SPSS21.0 版本在试验数据分析中的应用,对于其他版本的用户,本书内容同样适用。另外,一些未介绍的软件基本操作和功能可以参考相关计算机类书籍。

一、Origin 在误差分析中的应用

Origin 有两大类功能:数据分析和绘图。数据分析包括数据的排序、调整、计算、统计、直线拟合、曲线拟合等各种完善的数学分析功能。用 Origin 处理试验数据不用编程,准备好数据后进行数据分析时,只需选择所要分析的数据,然后再选择相应的菜单命令即可。Origin 的绘图是基于模板的,Origin 本身提供了几十种二维和三维绘图模板,绘图时,只要选择所需要的模版即可。另外,用户可以自定义数学函数、图形样式和绘图模板。

(一)工作环境综述

类似 Office 的多文档界面,主要包括以下几个部分,如图 3 – 3 所示。

（1）菜单栏　顶部，一般可以实现大部分功能。

（2）工具栏　菜单栏下面，一般最常用的功能都可以通过此实现。

（3）绘图区　中部，所有工作表、绘图子窗口等都在此。

（4）项目管理器　下部，类似资源管理器，可以方便切换各个窗口等。

（5）状态栏　底部，标出当前的工作内容以及鼠标指到某些菜单按钮时的说明。

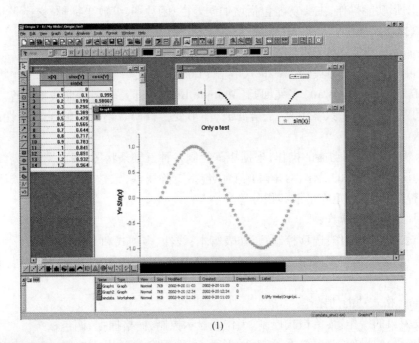

(1)

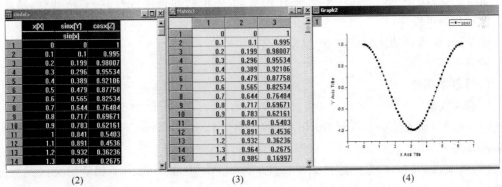

| (2) | (3) | (4) |

图 3-3　Origin 工作环境

（二）菜单简要说明

Edit 编辑功能操作，包括数据和图像的编辑等，如复制、粘贴、清除等。

View 视图功能操作，控制屏幕显示。

Plot 绘图功能操作，主要提供以下 5 类功能。

（1）几种样式的二维绘图功能　包括直线、描点、直线加符号、特殊线/符号、条形图、柱形图、特殊条形图/柱形图和饼图。

（2）三维绘图。

（3）气泡/彩色映射图、统计图和图形版面布局。

（4）特种绘图，包括面积图、极坐标图和向量。

（5）模板　把选中的工作表数据到如绘图模板。

Column 列功能操作，如设置列的属性，增加删除列等。

Graph 图形功能操作，主要功能包括增加误差栏、函数图、缩放坐标轴、交换 X、Y 轴等。

Data 数据功能操作。

Analysis 分析功能操作：对工作表窗口，提取工作表数据，行列统计，排序，数字信号处理〔快速傅里叶变换 FFT、相关（Corelate）、卷积（Convolute）、解卷（Deconvolute）〕，统计功能（t 检验）、方差分析（ANOVA）、多元回归（Multiple Regression），非线性曲线拟合等。

对绘图窗口的操作：数学运算，平滑滤波，图形变换，FFT，线性多项式、非线性曲线等各种拟合方法。

对 Plot3D 三维绘图功能的操作，根据矩阵绘制各种三维条状图、表面图、等高线等。

对 Matrix 矩阵功能的操作，对矩阵的操作包括矩阵属性、维数和数值设置，矩阵转置和取反，矩阵扩展和收缩，矩阵平滑和积分等。

对 Tools 工具功能操作：

对工作表窗口的操作：选项控制；工作表脚本；线性、多项式和 S 曲线拟合。

对绘图窗口的操作：选项控制；层控制；提取峰值；基线和平滑；线性、多项式和 S 曲线拟合。

对 Format 格式功能的操作：

工作表窗口的操作：菜单格式控制、工作表显示控制，栅格捕捉、调色板等。

对绘图窗口的操作：菜单格式控制；图形页面、图层和线条样式控制，栅格捕捉，坐标轴样式控制和调色板等。

对 Window 窗口功能的操作：控制窗口显示。

对 Help 帮助。

（三）基本操作

1. 输入数据

（1）从键盘输入数据　打开 Origin 软件后，在工作表格（Worksheet）中通过粘贴或者手工输入数据。

（2）从文件中输入数据　选择菜单文件\导入（File\Import）命令下相应的文件类型，打开文件对话框，选择文件单击 OK。

（3）用函数或数学表达式设置列的数值　先添加一新列；点击鼠标右键选择 Set Column Values 命令，如图 3 - 4 所示。

2. 调整工作表格的基本操作

（1）增加列　通过点击菜单列\增加新列（Column\Add New Columns），或者点击面板上的按钮█，在右侧添加新的数据列。

（2）改变列的格式　在数据列的顶端把全列选定变黑，点击菜单列\设置为（Column\Set As…）命令设置，将列指定为 X，Y，Z，误差（Error），标签（Label）等，如图 3 - 5 所示。

（3）插入列　欲在工作表格的指定位置插入一列，可将其右侧的一列选定，然后选择点击菜单编辑\插入(Edit\Insert)命令增加新列。

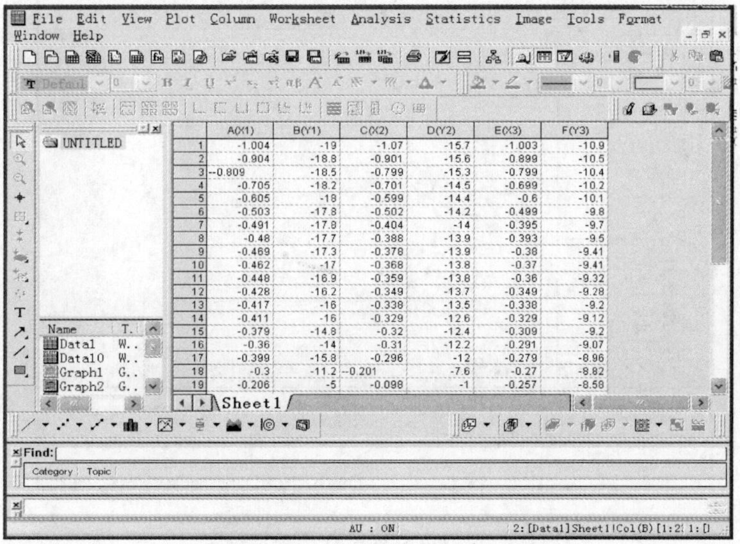

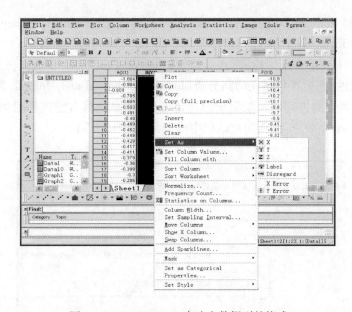

图 3 - 4　OriginPro8.0 输入数据后的界面

图 3 - 5　OriginPro8.0 中改变数据列的格式

（4）移动列　在数据列的顶端把全列选定变黑。点击鼠标右键选择移动列(Move Columns)命令。

（5）删除列　在数据列的顶端把全列选定变黑,点击鼠标右键选择删除(Delete)命令。

3.数据绘图

在数据列的顶端把全列选定变黑,在界面左下角按绘图工具栏中相应的按钮。常用的绘图按钮有二维线 ╱(Line)、散点图 ╱(Scatter)和线 + 点图 ╱(line + symbol),如图 3 - 6 所示。

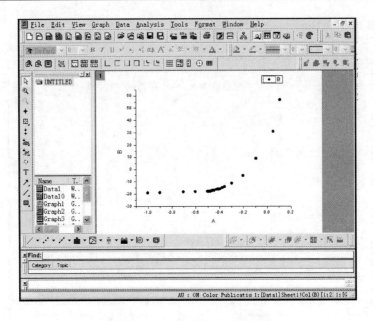

图 3 - 6   OriginPro8.0 中数据绘图

4.数据分析

常用的 Origin 数据分析功能包括:均数(Mean)、标准差(Standard Deviation,Std,SD)、标准误差(Standard Error of the Mean)、最小值(Minimum)、最大值(Maximum)、百分位数(Percentiles)、直方图(Histogram)、t 检验(t - test for One or Two Populations)、方差分析(One - way ANOVA)、线性、多项式和多元回归分析(Linear、Polynomial and Multiple Regression Analysis)。数据分析时在数据列的顶端把全列选定变黑,点击鼠标右键选择对列进行统计分析(Statistics on columns)命令,在新的对话框中得到结果(图 3 - 7)。

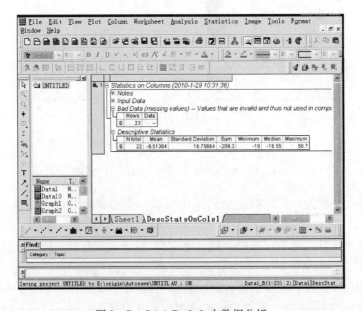

图 3 - 7   OriginPro8.0 中数据分析

（四）应用举例

1. 单个样本均数 t 检验的 Origin 操作示例

【例 3 - 14】　某酒厂在正常生产中，白酒中甲醇的正常平均含量为 0.030（g/100mL）。某日抽查 5 份样品，甲醇含量分别为 0.035,0.040,0.037,0.041,0.038。问白酒中甲醇的含量是否正常？

（1）建立数据文件　把"甲醇含量"放入 A(X) 列，建立 1 列 5 行的数据文件 L3 - 1. opj。

（2）正态性检验　选中 A(X) 列，执行统计量→描述统计→正态性检验→确定（Statistics→Descriptive Statistics→normality test→OK）。

（3）单个样本 t 检验　选中 A(X) 列，执行统计量→假设检验→单个样本 T 检验→检验均数（Statistics→hypothesis testing→one - samples T）test→test mean 输入"0.030"→ OK 。

（4）结果解读　正态性检验输出结果如图 3 - 8 所示，$P = 0.8989 > 0.05$，"甲醇含量"总体服从正态分布。单个样本 t 检验结果如图 3 - 9 所示，甲醇含量的均值是 0.0382，标准差是 0.00239，单个样本 t 检验的 t 统计量为 7.68，对应 P 值为 0.00155，$P < 0.05$，按照 $\alpha = 0.05$ 的检验水准，可认为白酒中甲醇的含量不正常。

夏皮洛威尔克正态性检验

	DF	Statistic	Prob＜W
A	5	0.97378	0.8989

图 3 - 8　正态性检验输出结果

描述统计量

	N	Mean	SD	SEM
A	5	0.0382	0.00239	0.00107

检验统计量

	t Statistic	DF	Prob＞|t|
A	7.68	4	0.00155

图 3 - 9　单个样本 t 检验结果

2. 配对 t 检验 Origin 操作示例

【例 3 - 15】　某单位研究饮食中缺乏维生素 E 与肝中维生素 A 含量的关系，将同种属的大白鼠按性别相同，年龄、体重相近者配成对子，共 8 对，并将每对中的两只动物随机分到正常饲料组和维生素 E 缺乏组，过一定时期将大白鼠杀死，测得其肝中维生素 A 的含量，如表 3 - 8 所示，问不同饲料的大白鼠肝中维生素 A 含量有无差别？

表 3 - 8　　　　　　　　　　　【例 3 - 15】的数据表

大白鼠对号	正常饲料组/mg	维生素 E 缺乏饲料组/mg	大白鼠对号	正常饲料组/mg	维生素 E 缺乏饲料组/mg
1	3550	2450	5	3800	3250
2	2000	2400	6	3750	2700
3	3000	1800	7	3450	2500
4	3950	3200	8	3050	1750

（1）建立数据文件　把"正常饲料组"与"维生素 E 缺乏组"分别放入 A(X)、B(Y) 列，

建立 2 列 8 行的数据文件 L3 - 2. opj。

(2)配对 t 检验 选中 A(X)、B(Y)列,执行统计量→假设检验→配对 T 检验→检验均数(Statistics→hypothesis testing→Paired - sample T test→test mean)输入"0"→ OK 。

(3)结果解读 配对 t 检验结果如图 3 - 10 所示,"正常饲料组"的均值是 3318.75,标准差是 632.42024,"维生素 E 缺乏组"的均值是 2506.25,标准差是 555.13029,单个样本 t 检验的 t 统计量为 4.20702,对应 P 值 0.004,$P < 0.05$,按照 $\alpha = 0.05$ 的检验水准,可认为不同饲料的大白鼠肝中维生素 A 含量有差别。

描述统计量

	N	Mean	SD	SEM
A	8	3318.75	632.42024	223.59432
B	8	2506.25	555.13029	196.2682
Difference		812.5		

检验统计量

t Statistic	DF	Prob>|t|
4.20702	7	0.004

图 3 - 10 配对 t 检验结果

3. 成组 t 检验 Origin 操作示例

【例 3 - 16】 用原子吸收法测定自来水中的镁,研究加入释放剂 5% 氯化锶后对吸光度值的影响,在未加入氯化锶的吸光度值为 0.15,0.18,0.16,0.15,加入后为 0.22,0.23,0.25,0.26。问加入氯化锶后吸光度值是否有明显提高?

(1)建立数据文件 把"未加入氯化锶的吸光度值"与"加入氯化锶的吸光度值"分别放入 A(X)、B(Y)列,建立 2 列 4 行的数据文件 L3 - 3. opj。

(2)正态性检验 选中 A(X)、B(Y)列,执行统计量→描述统计→正态性检验→确定(Statistics→Descriptive Statistics→normality test→OK)。

(3)方差齐性检验 选中 A(X)、B(Y)列,执行统计量→假设检验→两样本方差检验→输入数据形式→原始√→确定(Statistics→hypothesis testing→Two - sampletest for variance→Input data form→ raw√→OK)。

(4)成组 t 检验 选中 A(X)、B(Y)列,执行统计量→假设检验→两样本 T 检验→检验均数→输入"0"→确定(Statistics→hypothesis testing→Two - sample t test→test mean)输入"0"→ OK。

(5)结果解读 正态性检验输出结果如图 3 - 11 所示,$P > 0.05$,"未加入氯化锶的吸光度值"与"加入氯化锶的吸光度值"两总体服从正态分布。方差齐性检验输出结果如图 3 - 12 所示,$P = 0.68504 > 0.05$,两总体方差没有显著差异。成组 t 检验结果如图 3 - 13 所示,"未加入氯化锶的吸光度值"的均值是 0.16,标准差是 0.01414,"加入氯化锶的吸光度值"的均值是 0.24,标准差是 0.01826。因为两总体方差没有显著差异,所以成组 t 检验统计量为 - 6.9282,$P < 0.05$,按照 $\alpha = 0.05$ 的检验水准,可认为加入氯化锶后吸光度值有明显提高。

4. 秩和检验 Origin 操作示例

【例 3 - 17】 以例 3 - 6 的数据为例,利用 Origin 统计软件进行秩和检验。

(1)建立数据文件 以组别(标签 1 表示普通饲料组、标签 2 表示高蛋白组)、体重增重

	DF	Statistic	Prob＜W
A	4	0.82743	0.16119
B	4	0.94971	0.71428

图 3 – 11　正态性检验输出结果

F 统计量

F	Numer.DF	Denom.DF	Prob＞F
0.6	3	3	0.68504

图 3 – 12　方差齐性检验输出结果

描述统计量

	N	Mean	SD	SEM
A	4	0.16	0.01414	0.00707
B	4	0.24	0.01826	0.00913
Difference		-0.08		

检验统计量

	t Statistic	DF	Prob＜t
Equal Variance Assumed	-6.9282	6	2.23911E-4
Equal Variance NOT Assumed	-6.9282	5.64706	2.90331E-4

图 3 – 13　成组 t 检验结果

为变量,分别放入 A(X)、B(Y)列,建立 2 列 19 行的数据文件 L3 – 4. opj 。

(2)秩和检验　选中 A(X)、B(Y)列,执行统计量→非参数检验→曼·惠特尼检验→确定(Statistics→nonparametric tests→Mann – Whitney test→OK)。

(3)结果解读　检验结果如图 3 – 14 所示,普通组样本观察值的各项秩和 $R_1 = 57.5$,高蛋白组样本观察值的各项秩和 $R_2 = 132.5$。秩和检验统计量为 12.5,对应 P 值为 0.00892,$P < 0.05$,按照 $\alpha = 0.05$ 的检验水准,认为两种饲料饲养后雄性大鼠体重增加量有显著差别,高蛋白组饲料饲养后雄性大鼠体重增加量高于普通组。

描述统计量

	N	Min	Q1	Median	Q3	Max
1	9	52	60	64	97.5	106
2	10	82	84.75	106.5	146	156

秩

	N	Mean Rank	Sum Rank
1	9	6.38889	57.5
2	10	13.25	132.5

检验统计量

	U	Z	Prob＞[U]
	12.5	-2.61508	0.00892

图 3 – 14　【例 3 – 6】秩和检验结果

5. 单个样本方差的假设检验 Origin 操作示例

【例 3 – 18】 以【例 3 – 7】中的数据为例,利用 Origin 统计软件进行单个样本方差的假设检验。

(1)建立数据文件 把"含铁量"放入 A(X)列,建立 1 列 5 行的数据文件 L3 – 5. opj。

(2)正态性检验 选中 A(X)列,执行统计量→描述统计→正态性检验→确定(Statistics→Descriptive Statistics→normality test→OK)。

(3)单个样本方差的检验 选中 A(X)列,执行统计量→假设检验→单个样本方差检验→输入数据形式→检验方差输入"0.0023"→确定(Statistics→hypothesis testing→One – sample test for variance→Input data form→test variance 输入"0.0023"→OK)。

(4)结果解读 正态性检验输出结果如图 3 – 15 所示,$P = 0.75565 > 0.05$,"含铁量"总体服从正态分布。单个样本方差的假设检验结果如图 3 – 16 所示,含铁量的均值是 1.414,标准差是 0.0882,单个样本方差的假设检验的 χ^2 统计量为 13.50694,对应 P 值为 0.00905,$P < 0.05$,按照 $\alpha = 0.05$ 的检验水准,可认为该批产品的方差高于 0.048^2,不正常。

夏皮洛威尔克正态性检验

	DF	Statistic	Prob＜W
A	5	0.95259	0.75565

图 3 – 15 正态性检验输出结果

描述统计量

	N	Mean	SD	Variance
A	5	1.414	0.0882	0.00778

检验统计量

	Chi-Square	DF	Prob＞Chi-Square
A	13.50694	4	0.00905

图 3 – 16 单个样本方差的检验结果

因为成组 t 检验 Origin 操作示例中,已经包含了两个样本方差的假设检验 Origin 操作,在此不再赘述。

二、SPSS 在误差分析中的应用

(一)SPSS 主要窗口

1. 数据编辑窗口

主要有建立新的数据文件,编辑和显示已有数据文件等功能。如图 3 – 17 所示,有数据窗口(Data View)和变量窗口(Variable View)组成,两个窗口切换单独显示。数据窗口用于显示和编辑变量值,变量窗口用于定义、显示和编辑变量特征。

数据编辑窗口中包括:

(1)标题栏 显示当前工作文件名称。

(2)菜单栏 排列 SPSS 的所有菜单命令。

(3)工具栏 排列系统默认的标准工具图标按钮,此栏图标按钮可以通过单击视图(View)菜单的工具栏(Toolbars)命令选择隐藏、显示或更改。

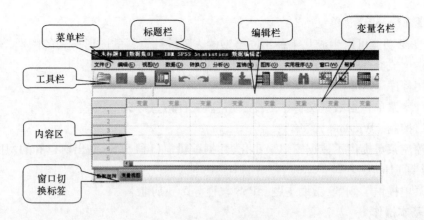

图 3 – 17　SPSS 数据编辑窗口

（4）状态栏　状态栏位于 SPSS 窗口底部,它反映了工作状态。当用户将光标置于不同的区域时或者进行不同的操作时其中将显示不同的内容。

（5）数据编辑栏　也称为数据输入栏,用户通过键盘输入的数据首先显示在这里。

（6）数据显示区域　它是一个二维的表格,编辑确认的数据都将在这里显示,其中每一个矩形格称为单元格(Cell),其中边框加黑的单元格称为选定单元格。数据显示区域的左边缘排列观测量序号,上边缘排列要定义的各变量名。

2. SPSS 的语法(Syntax)窗口

SPSS 不仅为我们提供了良好的数据编辑环境和完备的统计分析功能,还提供了语法编辑窗口。一般的,可以在 SPSS 的各种窗口中执行文件→新建 →语法命令新建一个语法窗口,或者执行文件→打开→语法命令打开一个事先保存的语法程序文件。

3. SPSS 的输出(Output)窗口

SPSS 的输出窗口,一般随执行统计分析命令而打开,用于显示统计分析结果、统计报告、统计图表,执行统计命令中产生新变量的信息,运行产生错误时的警告信息等也是在这个窗口里显示的。

（二）菜单简要说明

1. 文件(File)菜单

文件菜单提供了数据文件的新建、打开、保存、打印、退出等命令。

2. 编辑（Edit)菜单

编辑菜单提供了复制、粘贴、清除等命令。

3. 视图外观（View)菜单

视图菜单提供了状态条开关（Status Bar)、工具栏开关（Toolbars)等 6 条命令。

4. 数据（Data)菜单

数据菜单中包括的菜单命令类似于数据库的编辑与管理。

5. 数据转换（Transform)菜单

数据转换菜单主要用于变量转换。

6. 统计分析（Analyze)菜单

SPSS 的所有统计分析功能都集中在这个菜单下。

7. 图形（Graphs）菜单

SPSS 图形功能可以生成几十种不同类型的表现统计资料的图形格式的图形，SPSS 图形功能还提供生成交互式统计图形的功能，可生成动态的三维统计图形。

8. 实用程序（Utilities）菜单

实用程序菜单包括数据文件中的变量信息、文件信息等命令项。

9. 窗口控制（Windows）菜单

窗口控制菜单提供了数据窗口最小化、数据编辑窗口和 SPSS 输出窗口等的切换功能。

10. 帮助（Help）菜单

帮助菜单提供了 SPSS 帮助主题、SPSS 教程等 5 项功能。

（三）基本操作

1. 数据文件的建立

可以执行文件→打开命令，打开数据文件。或者在 SPSS 环境下建立数据文件，建立数据文件的第一步是定义变量，下面给出定义变量的方法：单击数据窗口下面的变量窗口（Variable View）选项卡，出现定义变量窗口。SPSS 变量具有以下属性：变量名（Name）、变量类型（Type）、变量宽度（Width）、变量标签（Label）、缺失值（Missing）、数据列宽（Column）、对齐方式（Align）、度量类型（Measure）等。下面介绍几个常需设置的选项。

（1）定义变量名（Name） 在 Name 下的单元格中输入变量名，即变量名称，定义一个变量首先应当为它命名。SPSS 中变量命名的规则如下所述。

①变量名由不多于 8 个的字符组成，如果定义的变量名中字符个数大于 8，系统将会自动截去尾部作不完全显示。

②首字必须为字母，其后可以是字母、符号或数字，也可以使用汉字作为变量名。例如，"N_score""产值"。但是有几个特殊字符，如"？""！""＊"以及算术运算符等都是不允许使用的。此外点"."不能作为变量名的最后一个字符。

③ 变量名中不得使用 SPSS 的保留字，它们是 ALL、AND、BY、EQ、GE、GT、LE、LT、NE、NOT、OR、TO、WITH。

④ 系统不区分大小写字母，例如 SCORE、Score、Score 视为同一个变量名。

（2）定义变量类型（Type）及宽度（Width） 在 Type 下选择变量类型，单击该单元格，再单击这个图标中的按钮，打开变量类型（Variable Type）对话框，从中选择变量类型。

SPSS 变量有 3 种基本类型：数值型（Numeric）、字符型（String）和日期型（Date）。系统默认的变量宽度（Width）为 8（即数字，包括小数点或者字母，总数为 8），小数点位数为 2，例如 12345.56，Student，1.25E－08 皆为符合要求的变量值。如果要改变系统默认的变量宽度，可以在总选项（Option）对话框中重新设置。

（3）定义变量标签（Label） 变量标签是对变量名的附加说明。SPSS 中不超过 8 个字符的变量名，许多情况下，不足以表达变量的含义。利用变量标签可以对变量的意义作进一步解释和说明。特别地，在中文 Windows 下还可以附加中文标签，这给不熟悉英文的用户带来很大方便。例如，定义变量名（Name），可以加注标签"姓名（或学生姓名、职工姓名等）"。给变量加了标签以后，在数据窗口工作时，当鼠标箭头指向一个变量的时候，变量名下立即显示出它的标签。

（4）定义值标签（Value Labels） 变量值标签是对变量的可能取值附加的进一步说明，

通常仅对类型(或分类)变量的取值指定值标签。

2. 输入数据

变量定义好以后就可以开始输入数据了。单击数据窗口(Data View)选项卡,出现数据窗口。数据录入的方法多种多样,可以定义一个变量,接下来就按变量列输入该变量的各个数值;也可以先将所有的变量全部定义完,然后按观测量来输入,即将一个观测量的各个观测值按行录入。

3. 数据文件的保存

定义了变量并输入数据,数据文件就建立起来了。一般可将数据文件保存为 SPSS for Windows 数据文件,也可以存储为其他格式的数据文件,以便使用其他应用软件时调用。

(四)数据分析

常用的 SPSS 统计分析功能包括:均数(Mean)、标准差(Standard Deviation,Std,SD)、均数的标准误差(Standard Error of the Mean)、最小值(Minimum)、最大值(Maximum)、t 检验(t - test)、方差分析(One - way ANOVA)、线性、多项式和多元回归分析(Linear、Polynomial and Multiple Regression Analysis)等。

(五)应用举例

1. 单个样本均数的 t 检验的 SPSS 操作示例

【例 3 - 19】 以【例 3 - 2】中的数据为例,利用 SPSS 统计软件进行单个样本均数的 t 检验。

(1)建立 SPSS 数据文件 以"购买量"为变量名,建立 1 列 20 行的数据文件 L3 - 6. sav。

(2)正态性检验 分析→描述统计→探索→"购买量"到因变量列表,绘制√→带检验的正态图√→继续→确定。

(3)单个样本 t 检验 分析→比较均值→单样本 T 检验→"购买量"到"检验变量"→在下部检验值输入"167"→继续→确定。

(4)结果解读 正态性检验输出结果如表 3 - 9 所示,$P > 0.05$,"购买量"总体服从正态分布。单个样本 t 检验结果如表 3 - 10 与表 3 - 11 所示,购买量的均值是 169.95,标准差是 4.56,单个样本 t 检验的 t 统计量为 2.894,对应 P 值为 0.009,$P < 0.05$,按照 $\alpha = 0.05$ 的检验水准,可认为现在当地中年消费者平均购买量比以往高。

表 3 - 9   【例 3 - 2】中的正态性检验结果

	Kolmogorov - Smirnov[a]			Shapiro - Wilk		
	统计量	自由度	Sig.	统计量	自由度	Sig.
购买量	0.098	20	0.200 *	0.983	20	0.966

表 3 - 10   【例 3 - 2】中的单个样本 t 检验结果(1)

	N	均值	标准差	均值的标准误
购买量	20	169.95	4.559	1.019

表3-11			【例3-2】中的单个样本 *t* 检验结果（2）			
			检验值=167			
	t	*df*	Sig.（双侧）	均值差值	差分的95%置信区间	
					下限	上限
购买量	2.894	19	0.009	2.95000	0.8162	5.0838

2. 配对 *t* 检验 SPSS 操作示例

【例3-20】 以例3-3的数据为例，利用 SPSS 统计软件进行配对 *t* 检验。

（1）建立 SPSS 数据文件 以对照组、丝素蛋白组、*d* 为变量名，建立3列10行的数据文件 L3-7. sav。

（2）正态性检验 分析→描述统计→探索，对差值 *d* 进行正态性检验。

（3）配对 *t* 检验 分析→比较均值→配对样本 *t* 检验→"对照组"和"丝素蛋白组"到成对变量→继续→确定。

（4）结果解读 正态性检验输出结果如表3-12所示，$P > 0.05$，两组差值服从正态分布。配对样本 *t* 检验结果如表3-13与表3-14所示，配对样本 *t* 检验的 *t* 统计量为4.620，对应 *P* 值为0.001，$P < 0.05$，按照 $\alpha = 0.05$ 的检验水准，可以认为小白鼠服用丝素蛋白后血中胆固醇含量与对照组不同，服用丝素蛋白后小白鼠血中胆固醇含量低于对照组。

表3-12			【例3-3】的正态性检验结果		
	Kolmogorov-Smirnov[a]			Shapiro-Wilk		
	统计量	自由度	Sig.	统计量	自由度	Sig.
d	0.175	10	0.200*	0.953	10	0.698

表3-13		【例3-4】的配对样本 *t* 检验结果（1）		
	成对样本统计量			
	均值	N	标准差	均值的标准误
对照组	23.30	10	4.668	1.476
丝素蛋白组	17.20	10	2.300	0.727

表3-14								
				【例3-4】的配对样本 *t* 检验结果（2）				
	成对差分					*t*	*df*	Sig.（双侧）
	均值	标准差	均值的标准误	差分的95%置信区间				
				下限	上限			
对照组-丝素蛋白组	6.100	4.175	1.320	3.113	9.087	4.620	9	0.001

3. 成组 *t* 检验 SPSS 操作示例

【例3-21】 以【例3-4】的数据为例，利用 SPSS 统计软件进行成组 *t* 检验。

（1）建立 SPSS 数据文件 以体重上升值、组别（标签1表示试验组、标签2表示对照组）

为变量名,建立 2 列 20 行的数据文件 L3 - 8. sav。

(2)正态性检验

①拆分数据。数据→拆分文件→比较组→"组别"到"分组方式"→确定;

②正态性检验。分析→描述统计→探索,对"体重上升值"进行正态性检验。

(3)独立样本 t 检验:分析→比较均值→独立样本 t 检验→"体重上升值"到"检验变量"→"组别"到"分组变量"→ 点击"定义组"→"使用指定值"→"组 1"输入 1,"组 2"输入 2→继续→确定。

(4)结果解读 正态性检验输出结果如表 3 - 15 和表 3 - 16 所示,P > 0.05,故两组体重上升值总体都服从正态分布。独立样本 t 检验结果如表 3 - 17 和表 3 - 18 所示,方差齐性检验的 F 统计量为 0.409,对应的 P 值为 0.531,试验组和对照组资料的总体方差相等。独立样本 t 检验的 t 统计量为 - 0.141,对应 P 值 0.890,P > 0.05,按照 α = 0.05 的检验水准,尚不能认为两组体重上升的幅度有差别。

表 3 - 15 　　　　　　　　　　　　【例 3 - 4】的正态性检验结果(1)

	组别	正态性检验[a]					
		Kolmogorov - Smirnov[b]			Shapiro - Wilk		
		统计量	自由度	Sig.	统计量	自由度	Sig.
体重上升值	试验组	0.122	10	0.200 *	0.983	10	0.978

表 3 - 16 　　　　　　　　　　　　【例 3 - 4】的正态性检验结果(2)

	组别	正态性检验[a]					
		Kolmogorov - Smirnov[b]			Shapiro - Wilk		
		统计量	自由度	Sig.	统计量	自由度	Sig.
体重上升值	试验组	0.159	10	0.200 *	0.943	10	0.582

表 3 - 17 　　　　　　　　　　　　【例 3 - 4】的独立样本 t 检验结果(1)

	组统计量			
	组别	N	均值	标准差	均值的标准误
体重上升值	试验组	10	10.20	3.58	1.13
	对照组	10	10.40	2.72	0.86

表 3 - 18 　　　　　　　　　　　　【例 3 - 4】的独立样本 t 检验结果(2)

		独立样本检验							
		方差的 Levene 检验		均值的 t 检验				差分的 95% 置信区间	
		F	Sig.	t	df	Sig.(双侧)	均值差值	差值的标准误	下限	上限
体重上升值	假设方差相等	0.409	0.531	- 0.141	18	0.890	- 0.200	1.422	- 3.188	2.788
	假设方差不相等			- 0.141	16.774	0.890	- 0.200	1.422	- 3.203	2.803

4. 秩和检验 SPSS 操作示例

【例 3 - 22】 以【例 3 - 6】中的数据为例,利用 SPSS 统计软件进行秩和检验。

(1)建立 SPSS 数据文件 以体重增重、组别(标签 1 表示普通饲料组、标签 2 表示高蛋白组)为变量名,建立 2 列 21 行的数据文件 L3 - 9. sav。

(2)秩和检验 分析→非参数检验→旧对话框→2 个独立样本→"体重增重"到"检验变量列表"→"组别"到"分组变量"→ 点击"定义组"→"组 1"输入 1,"组 2"输入 2→继续→曼·惠特尼 U√→确定。

(3)结果解读 检验结果如表 3 - 19 与表 3 - 20 所示,普通组样本观察值的各项秩和 $R_1 = 57.50$,高蛋白组样本观察值的各项秩和 $R_2 = 132.50$。秩和检验统计量为 12.5,对应 P 值为 0.003,$P < 0.05$,按照 $\alpha = 0.05$ 的检验水准,认为两种饲料饲养后雄性大鼠体重增加量有显著差别,高蛋白组饲料饲养后雄性大鼠体重增加量高于普通组。

表 3 - 19 　　　　　　　　　　【例 3 - 6】的秩和检验结果(1)

	组别	N	秩均值	秩和
	普通组	9	6.39	57.50
体重增重	高蛋白组	10	13.25	132.50
	总数	19		

表 3 - 20 　　　　　　　　　　【例 3 - 6】的秩和检验结果(2)

检验统计量[b]	
	体重增重
Mann - Whitney U	12.500
Wilcoxon W	57.500
Z	-2.656
渐进显著性(双侧)	0.003
精确显著性[2 * (单侧显著性)]	0.006[a]

注:a. 没有对相同秩校正,b. 分组变量: 组别。

习　　题

1. 某药厂生产复方维生素,要求每 50g 维生素含铁 2400mg。从该厂某批产品随机抽取 5 个样品,测得含铁量(mg/50g)为:2372、2409、2395、2399、2411,判断该批产品含铁量是否合格。

2. 用新旧两种方法测定某乳制品中的蛋白质含量,取 5 份乳制样品,每份乳制样品均分为两份,分别用新旧两种方法测定蛋白质含量,测得的数据如表 3 - 21 所示,判断新旧两种方法之间有无显著性差异。

表 3 - 21　　　　　　　　　　　新旧两种方法测定蛋白质含量的数据

	乳制品/(g/L)				
	1	2	3	4	5
新方法	20.5	25.1	23.6	21.2	26.8
旧方法	23.2	26.3	25.3	22.5	28.7

3. 某营养试验室随机抽取 22 只小鼠随机分为两组,一组饲食未强化玉米,一组饲食强化玉米,见表 3 - 22,问玉米强化前后干物质可消化系数有无差别。

表 3 - 22　　　　　　　　　　　两组玉米干物质可消化系数比较

组别	可消化系数/%										
强化组	44.3	48.1	42.6	45.9	48.3	47.7	42.8	44.5	43.8	45.8	45.4
未强化组	19.8	15.8	18.2	21.6	23.4	24.6	27.0	19.3	23.7	22.4	24.7

4. 某试验将雄性大鼠随机分为两组,分别给以高蛋白饲料和普通饲料,试验时间自出生后 1 个月至 3 个月,观察 2 月,观察两组大鼠所增体重,结果如表 3 - 23 所示,问两种饲料对雄性大鼠体重增加量影响有无差别?

表 3 - 23　　　　　　　　　高蛋白饲料和普通饲料对雄性大鼠体重增加量

组别	雄性大鼠体重增加量/g											
高蛋白组	82	83	86	97	103	109	138	144	154	157	167	174
普通组	54	60	60	62	64	82	96	100	107			

5. 在测定甲、乙两个饮料厂某天生产饮料的维生素 C 含量的试验中,随机抽取样本,测得维生素 C 含量(g/L)如表 3 - 24 所示。用符号秩和检验判断两厂这一天生产饮料的维生素 C 含量是否有差别?

表 3 - 24　　　　　　　　　　两个饮料厂某天生产饮料的维生素 C 含量

分组	维生素 C 含量/(g/L)						
甲厂	2.6	3.5	3.2	3.3	2.1	2.5	
乙厂	3.2	2.3	3.0	3.2	2.5	2.9	2.7

6. 某电工器材厂生产一种保险丝,规定熔化时间的方差不得超过 400ms^2。从该厂某批产品随机抽取 25 个样品,测得熔化时间的方差为 388.579ms^2,判断该批产品是否合格。

7. 研究某新型催化剂对化学反应生成物浓度的影响,现做若干试验,测得生成物浓度(%)如表 3 - 25 所示,设生成物浓度试验数据服从正态分布,试问使用新型催化剂与不使用新型催化剂的化学反应生成物浓度的波动性(方差)是否相同?

表 3 - 25　　　　　　　　　　新型催化剂对化学反应生成物浓度的影响

分组	化学反应生成物浓度/%						
使用新型催化剂	35	30	34	32	34	33	
不使用新型催化剂	29	31	30	26	28	30	28

8. 有一组分析测试数据:0.126,0.128,0.130,0.132,0.134,0.136,0.140,0.143,0.145, 0.146,0.168,0.170,问其中偏差较大的0.170是否应被舍去?($\alpha = 0.05$)

9. 从一批山楂丸中随机抽取35丸,测得平均丸重为1.5g、标准差为0.08g,求该批山楂平均丸重总体均数置信度为95%的置信区间。

第四章　试验数据的方差分析

在生产和科学试验中,引起试验结果变化的原因有很多。例如,食品生产加工过程中影响食品安全的因素有加工过程中的卫生条件,食品本身固有的因素,如原料中毒素、农药兽药残留、重金属、转基因食品等都不同程度地带来食品安全的风险。每个因素改变都有可能影响食品生产的质量,有的因素影响大些,如人为的控制因素;有的因素影响小些,如随机因素,而我们常常需要知道哪几个因素对试验的结果有显著的影响。方差分析(analysis of variance,ANOVA),就是鉴别各因素效应的一个有效的方法。该方法由英国统计学家 R. A. Fisher 首先提出,故又称为 F 检验,其基本思想是通过对试验结果数据变动的分析,把随机变动与非随机变动从混杂状态分离开,找出起主导作用的来源,因而是分析试验结果数据的主要工具。方差分析的内容很广泛,本章将主要介绍单因素方差分析(one – way analysis of variance)和双因素方差分析(two – way analysis of variance)。

第一节　单因素试验方差分析

一、单因素试验方差分析基本问题

在生产和科学试验中,影响一个事物的因素往往是很多的。有时可以把多个因素安排在固定不变的状态,只就某一个因素进行试验。这种只考虑一个因素的试验,称为单因素试验。在试验中,把考察因素的变化分为 k 个等级,称为 k 个水平。每一个水平,视为一个独立、正态、等方差的总体。第 i 个水平进行 n_i 次试验,得到的观测值记为 $x_{i1},x_{i2},\cdots,x_{in_i}$,试验结果如表 4 – 1 所示。

表 4 –1　　　　　　　　　　　　单因素试验结果表

水平	观测值				均数
1	x_{11}	x_{12}	$\cdots$	x_{1n_1}	$\bar{x}_1$
2	x_{21}	x_{22}	$\cdots$	x_{2n_2}	$\bar{x}_2$
$\cdots$	$\cdots$	$\cdots$		$\cdots$	$\cdots$
k	x_{k1}	x_{k2}	$\cdots$	x_{kn_k}	$\bar{x}_k$

我们的任务是根据 k 个水平的样本观测值来检验因素的影响是否显著。

方差分析的前提条件是"三性"。

(1)正态性　对于研究因素的某一水平,如第 i 个水平,进行试验得到的观测值 x_{i1},$x_{i2},\cdots,x_{in_i}$,看作是从正态总体中得到的容量为 n_i 的样本;

(2)方差齐性　对于表示 k 个水平的 k 个正态总体的方差认为是相等的;

(3)独立性　从不同总体中抽取出的各个样本 x_{ij} 是相互独立的。

当样本含量较小时,资料是否来自于正态分布总体难于进行直观判断和检验,常常需根据过去经验或统计学软件进行实际验证;样本量较大时,无论资料是否来自正态总体,由统计学原理知正态性条件可保证。但如果总体极度偏离正态,需做数据变换,改善正态性。

对于方差齐性的判断通常采用方差齐性检验(homogeneity of variance test)的方法,多个总体方差相齐的检验法主要有 Bartlett χ^2 检验和 Levene 检验,前者要求资料必须服从正态分布,而后者适用于任意分布资料。这两种检验方法计算上均较繁琐,一般用统计学软件进行检验,在此不赘述。

有了以上"三性"作为前提条件,检验因素的影响是否显著,实际上就是检验 k 个具有同方差的正态总体的均数是否相等的问题。方差分析可以说是均数差异显著性检验的一种延伸,t 检验可以判断两组数据均数差异的显著性,而方差分析则可以同时判断多组数据均数之间差异的显著性。

分析试验数据,可以看到,各水平内部的试验值是有差异的,这种差异是相同条件下试验数据的差异,显然是试验误差,也称随机误差。另外,各水平的均数之间也有差异,这时试验水平不同了,那么这个差异究竟是试验误差,还是由于试验水平不同引起的差异即不同水平所引起的系统误差呢?解决这个问题的思路是对两者进行比较:若后者存在且大于前者,后者与前者的比值大到一定的程度,说明各水平的总体均数之间的差异显著地大于重复试验中误差的总大小,那么,我们就认为各水平的总体均数之间差异有显著意义,否则差异没有显著意义。

二、单因素试验方差分析基本步骤

下面我们按照上述解决问题的思路,推导方差分析的方法与步骤。

设 k 个相互独立的样本,分别来自 k 个正态总体 $X_1, X_2, \cdots, X_k$。第 i 个水平进行 n_i 次试验,得到的观测值记为 $x_{i1}, x_{i2}, \cdots, x_{in_i}$。为了便于理解,单因素方差分析过程可划分为以下步骤。

1. 计算均数

首先我们提出如下记号:

设第 i 个水平上所有试验值的均数为 $\bar{x_i}$,则

$$\bar{x_i} = \frac{1}{n_i} \sum_{j=1}^{n_i} x_{ij} \ (i = 1, 2, \cdots, k) \tag{4-1}$$

试验的总次数为 N,则

$$N = \sum_{i=1}^{k} n_i \tag{4-2}$$

全部试验结果的样本总均数用 $\bar{x}$ 表示,

$$\bar{x} = \frac{1}{N} \sum_{i=1}^{k} \sum_{j=1}^{n_i} x_{ij} = \frac{1}{N} \sum_{i=1}^{k} n_i \bar{x_i} \tag{4-3}$$

2. 计算离差平方和

在单因素试验中,各试验结果之间存在差异,这种差异可用离差平方和来表示。

(1)总离差平方和 SS_T(sum of squares for total),其计算式为

$$SS_T = \sum_{i=1}^{k} \sum_{j=1}^{n_i} (x_{ij} - \bar{x})^2 \tag{4-4}$$

它表示了各试验值与总均数的偏差的平方和,反映全部试验结果之间存在的总差异。

(2)组间离差平方和SS_A(sum of squares for factor A),其计算式为

$$SS_A = \sum_{i=1}^{k} \sum_{j=1}^{n_i} (\bar{x_i} - \bar{x})^2 = \sum_{i=1}^{k} n_i (\bar{x_i} - \bar{x})^2 \qquad (4-5)$$

因为是各组均数$\bar{x_i}$对总均数$\bar{x}$的离差平方和的总和,所以称为组间离差平方和,反映各水平之间的试验值的差异。

(3)组内离差平方和SS_e,其计算式为

$$SS_e = \sum_{i=1}^{k} \sum_{j=1}^{n_i} (x_{ij} - \bar{x_i})^2 \qquad (4-6)$$

因为是各样本值x_{ij}对本组均数$\bar{x_i}$的离差平方和的总和,所以称为组内离差平方和,反映各水平内部由随机误差作用产生的试验值的差异。

由数学知识推导,可以证明这三种离差平方和之间存在如下关系:

$$SS_T = SS_A + SS_e \qquad (4-7)$$

由此,可以得到一个很重要的结论,可以说是方差分析的理论基础,这就是总离差平方和是组间离差平方和与组内离差平方和的总和。这说明了试验值之间的总差异来源于两个方面,一方面是由于因素取不同水平造成的;另一方面是由于试验的误差产生的差异。

3. 计算自由度

由离差平方和计算公式可以看出,在同样误差程度下,试验数据越多,计算出的离差平方和越大,因此仅用离差平方和来反映试验值之间差异的大小还是不够的,还需要考虑试验次数的多少对离差平方和带来的影响,为此需要考虑自由度(degree of freedom)。三种离差平方和对应的自由度分别如下。

SS_T的自由度称为总自由度,即

$$df_T = N - 1 \qquad (4-8)$$

SS_A的自由度称为组间自由度,即

$$df_A = k - 1 \qquad (4-9)$$

SS_e的自由度称为组内自由度,即

$$df_e = N - k \qquad (4-10)$$

显然,上述三个自由度的关系为

$$df_T = df_A + df_e \qquad (4-11)$$

4. 计算均方

用离差平方和除以各自的自由度即可得到均方(mean square)。

组间均方(mean square between groups)记为MS_A,

$$MS_A = SS_A / (k-1) \qquad (4-12)$$

组内均方(mean square within groups)记为MS_e,

$$MS_e = SS_e / (N-k) \qquad (4-13)$$

5. F检验

组间均方与组内均方之比F是一个统计量,即

$$F = \frac{MS_A}{MS_e} = \frac{\dfrac{SS_A}{k-1}}{\dfrac{SS_e}{N-k}} \sim F(k-1, N-k) \qquad (4-14)$$

统计量 F 服从自由度为 $(k-1, N-k)$ 的 F 分布(F distribution),通常情况下,若考虑的因素是影响试验结果的主要因素,则 $MS_A > MS_e$,$F > 1$。但 F 值要大到多少才能下结论说考虑的因素是影响试验结果的主要因素呢? 就要查 F 分布临界值。给定显著性水平 α,查 F 分布临界值 $F_\alpha(k-1, N-k)$,当统计量 $F > F_\alpha(k-1, N-k)$ 时,因素各水平间差异有显著意义,认为因素 A 对试验结果有显著影响。否则,认为各水平间差异没有显著意义,认为因素 A 对试验结果没有显著影响。

为了将方差分析的结果表现得更清楚,通常人们把上述结果以表 4-2 单因素方差分析表的形式列出。

表 4-2 单因素方差分析表

差异来源	离差平方和	自由度	均方	F 值	临界值
组间	$SS_A = \sum\limits_{i=1}^{k} n_i (\bar{x}_i - \bar{x})^2$	$k-1$	$MS_A = \dfrac{SS_A}{k-1}$	$\dfrac{MS_A}{MS_e}$	$F_\alpha(k-1, N-k)$
组内	$SS_e = \sum\limits_{i=1}^{k} \sum\limits_{j=1}^{n_i} (x_{ij} - \bar{x}_i)^2$	$N-k$	$MS_e = \dfrac{SS_e}{N-k}$		
总和	$SS_e = \sum\limits_{i=1}^{k} \sum\limits_{j=1}^{n_i} (x_{ij} - \bar{x})^2$	$N-1$			

通常,若 $F > F_{0.01}(k-1, N-k)$ 时,就称因素 A 对试验结果影响有极显著的统计学意义,用"$**$"表示;若 $F_{0.05}(k-1, N-k) < F < F_{0.01}(k-1, N-k)$,就称因素 A 对试验结果影响有显著的统计学意义,用"$*$"表示;若 $F < F_{0.05}(k-1, N-k)$,认为因素 A 对试验结果影响没有显著意义,不用"$*$"。

【例 4-1】 某食品公司对一种食品设计了五种新包装,为了考察哪种包装最受欢迎,选了二十个有近似相同销售量的商店做试验。在试验期中各商店的货架排放位置、空间都尽量一致,营业员的促销方法也基本相同。观察在一定时期的销售量,数据如表 4-3 所示。判断五种包装的销售量是否一致。

解:

(1)计算均数 依题意,本例为单因素的方差分析,单因素为包装,它有五个水平,即 $k=5$,在每个水平下做了 4 次试验,故 $n_i = 4(i=1,2,\cdots,5)$,总试验次数 $N=20$,有关均数的计算,如表 4-3 所示。

表 4-3 【例 4-1】计算表

包装	销售量				$\sum x$	$\bar{x}_i$	$\bar{x}$
1	67	67	55	42	231	57.75	
2	60	69	50	35	214	53.50	
3	79	64	81	70	294	73.50	70.85
4	90	70	79	88	327	81.75	
5	98	96	91	66	351	87.75	
$k=5$	$N = 4 \times 5 = 20$						

（2）计算离差平方和

$$SS_T = \sum_{i=1}^{k} \sum_{j=1}^{n_i} (x_{ij} - \bar{x})^2 = (67 - 70.85)^2 + (67 - 70.85)^2 + \cdots + (66 - 70.85)^2 = 5698.550$$

$$SS_A = \sum_{i=1}^{k} n_i (\bar{x_i} - \bar{x})^2 = 4[(57.75 - 70.85)^2 + (53.50 - 70.85)^2 + \cdots + (87.75 - 70.85)^2] = 3536.300$$

$$SS_e = SS_T - SS_A = 5698.550 - 3536.300 = 2162.250$$

（3）计算自由度

$$df_T = N - 1 = 20 - 1 = 19$$
$$df_A = k - 1 = 5 - 1 = 4$$
$$df_e = N - k = 20 - 5 = 15$$

（4）计算均方

$$MS_A = SS_A/(k-1) = 3536.300/4 = 884.075$$
$$MS_e = SS_e/(N-k) = 2162.250/15 = 144.150$$

（5）F 检验

$$F = \frac{MS_A}{MS_e} = \frac{884.075}{144.150} = 6.133$$

查 F 界值表，$F_{0.01}(4,15) = 4.8932$，$F > F_{0.01}(4,15)$，可以认为五种包装的销售量不同。F 检验过程通常可写为方差分析表，如表 4 - 4 所示。

表 4 - 4　　　　　　　　　　　　　单因素方差分析表

来源	SS	df	S^2	F	结论
包装（组间）	3536.300	4	884.075	6.133	认为五种包装的销售量不同
误差（组内）	2162.250	15	144.150		

若对数据进行线性变换，如 $x'_{ij} = x_{ij} - 66$，则计算表如表 4 - 5 所示。

表 4 - 5　　　　　　　　　　　线性变换后的方差分析计算表

水平	变换值				$\bar{x_i}$	$\sum x$	$\bar{x}$
50%	1	1	-11	-24	-8.25	-33	
60%	-6	3	-16	-31	-12.5	-50	
70%	13	-2	15	4	7.5	30	4.85
90%	24	4	13	22	15.75	63	
95%	32	30	25	0	21.75	87	
$k = 5$	$N = 4 \times 5 = 20$						

由线性变换后的方差分析计算表可以得到 $SS_A = 3536.300$，$SS_e = 2162.250$。

所得的 SS_A、SS_e 都与线性变换前一致，从而，F 统计量的值也与变换前一致。

在此我们需要注意的是，当方差分析时的数据较大不便于运算时，我们可以采用如上的方法进行线性变换。若对每个观察值加上同一常数，三个平方和的值不变，F 值不变，方差分析的结果不变。若对每个观察值乘以同一常数 k，三个平方和的值扩大同一倍数 k^2，F 值仍不变，方差分析的结果不变。

综上所述，对试验值作一线性变换，变换前后的方差分析结果是相同的。因此，在对数据作方差分析时，可选择一个适当的线性变换使计算简化。

第二节　双因素试验方差分析

在许多实际问题中，往往要同时考虑两个因素对试验指标的影响。例如，要同时考虑工人的技术和机器对食品质量是否有显著影响，这里涉及到工人的技术和机器两个因素。双因素方差分析（two‒way analysis of variance）又称二元方差分析，是讨论两个因素及交互作用（因素间的联合作用）对试验结果有无显著影响的问题，与单因素方差分析的基本思想是一致的，不同之处就在于各因素不但对试验指标起作用，而且各因素不同水平的搭配也对试验指标起作用。统计学上把多因素不同水平的搭配对试验指标的影响称为交互作用，交互作用的效应只有在有重复的试验中才能分析出来。

根据两因素每种组合水平上的试验次数，可将双因素方差分析分为无重复试验和有重复试验的方差分析。对无重复试验只需要检验两个因素对试验结果有无显著影响，而对有重复试验还要考察两个因素的交互作用对试验结果有无显著影响。

一、无重复试验时双因素试验方差分析

在两因素试验中，因素 A 分为 r 个水平 $A_1, A_2, \cdots, A_r$，因素 B 分为 s 个水平 $B_1, B_2, \cdots, B_s$，在每一种组合水平 (A_i, B_j) 上做一次试验（无重复试验）。A 的第 i 个水平、B 的第 j 个水平得到的观测值记为 $x_{ij}(i = 1, 2, \cdots, r; j = 1, 2, \cdots, s)$。例如，$x_{12}$ 表示的是在 (A_1, B_2) 组合水平上的试验。在这里所有 x_{ij} 相互独立，且服从正态分布。A 的第 i 水平（第 i 行）、B 的第 j 水平（第 j 列）的样本均数分别记为 $\bar{x}_{i\cdot}$、$\bar{x}_{\cdot j}$，显然试验的总次数 $N = rs$。试验结果如表 4‒6 所示。

表 4‒6　　　　　　　　　　　两因素试验结果示意图

因素	B_1	B_2	$\cdots$	B_s	行均数
A_1	x_{11}	x_{12}	$\cdots$	x_{1s}	$\bar{x}_{1\cdot}$
A_2	x_{21}	x_{22}	$\cdots$	x_{2s}	$\bar{x}_{2\cdot}$
$\cdots$	$\cdots$	$\cdots$	$\cdots$	$\cdots$	$\cdots$
A_r	x_{r1}	x_{r2}	$\cdots$	x_{rs}	$\bar{x}_{r\cdot}$
列均数	$\bar{x}_{\cdot1}$	$\bar{x}_{\cdot2}$	$\cdots$	$\bar{x}_{\cdot s}$	$\bar{x}$

双因素无重复试验的方差分析的基本步骤如下。

1. 计算均数

全部试验结果的总均数

$$\bar{x} = \frac{1}{rs} \sum_{i=1}^{r} \sum_{j=1}^{s} x_{ij} \tag{4‒15}$$

A_i 水平时所有试验值的均数

$$\overline{x}_{i.} = \frac{1}{s} \sum_{j=1}^{s} x_{ij} \qquad (4-16)$$

B_j 水平时所有试验值的均数

$$\overline{x}_{.j} = \frac{1}{r} \sum_{i=1}^{r} x_{ij} \qquad (4-17)$$

所以有

$$\overline{x} = \frac{1}{r} \sum_{i=1}^{r} \overline{x}_{i.} = \frac{1}{s} \sum_{j=1}^{s} \overline{x}_{.j} \qquad (4-18)$$

2. 计算离差平方和

总离差平方和可以表示为 3 部分之和,即

$$SS_T = \sum_{i=1}^{r} \sum_{j=1}^{s} (x_{ij} - \overline{x})^2 = SS_A + SS_B + SS_e \qquad (4-19)$$

式中:

$$SS_A = \sum_{j=1}^{s} \sum_{i=1}^{r} (\overline{x}_{i.} - \overline{x})^2 = s \sum_{i=1}^{r} (\overline{x}_{i.} - \overline{x})^2 \qquad (4-20)$$

$$SS_B = \sum_{i=1}^{r} \sum_{j=1}^{s} (\overline{x}_{.j} - \overline{x})^2 = r \sum_{j=1}^{s} (\overline{x}_{.j} - \overline{x})^2 \qquad (4-21)$$

$$SS_e = \sum_{i=1}^{r} \sum_{j=1}^{s} (x_{ij} - \overline{x}_{i.} - \overline{x}_{.j} + \overline{x})^2 \qquad (4-22)$$

其中,SS_A 为因素 A 引起的离差平方和,SS_B 为因素 B 引起的离差平方和,SS_e 为误差平方和。

3. 计算自由度

SS_T 的自由度分解为 3 部分,

SS_T 的自由度

$$df_T = N - 1 = rs - 1 = df_A + df_B + df_e \qquad (4-23)$$

SS_A 的自由度

$$df_A = r - 1 \qquad (4-24)$$

SS_B 的自由度

$$df_B = s - 1 \qquad (4-25)$$

SS_e 的自由度

$$df_e = (r-1)(s-1) \qquad (4-26)$$

4. 计算均方

$$MS_A = \frac{SS_A}{r-1} \qquad (4-27)$$

$$MS_B = \frac{SS_B}{s-1} \qquad (4-28)$$

$$MS_e = \frac{SS_e}{(r-1)(s-1)} \qquad (4-29)$$

5. F 检验

用统计量

$$F_A = \frac{MS_A}{MS_e} \qquad (4-30)$$

$$F_B = \frac{MS_B}{MS_e} \tag{4-31}$$

分别进行 F 检验,其中 F_A 服从自由度为 (df_A, df_e) 的 F 分布,对于给定的显著性水平 α,若 $F_A > F_\alpha(df_A, df_e)$,则认为因素 A 对试验结果有显著影响,否则无显著影响;F_B 服从自由度为 (df_A, df_e) 的 F 分布,若 $F_B > F_\alpha(df_B, df_e)$ 则认为因素 B 对试验结果有显著影响,否则无显著影响。最后列出方差分析表,如表 4-7 所示。

表 4-7 无重复试验两因素方差分析表

差异来源	离差平方和	自由度	均方	F 值	临界值
因素 A	SS_A	$r-1$	$MS_A = \dfrac{SS_A}{r-1}$	$F_A = \dfrac{MS_A}{MS_e}$	$F_\alpha(df_A, df_e)$
因素 B	SS_B	$s-1$	$MS_B = \dfrac{SS_B}{s-1}$	$F_B = \dfrac{MS_B}{MS_e}$	$F_\alpha(df_B, df_e)$
误差	SS_e	$(r-1)(s-1)$	$MS_e = \dfrac{SS_e}{(r-1)(s-1)}$		
总和	SS_T	$rs-1$			

【例 4-2】 对 8 窝小白鼠,每窝各取同体重的 3 只,分别喂甲、乙、丙 3 种不同的营养素,3 周后体重增量结果(g)如表 4-8 所示。试判断 3 种不同营养素的体重增量是否不同。

表 4-8 【例 4-2】计算表

处理组	体重增量/g								$\bar{x}_{i.}$	$\sum x$	$\bar{x}$
	1	2	3	4	5	6	7	8			
甲	50.10	47.80	53.10	63.50	71.20	41.40	61.90	42.20	53.9000	431.2	
乙	58.20	48.50	53.80	64.20	68.40	45.70	53.00	39.80	53.9500	431.6	55.6625
丙	64.50	62.40	58.60	72.30	79.30	38.40	51.20	46.20	59.1375	473.1	
$\bar{x}_{.j}$	57.6000	52.9000	55.1667	66.7333	72.9667	41.8333	55.3667	42.7333			

解:

(1)计算均数

依题意,本例为双因素的方差分析,行、列分别为处理 A、窝别 B。$r=3$,$s=8$,有关均数的计算如表 4-8 所示。

(2)计算离差平方和 总离差平方和可以表示为 3 部分之和,即

$$SS_T = \sum_{i=1}^{r} \sum_{j=1}^{s} (x_{ij} - \bar{x})^2$$

$$= (50.10 - 55.6625)^2 + (47.80 - 55.6625)^2 + \cdots + (46.20 - 55.6625)^2 = 2861.836$$

$$SS_A = s \sum_{i=1}^{r} (\bar{x}_{i.} - \bar{x})^2$$

$$= 8[(53.9000 - 55.6625)^2 + (53.9500 - 55.6625)^2 + (59.1375 - 55.6625)^2] = 144.917$$

$$SS_B = r \sum_{j=1}^{s} (\bar{x}_{\cdot j} - \bar{x})^2$$
$$= 3 \left[(57.6000 - 55.6625)^2 + (52.9000 - 55.6625)^2 + \cdots + (42.7333 - 55.6625)^2 \right]$$
$$= 2376.376$$

$$SS_e = SS_T - SS_A - SS_B = 2861.836 - 144.917 - 2376.376 = 340.543$$

（3）计算自由度

$$df_T = N - 1 = 24 - 1 = 23$$
$$df_A = r - 1 = 3 - 1 = 2$$
$$df_B = s - 1 = 8 - 1 = 7$$
$$df_e = (r-1)(s-1) = (3-1)(8-1) = 14$$

（4）计算均方

$$MS_A = \frac{SS_A}{r-1} = \frac{144.917}{2} = 72.459$$

$$MS_B = \frac{SS_B}{s-1} = \frac{2376.376}{7} = 339.482$$

$$MS_e = \frac{SS_e}{(r-1)(s-1)} = \frac{340.543}{14} = 24.324$$

（5）F 检验

$$F_A = \frac{MS_A}{MS_e} = \frac{72.459}{24.324} = 2.979$$

$$F_B = \frac{MS_B}{MS_e} = \frac{339.482}{24.324} = 13.956$$

查 F 界值表与计算出的 F 值进行对比，$F_A = 2.979 < F_{0.05}(2,14) = 3.74$，不能认为三种营养素的体重增量不同；$F_{0.01}(7,14) = 4.28$，$F_B = 13.956 > F_{0.01}(7,14) = 4.28$，认为 8 窝的体重增量不同。

F 检验写为如表 4 – 9 所示的方差分析表。

表 4 – 9　　　　　　　　　　　【例 4 – 2】中的方差分析表

来源	SS	df	MS	F	结　　论
A	144.917	2	72.459	2.979	不能认为三种营养素的体重增量不同
B	2376.376	7	339.482	13.956	8 窝的体重增量不同
e	340.543	14	24.324		

【例 4 – 3】　据推测，原料的粒度和水分可能影响某原料的储存期。现考察粗粒、细粒 2 种规格及含 5%、3%、1% 3 种水分的原料，抽样测定恒温加热 1h 后的剩余含量，数据如表 4 – 10 所示。试判断这 2 个因素是否确实重要。

解：

（1）计算均数　依题意，本例为双因素的方差分析，粒度和水分为因素 A、B，$r = 2$，$s = 3$，有关均数的计算如表 4 – 10 所示。

表 4 – 10 　　　　　　　　　　　　　 【例 4 – 3】计算表

颗粒分组	5%	3%	1%	$\bar{x}_{i.}$	$\sum x$	$\bar{x}$
粗粒	86.88	89.86	89.91	88.8833	266.6500	
细粒	84.83	85.86	84.83	85.1733	255.5200	87.0283
$\bar{x}_{.j}$	85.8550	87.8600	87.3700			

（2）计算离差平方和　　总离差平方和可以表示为 3 部分之和，即

$$SS_T = \sum_{i=1}^{r} \sum_{j=1}^{s} (x_{ij} - \bar{x})^2$$

$$= (86.88 - 87.0283)^2 + (89.86 - 87.0283)^2 + \cdots + (84.83 - 87.0283)^2 = 27.375$$

$$SS_A = s \sum_{i=1}^{r} (\bar{x}_{i.} - \bar{x})^2 = 3[(88.8833 - 87.0283)^2 + (85.1733 - 87.0283)^2] = 20.646$$

$$SS_B = r \sum_{j=1}^{s} (\bar{x}_{.j} - \bar{x})^2$$

$$= 2[(85.8550 - 87.0283)^2 + (87.8600 - 87.0283)^2 + (87.3700 - 87.0283)^2] = 4.370$$

$$SS_e = SS_T - SS_A - SS_B = 27.375 - 20.646 - 4.370 = 2.359$$

（3）计算自由度

$$df_T = N - 1 = 6 - 1 = 5$$
$$df_A = r - 1 = 2 - 1 = 1$$
$$df_B = s - 1 = 3 - 1 = 2$$
$$df_e = (r - 1)(s - 1) = (2 - 1)(3 - 1) = 2$$

（4）计算均方

$$MS_A = \frac{SS_A}{r - 1} = \frac{20.646}{1} = 20.646$$

$$MS_B = \frac{SS_B}{s - 1} = \frac{4.370}{2} = 2.185$$

$$MS_e = \frac{SS_e}{(r - 1)(s - 1)} = \frac{2.359}{2} = 1.1795$$

（5）F 检验

$$F_A = \frac{MS_A}{MS_e} = \frac{20.646}{1.1795} = 17.504$$

$$F_B = \frac{MS_B}{MS_e} = \frac{2.185}{1.1795} = 1.852$$

由 $F_A = 17.504 < F_{0.05}(1,2) = 18.51$，$F_B = 1.852 < F_{0.05}(2,2) = 19.00$，不能认为粒度和水分影响原料的储存期。$F$ 检验写为如表 4 – 11 所示的方差分析表。

表 4 – 11 　　　　　　　　　　　　 【例 4 – 3】的方差分析表

来源	SS	df	MS	F	结　　论
A	20.646	1	20.646	17.504	不能认为粒度影响原料的贮存期
B	4.370	2	2.185	1.852	不能认为水分影响原料的贮存期
e	2.359	2	1.179		

二、有重复试验时双因素试验方差分析

前面介绍的双因素方差分析,假设两因素是相互独立的。但是在两因素的试验中,有时还存在着两因素对试验结果的联合影响,这种联合影响称作交互作用(interaction)。例如,若因素 A 的数值和水平发生变化时,试验指标随因素 B 的变化规律也发生变化;反之,若因素 B 的数值和水平发生变化时,试验指标随因素 A 的变化规律也发生变化,则称因素 A、B 之间有交互作用,记为 $A \times B$。如果要考察两个因素之间的交互作用对试验指标的影响是否显著,则需要对两个因素的各种水平的组合 (A_i,B_j) 进行至少 2 次以上的重复试验。

设因素 A,B 作用于试验指标,因素 A 有 r 个水平 $A_1,A_2,\cdots,A_r$,因素 B 有 s 个水平 $B_1,B_2,\cdots,B_s$,为了研究交互作用 $A \times B$ 的影响,对因素 A、B 的每一个水平的每一对组合 (A_i,B_j) $(i=1,2,\cdots,r,j=1,2,\cdots,s)$,进行 $c(c \geq 2)$ 次试验(称为等重复试验),得到 rsc 个试验结果,每个试验值记为 $x_{ijk}(i=1,2,\cdots,r;j=1,2,\cdots,s;k=1,2,\cdots,c)$,如表 4 – 12 所示。

表 4 – 12　　　　　　　　　双因素有重复试验方差分析试验表

因素	B_1	B_2	$\cdots$	B_s
A_1	$x_{111},x_{112},\cdots,x_{11c}$	$x_{121},x_{122},\cdots,x_{12c}$	$\cdots$	$x_{1s1},x_{1s2},\cdots,x_{1sc}$
A_2	$x_{211},x_{212},\cdots,x_{21c}$	$x_{221},x_{222},\cdots,x_{22c}$	$\cdots$	$x_{2s1},x_{2s2},\cdots,x_{2sc}$
$\cdots$	$\cdots$	$\cdots$	$\cdots$	$\cdots$
A_r	$x_{r11},x_{r12},\cdots,x_{r1c}$	$x_{r21},x_{r22},\cdots,x_{r2c}$	$\cdots$	$x_{rs1},x_{rs2},\cdots,x_{rsc}$

从表 4 – 12 可以看出,对于任意一个试验值 x_{ijk},其中 i 表示因素 A 对应的水平,j 表示因素 B 对应的水平,k 表示在组合水平 (A_i,B_j) 上的第 k 次试验。例如,x_{123} 表示的是在组合水平 (A_1,B_2) 上的第 3 次试验。显然总试验次数 $N=rsc$。

双因素等重复试验的方差分析的基本步骤如下。

1. 计算均数

全部试验值的总均数

$$\bar{x} = \frac{1}{rsc} \sum_{i=1}^{r} \sum_{j=1}^{s} \sum_{k=1}^{c} x_{ijk} \tag{4-32}$$

在任一水平组合 (A_i,B_j) 上的 c 次试验值的均数

$$\bar{x}_{ij} = \frac{1}{c} \sum_{k=1}^{c} x_{ijk} (i=1,2,\cdots,r;j=1,2,\cdots,s) \tag{4-33}$$

A_i 水平时所有试验值的均数

$$\bar{x}_{i\cdot\cdot} = \frac{1}{sc} \sum_{j=1}^{s} \sum_{k=1}^{c} x_{ijk} = \frac{1}{s} \sum_{j=1}^{s} \bar{x}_{ij} (i=1,2,\cdots,r) \tag{4-34}$$

B_j 水平时所有试验值的均数

$$\bar{x}_{\cdot j\cdot} = \frac{1}{rc} \sum_{i=1}^{r} \sum_{k=1}^{c} x_{ijk} = \frac{1}{r} \sum_{i=1}^{r} \bar{x}_{ij} (j=1,2,\cdots,s) \tag{4-35}$$

这些均数的含义如表 4 – 13 所示。

表 4 – 13			各种均数之间的关系		
因素	B_1	B_2	$\cdots$	B_s	$\bar{x}_{i\cdot\cdot}$
A_1	$\bar{x}_{11\cdot}$	$\bar{x}_{12\cdot}$	$\cdots$	$\bar{x}_{1s\cdot}$	$\bar{x}_{1\cdot\cdot}$
A_2	$\bar{x}_{21\cdot}$	$\bar{x}_{22\cdot}$	$\cdots$	$\bar{x}_{2s\cdot}$	$\bar{x}_{2\cdot\cdot}$
$\cdots$	$\cdots$	$\cdots$	$\cdots$	$\cdots$	$\cdots$
A_r	$\bar{x}_{r1\cdot}$	$\bar{x}_{r2\cdot}$	$\cdots$	$\bar{x}_{rs\cdot}$	$\bar{x}_{r\cdot\cdot}$
$\bar{x}_{\cdot j\cdot}$	$\bar{x}_{\cdot 1\cdot}$	$\bar{x}_{\cdot 2\cdot}$	$\cdots$	$\bar{x}_{\cdot s\cdot}$	$\bar{x}$

2. 计算离差平方和

$$SS_T = \sum_{i=1}^{r} \sum_{j=1}^{s} \sum_{k=1}^{c} (x_{ijk} - \bar{x})^2 \qquad (4-36)$$

上式可分解为

$$SS_T = SS_A + SS_B + SS_{A\times B} + SS_e \qquad (4-37)$$

其中

$$SS_A = sc \sum_{i=1}^{r} (\bar{x}_{i\cdot\cdot} - \bar{x})^2 \qquad (4-38)$$

$$SS_B = rc \sum_{j=1}^{s} (\bar{x}_{\cdot j\cdot} - \bar{x})^2 \qquad (4-39)$$

$$SS_{A\times B} = c \sum_{i=1}^{r} \sum_{j=1}^{s} (\bar{x}_{ij\cdot} - \bar{x}_{i\cdot\cdot} - \bar{x}_{\cdot j\cdot} + \bar{x})^2 \qquad (4-40)$$

$$SS_e = \sum_{i=1}^{r} \sum_{j=1}^{s} \sum_{k=1}^{c} (x_{ijk} - \bar{x}_{ij\cdot})^2 \qquad (4-41)$$

同样,我们仍称 SS_A 因素 A 引起的的离差平方和,SS_B 为因素 B 引起的离差平方和,$SS_{A\times B}$ 称为 A,B 交互作用的离差平方和,SS_e 为误差平方和。

3. 计算自由度

SS_A 的自由度为

$$df_A = r - 1 \qquad (4-42)$$

SS_B 的自由度为

$$df_B = s - 1 \qquad (4-43)$$

$SS_{A\times B}$ 的自由度为

$$df_{A\times B} = (r-1)(s-1) \qquad (4-44)$$

SS_e 的自由度为

$$df_e = rs(c-1) \qquad (4-45)$$

SS_T 的自由度为

$$df_T = N - 1 = rsc - 1 = df_A + df_B + df_{A\times B} + df_e \qquad (4-46)$$

4. 计算均方

$$MS_A = \frac{SS_A}{r-1} \qquad (4-47)$$

$$MS_B = \frac{SS_B}{s-1} \qquad (4-48)$$

$$MS_{A \times B} = \frac{SS_{A \times B}}{(r-1)(s-1)} \tag{4-49}$$

$$MS_e = \frac{SS_e}{rs(c-1)} \tag{4-50}$$

5. F 检验

用统计量

$$F_A = \frac{MS_A}{MS_e} \tag{4-51}$$

$$F_B = \frac{MS_B}{MS_e} \tag{4-52}$$

$$F_{A \times B} = \frac{MS_{A \times B}}{MS_e} \tag{4-53}$$

分别进行 F 检验,其中 F_A 服从自由度为 (df_A, df_e) 的 F 分布,对于给定的显著性水平 α,若 $F_A > F_\alpha(df_A, df_e)$,则认为因素 A 对试验结果有显著影响,否则无显著影响;F_B 服从自由度为 (df_B, df_e) 的 F 分布,若 $F_B > F_\alpha(df_B, df_e)$,则认为因素 B 对试验结果有显著影响,否则无显著影响;$F_{A \times B}$ 服从自由度为 $(df_{A \times B}, df_e)$ 的 F 分布,若 $F_{A \times B} > F_\alpha(df_{A \times B}, df_e)$,则认为因素 $A \times B$ 对试验结果有显著影响,否则无显著影响。

最后列出方差分析表,如表 4 – 14 所示。

表 4 – 14　　　　　　　有交互作用双因素试验方差分析表

差异来源	离差平方和	自由度	均方	F 值	临界值
因素 A	SS_A	$r-1$	$MS_A = \dfrac{SS_A}{r-1}$	$F_A = \dfrac{MS_A}{MS_e}$	$F_\alpha(df_A, df_e)$
因素 B	SS_B	$s-1$	$MS_B = \dfrac{SS_B}{s-1}$	$F_B = \dfrac{MS_B}{MS_e}$	$F_\alpha(df_B, df_e)$
交互作用 $A \times B$	$SS_{A \times B}$	$(r-1)(s-1)$	$MS_{A \times B} = \dfrac{SS_{A \times B}}{(r-1)(s-1)}$	$F_{A \times B} = \dfrac{MS_{A \times B}}{MS_e}$	$F_\alpha(df_{A \times B}, df_e)$
误差	SS_e	$rs(c-1)$	$MS_e = \dfrac{SS_e}{rs(c-1)}$		
总和	SS_T	$rsc-1$			

【例 4 – 4】　为探讨某化学反应中温度和催化剂对收率的影响,有人选了 4 种温度(A)和三种不同的催化剂(B),对所有可能的组合在相同条件下都重复 2 次试验,所得数据如表 4 – 15,试判断温度、催化剂的作用以及它们之间的交互作用对收率是否有显著影响?

表 4 – 15　　　　　　　温度和催化剂对收率的影响　　　　　　　单位:%

催化剂种类(B)	温度(A)/℃			
	70	80	90	100
甲	61,63	64,66	65,66	69,68
乙	63,64	66,67	67,69	68,71
丙	75,67	67,68	69,70	72,74

本题中 $r=3,s=4,c=2$，根据计算公式，得方差分析表如表 4 - 16 所示。

表 4 - 16 　　　　　　　　　　【例 4 - 4】中的方差分析表

差异来源	离差平方和	自由度	均方	F 值	临界值	结论
因素 A	$SS_A=80.46$	3	26.81944	13.14737	$F_{0.01}(2,12)=5.95$	＊＊
因素 B	$SS_B=104.08$	2	52.04167	6.775439	$F_{0.01}(3,12)=6.93$	＊＊
交互作用 $A \times B$	$SS_{A \times B}=33.92$	6	5.652778	1.42807	$F_{0.1}(6,12)=2.33$	
误差	$SS_e=47.50$	12	3.958333			
总和	$SS_T=265.96$	23				

可以认为因素 A 与 B 对收率影响有极显著的统计学意义，而 A 与 B 的交互作用对其影响不显著。

第三节　计算机软件在方差分析中的应用

一、Origin 在方差分析中的应用

（一）单因素方差分析的 Origin 操作示例

【例 4 - 5】　海产食品中砷的允许标准量以无机砷作为评价指标。现用萃取法测定我国某产区五类海产食品中无机砷含量如表 4 - 17 所示，其中藻类以干重计，其余四类以鲜重计，试分析不同类型的海产食品中砷含量差异的显著性。

表 4 - 17 　　　　　　　　不同类型的海产食品中砷的含量测定结果

类型	砷的含量/（mg/kg）						
鱼类（A）	0.31	0.25	0.52	0.36	0.38	0.51	0.42
贝类（B）	0.63	0.27	0.78	0.52	0.62	0.64	0.70
甲壳类（C）	0.69	0.53	0.76	0.58	0.52	0.60	0.61
藻类（D）	1.50	1.23	1.30	1.45	1.32	1.44	1.43
软体类（E）	0.72	0.63	0.59	0.57	0.78	0.52	0.64

1. 建立数据文件

把"类型""砷的含量"分别放入 A（X）、B（Y）列，用数值 1 - 5 分别表示鱼类、贝类、甲壳类、藻类、软体类，建立 2 列 35 行的数据文件 L4 - 1. opj。

2. 正态性检验

分别选中各类数据执行统计量→描述统计→正态性检验→确定（Statistics→Descriptive Statistics→normality test→OK）。

3. 方差分析

选中 A（X）、B（Y）列，执行统计量→方差分析→单因素方差分析→输入数据→指标√→因素→A（X）√→数据→B（Y）√→描述统计√→方差齐性检验→Levene√→确定（Statistics→ANOVA→One - way ANOVA→Input data→Indexed√→Factor→A（X）√→Data→B（Y）√→Descriptive Statistics√→Test for Equal Variance→Levene√→OK）。

4. 结果解读

正态性检验结果如图 4 – 1 所示，$P > 0.05$，所以，数据满足正态分布。方差分析检验结果如图 4 – 2 所示，鱼类海产食品中砷的含量的均值是 0.39286，标准差是 0.09928，贝类海产食品中砷的含量的均值是 0.59429，标准差是 0.16349，甲壳类海产食品中砷的含量的均值是 0.61286，标准差是 0.08597，藻类海产食品中砷的含量的均值是 1.38143，标准差是 0.09822，软体类海产食品中砷的含量的均值是 0.63571，标准差是 0.08923。方差齐性检验的 F 统计量为 0.65827，对应 P 值为 0.62575，$P > 0.05$，可以认为五组数据间方差没有显著性差异。方差分析检验结果 F 统计量为 82.24055，对应 P 值为 9.99201E – 16，$P < 0.05$，按照 $\alpha = 0.05$ 的检验水准，可认为不同类型的海产食品中砷含量有显著差异。

	DF	Statistic	Prob<W
B	7	0.95221	0.74975

	DF	Statistic	Prob<W
B	7	0.87757	0.2159

	DF	Statistic	Prob<W
B	7	0.92259	0.48977

	DF	Statistic	Prob<W
B	7	0.91886	0.46059

	DF	Statistic	Prob<W
B	7	0.96329	0.84639

图 4 – 1　【例 4 – 5】正态性检验结果

	Sample Size	Mean	Standard Deviation	SE of Mean
1	7	0.39286	0.09928	0.03753
2	7	0.59429	0.16349	0.06179
3	7	0.61286	0.08597	0.03249
4	7	1.38143	0.09822	0.03712
5	7	0.63571	0.08923	0.03373

描述统计量

	DF	Sum of Squares	Mean Square	F Value	Prob>F
Model	4	4.05187	1.01297	82.24055	9.99201E-16
Error	30	0.36951	0.01232		
Total	34	4.42139			

单因素方差分析

	DF	Sum of Squares	Mean Square	F Value	Prob>F
Model	4	0.01118	0.0028	0.65827	0.62575
Error	30	0.12742	0.00425		

方差齐性 Levene 检验

图 4 – 2　【例 4 – 5】单因素方差分析检验结果

（二）无重复试验时双因素试验方差分析的 Origin 操作示例

【例 4 – 6】　为了优化冷榨提取火麻仁油脂的工艺，考察入榨水分含量（%）、压榨时间（min）两个因素对火麻仁油脂提取率的影响，结果如表 4 – 18 所示，试分析不同的入榨水分含量与压榨时间对火麻仁油脂提取率有无影响。

表 4 – 18　　　　　　　　　　　　　火麻仁油脂提取率结果

压榨时间/min	水分含量/%		
	4	4.8	5.6
20	78.6	80.2	79.9
40	74.8	80.8	74.5

1. 建立数据文件

把"压榨时间""水分含量""提取率"分别放入 A(X)、B(Y)、C(Y)列,建立 3 列 6 行的数据文件 L4 – 2. opj。

2. 方差分析

选中 A(X)、B(Y)、C(Y)列,执行统计量→方差分析→双因素方差分析→输入数据→指标 √→因素 A→A(X)√→因素 B→B(Y)√→数据→C(Y)√确定(Statistics→ANOVA→Two – way ANOVA→Input data→Indexed√→FactorA→A(X)√→FactorB→B(Y)√→Data→C(Y)√→OK)。

3. 结果解读

双因素试验方差分析检验结果如图 4 – 3 所示,对于压榨时间检验的 F 统计量为 2.55387,对应 P 值为 0.25113,$P > 0.05$,按照 $\alpha = 0.05$ 的检验水准,可认为压榨时间对火麻仁油脂提取率无影响。对于入榨水分含量检验的 F 统计量为 1.76657,对应 P 值为 0.36146,$P > 0.05$,按照 $\alpha = 0.05$ 的检验水准,可认为入榨水分含量对火麻仁油脂提取率无影响。

	DF	Sum of Squares	Mean Square	F Value	P Value
Factor A	1	12.32667	12.32667	2.55387	0.25113
Factor B	2	17.05333	8.52667	1.76657	0.36146
Model	3	29.38	9.79333	2.02901	0.34698
Error	2	9.65333	4.82667	—	—
Corrected Total	5	39.03333	—	—	—

图 4 – 3 【例 4 – 6】中双因素方差分析检验结果

(三)有重复试验时双因素试验方差分析的 Origin 操作示例

【例 4 – 7】 以【例 4 – 4】的数据为例,利用 Origin 统计软件进行有重复试验时双因素试验方差分析。

1. 建立数据文件

把"温度""催化剂"和"收率"分别放入 A(X)、B(Y)、C(Y)列,用数值 1 – 3 分别表示"催化剂"的甲、乙、丙类,建立 3 列 24 行的数据文件 L4 – 3. opj。

2. 方差分析

选中 A(X)、B(Y)、C(Y)列,执行统计量→方差分析→双因素方差分析→输入数据→指标 √→因素 A→A(X)√→因素 B→B(Y)√→数据→C(Y)√→交互作用√→确定(Statistics→ANOVA→Two – way ANOVA→Input data→Indexed√→FactorA→A(X)√→FactorB→B(Y)√→Data→C(Y)√→Interactions√→OK)。

3. 结果解读

双因素试验有重复试验方差分析检验结果如图 4 – 4 所示,对于"温度"检验的 F 统计量为 6.77544,对应 P 值为 0.00633,$P < 0.05$,按照 $\alpha = 0.05$ 的检验水准,可认为"温度"对收率有显著影响。对于"催化剂"检验的 F 统计量为 13.14737,对应 P 值为 9.46788E – 4,$P < 0.05$,按照 $\alpha = 0.05$ 的检验水准,可认为"催化剂"对收率有显著影响。"温度"与"催化剂"的交互作用 F 统计量为 1.42807,对应 P 值为 0.28172,$P > 0.05$,按照 $\alpha = 0.05$ 的检验水准,可认为"温度"与"催化剂"的交互作用对收率无显著影响。

	DF	Sum of Squares	Mean Square	F Value	P Value
Factor A	3	80.45833	26.81944	6.77544	0.00633
Factor B	2	104.08333	52.04167	13.14737	9.46788E-4
Interaction	6	33.91667	5.65278	1.42807	0.28172
Model	11	218.45833	19.85985	5.01722	0.00488
Error	12	47.5	3.95833	—	—
Corrected Total	23	265.95833	—	—	—

图 4 - 4　【例 4 - 7】中有重复试验双因素方差分析检验结果

二、SPSS 在方差分析中的应用

(一) 单因素方差分析的 SPSS 操作示例

【例 4 - 8】　以【例 4 - 1】的数据为例,利用 SPSS 统计软件进行单因素方差分析。

1. 建立 SPSS 数据文件

以包装(标签 1、2、3、4、5 分别表示五种包装)和销售量为变量名,建立 2 列 20 行的数据文件 L4 - 4. sav。

2. 单因素方差分析

①分析→比较均值→单因素 ANOVA→"销售量"选入到"因变量列表","包装"选入到"因子"。

②选项√→描述性√方差同质性检验√均值图√→继续→确定。

3. 结果解读

SPSS 主要输出结果如表 4 - 19 ~ 表 4 - 21 所示。如表 4 - 19 所示,样本例数(N)、均数(Mean)、标准差(Std. Deviation)、标准误(Std. Error)、均数的置信区间(95% Confidence Interval for Mean)、最小值(Minimum)、最大值(Maximum);表 4 - 20 给出了 Levene 法方差齐性检验结果,本例 $P = 0.720 > 0.05$,认为五种包装的总体方差相等;表 4 - 21 给出了方差分析检验结果,其中 Between Groups 为组间,Within Groups 为组内,Total 为总和,Sum of Squares 为离均差平方和,Mean Square 为均方,F 统计量为 6.133,Sig. 即 $P = 0.004 < 0.01$,5 种包装销售量的差异有统计学意义,可以认为五种包装的销售量不同。五种包装销售量的直观区别如图 4 - 5 所示。

表 4 - 19　　　　　　　　　　　　统计描述结果

	N	均值	标准差	标准误	均值95% 置信区间		最小值	最大值
					下限	上限		
1	4	57.75	11.927	5.963	38.77	76.73	42	67
2	4	53.50	14.572	7.286	30.31	76.69	35	69
3	4	73.50	7.937	3.969	60.87	86.13	64	81
4	4	81.75	9.179	4.589	67.14	96.36	70	90
5	4	87.75	14.796	7.398	64.21	111.29	66	98
Total	20	70.85	17.318	3.872	62.74	78.96	35	98

表4-20　　　　　　　　　　方差齐性检验结果

Levene 统计量	df_1	df_2	显著性
0.524	4	15	0.720

表4-21　　　　　　　　　　方差分析检验结果

	平方和	df	均方	F	显著性
组间	3536.300	4	884.075	6.133	0.004
组内	2162.250	15	144.150		
总数	5698.550	19			

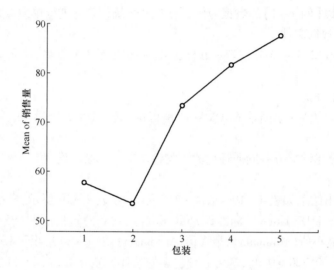

图4-5　五种包装销售量的直观区别

由此可见,统计软件计算的各项结果及其引出的推断结论,均与上述公式计算法一致。

(二)无重复试验时双因素试验方差分析的 SPSS 操作示例

【例4-9】　以【例4-2】的数据为例,利用 SPSS 统计软件进行无重复试验时双因素试验方差分析。

对于【例4-2】中两因素方差分析 SPSS 操作步骤及结果如下所述。

1. 建立 SPSS 数据文件

以窝别(标签1~8分别表示八窝)、营养素和体重增量为变量名,建立3列24行的数据文件 L4-5.sav。

2. 两因素方差分析

①分析→一般线性模型→单变量→"体重增量"选入到"因变量","窝别""营养素"选入到"固定因子"。

②模型→设定√"窝别""营养素"选入到"模型",主效应√→继续→确定。

3. 结果解读

SPSS 主要输出结果如表4-22所示,给出了方差分析检验结果,其中,"窝别"因素 F 统计量为 13.956,Sig. 即 $P = 0.000 < 0.01$,可以认为 8 窝的体重增量不同;"营养素"因素 F 统计量为 2.979,Sig. 即 $P = 0.084 > 0.01$,不能认为三种营养素的体重增量不同。

表 4-22　　　　　　　　【例 4-2】中的两因素方差分析的 SPSS 结果

因变量:体重增量

源	III 型平方和	df	均方	F	Sig.
校正模型	2521.294[a]	9	280.144	11.517	0.000
截距	74359.534	1	74359.534	3056.985	0.000
窝别	2376.376	7	339.482	13.956	0.000
营养素	144.917	2	72.459	2.979	0.084
误差	340.543	14	24.324		
总计	77221.370	24			
校正的总计	2861.836	23			

a. $R^2 = 0.881$(调整 $R^2 = 0.805$)。

由此可见,统计软件计算的各项结果及其引出的推断结论,均与上述公式计算法一致。

【例 4-3】 操作方法与上题相同,结果如表 4-23 所示,统计软件计算的各项结果及其引出的推断结论,均与公式计算法一致。

表 4-23　　　　　　　　【例 4-3】双因素方差分析的 SPSS 结果

因变量:含量

源	III 型平方和	df	均方	F	Sig.
校正模型	25.016[a]	3	8.339	7.072	0.126
截距	45443.585	1	45443.585	38539.274	0.000
颗粒	20.646	1	20.646	17.509	0.053
水分	4.370	2	2.185	1.853	0.350
误差	2.358	2	1.179		
总计	45470.960	6			
校正的总计	27.375	5			

a. $R^2 = 0.914$(调整 $R^2 = 0.785$)。

(三)有重复试验时双因素试验方差分析的 SPSS 操作示例

【例 4-10】 以【例 4-4】的数据为例,利用 SPSS 统计软件进行有重复试验时双因素试验方差分析。

对于【例 4-4】中的双因素有重复试验方差分析的 SPSS 操作步骤及结果如下所述。

1. 建立 SPSS 数据文件

以温度、催化剂和收率为变量名,建立 3 列 24 行的数据文件 L4-6.sav。

2. 两因素方差分析

分析→一般线性模型→单变量→"收率"选入到"因变量","温度""催化剂"选入到固定因子→确定。

3. 结果解读

SPSS 主要输出结果如表 4-24 所示,给出了方差分析检验结果,其中,"温度"因素 F 统计量为 6.775,Sig. 即 $P=0.006<0.01$,可以认为温度对收率有显著影响;"催化剂"因素 F 统计量为 13.147,Sig. 即 $P=0.001<0.01$,可以认为催化剂的作用对收率有显著影响;温度、催化剂之间的交互作用的 F 统计量为 1.428,Sig. 即 $P=0.282>0.01$,可以认为温度、催化剂之间的交互作用对收率无显著影响。由此可见,统计软件计算的各项结果及其引出的推断结论,均与上述公式计算法一致。

表 4-24　　　　　　　【例 4-4】中的双因素有重复试验方差分析结果

因变量:收率

源	Ⅲ型平方和	df	均方	F	Sig.
校正模型	218.458[a]	11	19.860	5.017	0.005
截距	109215.042	1	109215.042	27591.168	0.000
温度	80.458	3	26.819	6.775	0.006
催化剂	104.083	2	52.042	13.147	0.001
温度和催化剂	33.917	6	5.653	1.428	0.282
误差	47.500	12	3.958		
总计	109481.000	24			
校正的总计	265.958	23			

a. $R^2=0.821$(调整 $R^2=0.658$)。

习　题

1. 以淀粉为原料生产葡萄糖的过程中,残留有许多糖蜜,可作为生产酱色的原料,在生产酱色之前应尽可能彻底除杂,以保证酱色质量。今选用五种不同的除杂方法,每种方法做 4 次试验,各得 4 个观察值,数据如表 4-25 所示。判断不同方法的除杂效果是否相同。

表 4-25　　　　　　　　　　不同除杂方法的除杂量

除杂方法(A_i)	除杂量/(g/kg)			
A_1	25.6	24.4	25.0	25.9
A_2	27.8	27.0	27.0	28.0
A_3	27.0	27.7	27.5	25.9
A_4	29.0	27.3	27.5	29.9
A_5	20.6	21.2	22.0	21.2

2. 在食品卫生检查中,对四种不同品牌腊肉的酸价的毫克数进行了随机抽样检测,结果如表 4-26 所示,试分析这四种不同品牌腊肉的酸价指标有无差异。

表 4 – 26			四种不同品牌腊肉的酸价检测结果				
品牌				酸价/mg			
A_1	1.6	1.5	2.0	1.9	1.3	1.0	1.2	1.4
A_2	1.7	1.9	2.0	2.5	2.7	1.8	
A_3	0.9	1.0	1.3	1.1	1.9	1.6	1.5
A_4	1.8	2.0	1.7	2.1	1.5	2.5	2.2

3. 自溶酵母提取物是一种多用途食品配料,为探讨啤酒酵母的最适自溶条件,考察温度与 pH 值对自溶液中蛋白质含量的影响(%),结果如表 4 – 27 所示,试分析不同的温度与 pH 值对自溶液中蛋白质含量有无影响。

表 4 – 27	自溶液中蛋白质含量结果		单位:%
pH	温度/℃		
	50	55	60
6	2.4,2.0	2.6,2.8	2.2,2.5
6.5	2.5,2.3	2.9,2.7	2.4,2.0
7.0	2.6,2.7	2.6,2.8	2.9,3.0

第五章 试验数据的回归分析

第一节 基 本 概 念

在食品的生产过程和科学试验中,我们经常会遇到各种不同的变量,这些变量往往是相互依赖、相互制约的,即变量之间存在着相互关系。这种相互关系一般可分为两种类型:确定性关系(函数关系)和随机性关系(相关关系)。

确定性关系(函数关系),是指对于一个或几个变量的每一个可能取值,另一个变量都有唯一确定的值与之对应。如长方形的面积(S)与长(a)和宽(b)的关系:$S = ab$。它们之间的关系是确定性的,只要知道了其中两个变量的值就可以精确地计算出另一个变量的值,这类变量间的关系称为函数关系。

随机性关系(相关关系),不能用精确的数学公式来表示,当一个或几个变量的值取定后,与之对应的另一变量有若干种可能取值,即变量间的关系以非确定性形式出现。例如,在食品加工过程中,处理温度与食品中维生素 C 含量之间的关系,虽然我们知道温度升高,维生素 C 含量会降低,但这一规律很难用一个确定的函数式来准确表达。又如,食品价格与需求量的关系等,这些变量间都存在着十分密切的关系,但不能由一个或几个变量的值精确地求出另一个变量的值。这就是说,即使变量间存在确定性的关系,在实践中也常以不确定的、随机性的形式表现出来。但在大量的观察下,这种随机性往往会呈现出一定的规律性。

回归分析就是研究变量间随机性关系的统计方法。回归分析的种类很多,按变量个数划分,研究一个因素与试验指标间的一元相关与回归,多个因素与试验指标间的多元相关与回归。本章介绍一元与多元线性回归。

第二节 一元线性回归分析

处理两个变量之间关系的最简单的模型是只有一个自变量的线性回归(linear regression),称为一元线性回归或简单回归(simple regression),本节将对一元线性回归分析方法的基本思想及其在食品试验数据处理中的应用进行介绍。

一、一元线性回归方程的建立

一元线性回归分析的首要任务就是建立一个描述两变量变化关系的直线方程,通常情况下,研究者获取一定数量的试验数据(x_1, y_1)、(x_2, y_2)、……、(x_n, y_n),其中,x 是自变量,y 是因变量。若 x 与 y 之间存在线性关系,用该数据建立的有关因变量 y 依自变量 x 变化的直线回归方程表达式为

$$\hat{y}_i = a + bx_i \tag{5-1}$$

式中 $\hat{y}_i$——对应自变量 x_i 代入回归方程的计算值,称为回归值;

a——常数项,是回归直线在 y 轴上的截距;

b——回归直线的斜率,称为回归系数(regression coefficient)。

截距 $a > 0$ 或 $a < 0$ 表示回归直线与纵轴的交点在原点上方或下方,$a = 0$ 表示回归直线通过原点。斜率 b 表示当自变量 x 变化一个单位时 y 平均改变 b 个单位。$b > 0$ 时,直线从左下方走向右上方,y 随 x 的增大而增大;$b < 0$ 时,直线从左上方走向右下方,y 随 x 的增大而减小;$b = 0$ 表示回归直线与横坐标平行,即因变量与自变量无直线关系。$|b|$ 越大,回归直线越陡,说明因变量随自变量变化的变化率大,但不说明实测点与回归线是否接近。

(一)作趋势图

散点图(scatter diagram)主要用于描述两变量之间有无线性相关及相关的方向和密切程度。方法是分别以横轴和纵轴各代表一个变量,将试验或观察得到的 n 对 (x, y) 样本数据 (x_1, y_1)、(x_2, y_2)、$\cdots$、(x_n, y_n),作为平面直角坐标系上点的坐标,将它们在坐标系上一一逐点描出。通过直角坐标系中各点的密集程度和趋势来表示两变量间的关系。散点图是说明两变量是否是直线关系最为简单直观的方法。

【例 5 – 1】 食品感官评定时,测得食品甜度与蔗糖浓度的关系如表 5 – 1 所示,试利用散点图判断 y 与 x 之间是否有直线相关关系。

表 5 – 1　　　　　　　　　食品甜度与蔗糖浓度的关系

蔗糖质量分数 x/%	1.0	3.0	4.0	5.5	9.5
甜度 y	15	18	19	22	26

以横轴表示蔗糖质量分数 x%,纵轴表示甜度 y,画出如图 5 – 1 所示的散点图。可以看出,散点图有直线趋势,故可以进行线性回归分析。图 5 – 1 说明蔗糖浓度增大,食品甜度也增大。散点虽然呈直线趋势,但具有随机性,不完全在一条直线上,有些点偏离直线,原因是试验过程中存在随机因素的影响。

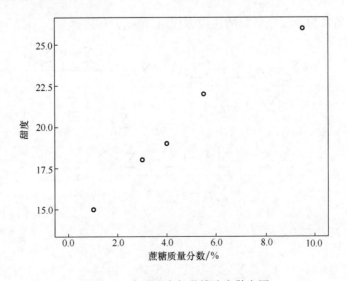

图 5 – 1　食品甜度与蔗糖浓度散点图

（二）最小二乘法估计回归方程中的系数

利用散点图判断出两变量是直线关系，如何建立两者的直线回归方程就是我们下面要解决的问题。

在式（5-1）中，回归系数 b 和常数项 a 是方程中两个待定的参数。如何利用试验的数据资料计算两个参数呢？若 (x_1, y_1)、(x_2, y_2)、$\cdots$、(x_n, y_n) 是由试验测得 x 与 y 的 n 对样本数据，对应于 x_i 的实测值为 y_i，由（5-1）对应于 x_i 的 $\hat{y}_i$ 与 y_i 不一定相等。如果将 $\hat{y}_i$ 与 y_i 之间的偏差称为残差，用 e_i 表示，则有

$$e_i = y_i - \hat{y}_i \tag{5-2}$$

显然，只有各残差平方值（考虑到残差有正有负）之和最小时，回归方程与试验值的拟合程度最好。令

$$SS_e = \sum_{i=1}^n e_i^2 = \sum_{i=1}^n (y_i - \hat{y}_i)^2 = \sum_{i=1}^n [y_i - (a + bx_i)]^2 \tag{5-3}$$

SS_e 为残差平方和，因为 x_i 与 y_i 是已知的试验值，故 SS_e 为 a，b 的函数，为使 SS_e 值达到极小，根据极值原理，只要将上式分别对 a，b 求偏导数 $\dfrac{\partial(SS_e)}{\partial a}$，$\dfrac{\partial(SS_e)}{\partial b}$，并令其等于零，即可求得 a，b 之值。即

$$\begin{cases} \dfrac{\partial(SS_e)}{\partial a} = -2\sum_{i=1}^n (y_i - a - bx_i) = 0 \\ \dfrac{\partial(SS_e)}{\partial b} = -2\sum_{i=1}^n x_i(y_i - a - bx_i) = 0 \end{cases} \tag{5-4}$$

这样就得到了关于 a 和 b 的线性方程组

$$\begin{cases} na + b\sum_{i=1}^n x_i = \sum_{i=1}^n y_i \\ a\sum_{i=1}^n x_i + b\sum_{i=1}^n x_i^2 = \sum_{i=1}^n x_i y_i \end{cases} \tag{5-5}$$

这个方程组通常称为线性回归的正规方程组，解此方程组得

$$b = \frac{n\sum_{i=1}^n x_i y_i - \left(\sum_{i=1}^n x_i\right)\left(\sum_{i=1}^n y_i\right)}{n\sum_{i=1}^n x_i^2 - \left(\sum_{i=1}^n x_i\right)^2} = \frac{\sum_{i=1}^n x_i y_i - \dfrac{\left(\sum_{i=1}^n x_i\right)\left(\sum_{i=1}^n y_i\right)}{n}}{\sum_{i=1}^n x_i^2 - \dfrac{\left(\sum_{i=1}^n x_i\right)^2}{n}} \tag{5-6}$$

$$a = \frac{\left(\sum_{i=1}^n y_i\right)\left(\sum_{i=1}^n x_i^2\right) - \left(\sum_{i=1}^n x_i\right)\left(\sum_{i=1}^n x_i y_i\right)}{n\sum_{i=1}^n x_i^2 - \left(\sum_{i=1}^n x_i\right)^2} = \bar{y} - b\bar{x} \tag{5-7}$$

为了计算方便，令：

$$l_{xx} = \sum_{i=1}^n (x_i - \bar{x})^2 = \sum_{i=1}^n x_i^2 - \frac{\left(\sum_{i=1}^n x_i\right)^2}{n} \tag{5-8}$$

$$l_{xy} = \sum_{i=1}^{n} (x_i - \bar{x})(y_i - \bar{y}) = \sum_{i=1}^{n} x_i y_i - \frac{(\sum_{i=1}^{n} x_i)(\sum_{i=1}^{n} y_i)}{n} \qquad (5-9)$$

称 l_{xx} 为 x 的离均差平方和, l_{xy} 为 x 与 y 的离均差积和。

于是,式(5-6)简化成

$$b = \frac{l_{xy}}{l_{xx}} \qquad (5-10)$$

这就是我们通常所说的最小离差平方和原理,又称最小二乘法原理。

【例5-2】　求【例5-1】中的食品甜度 y 关于蔗糖浓度 x 的回归方程。

解:为了计算 l_{xy}、l_{xx}、l_{yy},必须先求出 $\bar{x}$、$\bar{y}$、$\sum_{i=1}^{n} x_i y_i$、$\sum_{i=1}^{n} x_i^2$、$\sum_{i=1}^{n} y_i^2$,这些值如表5-2所示。

表5-2　　　　　　　　　　　　　　　　　【例5-2】计算表

i	x_i	y_i	x_i^2	y_i^2	$x_i y_i$
1	1.0	15	1.00	225	15.0
2	3.0	18	9.00	324	54.0
3	4.0	19	16.00	361	76.0
4	5.5	22	30.25	484	121
5	9.5	26	90.25	676	247
$\sum_{i=1}^{5}$	23	100	146.5	2070	513
$\frac{1}{5}\sum_{i=1}^{5}$	4.6	20			

$$n = 5, \bar{x} = \frac{\sum_{i=1}^{n} x_i}{n} = \frac{23}{5} = 4.6$$

$$\bar{y} = \frac{\sum_{i=1}^{n} y_i}{n} = \frac{100}{5} = 20$$

$$l_{xy} = \sum_{i=1}^{n} x_i y_i - \frac{(\sum_{i=1}^{n} x_i)(\sum_{i=1}^{n} y_i)}{n} = 513 - \frac{23 \times 100}{5} = 53$$

$$l_{xx} = \sum_{i=1}^{n} x_i^2 - \frac{(\sum_{i=1}^{n} x_i)^2}{n} = 146.5 - \frac{(23)^2}{5} = 40.7$$

$$b = \frac{l_{xy}}{l_{xx}} = \frac{53}{40.7} = 1.302$$

$$a = \bar{y} - b\bar{x} = 20 - 1.302 \times 4.6 = 14.010$$

食品甜度 y 关于蔗糖浓度 x 的回归方程为

$$\hat{y} = 14.010 + 1.302x$$

二、回归方程的显著性检验

在一些情况下,对 n 对试验数据(x_1,y_1)、(x_2,y_2)、$\cdots$、(x_n,y_n) 做出的散点图,即使一看就知道这些点不可能近似在一条直线附近,即 x 与 y 不存在线性相关关系,但仍可以利用最小二乘法求得 x 与 y 的线性拟合方程 $\hat{y} = a + bx$,这样求得的方程显然没有意义。因此,我们不仅要建立从经验上认为有意义的方程,还要对其可信性或拟合效果进行检验或衡量。下面介绍几种方法。

(一)相关系数检验法

相关系数(correlation coefficient)用于刻划变量 x 与 y 的线性相关程度。设有 $n(n>2)$ 对样本值(x_1,y_1)、(x_2,y_2)、$\cdots$、(x_n,y_n),则 x 与 y 相关系数的计算公式为

$$r = \frac{l_{xy}}{\sqrt{l_{xx}l_{yy}}}(df = n - 2) \tag{5-11}$$

式中 l_{yy} 表示 y 的离均差平方和,即

$$l_{yy} = \sum_{i=1}^{n}(y_i - \bar{y})^2 = \sum_{i=1}^{n}y_i^2 - \frac{\left(\sum_{i=1}^{n}y_i\right)^2}{n} \tag{5-12}$$

相关系数 r 的特点:

(1)r 没有单位,取值范围为 $-1 \leqslant r \leqslant 1$。

(2)相关系数的平方 r^2 为决定系数 R^2(determining coefficient);R^2 值越接近于 1,表示回归效果越好。一般的,$R^2 \geqslant 0.7$ 就认为回归效果不错。

(3)$r = \pm 1$,称为完全正/负相关(perfect positive/negefive correlation)[图 5-2(2)(4)],x 与 y 有精确的线性关系,所有散点完全在一条直线上。

(4)$r > 0$,称为正相关(positive correlation)[图 5-2(1)],散点呈直线上升趋势;$r < 0$,称为负相关(negefive correlation)[图 5-2(3)],散点呈直线下降趋势。

(5)$r = 0$,称为零相关(zero correlation)[图 5-2(5)(6)(7)(8)],散点呈曲线或杂乱无章,表明 x 与 y 没有线性关系,但有可能有其他的曲线关系。

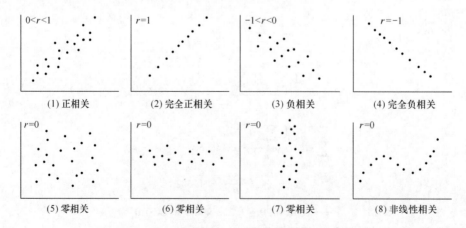

图 5-2　两变量相关关系散点图与相关系数 r

由此可见，r 的符号表示相关方向，绝对值表示两个变量间直线关系的密切程度，所以，相关系数是表示两个变量间直线关系密切程度和方向的统计指标。相关系数 r 的绝对值越接近 1，x 与 y 线性相关程度越高，但是，r 的大小不能回答其值达到多大时，x 与 y 之间才存在线性相关，采用线性关系才是合理的，所以，必须对相关系数 r 进行显著性检验。

在给定显著性水平 α 下，计算出 r，查统计用表（相关系数 r 界值表），获得相关系数临界值 $r_{\min}$。在 $|r| > r_{\min}$ 时，认为 x 与 y 之间有直线相关关系，用线性回归方程描述 x 与 y 之间的关系有意义；反之，则直线相关关系不显著，应该用其他形式的回归方程。

这里需要指出的是，相关系数有一个明显的缺点，就是它接近于 1 的程度与数据组数 n 有关，这样容易给人一种假象。因为，当 n 较小时，$|r|$ 容易接近 1；当 n 较大时，$|r|$ 容易偏小。特别是当 $n = 2$ 时，因为两点确定一条直线，所以，$|r| = 1$。因此，在 n 较小时，我们仅凭相关系数较大就说两变量 x 与 y 之间有密切的直线相关关系，就显得草率。只有当数据组数 n 较多时，才能得出真正有实际意义的回归方程。

（二）F 检验法

1. 离均差平方和

试验值 $y_i (i = 1, 2, \cdots, n)$ 之间存在差异，这种差异可以用试验值 y_i 与其均数 $\bar{y}$ 之差的平方和来刻划，称为总离差平方和，简称总平方和（total sum of square），记为 SS_T，即

$$SS_T = \sum_{i=1}^{n} (y_i - \bar{y})^2 = l_{yy} \tag{5-13}$$

试验值 y_i 的这种波动是由两个因素造成的。一个是由于自变量 x 的取值不同而引起的 y 相应的变化，可由 x 与 y 的直线关系解释的变异，它可用回归平方和（regression sum of square）来表达，即

$$SS_R = \sum_{i=1}^{n} (\hat{y}_i - \bar{y})^2 \tag{5-14}$$

它表示的是回归值 $\hat{y}_i$ 与 y_i 的均数 $\bar{y}$ 之间的偏差平方和，越大说明直线回归的效果越好；另一个因素是随机误差，它可以用残差平方和（residual sum of square）来表示，即

$$SS_e = \sum_{i=1}^{n} (y_i - \hat{y}_i)^2 \tag{5-15}$$

它表示的是试验值 y_i 与对应的回归值 $\hat{y}_i$ 之间偏差的平方和，值越小说明各实测点离回归直线越接近（直线回归的估计误差越小）。显然，这三种平方和之间有下述关系。

$$SS_T = SS_R + SS_e \tag{5-16}$$

回归平方和 SS_R 与残差平方和 SS_e 可以用更简单的公式计算，推导过程如下。

将 $\hat{y}_i = a + bx_i$ 和 $\bar{y} = a + b\bar{x}$ 代入式（5-14）

可得

$$SS_R = \sum_{i=1}^{n} (\hat{y}_i - \bar{y})^2 = \sum_{i=1}^{n} [(a + bx_i) - (a + b\bar{x})]^2 = b^2 \sum_{i=1}^{n} (x_i - \bar{x})^2 = b^2 l_{xx}$$

又 $b = \dfrac{l_{xy}}{l_{xx}}$，所以，上式可以变为 $SS_R = b^2 l_{xx} = b \dfrac{l_{xy}}{l_{xx}} l_{xx} = b l_{xy}$

2. 自由度

总离差平方和的自由度为

$$df_T = n - 1 \tag{5-17}$$

回归平方和的自由度为

$$df_R = 1 \tag{5-18}$$

残差平方和的自由度为

$$df_e = n - 2 \tag{5-19}$$

显然,三种自由度之间的关系为

$$df_T = df_R + df_e \tag{5-20}$$

3. 均方

回归均方 $MS_R = \dfrac{SS_R}{df_R}$ $\tag{5-21}$

残差均方 $MS_e = \dfrac{SS_e}{df_e}$ $\tag{5-22}$

4. F 检验

$$F = \frac{MS_R}{MS_e} \tag{5-23}$$

F 服从自由度为 $(1, n-2)$ 的 F 分布。在给定显著性水平 α 下,从 F 分布表查得 $F_{\alpha}(1, n-2)$。若 $F > F_{0.01}(1, n-2)$ 时,就称 x 与 y 的线性关系具有极显著的统计学意义,用两个 " $**$ ";若 $F_{0.05}(1, n-2) < F < F_{0.01}(1, n-2)$,就称 x 与 y 的线性关系具有显著的统计学意义,用一个 " $*$ ";若 $F < F_{0.05}(1, n-2)$,认为 x 与 y 的线性关系没有显著意义,回归方程不可信,不用 " $*$ "。前两种情况说明 y 的变化主要是由于 x 变化造成的。最后将计算结果列成方差分析表,如表 5 – 3 所示。

表 5 – 3　　　　　　　　　　　一元线性回归方差分析表

差异来源	离差平方和	自由度	均方	F 值	显著性
回归	SS_R	1	$MS_R = SS_R$	$\dfrac{MS_R}{MS_e}$	显著性结论
误差	SS_e	$n-2$	$MS_e = \dfrac{SS_e}{n-2}$		
总和	SS_T	$n-1$			

(三)残差分析法

一个回归方程通过了相关系数检验或 F 检验,只是表明 x 与 y 的线性关系是显著的,或者说线性回归方程是有效的,但是不能保证数据拟合得很好,也不能排除由于意外原因而导致的试验数据不完全可靠,如有异常值等。在利用回归方程作分析之前,通常用残差分析来判断回归模型的拟合效果和试验数据的质量,以便对模型作进一步的修改。残差是指实际试验数据值与回归估计值的差,即 $e_i = y_i - \hat{y}_i (i = 1, 2, \cdots, n)$,它反映回归模型与数据拟合优劣的信息。有多少对数据,就有多少个残差。残差分析(residual analysis)就是通过残差所提供的信息,分析出数据的可靠性、识别异常点或其他干扰。

残差分析方法是由回归方程作出残差图(residual plot),通过观测残差图,以分析和发现观测数据中可能出现的错误以及所选用的回归模型是否恰当;残差图是将各点残差 $e_i = y_i - \hat{y}_i (i = 1, 2, \cdots, n)$ 作为纵坐标,相应的回归值 $\hat{y}$ 或自变量的取值 x 作为横坐标来绘制的。在残差图中,所有残差点在 0 上下随机波动,并且变化幅度在一条水平带内[图 5-3(1)],说明选用的模型比较合适,这样的带状区域的宽度越窄,说明模型的拟合精度越高。否则选用的模型不合适,在带状区域外的可视为异常点[图 5-3(2)]。

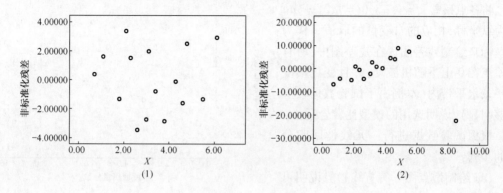

图 5-3 残差图

【例 5-3】 对【例 5-2】中所求得的食品甜度 y 关于蔗糖浓度 x 的回归方程进行检验,说明拟合效果。

方法一:相关系数检验

由例 5-2 知,$l_{xy} = 53$,$l_{xx} = 40.7$,利用式(5-12)计算得

$$l_{yy} = \sum_{i=1}^{n} y_i^2 - \frac{\left(\sum_{i=1}^{n} y_i\right)^2}{n} = 2070 - \frac{(100)^2}{5} = 70$$

所以,$r = \dfrac{l_{xy}}{\sqrt{l_{xx} l_{yy}}} = \dfrac{53}{\sqrt{40.7 \times 70}} = 0.993$,在给定显著性水平 $\alpha = 0.01$ 下,查相关系数 r 界值表,获得相关系数临界值 $r_{\min} = 0.959$,$|r| > r_{\min}$,可以认为食品甜度与蔗糖浓度有极显著的直线关系。$R^2 = 0.993^2 = 0.986 > 0.7$,可以认为两变量的相关强度较大,线性回归方程 $\hat{y} = 14.010 + 1.302x$ 拟合效果较好。

方法二:F 检验

由【例 5-2】知,$l_{xy} = 53$,$l_{xx} = 40.7$,$l_{yy} = 70$,$b = 1.302$,

所以 $SS_T = l_{yy} = 70$

$$SS_R = b l_{xy} = 1.302 \times 53 = 69.017$$
$$SS_e = SS_T - SS_R = 70 - 69.017 = 0.983$$
$$df_T = n - 1 = 5 - 1 = 4;\ df_R = 1,\ df_e = n - 2 = 5 - 2 = 3$$

列出方差分析表进行回归关系显著性检验。

表 5-4 【例 5-3】的方差分析表

差异来源	离差平方和	自由度	均方	F 值	显著性
回归	69.017	1	69.017		
误差	0.983	3	0.328	210.632	**
总和	70.000	4			

因为 $F = 210.632 > F_{0.01}(1,3) = 34.12$，表明甜度与蔗糖浓度间存在着极显著的直线关系。

方法三：残差分析

将各点残差 $e_i = y_i - \hat{y}_i (i = 1,2,\cdots,n)$ 作为纵坐标，相应的自变量的取值 x 作为横坐标来绘制残差图。在残差图中，所有残差点在 0 上下随机波动，并且变化幅度在一条水平带内（本例由于试验数据较少不够明显），说明选用的模型比较合适。

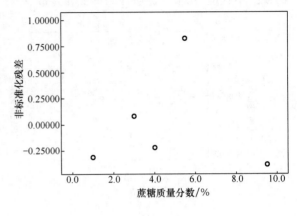

图 5 - 4 【例 5 - 2】残差图

根据试验数据进行一元线性回归分析的步骤：

（1）绘制散点图 有直线趋势说明可建立回归方程。

（2）求 b，a，列出线性回归方程 $y = a + bx$。

（3）利用相关系数的检验或 F 检验，说明线性方程是否有意义。

（4）通过求 R^2 及残差图，说明线性方程的拟合效果。

最后指出，无论使用哪一种方法检验回归方程是否有统计学意义，都是一种统计上的辅助方法，关键还是要用专业知识来判断。

第三节 多元线性回归分析

一、多元线性回归方程

前面讨论的一元线性回归，方程中只有一个自变量，在解决实际问题时，往往是多个因素都对试验结果有影响，这时可以通过多元回归分析（multiple regression analysis）研究一个试验指标（因变量 y）与多个试验因素［自变量 $x_i(i = 1,2,\cdots,m)$］之间的依存关系。进行一个因变量与多个自变量间的回归分析，最为简单、常用并且具有基础性质的是多元线性回归分析（multiple linear regression analysis），许多非线性回归（non - linear regression）和多项式回归（polynomial regression）都可以化为多元线性回归来解决，因而多元线性回归分析有着广泛的应用。研究多元线性回归分析的思想、方法和原理与一元线性回归分析基本相同，但是其中要涉及到一些新的概念以及进行更细致的分析，特别是在计算量上要比一元线性回归分析复杂得多，一般需要应用统计软件进行计算。

多元线性回归分析的前提是因变量服从正态分布，实际资料明显不满足这个前提条件时，须对因变量作数据变换。回归分析时，一般还要求样本量为自变量个数的 10 倍以上。

设有 m 个自变量 $x_1,x_2,\cdots,x_m$，一个因变量 y，试验观察了 n 组数据，数据格式如表 5 - 5 所示。

表 5-5 多元线性回归数据格式

序号	变量				
	y	x_1	x_2	$\cdots$	x_m
1	y_1	x_{11}	x_{21}	$\cdots$	x_{m1}
2	y_2	x_{12}	x_{22}	$\cdots$	x_{m2}
$\vdots$	$\vdots$	$\vdots$	$\vdots$	$\cdots$	$\vdots$
n	y_n	x_{1n}	x_{2n}	$\cdots$	x_{mn}

若因变量 y 与自变量 $x_1, x_2, \cdots, x_m$ 间构成线性依存关系,则其多元线性回归方程可写为:

$$\hat{y} = b_0 + b_1 x_1 + b_2 x_2 + \cdots + b_m x_m \tag{5-24}$$

其中 b_0 为常数项或称截距,b_i 称为偏回归系数(partial regression coefficient)或简称回归系数,表示在其它自变量不变的情况下,x_i 增加或减少一个单位时 y 的平均变化量。

多元线性回归分析的主要任务一是根据试验的数据资料求出上述回归方程,即求得 b_0, $b_1, \cdots, b_m$,二是对求得的回归方程和各自变量进行检验。

与一元线性回归分析类似,多元线性回归方程中参数 $b_0, b_1, \cdots, b_m$ 也可以采用最小二乘法得到。最小二乘法要求残差平方和 SS_e 最小。当变量 $x_1, x_2, \cdots, x_m$ 取不同试验值时,得到 n 组试验数据 $x_{1i}, x_{2i}, \cdots, x_{mi}, y_i (i = 1, 2, \cdots, n)$,如果将 $x_{1i}, x_{2i}, \cdots, x_{mi}$ 代入式(5-24)中,就可以得到对应的函数计算值 $\hat{y}_i$,于是残差平方和 SS_e 为

$$SS_e = \sum_{i=1}^{n} (y_i - \hat{y}_i)^2 = \sum_{i=1}^{n} (y_i - b_0 - b_1 x_{1i} - b_2 x_{2i} - \cdots - b_m x_{mi})^2 \tag{5-25}$$

SS_e 为关于 $b_0 、 b_1 、 b_2 、 \cdots 、 b_m$ 的 $m+1$ 元函数。

根据微分学中多元函数求极值的方法,若使 SS_e 达到最小,则应有

$$\frac{\partial (SS_e)}{\partial b_0} = -2 \sum_{i=1}^{n} (y_i - b_0 - b_1 x_{1i} - b_2 x_{2i} - \cdots - b_m x_{mi}) = 0 \tag{5-26}$$

$$\frac{\partial (SS_e)}{\partial b_i} = -2 \sum_{j=1}^{n} x_{ij}(y_j - b_0 - b_1 x_{1j} - b_2 x_{2j} - \cdots - b_m x_{mj}) = 0 (i = 1, 2, \cdots, m)$$

经整理得

$$\begin{cases} nb_0 + \left(\sum_{i=1}^{n} x_{1i}\right)b_1 + \left(\sum_{i=1}^{n} x_{2i}\right)b_2 + \cdots + \left(\sum_{i=1}^{n} x_{mi}\right)b_m = \sum_{i=1}^{n} y_i \\ \left(\sum_{i=1}^{n} x_{1i}\right)b_0 + \left(\sum_{i=1}^{n} x_{1i}^2\right)b_1 + \left(\sum_{i=1}^{n} x_{1i}x_{2i}\right)b_2 + \cdots + \left(\sum_{i=1}^{n} x_{1i}x_{mi}\right)b_m = \sum x_{1i} y_i \\ \left(\sum_{i=1}^{n} x_{2i}\right)b_0 + \left(\sum_{i=1}^{n} x_{1i}x_{2i}\right)b_1 + \left(\sum_{i=1}^{n} x_{2i}^2\right)b_2 + \cdots + \left(\sum_{i=1}^{n} x_{2i}x_{mi}\right)b_m = \sum x_{2i} y_i \\ \vdots \quad\quad \vdots \quad\quad \vdots \quad\quad \cdots \quad\quad \vdots \quad\quad \vdots \\ \left(\sum_{i=1}^{n} x_{mi}\right)b_0 + \left(\sum_{i=1}^{n} x_{mi}x_{1i}\right)b_1 + \left(\sum_{i=1}^{n} x_{mi}x_{2i}\right)b_2 + \cdots + \left(\sum_{i=1}^{n} x_{mi}^2\right)b_{mi} = \sum x_{mi} y_i \end{cases} \tag{5-27}$$

对式(5-27)进行整理,可以得到如下正规方程组(normal equations)。

$$\begin{cases} l_{11}b_1 + l_{12}b_2 + \cdots + l_{1m}b_m = l_{1y} \\ l_{21}b_1 + l_{22}b_2 + \cdots + l_{2m}b_m = l_{2y} \\ \cdots\cdots \\ l_{m1}b_1 + l_{m2}b_2 + \cdots + l_{mm}b_m = l_{my} \end{cases} \quad (5-28)$$

$$b_0 = \bar{y} - b_1\bar{x_1} - b_2\bar{x_2} - \cdots - b_m\bar{x_m} \quad (5-29)$$

其中,

$$\bar{y} = \frac{1}{n}\sum_{i=1}^{n} y_i, \bar{x_j} = \frac{1}{n}\sum_{i=1}^{n} x_{ji} \quad (j = 1,2,\cdots,m) \quad (5-30)$$

$$l_{jj} = \sum_{i=1}^{n}(x_{ji} - \bar{x_j})^2 = \sum_{i=1}^{n} x_{ji}^2 - \frac{\left(\sum_{i=1}^{n} x_{ji}\right)^2}{n} \quad (j = 1,2,\cdots,m) \quad (5-31)$$

$$l_{jk} = l_{kj} = \sum_{i=1}^{n}(x_{ji} - \bar{x_j})(x_{ki} - \bar{x_k}) = \sum_{i=1}^{n} x_{ji}x_{ki} - \frac{\left(\sum_{i=1}^{n} x_{ji}\right)\left(\sum_{i=1}^{n} x_{ki}\right)}{n} \quad (j,k = 1,2,\cdots,m;j \neq k) \quad (5-32)$$

$$l_{jy} = \sum_{i=1}^{n}(x_{ji} - \bar{x_j})(y_i - \bar{y}) = \sum_{i=1}^{n} x_{ji}y_i - \frac{\left(\sum_{i=1}^{n} x_{ji}\right)\left(\sum_{i=1}^{n} y_i\right)}{n} \quad (j = 1,2,\cdots,m) \quad (5-33)$$

解方程组(5-28),便可得到 $b_1,b_2,\cdots,b_m$。由于采用公式的求法计算量较大,目前都采用统计软件直接求得相应的结果。

【例5-4】 某研究人员为了进行食品中营养成分的研究,某日检测了经加工后某营养成分的含量。设因变量 y 为加工后某营养成分的含量(g),自变量 x_1 为生产加工温度(℃),自变量 x_2 为加热时间(h),变量 x_3 为加工前某成分的含量(g)。根据实测数据计算表5-6所示,使用线性回归模型拟合试验数据。

表5-6　　　　　　　　　　　　【例5-4】数据计算表

序号	x_1	x_2	x_3	y	y^2	x_1^2	x_2^2	x_3^2	x_1x_2	x_2x_3	x_1x_3	x_1y	x_2y	x_3y
1	50.0	2.0	2.2	7.0	49.00	2500	4	4.84	100	4.4	110	350.0	14.0	15.4
2	52.0	2.0	4.9	10.3	106.09	2704	4	24.01	104	9.8	254.8	535.6	20.6	50.47
3	52.0	4.0	2.1	8.5	72.25	2704	16	4.41	208	8.4	109.2	442	34.0	17.85
4	51.0	4.0	5.0	11	121	2601	16	25.00	204	20.0	255.0	561	44.0	55.00
5	69.0	2.0	1.8	8.2	67.24	4761	4	3.24	138	3.6	124.2	565.8	16.4	14.76
6	70.0	2.0	5.1	11	121	4900	4	26.01	140	10.2	357.0	770.0	22.0	56.10
7	68.0	4.0	2.0	9.0	81	4624	16	4.00	273	8.0	136.0	612	36.0	18.00
8	70.0	4.0	5.0	12.5	156.25	4900	16	25.00	280	20.0	350.0	875	50.0	62.5
$\sum\limits_{i=1}^{8}$	482	24	28.1	77.5	773.83	29694	80	116.51	1447	84.4	1696.2	4711.4	237	290.08
$\frac{1}{8}\sum\limits_{i=1}^{8}$	60.25	3	3.5125	9.6875										

由式(5 – 27)经过整理计算,得到如下方程组:

$$\begin{cases} 8b_0 + 482b_1 + 24b_2 + 28.1b_3 = 77.5 \\ 482b_0 + 29694b_1 + 1447b_2 + 1696.2b_3 = 4711.4 \\ 24b_0 + 1447b_1 + 80b_2 + 84.4b_3 = 237 \\ 28.1b_0 + 1696.2b_1 + 84.4b_2 + 116.51b_3 = 290.08 \end{cases}$$

解得,$b_0 = 0.948$,$b_1 = 0.060$,$b_2 = 0.550$,$b_3 = 0.989$;

或者,由表 5 – 6 知,$\bar{x}_1 = 60.25$,$\bar{x}_2 = 3$,$\bar{x}_3 = 3.5125$,$\bar{y} = 9.6875$

$$l_{11} = \sum_{i=1}^{n} (x_{1i} - \bar{x}_1)^2 = \sum_{i=1}^{n} x_{1i}^2 - \frac{\left(\sum_{i=1}^{n} x_{1i}\right)^2}{n} = 29694 - \frac{482^2}{8} = 653.5$$

$$l_{22} = \sum_{i=1}^{n} (x_{2i} - \bar{x}_2)^2 = \sum_{i=1}^{n} x_{2i}^2 - \frac{\left(\sum_{i=1}^{n} x_{2i}\right)^2}{n} = 80 - \frac{24^2}{8} = 8$$

$$l_{33} = \sum_{i=1}^{n} (x_{3i} - \bar{x}_3)^2 = \sum_{i=1}^{n} x_{3i}^2 - \frac{\left(\sum_{i=1}^{n} x_{3i}\right)^2}{n} = 116.51 - \frac{28.1^2}{8} = 17.80875$$

$$l_{12} = l_{21} = \sum_{i=1}^{n} (x_{1i} - \bar{x}_1)(x_{2i} - \bar{x}_2) = \sum_{i=1}^{n} x_{1i}x_{2i} - \frac{\left(\sum_{i=1}^{n} x_{1i}\right)\left(\sum_{i=1}^{n} x_{2i}\right)}{n} = 1447 - \frac{482 \times 24}{8} = 1$$

$$l_{23} = l_{32} = \sum_{i=1}^{n} (x_{2i} - \bar{x}_2)(x_{3i} - \bar{x}_3) = \sum_{i=1}^{n} x_{2i}x_{3i} - \frac{\left(\sum_{i=1}^{n} x_{2i}\right)\left(\sum_{i=1}^{n} x_{3i}\right)}{n} = 84.4 - \frac{24 \times 28.1}{8} = 0.1$$

$$l_{31} = l_{13} = \sum_{i=1}^{n} (x_{1i} - \bar{x}_1)(x_{3i} - \bar{x}_3) = \sum_{i=1}^{n} x_{1i}x_{3i} - \frac{\left(\sum_{i=1}^{n} x_{1i}\right)\left(\sum_{i=1}^{n} x_{3i}\right)}{n} = 1696.2 - \frac{482 \times 28.1}{8} = 3.175$$

$$l_{1y} = \sum_{i=1}^{n} (x_{1i} - \bar{x}_1)(y_i - \bar{y}) = \sum_{i=1}^{n} x_{1i}y_i - \frac{\left(\sum_{i=1}^{n} x_{1i}\right)\left(\sum_{i=1}^{n} y_i\right)}{n} = 4711.4 - \frac{482 \times 77.5}{8} = 42.025$$

$$l_{2y} = \sum_{i=1}^{n} (x_{2i} - \bar{x}_2)(y_i - \bar{y}) = \sum_{i=1}^{n} x_{2i}y_i - \frac{\left(\sum_{i=1}^{n} x_{2i}\right)\left(\sum_{i=1}^{n} y_i\right)}{n} = 237 - \frac{24 \times 77.5}{8} = 4.5$$

$$l_{3y} = \sum_{i=1}^{n} (x_{3i} - \bar{x}_3)(y_i - \bar{y}) = \sum_{i=1}^{n} x_{3i}y_i - \frac{\left(\sum_{i=1}^{n} x_{3i}\right)\left(\sum_{i=1}^{n} y_i\right)}{n} = 290.08 - \frac{28.1 \times 77.5}{8} = 17.86125$$

将上述有关数据代入(5 – 28)式,得到关于偏回归系数 b_1、b_2、b_3 的正规方程组

$$\begin{cases} 653.5b_1 + b_2 + 3.175b_3 = 42.025 \\ b_1 + 8b_2 + 0.1b_3 = 4.5 \\ 3.175b_1 + 0.1b_2 + 17.80875b_3 = 17.86125 \end{cases}$$

求解线性方程组,关于 b_1、b_2、b_3 的解可表示为

$$b_1 = 0.060, b_2 = 0.550, b_3 = 0.989$$

$$b_0 = \bar{y} - b_1\bar{x}_1 - b_2\bar{x}_2 - b_3\bar{x}_3 = 9.6875 - 0.060 \times 60.25 - 0.550 \times 3 - 0.989 \times 3.5125 = 0.948$$

于是得到关于加工后营养成分含量与加工温度 x_1,加热时间 x_2,加工前某成分含量 x_3

的三元线性回归方程为

$$\hat{y} = 0.948 + 0.060x_1 + 0.550x_2 + 0.989x_3$$

二、多元线性回归方程显著性检验

在食品科学的许多实际问题中,我们事先并不能断定因变量 y 与自变量 $x_1,x_2,\cdots,x_m$ 之间是否确有线性关系,在根据因变量与多个自变量的实际试验数据建立多元线性回归方程之前,因变量与多个自变量间的线性关系只是一种假设。尽管这种假设常常不是没有根据的,但是在建立了多元线性回归方程之后,还必须对因变量与多个自变量间的线性关系的假设进行显著性检验,也就是进行多元线性回归关系的显著性检验,或者说对多元线性回归方程进行显著性检验。下面介绍两种统计检验方法,一种是相关系数检验法,另一种是 F 检验法。

(一)相关系数检验法

类似于一元线性回归中决定系数 R^2 的概念,在多元线性回归中,同样可以类似的定义决定系数 R^2,其计算公式为

$$R^2 = \frac{SS_R}{SS_T} = 1 - \frac{SS_e}{SS_T} \qquad (5-34)$$

决定系数 R^2 的取值在 $[0,1]$ 区间内,表示 m 个自变量能够解释 y 变化的百分比,R^2 越接近1,表明回归拟合的效果越好;R^2 越接近0,表明回归拟合的效果越差。与 F 检验相比,R^2 可以更清楚直观地反映回归拟合的效果,但是并不能作为严格的统计学检验。

称决定系数 R^2 的算数平方根 R 为复相关系数(multiple correlation coefficient),又称多重相关系数或全相关系数,反映所有自变量与因变量的直线相关程度,记为 $R_{y\cdot 12\cdots m}$ 或 R,计算公式为

$$R = \sqrt{\frac{SS_R}{SS_T}} = \sqrt{\frac{SS_T - SS_e}{SS_T}} = \sqrt{1 - \frac{SS_e}{SS_T}} \qquad (5-35)$$

$0 \leqslant R \leqslant 1$,$R$ 没有负值,故只讲相关程度,不讲相关方向。当 $R = 1$ 时表明 y 与 m 个自变量 $x_1,x_2,\cdots,x_m$ 之间存在密切的线性关系;当 $R \approx 0$ 时表明 y 与 m 个自变量 $x_1,x_2,\cdots,x_m$ 之间不存在任何的线性相关关系;当 $0 < R < 1$ 时,表明 y 与 m 个自变量 $x_1,x_2,\cdots,x_m$ 之间存在一定程度的线性相关关系;可以证明,当 $m = 1$ 时,即一元线性回归时,复相关系数 R 与一元线性相关系数 r 是相等的。

对于给定的显著性水平 α 和试验数据组数 $n(n > 2)$,查相关系数 r 界值表,得复相关系数临界值 $R_{\min}$,当 $R > R_{\min}$ 时,说明因变量 y 与 m 个自变量 $x_1,x_2,\cdots,x_m$ 之间存在密切的线性关系,同样说明用线性回归方程来描述 y 与 m 个自变量 $x_1,x_2,\cdots,x_m$ 之间的线性关系才有意义;反之,则直线相关关系不显著,应该用其他形式的回归方程。

由于当方程中的自变量增加时,R^2 或 R 总是增加的,即使其中有一些自变量对解释因变量变异的贡献极小,随着回归方程中自变量的增加,R^2 值表现为只增不减,根据 R^2 的大小判断回归方程的优劣时,结论总是变量最多的方程最好,因此显然用 R^2 或 R 的大小衡量方程的优劣是有缺陷的,此时可计算校正的决定系数 R_a^2(Adjusted R Square)。

$$R_a^2 = 1 - \frac{MS_e}{MS_T} = 1 - \frac{SS_e(n-1)}{SS_T(n-m-1)} \qquad (5-36)$$

或

$$R_a^2 = 1 - \frac{n-1}{n-m-1}(1 - R^2) \tag{5-37}$$

R_a^2 的平方根即为校正复相关系数 R_a。两者的意义也是反映模型的拟合优度,但它们对方程中自变量个数的影响进行了"校正"。由式(5-36)可知,自变量数 m 增加,分子 SS_e 虽会随之减小,但分母也会减小,如果分子的减小权衡不了分母的减小,m 的增加使 R_a^2 反而减少。与 R^2 和 R 一样,R_a^2 和 R_a 的值越接近 1 越好。

由公式(5-37)可知,$R_a^2 \leqslant R^2$。由于当试验次数 n 与自变量的个数接近时,R^2 和 R_a^2 易接近 1,因此在 n 较大的时候,R^2 或 R_a^2 等于 0.7 左右就可以给回归模型以肯定的态度。

另外,判断回归方程好坏的标准还有赤池信息准则(AIC)、C_p 统计量等。运用这些标准时要注意,只有在因变量的假定条件相同,且模型参数估计方法相同时,才能相互比较。

(二)F 检验法

类似一元回归方程的检验,将因变量的变异分解为两部分,具体如下:

总离差平方和 SS_T,其计算式为:

$$SS_T = \sum_{i=1}^{n}(y_i - \bar{y})^2 = l_{yy} \tag{5-38}$$

它表示了各试验值与总均数的偏差的平方和,反映全部试验结果之间存在的总差异。

回归平方和 SS_R,其计算式为

$$SS_R = \sum_{i=1}^{n}(\hat{y}_i - \bar{y})^2 = b_1 l_{1y} + b_2 l_{2y} + \cdots + b_m l_{my} \tag{5-39}$$

反映因变量 y 与多个自变量 $x_1, x_2, \cdots, x_m$ 间存在的线性关系所引起的变异。

残差平方和 SS_e,其计算式为

$$SS_e = \sum_{i=1}^{n}(y_i - \hat{y}_i)^2 = SS_T - SS_R \tag{5-40}$$

反映除因变量 y 与多个自变量间存在线性关系以外的其他因素包括试验误差所引起的变异。

这三个平方和的自由度分别是

$$df_T = n - 1; df_R = m; df_e = n - m - 1。$$

其中,m 为自变量的个数,n 为实际观测数据的组数。

构造 F 检验统计量

$$F = \frac{SS_R/m}{SS_e/(n-m-1)} = \frac{MS_R}{MS_e} \sim F(m, n-m-1) \tag{5-41}$$

F 服从自由度为 $(m, n-m-1)$ 的 F 分布。在给定显著性水平 α 下,从 F 分布表查得 F_α $(m, n-m-1)$。若 $F > F_{0.01}(m, n-m-1)$ 时,就称 y 与 m 个自变量 $x_1, x_2, \cdots, x_m$ 之间的线性关系具有极显著的统计学意义,用两个"＊＊";若 $F_{0.05}(m, n-m-1) < F < F_{0.01}(m, n-m-1)$,就称 y 与 m 个自变量 $x_1, x_2, \cdots, x_m$ 之间的线性关系具有显著的统计学意义,用一个"＊";若 $F < F_{0.05}(m, n-m-1)$,认为 y 与 m 个自变量 $x_1, x_2, \cdots, x_m$ 之间的线性关系没有显著意义,回归方程不可信,不用"＊"。最后将计算结果列成方差分析表 5-7 所示。

表 5 - 7 多元线性回归方差分析

差异来源	离差平方和	自由度	均方	F 值	显著性
回归	SS_R	m	$MS_R = SS_R/m$	$\dfrac{MS_R}{MS_e}$	显著性结论
误差	SS_e	$n-m$	$MS_e = SS_e/(n-m-1)$		
总和	SS_T	$n-1$			

三、因素主次的判断方法

在多元线性回归方程建立后,如果经过 F 检验,多元线性回归方程是显著的,并不意味着每个因素(自变量)对 y 的影响都显著,在上述多元线性回归关系的显著性检验中,无法区别全部自变量中哪些是对因变量的线性影响是显著的,哪些是不显著的。因此,当多元线性回归关系经检验为显著时,还必须逐一对各因素进行显著性检验,发现和剔除次要的、可有可无的因素,重新建立更为简单的回归方程。下面介绍三种检验方法。

(一)偏回归系数的标准化

在多元线性回归分析中,由于涉及了多个因素,各因素的单位往往不同,数据的大小差异也往往很大,这就不利于在同一标准上进行重要性的比较,如 $\hat{y} = 200 + 2000x_1 + 2x_2$,由于 x_1 的系数 2000 比 x_2 的系数 2 大得多,所以会自然认为 x_1 对因变量 y 的影响比 x_2 大的多,但如果 x_1 的单位是 t,x_2 的单位是 kg,那么两者的重要性实际是相同的(是因为 x_1 增加 1t 时 y 增加 2000 个单位,x_2 增加 1kg 时 y 增加 2 个单位,那么 x_2 增加 1t 时 y 同样增加 2000 个单位)。因此,为了消除量纲不同或数量级的差异所带来的影响,就需要将偏回归系数作标准化处理。

设偏回归系数 b_j 的标准化偏回归系数为 b_j^* $(j = 1,2,\cdots,m)$,标准化方法有以下两种。

(1)利用公式

$$b_j^* = b_j \frac{S_j}{S_y} = b_j \sqrt{\frac{l_{jj}}{l_{yy}}} \quad (j = 1,2,\cdots,m) \tag{5-42}$$

式中:S_j 为第 j 个自变量 x_j 的标准差,S_y 为因变量 y 的标准差。

(2)试验数据作标准化处理,标准化公式为

$$x_{ij}^* = \frac{x_{ij} - \bar{x}_j}{S_j}, y_i^* = \frac{y_i - \bar{y}}{S_y} \quad (i = 1,2,\cdots,n; j = 1,2,\cdots,m) \tag{5-43}$$

再用最小二乘法求出标准化数据 $(x_{1i}^*, x_{2i}^*, \cdots, x_{mi}^*; y_i^*)$ 的标准化回归方程,记为:

$$\hat{y}^* = b_1^* x_1^* + b_2^* x_2^* + \cdots + b_m^* x_m^* \tag{5-44}$$

标准偏回归系数又称"通径系数",为不带单位的相对数,取值范围在 $[-1,1]$,其绝对值的大小可以衡量对应的各因素(自变量)对试验结果作用的相对重要性。绝对值大者,其对应的因素(自变量)对试验结果的作用是主要的。

(二)偏回归系数的 F 检验

在多元线性回归的 F 检验中,回归平方和 SS_R 反映了所有自变量对因变量的综合线性影响,它总是随着自变量的个数增多而有所增加,但决不会减少。因此,如果在所考虑的所有自变量当中去掉一个自变量时,回归平方和 SS_R 只会减少,不会增加。减少的数值越大,说明该因素(自变量)在回归中所起的作用越大,也就是该因素(自变量)越重要。

设 SS_R 为 m 个自变量 $x_1, x_2, \cdots, x_m$ 所引起的回归平方和，SS'_R 为去掉一个自变量 x_i 后 $m-1$ 个自变量所引起的回归平方和，那么它们的差 $SS_R - SS'_R$ 即为去掉自变量 x_j 之后，回归平方和所减少的量，称为自变量 x_j 的偏回归平方和，记为 SS_j，即

$$SS_j = SS_R - SS'_R \tag{5-45}$$

可以证明：

$$SS_j = b_j l_{jy} = b_j^2 l_{jj} \quad (j = 1, 2, \cdots, m) \tag{5-46}$$

偏回归平方和可以衡量每个自变量在回归中所起作用的大小，或者说反映了每个因素对试验结果的影响程度的大小。值得注意的是，在一般情况下，只有当 m 个自变量相互独立时，才有

$$SS_R = \sum_{j=1}^{m} SS_j \tag{5-47}$$

偏回归平方和 SS_j 是去掉一个自变量使回归平方和减少的部分，也可理解为添入一个自变量使回归平方和增加的部分，其自由度为 1，称为偏回归自由度，记为 df_j，即 $df_j = 1$。显然，偏回归均方 MS_j 为：

$$MS_j = SS_j / df_j = SS_j = b_j l_{jy} = b_j^2 l_{jj} \quad (j = 1, 2, \cdots, m) \tag{5-48}$$

检验各偏回归系数显著性的 F 检验法应用下述 F 统计量：

$$F_j = MS_j / MS_e, (df_1 = 1, df_2 = n - m - 1) \quad (j = 1, 2, \cdots, m) \tag{5-49}$$

F_j 服从自由度为 $(1, n-m-1)$ 的 F 分布，对于给定的显著性水平 α，查 F 临界值表（附表 5），若 $F_j > F_\alpha(1, n-m-1)$，说明因素（自变量 x_j）对 y 的影响显著，否则影响不显著，可将该项从回归方程中去掉。另外，可以根据 F_j 的大小判断因素的主次顺序。F_j 越大，则对应的因素越重要。可以将上述检验列成方差分析表的形式。

（三）偏回归系数的 t 检验

偏回归系数 t 检验用于判断某因素对试验结果影响的显著性。

检验统计量为：

$$t_j = \frac{b_j}{S_{b_j}} \sim t(n - m - 1), (j = 1, 2, \cdots, m) \tag{5-50}$$

t_j 服从自由度为 $n - m - 1$ 的 t 分布，其中 S_{b_j} 为第 j 个偏回归系数 b_j 的标准误差。

$$S_{b_j} = \sqrt{\frac{MS_e}{l_{jj}}} \quad (j = 1, 2, \cdots, m) \tag{5-51}$$

对于给定的显著性水平 α，查 t 临界值表（附表 1），若 $|t_j| > t_{\frac{\alpha}{2}}(n - m - 1)$，说明因素（自变量 x_j）对 y 的影响显著，否则影响不显著，可将该项从回归方程中去掉，以达到简化回归方程的目的。

可以证明

$$t_j^2 = \frac{b_j^2}{S_{b_j}^2} = \frac{b_j^2}{MS_e / l_{jj}} = \frac{b_j^2 l_{jj}}{MS_e} = \frac{MS_j}{MS_e} = F_j \tag{5-52}$$

从而，t 检验和 F 检验的结论是一致的，因计算复杂，易用计算机来完成。

【例 5-5】　对【例 5-4】建立的回归方程进行显著性检验，并且说明拟合效果，判断因素的主次关系。

解：由【例 5-4】建立的回归方程为 $\hat{y} = 0.948 + 0.060 x_1 + 0.550 x_2 + 0.989 x_3$

（1）F 检验

由【例 5-4】可知，总离差平方和

$$SS_T = l_{yy} = \sum_{i=1}^{n} y_i^2 - \frac{\left(\sum_{i=1}^{n} y_i\right)^2}{n} = 773.83 - \frac{77.5^2}{8} = 23.049$$

偏回归平方和

$$SS_1 = b_1 l_{1y} = 0.060 \times 42.025 = 2.52$$

$$SS_2 = b_2 l_{2y} = 0.550 \times 4.5 = 2.48$$

$$SS_3 = b_3 l_{3y} = 0.989 \times 17.86125 = 17.66$$

3 个自变量相互独立时，$SS_R = SS_1 + SS_2 + SS_3 = 2.52 + 2.48 + 17.66 = 22.6$

残差平方和 $SS_e = SS_T - SS_R = 23.049 - 22.6 = 0.4$

$$df_T = n - 1 = 8 - 1 = 7; df_R = m = 3; df_e = n - m - 1 = 8 - 3 - 1 = 4。$$

$$F = \frac{SS_R/m}{SS_e/(n-m-1)} = \frac{22.6/3}{0.4/4} = 75.3$$

$F > F_{0.05}(3,4) = 6.59，P < 0.05$，认为试验结果与各因素之间存在线性回归关系。决定系数 $R^2 = \dfrac{SS_R}{SS_T} = \dfrac{22.6}{23.049} = 0.98$，认为试验结果的 98% 可以由各因素的变化来解释。校正决定系数 $R_a^2 = 1 - \dfrac{MS_e}{MS_T} = 1 - \dfrac{SS_e(n-1)}{SS_T(n-m-1)} = 1 - \dfrac{0.4 \times 7}{23.049 \times 4} = 0.969 > 0.7$，表明该回归方程拟合的较好。

（2）相关系数检验

因为 $R^2 = \dfrac{SS_R}{SS_T} = \dfrac{22.6}{23.049} = 0.98$，所以，$R = \sqrt{0.98} = 0.99$，对于给定的显著性水平 $\alpha = 0.05$，自变量个数 $m = 3$，试验次数 $n = 8$ 时，查相关系数 r 界值表，得复相关系数临界值 $R_{min} = 0.912$，因为 $R > R_{min}$，表明加工后营养成分含量与加工温度 x_1，加热时间 x_2，加工前某成分含量 x_3 之间存在密切的线性关系，该回归方程拟合的较好，这与 F 检验的结论是一致的。

（3）偏回归系数的 F 检验

$$F_1 = MS_1/MS_e = \frac{2.52/1}{0.4/4} = 25.2$$

$$F_2 = MS_2/MS_e = \frac{2.48/1}{0.4/4} = 24.8$$

$$F_3 = MS_3/MS_e = \frac{17.66/1}{0.4/4} = 176.6$$

查临界值表可知 $F_{0.01}(1,4) = 21.20$，x_1, x_2, x_3 对试验结果均有极显著影响。方差分析表如表 5-8 所示。

表 5-8 　　　　　　　　　　　　【例 5-5】方差分析表

差异来源	离差平方和	自由度	均方	F 值	显著性
x_1	2.52	1	2.52		**
x_2	2.48	1	2.48	75.3	**
x_3	17.66	1	17.66		**

续表

差异来源	离差平方和	自由度	均方	F 值	显著性
回归	22.6	3	7.53		
误差	0.4	4	0.10		
总和	23.0	7			

（4）偏回归系数的 t 检验

$$t_1 = \frac{b_1}{S_{b_1}} = \frac{b_1}{\sqrt{MS_e/l_{11}}} = \frac{0.060}{\sqrt{0.1/653.5}} = 4.8$$

$$t_2 = \frac{b_2}{S_{b_2}} = \frac{b_2}{\sqrt{MS_e/l_{22}}} = \frac{0.550}{\sqrt{0.1/8}} = 4.9$$

$$t_3 = \frac{b_6}{S_{b_3}} = \frac{b_3}{\sqrt{MS_e/l_{33}}} = \frac{0.989}{\sqrt{0.1/17.80875}} = 13.1$$

查临界值表可知 $t_{\frac{0.01}{2}}(4) = 4.604$，$x_1, x_2, x_3$ 对试验结果均有极显著影响。

（5）偏回归系数的标准化

$$b_1^* = b_1\sqrt{\frac{l_{11}}{l_{yy}}} = 0.06 \times \sqrt{\frac{653.5}{23.049}} = 0.31$$

$$b_2^* = b_2\sqrt{\frac{l_{22}}{l_{yy}}} = 0.550 \times \sqrt{\frac{8}{23.049}} = 0.32$$

$$b_3^* = b_3\sqrt{\frac{l_{33}}{l_{yy}}} = 0.989 \times \sqrt{\frac{17.80875}{23.049}} = 0.87$$

因为标准化回归系数绝对值越大，对应的因素越重要，所以因素的主次顺序为 $x_3 > x_2 > x_1$。

第四节　计算机软件在回归分析中的应用

一、Origin 在回归分析中的应用

（一）一元线性回归分析 Origin 操作示例

【例 5 - 6】　在麦芽酶试验中，发现吸氨量(y)与底水(x)有关系，请根据表 5 - 9 所示的数据找出它们之间的关系。

表 5 - 9　　　　　　　　　　　【例 5 - 6】中的试验数据表

底水/g	136.5	136.5	136.5	138.5	138.5	138.5	140.5	140.5	140.5	138.5	138.5
吸氨量/g	6.2	7.5	4.8	5.1	4.6	4.6	2.8	3.1	4.3	4.9	4.1

1. 建立数据文件

把"底水""吸氨量"分别放入 A(X)、B(Y)列，建立 2 列 11 行的数据文件 L5 - 1.opj。

2. 正态性检验

选中 B(Y)列,执行统计量→描述统计→正态性检验→确定(Statistics→Descriptive Statistics→normality test→OK)。

3. 回归分析

选中 A(X)、B(Y)列,执行分析→拟合→线性拟合→确定(Analysis→Fitting→Fit Linear→OK)。得到线性拟合的直线,以及直线的斜率(Slope)和截距(Intercept)。并在新的窗口中得到详细的统计学描述。

4. 结果解读

正态性检验结果如图 5-6 所示,$P = 0.45663 > 0.05$,所以,因变量"吸氨量"服从正态分布。一元线性回归分析输出结果(1),如图 5-5 所示,截距 $a = 100.52311$,斜率 $b = -0.69167$,$\hat{y} = 100.52311 - 0.69167x$,$SS_R = 11.48167$,$SS_e = 5.52015$,$F = 18.71959$,$P = 0.00191 < 0.01$,可以认为"底水"与"吸氨量"有着极显著的直线关系,但是由 $R_a^2 = 0.63924$ 知,一元线性回归的拟合效果一般。一元线性回归分析输出结果(2),如图 5-7 所示,给出了拟合效果图及残差图,可见一元线性回归的拟合效果一般。

参数

		Value	Standard Error
B	Intercept	100.52311	22.14232
	Slope	-0.69167	0.15986

统计量

	B
Number of Points	11
Degrees of Freedom	9
Residual Sum of Squares	5.52015
Adj. R-Square	0.63924

模型摘要

	Intercept		Slope		Statistics
	Value	Error	Value	Error	Adj.R-Square
B	100.52311	22.14232	-0.69167	0.15986	0.63924

方差分析

		DF	Sum of Squares	Mean Square	F Value	Prob>F
B	Model	1	11.48167	11.48167	18.71959	0.00191
	Error	9	5.52015	0.61335		
	Total	10	17.00182			

图 5-5 【例 5-6】一元线性回归分析输出结果(1)

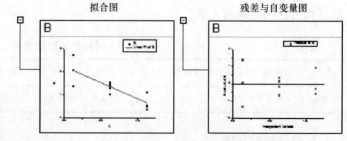

	DF	Statistic	Prob<W
B	11	0.93436	0.45663

图 5-6 【例 5-6】正态性检验结果

图 5-7 【例 5-6】一元线性回归分析输出结果(2)

（二）多元线性回归 Origin 操作示例

【例 5 - 7】　在某品牌桃肉果汁加工过程中非酶褐变原因的研究中,测定了该饮料中的无色花青苷(x_1)、花青苷(x_2)、美拉德反应(x_3)、抗坏血酸含量(x_4)和非酶褐变色度值(y)结果如表 5 - 10 所示,试进行多元线性回归分析,并检验线性方程的显著性。

表 5 - 10　　　　　　　　　桃肉果汁非酶褐变的原因研究数据表

测定序号	无色花青苷 (x_1)	花青苷 (x_2)	美拉德反应 (x_3)	抗坏血酸含量 (x_4)	非酶褐变色 度值(y)
1	0.055	0.019	0.008	2.38	9.33
2	0.060	0.019	0.007	2.83	9.02
3	0.064	0.019	0.005	3.27	8.71
4	0.062	0.012	0.009	3.38	8.13
5	0.060	0.006	0.013	3.49	7.55
6	0.053	0.010	0.017	2.91	7.43
7	0.045	0.013	0.021	2.32	7.31
8	0.055	0.014	0.017	3.35	8.45
9	0.065	0.015	0.013	3.38	9.60
10	0.062	0.023	0.011	3.43	10.91
11	0.059	0.031	0.009	3.47	12.21
12	0.071	0.024	0.015	3.48	9.74
13	0.083	0.016	0.021	3.49	7.26
14	0.082	0.016	0.019	3.47	7.15
15	0.080	0.015	0.017	3.45	7.04
16	0.068	0.017	0.013	2.92	8.19

1. 建立数据文件

把"无色花青苷""花青苷""美拉德反应""抗坏血酸含量""非酶褐变色度值"分别放入 A(X)、B(Y)、C(Y)、D(Y)、E(Y)列建立 5 列 16 行的数据文件 L5 - 2. opj。

2. 正态性检验

选中 E(Y),执行统计量→描述统计→正态性检验→确定(Statistics→Descriptive Statistics→normality test→OK)。

3. 回归分析

选中 A(X)、B(Y)、C(Y)、D(Y)、E(Y)列,执行分析→拟合→多元线性回归→输入数据→因变量数据→E(Y)√→自变量数据→选择列→A(X)√B(Y)√C(Y)√D(Y)√→确定(Analysis→Fitting→Multiple Linear Regression→Input Data→Dependent Data→E(Y)√→Independent Data→Select Columns→A(X)√B(Y)√C(Y)√D(Y)√→OK)。得到线性拟合的直线,以及直线的斜率(Slope)和截距(Intercept)。并在新的窗口中得到详细的统计学描述。

4. 结果解读

正态性检验结果如图 5 - 8 所示,$P = 0.07551 > 0.05$,所以,因变量"非酶褐变色度值"服从正态分布。多元线性回归分析输出结果(1),如图 5 - 9 所示,有:$b_0 = 6.18072$,$b_1 = -69.98214$,$b_2 = 189.43025$,$b_3 = -52.8942$,$b_4 = 1.39584$,$\hat{y} = 6.18072 - 69.98214x_1 +$

$189.43025x_2 - 52.8942x_3 + 1.39584x_4$，$SS_R = 29.25456$，$SS_e = 3.00178$，$F = 26.80074$，$P = 1.27496E - 5 < 0.01$，可以认为"无色花青苷""花青苷""美拉德反应""抗坏血酸含量"与"非酶褐变色度值"有着极显著的直线关系，由 $R_a^2 = 0.8731$ 知，多元线性回归的拟合效果较好。多元线性回归分析输出结果(2)，如图 5-10 所示，给出了拟合效果图及残差图，可见多元线性回归的拟合效果较好。

	DF	Statistic	Prob<W
E	16	0.89831	0.07551

图 5-8 【例 5-7】正态性检验结果

参数

		Value	Standard Error
E	Intercept	6.18072	1.20572
	A	-69.98214	17.09224
	B	189.43025	25.30917
	C	-52.8942	31.02872
	D	1.39584	0.44077

统计量

	E
Number of Points	16
Degrees of Freedom	11
Residual Sum of Squares	3.00178
Adj.R-Square	0.8731

模型摘要

	Intercept		A		B		C		D		Statistics
	Value	Error	Value	Error	Value	Error	Value	Error	Value	Error	Adj.R-Square
E	6.18072	1.20572	-69.98214	17.09224	189.43025	25.30917	-52.8942	31.02872	1.39584	0.44077	0.8731

方差分析

		DF	Sum of Squares	Mean Square	F Value	Prob>F
E	Model	4	29.25456	7.31364	26.80074	1.27496E-5
	Error	11	3.00178	0.27289		
	Total	15	32.25634			

图 5-9 【例 5-7】中的多元线性回归分析输出结果(1)

残差与自变量图

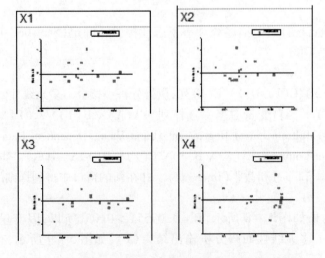

图 5-10 【例 5-6】中的多元线性回归分析输出结果(2)

二、SPSS 在回归分析中的应用

（一）一元线性回归分析 SPSS 操作示例

【例 5 - 8】 以【例 5 - 1】中的数据为例,利用 SPSS 统计软件进行一元线性回归分析。

1. 建立 SPSS 数据文件

以"蔗糖质量分数"和"甜度"为变量名,建立 2 列 7 行的数据文件 L5 - 3. sav。

2. 一元线性回归分析

分析→回归→线性→"甜度"选入到"因变量","蔗糖质量分数"选入到"自变量";统计量→估计√模型拟合度√→继续→确定。

3. 结果解读

SPSS 主要输出结果如表 5 - 11 ~ 表 5 - 13,表 5 - 11 中,$R^2 = 0.986$,$R = r = 0.993$,表 5 - 12 中,$SS_R = 69.017$,$SS_e = 0.983$,$P = 0.000 < 0.01$,可以认为食品甜度与蔗糖浓度有着极显著的直线关系。表 5 - 13 中,$a = 14.010$,$b = 1.302$,$P = 0.000 < 0.01$,$\hat{y} = 14.010 + 1.302x$。

表 5 - 11　　　　　　　　　　模型汇总

模型	R	R^2	调整 R^2	标准估计的误差
1	0.993[a]	0.986	0.981	0.5724

a. 预测变量:(常量)蔗糖质量分数。

表 5 - 12　　　　　　　　　　方差分析[a]

模型		平方和	df	均方	F	Sig.
	回归	69.017	1	69.017	210.675	0.001[b]
1	残差	0.983	3	0.328		
	总计	70.000	4			

a. 因变量:食品甜度。

b. 预测变量:(常量),蔗糖质量分数。

表 5 - 13　　　　　　　　　　系数[a]

模型		非标准化系数		标准系数	t	Sig.
		B	标准误差	试用版		
1	（常量）	14.010	0.486		28.849	0.000
	蔗糖质量分数	1.302	0.090	0.993	14.515	0.001

a. 因变量:食品甜度。

由此可见,统计软件计算的各项结果及其引出的推断结论,均与公式计算法一致。

（二）多元线性回归 SPSS 操作示例

【例 5 - 9】 以【例 5 - 4】中的数据为例,利用 SPSS 统计软件进行多元线性回归分析。

1. 建立 SPSS 数据文件

以"加工后含量""温度""时间""加工前含量"为变量名,建立 4 列 8 行的数据文件 L5 – 4. sav。

2. 多元线性回归分析

分析→回归→线性→"加工后含量"选入到"因变量","温度""时间""加工前含量"选入到"自变量";统计量→估计√模型拟合度√→继续→确定。

3. 结果解读

SPSS 主要输出结果如表 5 – 14 ~ 表 5 – 16 中。表 5 – 14 中,$R^2 = 0.983$,$R_a^2 = 0.969$。

表 5 – 15 中,$SS_R = 22.645$,$SS_e = 0.403$,$F = 74.859$,$P = 0.001 < 0.01$,可以认为该营养成分加工后含量与温度、时间、加工前含量有着极显著的直线关系。表 5 – 16 中,$b_0 = 0.977$,$b_1 = 0.060$,$b_2 = 0.550$,$b_3 = 0.989$。标准化偏回归系数 $b_1^* = 0.317$,$b_2^* = 0.324$,$b_3^* = 0.870$,P 值均小于 0.01,说明三个因素对试验结果均有极显著影响。

表 5 – 14 模型汇总

模型	R	R^2	调整 R^2	标准估计的误差
1	0.991[a]	0.983	0.969	0.3175

a. 预测变量:(常量),x_3,x_2,x_1。

表 5 – 15 方差分析[a]

模型		平方和	df	均方	F	Sig.
	回归	22.645	3	7.548	74.859	0.001[b]
1	残差	0.403	4	0.101		
	总计	23.049	7			

a. 因变量:y。

b. 预测变量:(常量),x_3,x_2,x_1。

表 5 – 16 系数[a]

模型		非标准化系数		标准系数	t	Sig.
		B	标准误差			
	(常量)	0.977	0.862		1.133	0.320
1	x_1	0.060	0.012	0.317	4.788	0.009
	x_2	0.550	0.112	0.324	4.900	0.008
	x_3	0.989	0.075	0.870	13.140	0.000

a. 因变量:y。

值得注意的是,虽然上述公式计算法由于舍入误差与统计软件计算的各项结果有微小差异,但这并不影响两者结论的一致性。

习　　题

1. 某品种大豆籽粒脂肪 $x(g)$ 和蛋白质 $y(g)$ 含量数据如表 5－17 所示，进行两者的一元线性回归分析，并建立 y 关于 x 的回归方程。

表 5－17　　　　　　　　　　大豆籽粒脂肪 x 和蛋白质 y 含量数据

大豆籽粒脂肪 x/g	15.4	17.5	18.9	20.0	21.0	22.8
蛋白质 y/g	44	38.2	41.8	38.9	38.4	38.4

2. 猪的瘦肉量是肉用型猪育种中的重要指标，而影响猪瘦肉量的有猪的眼肌面积、腿肉量、腰肉量等性状。设因变量 y 为瘦肉量(kg)，自变量 x_1 为眼肌面积(cm^2)，自变量 x_2 为腿肉量(kg)，自变量 x_3 为腰肉量(kg)。根据某地猪育种组的 25 头杂种猪的实测数据资料如表 5－18 所示，试进行瘦肉量 y 对眼肌面积(x_1)、腿肉量(x_2)、腰肉量(x_3)的多元线性回归分析，并检验线性方程的显著性，确定因素的主次顺序。

表 5－18　　　　　　　　　　瘦肉量和眼肌面积、腿肉量、腰肉量数据

序号	瘦肉量 y/kg	眼肌面积 x_1/cm^2	腿肉量 x_2/kg	腰肉量 x_3/kg	序号	瘦肉量 y/kg	眼肌面积 x_1/cm^2	腿肉量 x_2/kg	腰肉量 x_3/kg
1	15.02	23.73	5.49	1.21	14	15.94	23.52	5.18	1.98
3	14.86	28.84	5.04	1.92	16	15.11	28.95	5.18	1.37
4	13.98	27.67	4.72	1.49	17	13.81	24.53	4.88	1.39
5	15.91	20.83	5.35	1.56	18	15.58	27.65	5.02	1.66
6	12.47	22.27	4.27	1.50	19	15.85	27.29	5.55	1.70
7	15.80	27.57	5.25	1.85	20	15.28	29.07	5.26	1.82
8	14.32	28.01	4.62	1.51	21	16.40	32.47	5.18	1.75
9	13.76	24.79	4.42	1.46	22	15.02	29.65	5.08	1.70
10	15.18	28.96	5.30	1.66	23	15.73	22.11	4.90	1.81
11	14.20	25.77	4.87	1.64	24	14.75	22.43	4.65	1.82
12	17.07	23.17	5.80	1.90	25	14.37	20.44	5.10	1.55
13	15.40	28.57	5.22	1.66					

3. 鲜枣储藏比较困难，某研究室对五种枣的品种的耐藏性进行比较，并对耐藏性与果实本身的生理、解剖结构间的关系进行研究，现有对某品种鲜枣 35 个样品的耐藏性(y，以果实储藏 45d 是好果率为指标)、果实呼吸速率[x_1，CO_2 mg/(kg·h)]，果肉细胞大小[x_2，$(\mu m)^2$，纵径×横径]，果肉比重(x_3，g/mL)，果实失水速率[x_4，mg/(kg·h)]等性状测试后的结果如表 5－19 所示，试对试验数据进行线性回归，并检验线性方程的显著性、确定因素的主次顺序。

表 5 – 19　　　　　　　　　　　　　　　　　　鲜枣性状数据表

序号	呼吸速率/ [mg/(kg·h)]	细胞大小/ μm²	果肉比重/ (g/mL)	失水速率/ [mg/(kg·h)]	y/%
1	5.2	2.4	2.5	2.0	40
2	3.4	1.6	6.0	5.5	69
3	6.8	3.9	1.8	1.5	36
4	4.0	2.0	3.0	3.4	45
5	3.6	1.8	4.2	4.3	56

第六章　单因素试验优选法

优选法(Optmization Method)是指研究如何用较少的试验次数,迅速找到最优方案的一种科学方法。例如,在食品科学与工程科学试验中,怎样选取最合适的配方、配比的方法;寻找最好的操作和工艺条件;找出产品的最优的设计参数,使产品的质量最好,产量最高;或在一定条件下使成本最低,消耗原料最少,生产周期最短等。这种最合适、最好、最合理的方案,一般总称为最优;选取最合适的配方、配比,寻找最好的操作和工艺条件,给出产品最合理的设计参数,称为优选。优选法可以解决那些试验指标与因素间不能用数学形式表达,或虽有表达式但很复杂的那些问题。

如果用函数的观点看待蒸馒头的问题,馒头的好吃程度就像是放碱量的函数,而放碱量相当于自变量。这样的函数一般称为指标函数,而指标函数的自变量称为因素。如果在试验时,只考虑一个对目标影响最大的因素,其他因素尽量保持不变,则称为单因素问题。在应用时,只要因素抓得准,单因素试验也能解决许多问题。

当某一个主要试验因素确定后,首先应估计包含最优点的试验范围。如果用 a 表示下限,b 表示上限,试验范围为 $[a,b]$。若 x 表示试验点,考虑端点,则 $a \leqslant x \leqslant b$;如不考虑端点,则 $a < x < b$。在实际问题中,a 和 b 为具体数值。假定 $f(x)$ 是定义在区间 $[a,b]$ 上的函数,但 $f(x)$ 的表达式并不知道,只有从试验中才能得出在某一点 x_0 的数值 $f(x_0)$,应用单因素优选法,就是用尽量少的试验次数来确定 $f(x)$ 的最佳点。

优选法分为单因素方法和多因素方法两类。1953 年美国数学家 J·基弗提出单因素优选法分数法和 0.618 法(又称黄金分割法),后来又提出抛物线法。优选法的应用范围相当广泛,中国数学家华罗庚从 20 世纪 20 年代初开始在生产企业中推广应用取得了成效。企业在新产品、新工艺研究,仪表、设备调试等方面采用优选法,能以较少的试验次数迅速找到较优方案,在不增加设备、物资、人力和原材料的条件下,缩短工期、提高产量和质量、降低成本等。

第一节　均　分　法

均分法是单因素试验设计方法。它是在试验范围 $[a,b]$,根据精度要求和实际情况,均匀地安排开试验点,在每一个试验点上进行试验并相互比较求最优点的方法。因事先做好全部的试验方案,所以均分法属于整体试验设计方法。

均分法要点:若试验范围 $L = b - a$,试验点间隔为 N,则试验点个数 n 为

$$n = \frac{L}{N} + 1 = \frac{b-a}{n} + 1 \tag{6-1}$$

这种方法的特点是对所试验的范围进行"普查",常常应用于对目标函数的性质没有掌握或很少掌握的情况,即假设目标函数是任意的情况,其试验精度取决于试验点数目的多少。需要注意的是,除了理论上因素水平所能划分的间隔外,实际因素水平间隔还受到所用

设备本身的影响。例如,如果一台干燥箱的控温精度是±1℃,则每个干燥箱之间相差10℃是合理的。但是如果干燥箱的控温精度是±6℃,则每个干燥箱之间相处10℃是不合理的。均分法优点是只要把试验放在等分点上,试验点安排简单;n 次试验可同时做,以节约时间,也可以一个接一个做,灵活性强。均分法缺点主要是试验次数较多、代价大、不经济。

【例6-1】 对某一天然产物中的有效成分进行提取,当提取时间保持不变时,在 4h 范围内改变提取时间,拟通过试验找出天然产物有效成分最佳提取时间。

解:采用均分法。时间(min)范围为[0,240],按照间隔时间30min 安排提取试验,即提取时间为30min、60min、90min、120min、150min、180min、210min、240min。将不同提取时间的试样进行检测,测定有效成分的得率。对上述 8 种工艺试样的得率进行对比,取最高得率对应的时间为最优的提取时间。

第二节 平 分 法

试验范围内,目标函数是单调的,要找出满足一定条件的最优点,可以用平分法。实际上,这个条件可以更清楚地叙述为:如果每做一次试验,根据结果可以决定下次试验的方向,就可以用平分法。

例如,做蛋糕,要找到合适的糖添加量,如果一盆面粉里放了 300g 糖,做出的蛋糕甜度适中,说明合适的糖添加量找到了;如果蛋糕无甜味,说明糖添加少了,再做蛋糕,只能多放些糖;如果蛋糕过甜,说明糖添加多了,再做蛋糕,应少放些糖。这个例子就具备上一次试验能确定下一次试验的方向的条件。

平分法总是在试验范围的中点安排试验,中点公式为

$$中点 = \frac{a+b}{2} \tag{6-2}$$

根据试验结果,若下次试验在高处(取值大些),就把此次试验点(中点)以下的一半范围划去;若下次试验在低处(取值小些),就把此次试验点以上的一半划去,重复上面的做法,即在中点做试验,根据结果划去试验范围的一半,直到找出一个满意的试验点,或试验范围已变得足够小,再试下去到结果无显著变化为止。

用电子分析天平准确称量食品的质量时,称量速度慢是一个令人很伤脑筋的问题。例如,用准确度为 10^{-4}g 的电子分析天平称量,能够在 5min 内称好一个样品已算快速。使用对分法完全可以在 1min 内得出准确的结果。现欲称量某食品的准确质量。

(1)首先在托盘天平上称量出其质量为 8.4g,根据托盘天平的准确度,估计该化学物品的质量在 8.35~8.45g,然后在电子分析天平上继续称量。

(2)按对分法第一次加的砝码是(8.35+8.45)/2=8.40g,旋动天平下的旋钮,放下天平的托架,观察天平的平衡情况,右盘下沉,表示加的砝码多了,于是 8.40~8.45g 都大于此物品的质量,全部舍去,不再试验这部分。经过第一次称量,物品的质量确定在 8.35~8.40g。

(3)再按对分法,称量点在(8.35+8.40)/2=8.375g,所以应该加 8.37g 砝码。10μg 以下直接在投影屏上读数,不需要加 μg 级的砝码,以下操作同步骤(2)。结果发现右盘下沉,故 8.37~8.40g 都多了,物品的质量应在 8.35~8.37g。

（4）第三次称量点选在$(8.35 + 8.37)/2 = 8.36(g)$，在右盘加 $8.36g$ 砝码称量，由于该食品的质量与 $8.37g$ 之差小于 $10\mu g$，这时就可以读出物品的质量为 $8.368g$。

可见，用对分法在电子分析天平上称量一个样品质量，一般只进行 $3 \sim 4$ 次操作就可以了，比用常规称量速度快几倍。

对分法的试验目的是寻找一个目标点，每次试验结果分为三种情况。

（1）恰是目标点

（2）断定目标点在试验点左侧

（3）断定目标点在试验点右侧

试验指标不需要是连续的定量指标，可以把目标函数看作是单调函数。

第三节　黄金分割法

黄金分割法又称 0.618 法，从 20 世纪 60 年代起，由我国数学家华罗庚教授在全国大力推广的优选法就是这个方法。它适用于在试验范围内目标值为单峰的情况，是一个应用范围广阔的方法。

从 20 世纪 60 年代开始，华罗庚开始在全国范围内推广他的优选法和统筹法。经过 20 年左右的努力，产生了数以十亿计的巨大经济效益，被评为"全国重大科技成果奖"。

0.618 法是单因素试验设计方法，又称黄金分割法。这种方法是在试验范围 $[a,b]$ 内的 0.618 和 0.382 点处的位置安排试验得到结果 $f(x_1)$ 和 $f(x_2)$，其中 $x_1 = (b - a) \times 0.382 + a$，$x_2 = (b - a) \times 0.618 + a$，首先安排两个试验点，再根据两点试验结果，留下好点，去掉不好点所在的一段范围，再在余下的范围内仍按此法寻找好点，去掉不好的点，如此继续下去，直到找到最优点为止。

x_1 和 x_2 对应的试验指标记为 $f(x_1)$ 和 $f(x_2)$。如果 $f(x_1)$ 比 $f(x_2)$ 好则 x_1 是好点，把试验范围 $[x_2,b]$ 划去，保留的新的试验范围是 $[a,x_1]$；如果 $f(x_2)$ 比 $f(x_1)$ 好则 x_2 是好点，把试验范围 $[a,x_1]$ 划去，保留的新的试验范围是 $[x_2,b]$。不论保留的试验范围是 $[a,x_1]$ 还是 $[x_2,b]$，不妨统一记为 $[a_1,b_1]$。对这个新的试验范围重新使用以上黄金分割过程，得到新的试验范围 $[a_2,b_2]$、$[a_3,b_3]$…逐步做下去，直到找到满意的、符合要求的试验结果。

0.618 法要求试验结果目标函数 $f(x)$ 是单峰函数，如图 $6 - 1$ 所示，即在试验范围内只有一个最优点 d，其效果 $f(d)$ 最好，比 d 大或小的点都差，且距最优点 d 越远的试验效果越差。这个要求在大多数实际问题中都能满足。

设 x_1 和 x_2 是因素范围 $[a,b]$ 内的任意两个试验点，d 点为问题的最优点，将两个试点中效果较好的点称为好点，将效果较差的点称为差点。下面将证明最优点与好点必在差点同侧，因而我们把因素范围被差点所分成的两部分中好点所在的那部分称为存优范围。

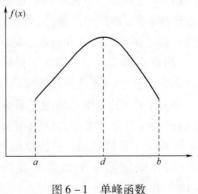

图 $6 - 1$　单峰函数

在进行试验之前,我们无法预先知道两次试验的效果哪一次好,哪一次差,因此两个试点(例如,设 x_1 和 x_2, $x_1 > x_2$)作为差点的可能性是相同的,即无论从这两个试点中的哪一个将整个因素范围一分为二并去掉不包含好点的那一段的可能性都一样大,因此,为了克服盲目性和侥幸心理,我们在安排试点时应该使两个试点关于因素范围的中点对称,即应使 $x_2 - a = b - x_1$。这是我们在试验过程中应遵循的一个原则——对称原则。

通俗地说 0.618 法就是一种来回调试法,这是在日常生活和工作中经常用的方法。0.618 法可以用下面的一个简单的演示加以说明。

假设某工艺中温度的最佳点在 0℃ ~ 100℃,并且试验指标是温度的单峰函数,越大越好。如果采用均分法每隔 1℃ 做一个试验共需要做 101 次试验。现在使用 0.618 法寻找温度的最佳点,步骤如下。

(1)首先准备一张 1m 长的白纸,在纸上任意画出一条单峰曲线。

(2)用直尺找到 0.618m,记为 x_2。

(3)将纸对折,找到 x_2 对称点(也就是 0.382m),记为 x_1。

(4)比较 x_1 和 x_2 两点曲线的高度,如果曲线在 x_1 处高则 x_1 是好点,把白纸从 x_2 的有右侧剪下;如果曲线在 x_2 处高,则 x_2 是好点,把白纸从 x_1 的左侧剪下。

(5)在剩余的白纸上只有一个试验点,不论是 x_1 还是 x_2,应找出其对称点。不妨将其小者(左边的点)记为 x_1,将其大者(右边的点)记为 x_2。

(6)重复以上第(4)、(5)两步,直到白纸只剩下 1mm 宽为止,这就是试验所要找的最佳点。

用 0.618 法做试验时,第一步需要做两个试验,以后每一步只需要再做一次试验。如果在某一次试验中,x_1 和 x_2 的试验指标相同,则可以只保留 x_1 和 x_2 之间的部分作为新的试验范围。

0.618 法是一种简易高效的方法,每次试验舍去试验范围的 0.382 倍,保留 0.618 倍,经 n 步试验后保留的试验范围至多是最初的 0.618^n 倍。例如,当 $n = 10$ 时,保留的试验范围不足最初的 1%。但其实用效率受到测量系统精度的影响,如果测量系统的精度较低,以上过程重复几次后就无法再继续进行下去了。

黄金分割优选法的应用,必须首先解决以下几个问题。

(1)确定目标　首先要确定试验的目的是什么,也就是说通过试验要达到什么目标。目标有多种多样,如希望产量高、质量好、周期短、成本低等。目标可以是定量的,也可以是定性的。总之试验前必须弄清楚目标。

(2)确定影响因素　确定了目标以后,要分析影响目标的因素。也就是说在试验时哪些因素会影响目标。这里注意抓影响目标关系大的一些因素,也就是抓主要因素。

(3)确定试验范围　确定了影响因素以后就要进一步确定试验的范围。范围太大,会增加试验的次数;范围太小,有可能把最优点排除在外边。因此,要恰当地确定范围。

在确定了目标、因素、范围以后就可以进行试验。试验的步骤一般为:

(1)先确定第一个试验点并进行试验。第一个试验点应确定在(大数 - 小数)× 0.618 + 小数的位置。

用数学方法表示为,假设函数 $f(x)$ 在区间 $[a, b]$ 上有一极大值,设 $L = b - a$,$w = 0.618$,则第一个试验点的位置 $x_1 = 0.618(b - a) + a$ 处,第一个试验点试验结束后,记录试验结果。

（2）在 x_1 的对称点处确定第二个试验点并进行试验。第二个试验点应在 0.382（大数 – 小数）+ 小数的位置。用数学方法表示即为 $x_2 = 0.382(b - a) + a$。第二个试验点试验结束后，记录试验结果。

（3）比较两次试验结果，舍"劣"取"优"。即留下好点部分，去掉试验的坏点部分。用数学方法表示即如果 x_1 试验结果 $f(x_1)$ 大就去掉 (a, x_2)，留下 (x_2, b) 继续试验，如果试验结果 $f(x_2)$ 大，就去掉 (x_1, b)，留下 (a, x_1) 继续试验。

（4）在留下部分重复上述试验，直到取得满意的结果为止。黄金分割法适用于试验指标或者目标函数是单峰函数的情况，要求试验因素水平可以精确度量，但试验指标只要能够比较好坏就可以，试验指标既可以是定性的也可以是定量的。

【例 6 – 2】　为了使饮料的澄清度更高，需要加入一种酶。已知其最佳加入量在 100 ~ 200mg，现在要通过做试验的办法找到最佳加入量。

解：下面用 0.618 法解决此优选法问题，并通过此例说明具体的做法。

第一步，先在试验范围的 0.618 处做第一个试验，这一点的加入量为

$$x_1 = 100 + (200 - 100) \times 0.618 = 161.8(mg)$$

第二步，在这一点的对称点，即 0.382 处做第二个试验，这一点的加入量为

$$x_2 = 200 - (200 - 100) \times 0.618 = 138.2(mg)$$

第三步，比较两次试验结果，如果第二点较第一点好，则去掉 161.8 以上的部分，然后在 100 ~ 161.8mg 找 x_2 的对称点

$$x_3 = 161.8 - (161.8 - 100) \times 0.618 = 123.6(mg)$$

第四步，如果仍然是第二点坏，则去掉 123.6 以下的一段，在留下的部分（123.6, 161.8）继续找第二点的对称点（147.2），做第四次试验。如果这一点比第二点好，则去掉 123.6 ~ 138.2 这一段，在留下的部分按同样方法继续做下去，如此反复进行，直到找出满意的试验点为止。

可以看出，每次留下的试验范围是上一次长度的 0.618 倍，随着试验范围越来越小，越趋于最优点，直到达到所需的精度为止。

第四节　分　数　法

分数法适用于试验要求预先给出试验总数（或者知道试验范围和精确度，这时试验总数就可以算出）的情况。分数法也是适合单峰函数的方法，它和 0.618 方法不同之处在于要求预先给出试验总数（或者知道试验范围和精确度，这时试验总数就可以算出来），在这种情况下，用分数法比用 0.618 法方便。

首先介绍斐波那契数：

$$1, 1, 2, 3, 5, 8, 13, 21, 34, 55, 89, 144, \cdots$$

用 F_0, F_1, F_2 依次表示上述数串，它们满足递推公式

$$F_n = F_{n-1} + F_{n-2} \quad (n \geq 2) \tag{6-3}$$

当 $F_1 = F_0 = 1$ 确定之后，斐波那契数就完全确定了。

任何小数都可以表示为分数,则 0.618 也可近似地用分数 F_n / F_{n+1} 来表示,即

$$\frac{3}{5}, \frac{5}{8}, \frac{8}{13}, \frac{13}{21}, \frac{21}{34}, \frac{34}{55}, \frac{55}{89}, \frac{89}{144}, \frac{144}{233} \cdots$$

分数法适用于试验点只能取整数的情况。

【例 6-3】 在某种物质提取时,要优选某材料的加入量,确定合适的料液比,其加入量用 100mL 的量筒来计算,该量筒的两成分为 10 格,每格代表 10mL,由于量筒精密度不够,很难精确量出几点几毫升,因此不便用 0.618 法。这时,可将试验范围定位 0~80mL,中间正好有 8 格,就以 5/8 代替 0.618。第一次试验点在 5/8 处,即 50mL 处,第二次试验点选在 5/8 的对称点 3/8 处,即 30mL 处,然后来回调试便可找到满意的结果。若量筒为 150mL,可以有两种方法来解决,看能否缩短试验范围,如能缩短两份,则可用 5/8,如果不能缩短,就可用第二种方法,即添两个数,凑足 13 分,应用 8/13。

在使用分数法进行单因素优选时,应根据试验区间选择合适的分数,所选择的分数不同,试验次数也不一样。如表 6-1 所示,虽然试验范围划分的份数随分数的分母增加得很快,但相邻两分数的试验次数只是增加 1。

表 6-1		分数法试验	
分数 F_n / F_{n+1}	第一批试验点位置	等分试验范围分数 F_{n+1}	试验次数
2/3	2/3,1/3	3	2
3/5	3/5,2/5	5	3
5/8	5/8,3/8	8	4
8/13	8/13,5/13	13	5
13/21	13/2,18/21	21	6
21/34	21/34,13/34	34	7
34/55	34/55,21/34	55	8

本节分两种情况叙述分数法。

一、所有可能的试验总数正好是某一个 F_{n-1}

这时前两个试验点放在试验范围的 $\left[\frac{F_{n-1}}{F_n}, \frac{F_{n-2}}{F_n} \right]$,位置上,也就是先在第 F_{n-1}、F_{n-2} 点上做试验。比较这两个试验的结果,如果第 F_{n-1} 点好,划去第 F_{n-2} 点以下的试验范围;如果第 F_{n-2} 点好,划去 F_{n-1} 点以上的试验范围。

在留下的试验范围中,还剩下 $F_{n-1} - 1$ 个试验点,重新编号,其中第 F_{n-2} 和 F_{n-3} 分点,有一个是刚好留下的好点,另一个是下一步要做的新试验点,两点比较后与前面的做法一样,从坏点把试验范围切开,短的一段不要,留下包含好点的长的一段,这时新的试验范围就只有 $F_{n-2} - 1$ 试验点。以后的试验,照上面的步骤重复进行,直到试验范围内没有应该做的好点为止。

容易看出,用分数法安排上面的试验,在 $F_{n-1} - 1$ 个可能的试验中,最多只需做 $n-1$ 个

就能找到它们中最好的点。在试验过程中,如遇到一个已满足要求的好点,同样可以停下来,不再做后面的试验。利用这种关系,根据可能比较的试验数,马上就可以确定实际要做的试验数,或者是由于客观条件限制能做的试验数。例如最多只能做 k 个,就把试验范围分成 F_{k+l} 等份,这样所有可能的试验点数就是 $F_{k+l} - 1$ 个,按上述方法,只做 k 个试验就可使结果得到最高的精密度。

【例 6 - 4】　卡那霉素生物测定培养温度试验。卡那霉素发酵液测定,国内外都规定培养温度为 37 ±1℃,培养时间在 16h 以上。某制药厂为缩短时间,决定进行试验。试验范围为 29 ~ 50℃,精确度要求 ±1℃,中间试验点共有 20 个,用分数法安排试验。

解:由题意可知,试验总次数为 20 次。正好等于 $F_7 - 1$。培养温度试验点如表 6 - 2 所示。

表 6 - 2				试验培养温度						
序号	0	1	2	3	4	5	6	7	8	9	10
温度/℃	29	30	31	32	33	34	35	36	37	38	39
序号	11	12	13	14	15	16	17	18	19	20	21
温度/℃	40	41	42	43	44	45	46	47	48	49	50

（1）第 1 个试验点选在第 13 个分点 42℃,第 2 个试验点在第 8 个分点 37℃。发现 1 点好,划去 8 分点以下的(即 29 ~ 36℃),再重新编号,如表 6 - 3 所示。

表 6 - 3				第二次试验培养温度								
序号	0	1	2	3	4	5	6	7	8	9	10	11	12	13
温度/℃	37	38	39	40	41	42	43	44	45	46	47	48	49	50

（2）针对表 6 - 3,选择第 5、8 个分点作为试验点,比较,第 5 分点好,划去 8 分点以上的(即 46 ~ 50℃),再重新编号,如表 6 - 4 所示。

表 6 - 4				第三次试验培养温度					
序号	0	1	2	3	4	5	6	7	8
温度/℃	37	38	39	40	41	42	43	44	45

（3）针对表 6 - 4,选择第 3、5 个分点作为试验点,比较,第 5 分点好,划去 3 分点以下的(即 37 ~ 39℃),再重新编号,如表 6 - 5 所示。

表 6 - 5			第四次试验培养温度			
序号	0	1	2	3	4	5
温度/℃	40	41	42	43	44	45

（4）针对表 6-5，选择第 2、3 个分点作为试验点，比较，第 3 分点好，划去 3 分点以上的（即 44~45℃），再重新编号，如表 6-6 所示。

表 6-6	第五次试验培养温度			
序号	0	1	2	3
温度/℃	40	41	42	43

（5）针对表 6-6，选择第 1、2 个分点作为试验点，比较，第 2 分点好，试验结束，定下（43±1）℃，只需要 8~10h。

二、所有可能的试验总数大于某一个 $F_n - 1$ 而小于 $F_{n+1} - 1$

只需在试验范围之外虚设几个试验点，虚设的点可安排在试验范围的一端或两端，凑成 $E - 1$ 个试验，就化成第四节一的情形。对于虚设点，并不真正做试验，直接判断其结果比其他点都坏，试验应往下进行。很明显，这种虚设点并不增加实际试验次数。

【例 6-5】 假设某脱蛋白试验，所用的脱除剂为 seveg 与酶，seveg 的投入量恒定，而酶的可能添加量分别为 0.010mg/mL、0.015mg/mL、0.020mg/mL、0.025mg/mL、0.030mg/mL，试验用分数法来安排试验，确定最佳酶添加量。

解：根据题意可知，可能得试验总次数为 5 次。由斐波那契数列可知：

$$F_5 - 1 = 8 - 1 = 7$$
$$F_4 - 1 = 5 - 1 = 4$$
$$F_4 - 1 < 5 < F_5 - 1$$

（1）首先需要增加两个虚设点，使其可能的试验总次数为 7 次，虚设点可以安排在试验范围的一端或两端。假设安排在两端，即一端一个虚数点，如表 6-7 所示。

表 6-7		酶添加量					
序号	0	1	2	3	4	5	6
添加量/（mg/L）	虚设点	0.010	0.015	0.020	0.025	0.030	虚设点

（2）第 1 个试验点选在第 5 个分点 0.025mg/mL，第 2 个试验点在第 3 个分点 0.015mg/mL。假设 1 点好，划去 3 分点以下的，再重新编号，如表 6-8 所示。

表 6-8		第二次酶添加量				
序号	0	1	2	3	4	5
添加量/（mg/L）	虚设点	0.015	0.020	0.025	0.030	虚设点

（3）第 1 个试验点选在第 2 个分点 0.025mg/L，第 2 个试验点在第 3 个分点，0.020mg/mL。划去 2 分点以下的，再重新编号，如表 6-9 所示。

表6-9		第三次酶添加量(mg/L)		
序号	0	1	2	3
添加量	0.025	0.030		虚设点

(4)此时第2个分点为虚设点,直接认为其效果比第1个分点差,即最佳酶添加量0.030mg/mL。

对数法与0.618法均适用于试验范围$[a,b]$,内目标函数为单峰的情况。分数法与0.618法的区别只是用分数F_{n-1}/F_n和F_{n-2}/F_n代替0.618和0.382来确定试验点,以后的步骤相同。一旦用F_{n-1}/F_n确定了第一个试验点,则以后根据确定其余的试验点,也会得出完全一样的试验序列来,但分数法需要给出试验次数,且适用于因素水平仅取整数值或有限个值的情况。

第五节　抛物线法

不管是0.618法还是分数法,都只是比较两个试验结果的好坏,而不考虑目标函数值。抛物线法是根据已得的三个试验数据,找到这三点的抛物线方程,然后求出该抛物线的极大值,作为下次试验的根据,具体方法如下。

(1)在三个试验点:x_1,x_2,x_3,且$x_1 < x_2 < x_3$,分别得试验值y_1,y_2,y_3,根据拉格朗日插值法可以得到一个二次函数。过程如下。

求抛物线函数$y = a_0 + a_1 x + a_2 x_1^2$,它过已知三点,则满足

$$a_0 + a_1 x_2 + a_2 x_1^2 = y_1$$
$$a_0 + a_1 x_2 + a_2 x_2^2 = y_2$$
$$a_0 + a_1 x_3 + a_2 x_3^2 = y_3$$

求出a_0、a_1、a_2,得一抛物线函数

$$y = \frac{(x-x_2)(x-x_3)}{(x_1-x_2)(x_1-x_3)}y_1 + \frac{(x-x_1)(x-x_3)}{(x_2-x_1)(x_2-x_3)}y_2 + \frac{(x-x_1)(x-x_2)}{(x_3-x_1)(x_3-x_2)}y_3 \tag{6-4}$$

(2)设上述二次函数在x_4处取得最大值,这时有

$$x_4 = \frac{1}{2} \frac{y_1(x_2^2 - x_3^2) + y_2(x_3^2 - x_1^2) + y_3(x_1^2 - x_2^2)}{y_1(x_2 - x_3) + y_2(x_3 - x_1) + y_3(x_1 - x_2)} \tag{6-5}$$

(3)在$x = x_4$处做试验,得试验结果y_4。如果假定y_1,y_2,y_3,y_4中的最大值是由x_i'给出的,除x_i'之外,在x_1,x_2,x_3和x_4中取较靠近x_i'的左右两点,将这三点记为x_1',x_2',x_3',此处$x_1' < x_2' < x_3'$,若在x_1',x_2',x_3'的函数值分别为y_1',y_2',y_3',则根据这三点又可得到一条抛物线方程,如此继续下去直到函数的极大点(或它的充分邻近的一个点)被找到为止。粗略地说,如果穷举法(在每个试验点上都做试验)需要做n次试验,对于同样的效果,黄金分割法只要$\lg n$次就可以达到,抛物线法效果更好些,只要$\lg\lg n$次,原因就在于黄金分割法没有较多地利用函数的性质,做了两次试验,比一比大小,就把它舍掉了,抛物线法则对试验结果进行了数量方面的分析。

抛物线法常常用在0.618法或分数法取得一些数据的情况,这时能收到更好的效果。此外,建议做完0.618法或分数法的试验后,用最后三个数据按抛物线法求出x_4,并计算这

个抛物线在点 $x = x_4$ 处的数值,预先估计一下在点 x_4 处的试验结果,然后将这个数值与已经测试得的最佳值作比较,以此作为是否在点 x_4 处再做一次试验的依据。

【例 6 - 6】 在测定某物质纯度 W 与洗脱流速 Q 之间关系曲线的试验中,已经测得三组数据如表 6 - 10 所示,如何利用抛物线法尽快地找到最高纯度值?

表 6 – 10 【例 6 – 6】中的数据

流速 Q/(mL/min)	1	2	4
纯度 W/%	70	90	60

解:首先根据这三组数据,确定抛物线的极值点,即下一试验点的位置。为了表示方便,流速用 x 表示,纯度用 y 表示,于是有:

$$x_4 = \frac{1}{2} \frac{y_1(x_2^2 - x_3^2) + y_2(x_3^2 - x_1^2) + y_3(x_1^2 - x_2^2)}{y_1(x_2 - x_3) + y_2(x_3 - x_1) + y_3(x_1 - x_2)}$$

$$= \frac{1}{2} \frac{70(2^2 - 4^2) + 90(4^2 - 1^2) + 60(1^2 - 2^2)}{70(2 - 4) + 90(4 - 1) + 60(1 - 2)}$$

$$= 2.36$$

接下来的试验应在流速为 2.36mL/min 进行。试验表明,在该处纯度为 93.8%,该纯度已经非常理想,试验一次成功。

第六节 分批试验法

在有些情况下做完一个试验要较长时间才能得到试验结果,这样采用序贯试验法要很长时间才能最终完成试验。另外,在有些试验中,做一个试验的费用和做几个试验的费用相差无几,此时也希望同时做几个试验以节省费用。有时为了提高试验结果的可比性,也要求在同一条件下同时完成若干个试验。在上述这些情况下,就要采用分批试验法。分批试验法可分为预给要求法、均分分批试验法和比例分割分批试验法三种。

一、预给要求法

预给要求法是分批试验的一种方法。如能预先确定总的可能的试验个数(换句话说,知道了试验范围和要求的精密度),或事先限定试验的批数和每批的个数,就可以采用这种方法。

(1)每批做偶数个试验 先介绍各批数目都相同且每批做偶数个试验的方法,以每批两个试验为例,说明方法的基本精神。

若只做一批试验,每批两个试验,把试验范围平分为 3 等份,在每个分点上做试验。

若做两批试验,每批两个试验,把试验范围分为 7 等份,在第 3、4 点做第一批试验。如第 4 点好,再做 5、6 两点;如第 3 点好,则做 1、2 点。

若做三批试验,每批两个试验,把试验范围分为 15 等份,在第 7、8 点做第一批试验。如第 7 点好,则把第 8 点以上的范围划去;如第 8 点,则把第 7 点以下的划去,再在余下的部分做第二批试验。

再如每批做 4 个试验的情况。

若只做一批试验,每批 4 个试验,则将试验范围分成 5 等份,在第 1、2、3、4 四点做第一批试验。

若做两批试验,每批 4 个试验,把试验范围分为 17 等份,在 5、6、11、12 四个分点上做第一批试验。无论哪个点好,都只剩下 4 个试验点,刚好安排第二批试验。

依次可以推出做更多批数试验的情形来。

每批做 6 个或更多个试验的情形原理相同。容易推出,若每批做 $2k$ 个试验,共做 n 批,则应将试验范围等分为 $L_n^{2k} = 2(k+1)^n - 1$ 份,第一批试验点是

$$L_{n-1}^{2k}, L_{n-1}^{2k} + 1, 2L_{n-1}^{2k} + 1, 2L_{n-1}^{2k} + 2, \cdots, kL_{n-1}^{2k} + (k-1), kL_{n-1}^{2k} + k \tag{6-6}$$

试验结果的精确度是 L/L_n^{2k}。$L = b - a$

(2)每批做奇数个试验　对于各批数目都相同且每批做奇数个试验的方法,现以每批做三个试验为例,说明方法的基本精神。

每批做三个试验时,做 n 批,则分成的等份数为

$$L_n^3 = \frac{1}{2}\left[(1 + \sqrt{3})^{n+1} + (1 - \sqrt{3})^{n+1}\right] (按四舍五入处理) \tag{6-7}$$

如

①只做 1 批试验,把试验范围平分为 4 等份,在 1、2、3 处做试验。

②只做 2 批试验,把试验范围平分为 10 等份,在 4、5、9 处做第一批试验,无论哪点好,下一批只做靠近好点的 3 个试验。

③只做 3 批试验,把试验范围平分为 28 等份,在 10、14、24 三点做第一批试验,结果用上一步方法分析。

每批做 5 个试验时,做 n 批,则分成的等份数

$$L_n^5 = \frac{1}{2\sqrt{21}}\left[(9 + \sqrt{21})\left(\frac{3 + \sqrt{21}}{2}\right)^n - (9 - \sqrt{21})\left(\frac{3 - \sqrt{21}}{2}\right)^n\right] (按四舍五入处理) \tag{6-8}$$

二、均分分批试验法

分批试验法就是每批试验均匀地安排在试验范围内。例如,每批做 4 个试验,可以将试验范围均匀地分为 5 份,在其 4 个分点 x_1、x_2、x_3、x_4 处做 4 个试验。然后同时比较 4 个试验结果,如果 x_3 好,则去掉小于 x_2 和大于 x_4 的部分。然后在留下的 $x_2 - x_4$ 范围内再均分六等份,在未做过试验的 4 个分点上再做 4 个试验,这样进行下去,就可获得最佳点。用这个方法第一批试验后范围缩小为 2/5,以后每批试验后都缩小为前次范围的 1/3。

对于一批做偶数个试验的情况,均可仿照上述方法安排试验。假设做 $2n$ 个试验(n 为任意整数),则可将试验范围均分为 $2n + 1$ 份,在 $2n$ 个分点 $x_1, x_2, \cdots, x_{2n}$ 上做 $2n$ 个试验,如果 x_i 最好,则保留 (x_{i-1}, x_{i+1}) 部分作为新的试验范围,将其均分为 $2n + 2$ 份,在未做过试验的 $2n$ 个分点上再做试验,这样继续下去,就能找到最佳点。用这个方法,第一批试验后范围缩小为 $2/2n + 1$ 以后每批试验都是将 $2n$ 个试验点均匀地安排在前一批试验好点的两旁,试验后范围缩小为前批试验范围的 $1/n + 1$。

三、比例分割分批试验法

这种方法是将试验点按比例地安排在试验范围内。当每批做偶数个试验时，可采用上面介绍的均分分批法安排试验。当每批做奇数个试验时，可采用以下方法。

设每批数目都相同且每批做奇数 $2n+1$ 个试验。

第一步，把试验范围划分为 $2n+2$ 段，相邻两段长度为 a 和 $b(a > b)$，这里有两种排法，一种自左至右先排短段，后排长段；另一种是先排长段后排短段。在 $2n+1$ 个分点上做第一批试验，比较结果，在好试验点左右留下一长一短（也有两种情况，长在左短在右，或是短在左长在右）两段，试验范围变成 $a+b$。

第二步，把长段 a 分成 $2n+2$ 段，相邻两段长度为 a_1 和 $b_1(a_1 > b_1)$，且 $a_1 = b$，第一步中短的一段在第二步中变成长段。在长段的 $2n+1$ 个分点处安排第二批试验，并将这 $2n+1$ 个试验结果及上一步的好试验点进行比较，无论哪个试验点好，留下的仍是好试验点左右的一长一短两段，如此不断地做下去，就能找到最佳点。

设试验范围长度为 L，短、长段的比例为 λ，则

$$b/a = b_1/a_1 = a/L = \lambda \tag{6-9}$$

第二批试验是将试验范围（长段 a）划分成 $(n+1)$ 个长、短段，即

$$(a_1 + b_1)(n+1) = a \tag{6-10}$$

将 $a_1 = b$，代入可得式 $(6-12)$：

$$(L\lambda^2 + L\lambda^3)(n+1) = L\lambda \tag{6-11}$$

整理可得

$$\lambda = \frac{1}{2}\left(\sqrt{\frac{n+5}{n+1}} - 1\right) \tag{6-12}$$

由上式可以看出，每批试验次数不同时，短、长段的比例 λ 是不相同的。用上述方法安排试验，一直进行下去，直到得到满意结果为止。

当试验范围为 $(0,1)$ 时，则

$$a = L\lambda = \lambda \tag{6-13}$$

例如，当 $k=1$ 时，即每批做 3 个试验，

$$\lambda = \frac{1}{2}\left(\sqrt{\frac{n+5}{n+1}} - 1\right) = \frac{1}{2}(\sqrt{3} - 1) = 0.366$$

若试验范围为 $(0,1)$，则 $a = 0.366$，$b = 0.134$，于是第一批试验点为 0.314、0.500、0.634 或 0.366、0.500、0.866；第二批试验点由 $a_1 = b = 0.314$，$b_1 = 0.314 \times 0.366 = 0.049$ 推出。

又如，当 $k=2$ 时，即每批做 5 个试验，

$$\lambda = \frac{1}{2}\left(\sqrt{\frac{n+5}{n+1}} - 1\right) = \frac{1}{2}\left(\sqrt{\frac{7}{3}} - 1\right) = 0.264$$

若试验范围为 $(0,1)$，则 $a = 0.264$，$b = 0.069$，于是第一批试验点为 0.069、0.333、0.402、0.666、0.735 或 0.264、0.333、0.597、0.666、0.930；第二批试验点由 $a_1 = b = 0.069$，$b_1 = 0.069 \times 0.264 = 0.018$ 推出。

当 $k=0$ 时,即每批做 1 个试验,

$$\lambda = \frac{1}{2}\left(\sqrt{\frac{n+5}{n+1}}-1\right) = \frac{1}{2}(\sqrt{5}-1) = 0.618$$

这就是黄金分割法,所以比例分割法是黄金分割法的推广。

第七节　逐步提高法

逐步提高法又称爬山法。实践中往往会遇到这样的情况,即某些可变因素不允许大幅度的调整。这种情况下,用爬山法较好。具体方法如下。

先找到一个起点(可以根据经验、估计或成批生产中采用原来生产的点),在 a 点做试验后该因素的减少方向找一点 b,做试验。如果好,就继续减少;如果不好,就往增加的方向找点 c,做试验,如果 c 点好就继续增加,这样一步一步地提高。如爬到某点 e,再增加时反坏了,则 e 就是该因素的最好点。这就是单因素问题的爬山法。

爬山法的效果和快慢与起点关系很大,起点选得好可以大大减少试验次数。所以,对爬山法来说试验范围的正确与否很重要。此外,每步间隔的大小,对试验效果关系也很大。在实践中往往采取"两头小,中间大"的办法,也就是说,先在各个方向上用小步试探一下,找出有利于寻找目标的方向,当方向确定后,再根据具体情况跨大步,到快接近最好点时再改为小步。如果由于估计不正确,大步跨过最佳点,这时可退回一步,在这一步内改用小步进行。一般来说,越接近最佳点的时候,试验指标随因素变化得越缓慢。

第八节　多峰情况

前面介绍的方法只适用于"单峰"情况,遇到"多峰"(即有几个点,其附近的点都比它们差)的情况怎么办? 可以采用下述两种办法。

(1)先不管它是"单峰"还是"多峰",就用上面介绍的方法做下去,找到一个"峰"之后。如果达到生产要求,就先按它生产,以后再找其他更高的"峰"(即分区寻找)。

(2)先做一批分步得比较均匀、疏松的试验,看它是否有"多峰"现象。如果有,则在每个可能出现"高峰"的范围内做试验,把这些"峰"找出来。这时,第一批试验点最好依以下的比例划分,如图 6-2 所示。则留下的试验区间成如图 6-3 所示的形式。接下来便可用 0.618 法了。

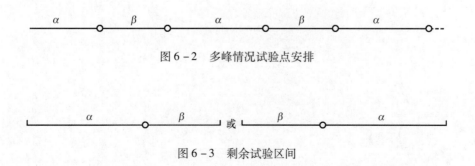

图 6-2　多峰情况试验点安排

图 6-3　剩余试验区间

习　　题

1. 对很难得到的目标函数的优选法(如食品中的配方工艺试验),常采用什么方法进行优选试验?

2. 在单因素优选试验中,黄金分割法和平分法对目标函数的要求分别是什么?

3. 某试验的反应温度范围为 $40\sim100℃$,通过单因素优选法得到温度为 $80℃$ 时,产品的得率最高。如果使用的是 0.618 法,问优选过程是如何进行的,共需多少次试验? 假设在试验范围的得率是温度的单峰函数。

第七章　正交试验设计

在科学研究、生产运行、产品开发等实践中,考察的因素往往很多,而且每个因素的水平数也很多,这时之前学习的单因素试验的各种方法就无能为力了,而正交试验属于试验设计方法的一种,是解决多因素试验问题的有效方法。正交试验只选择全面试验的一部分组合进行试验,极大地减少了试验次数,提高试验效率。它从不同的优良性出发,合理设计试验方案,有效控制试验干扰,科学处理试验数据,进行优化分析,是安排多因素试验、寻求最优水平组合的最行之有效的试验设计方法之一。

第一节　正交表的概念与类型

一、正交试验的基本思想

问题的提出

在实际生产和科学研究中,我们需要通过一定的试验或观测来获取数据资料,对这些数据资料进行科学的分析与处理,可以帮助我们找出问题的主要矛盾及它们之间的内在规律,从而获得解决问题的方法。

对于单因素试验可以采用 0.618 法、单因素轮换法、对分法等单因素试验的方法解决。而对于多因素问题经常会认为对每个因素的各个水平都进行考虑的全面试验是最佳的选择。但是全面试验只适用于因素和水平数均不太多的情况。例如,有个 3 因素,每个因素取 2 个水平,全面试验需要 $2^3 = 8$ 种水平组合;当有 6 个因素,每个因素取 5 个水平,全面试验就需要 $5^6 = 15625$ 种水平组合。若加上考虑试验精度或估计试验误差的需要,则还要增加重复试验次数,因此这种全面试验一般是无法完成的。

因此,在进行多因素试验时,既要考虑合理的试验处理及重复次数,又希望得出比较全面的结论,就需要用科学的方法进行合理安排。下面通过实例进行说明。

【例 7 - 1】　叶黄素 $-\beta-$ 环糊精包合物的制备研究中,根据初步试验发现,影响包合物包合率的因素有 3 个,包合温度(A),包合时间(B),环糊精加入量(C),并确定了它们的试验范围,具体如下。

$A:30 \sim 60℃$

$B:50 \sim 90min$

$C:10\% \sim 20\%$

试验目的是搞清楚因素 A、B、C 对包合率的影响,哪些是主要因素,哪些是次要因素,从而确定最优生产条件,即包合温度、包合时间及环糊精加入量各为多少才能使包合率提高。试制订试验方案。

这里,对因素 A、B、C 在试验范围内分别选取三个水平。

$A:A_1 = 30℃$ 、$A_2 = 45℃$ 、$A_3 = 60℃$

$B:B_1 = 50\text{min}、B_2 = 70\text{min}、B_3 = 90\text{min}$

$C:C_1 = 10\%、C_2 = 15\%、C_3 = 20\%$

取三因素三水平,通常有两种试验方法。

（1）全面试验法

$A_1B_1C_1$	$A_2B_1C_1$	$A_3B_1C_1$
$A_1B_1C_2$	$A_2B_1C_2$	$A_3B_1C_2$
$A_1B_1C_3$	$A_2B_1C_3$	$A_3B_1C_3$
$A_1B_2C_1$	$A_2B_2C_1$	$A_3B_2C_1$
$A_1B_2C_2$	$A_2B_2C_2$	$A_3B_2C_2$
$A_1B_2C_3$	$A_2B_2C_3$	$A_3B_2C_3$
$A_1B_3C_1$	$A_2B_3C_1$	$A_3B_3C_1$
$A_1B_3C_2$	$A_2B_3C_2$	$A_3B_3C_2$
$A_1B_3C_3$	$A_2B_3C_3$	$A_3B_3C_3$

共有 $3^3 = 27$ 次试验,如图 7-1 所示,立方体包含了 27 个节点,分别表示 27 次试验。

全面试验法优点:对各因素与试验指标之间的关系剖析得比较清楚。

缺点:

①试验次数太多,费时、费事,当因素水平比较多时,试验无法完成。

②不做重复试验无法估计误差。

③无法区分因素的主次。

（2）单因素轮换法

变化一个因素而固定其他因素,如首先固定 B、C 于 B_1、C_1,使 A 变化之,则:

$$B_1C_1 \left\langle \begin{array}{l} A_1 \\ A_2（好结果） \\ A_3 \end{array} \right.$$

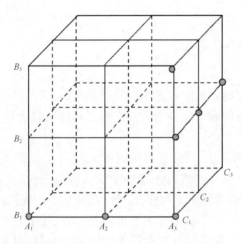

图 7-1　全面试验法试验点分布

如果得出结果 A_2 最好,则固定 A 于 A_2,C 还是 C_1,使 B 变化,则:

$$A_2C_1 \left\langle \begin{array}{l} B_1 \\ B_2（好结果） \\ B_3 \end{array} \right.$$

得出结果 B_3 最好,则固定 B 于 B_3,A 于 A_2,使 C 变化,则:

$$A_2B_3 \left\langle \begin{array}{l} C_1 \\ C_2（好结果） \\ C_3 \end{array} \right.$$

试验结果以 C_2 最好。于是得出最佳工艺条件为 $A_2B_3C_2$。

共有 7 次试验组合,如图 7-2 所示,立方体包含了 7 个节点,分别表示 7 次试验。

单因素轮换法的优点:试验次数少。

缺点:

①试验点不具代表性。考察的因素水平仅局限于局部区域,不能全面地反映因素的全面情况。

②无法分清因素的主次。

③如果不进行重复试验,试验误差就估计不出来,因此无法确定最佳分析条件的精度。

④无法利用数理统计方法对试验结果进行分析,提出展望好条件。

正交试验设计中,因素可以定量的,也可以是定性的。而定量因素各水平间的距离可以相等也可以不等。

(3)正交试验的提出

考虑兼顾全面试验法和单因素轮换法的优点,利用根据数学原理制作好的规格化表——正交表来设计试验不失为一种上策。

对于【例7-1】,用正交表安排试验时,只需要9次试验(图7-3)。

正交试验法的优点如下。

①试验点代表性强,试验次数少。

②不需做重复试验,就可以估计试验误差。

③可以分清因素的主次。

④可以使用数理统计的方法处理试验结果,提出展望好条件。

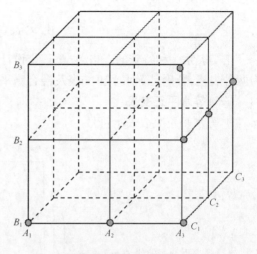

图7-2 单因素轮换法试验点分布

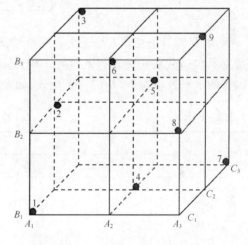

图7-3 正交试验设计试验点分布

二、正交试验的定义

正交试验设计又称正交设计(orthogonal design)是用来科学地设计多因素试验的一种方法。它利用一套规格化的正交表(orthogonal table)安排试验,得到的试验结果再利用数理统计方法处理,使之得出科学结论。正交表是正交试验设计的基本工具,它是根据均衡搭配、综合可比的思想,运用组合数学理论构造出的一种表格。20世纪20年代,英国统计学家R. A. Fisher首先在马铃薯肥料试验中运用排列均衡的拉丁方,解决了试验条件不均匀的难题,并创立了"试验设计"这一新兴学科。"均衡分布"思想在20世纪50年代应用于工业领域,取得了显著的效果,20世纪60年代又应用到农业领域,使这一数学思想在科研生产实际中获得了广泛的应用。

三、正交表及其基本性质

正交表是一种特殊的表格,它是正交设计中安排试验和分析测试结果的基本工具,可分为两种表格,分别是等水平正交表及混合水平正交表。

(一)等水平正交表

1. 等水平正交表表示符号

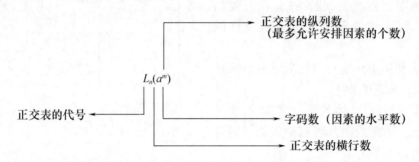

例如,$L_8(2^7)$ 正交表 L 是正交表的符号;8 代表正交试验表的横行数,即正交试验的试验次数为 8 次;a 代表正交表的纵列数,即正交试验表最多允许安排的因素个数是 7 个;2 代表各因素的水平数均为 2。$L_8(2^7)$ 正交表,如表 7 – 1 所示,$L_9(3^4)$ 正交表如表 7 – 2 所示。

表 7 – 1 $L_8(2^7)$ 正交表

试验号	列号						
	1	2	3	4	5	6	7
1	1	1	1	1	1	1	1
2	1	1	1	2	2	2	2
3	1	2	2	1	1	2	2
4	1	2	2	2	2	1	1
5	2	1	2	1	2	1	2
6	2	1	2	2	1	2	1
7	2	2	1	1	2	2	1
8	2	2	1	2	1	1	2

表 7 – 2 $L_9(3^4)$ 正交表

试验号	列号			
	1	2	3	4
1	1	1	1	1
2	1	2	2	2
3	1	3	3	3
4	2	1	2	3

续表

试验号	列号			
	1	2	3	4
5	2	2	3	1
6	2	3	1	2
7	3	1	3	2
8	3	2	1	3
9	3	3	2	1

常见的等水平正交表如下：

2 水平正交表还有 $L_4(2^3)$，$L_8(2^7)$，$L_{12}(2^{11})$，$L_{16}(2^{15})$，$L_{32}(2^{31})$，$L_{64}(2^{63})$，$L_{128}(2^{127})$ 等；

3 水平正交表有 $L_9(3^4)$，$L_{27}(3^{13})$，$L_{81}(3^{40})$，$L_{243}(3^{121})$ 等；

4 水平正交表有 $L_{16}(4^5)$，$L_{64}(4^{21})$ 等；

5 水平正交表有 $L_{25}(5^6)$，$L_{125}(5^{31})$ 等。

2. 等水平正交表性质

（1）表中任何一列，各水平都出现且出现次数相等。

例如，在 $L_8(2^7)$ 正交表中（如表 7-1 所示），每列的不同水平"1""2"都出现，且在每列中都重复出现 4 次；表 $L_9(3^4)$（如表 7-2 所示）每个列中，"1""2""3"出现的次数相同，这种在每列中的重复出现称为正交试验设计表的隐藏重复，正是这种隐藏重复，增强了试验结果的综合可比性。

（2）表中任意两列间，各种不同水平的所有可能组合都出现且出现的次数相等。

例如，在正交表 7-1 中，任意两列间各水平所有可能的组合为(1,1)，(1,2)，(2,1)，(2,2)共 4 种，这就是该 2 列因素全面试验的水平组合，它们都分别出现 2 次；表 7-2 中，任意两列间所有可能的组合为(1,1)、(1,2)、(1,3)、(2,1)(2,2)、(2,3)、(3,1)、(3,2)、(3,3)共 9 种，出现的次数也相同。使得任一因素各水平的试验条件相同。这就保证了在每列因素各水平的效果中，最大限度地排除了其他因素的干扰。从而可以综合比较该因素不同水平对试验指标的影响情况。

可以看出，正交表的上述两个特点称为正交表的正交性，即为均衡分散、整齐可比的性质。

均衡分散：试验点在试验范围内散布均匀。

整齐可比：试验点在试验范围内排列规律整齐。

（二）混合水平的正交表

1. 混合水平正交表表示符号

正交表 $L_n(a_1 \times a_2 \times \cdots \times a_k)$ 中，如果有两列水平数不相等的话，则称为水平数不相同的正交表，或混合水平正交表。其中最常用的是两种水平混合的正交表，记为

$$L_n(a_1^{m_1} \times a_2^{m_2}) \tag{7-1}$$

表 7-3 所示为一张 $L_8(4^1 \times 2^4)$ 混合水平正交表，表中有一列最大数字为 4，有 4 列最大数字为 2。也就是说该表可以安排 1 个 4 水平因素和 4 个 2 水平因素。

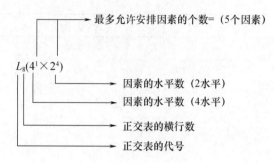

表 7 – 3 $L_8(4 \times 2^4)$ 正交表

试验号	列号				
	1	2	3	4	5
1	1	1	1	1	1
2	1	2	2	2	2
3	2	1	1	2	2
4	2	2	2	1	1
5	3	1	2	1	2
6	3	2	1	2	1
7	4	1	1	2	1
8	4	2	1	1	2

常见的混合水平正交表还有：$L_{16}(4^4 \times 2^3)$，$L_{16}(4 \times 2^{12})$，$L_{16}(4^2 \times 2^9)$，$L_{16}(4^3 \times 2^6)$，$L_{18}(2 \times 3^7)$，$L_{20}(5 \times 2^8)$，$L_{27}(9 \times 3^9)$ 等都混合水平正交表。

混合水平正交表可包含多个水平不等的因素，一般来说，混合水平正交表不能考察交互作用，但其中一些由标准表通过并列法改造而得到的，可以考察交互作用，但需回到原标准表上进行。

2. 混合水平正交表的性质

（1）表中任何一列，各水平都出现，且出现次数相等。例如，表 $L_8(4 \times 2^4)$ 中，第 1 列的不同水平 1,2,3,4 都出现，且各重复出现 2 次；第 2~5 列的不同水平 1,2 都出现，且在每列中各重复出现 4 次。

（2）表中每两列间，各种不同水平的所有可能组合都出现，且出现的次数相等；但不同的两列间，其水平的所有可能组合种类及出现的次数是不完全相同的。例如，表 7 – 3 中，第 1 列是 4 水平的列，它与其他任何一个 2 水平的列之间，各水平所有可能的组合为(1,1)，(1,2)，(2,1)，(2,2)，(3,1)，(3,2)，(4,1)，(4,2)共 8 种，它们都出现 1 次；第 2~5 列都是 2 水平列，它们任意两列间各水平所有可能的组合为(1,1)，(1,2)，(2,1)，(2,2)共 4 种，它们都出现 2 次。

因此，利用混合水平正交表安排试验时，每个因素的各水平之间的搭配是均衡的。

第二节　正交试验设计基本步骤

正交试验设计总的来说包括两部分：一是试验设计部分；二是数据处理部分。基本步骤可简单归纳如下。

1. 明确试验目的，确定试验指标值

在进行正交试验方案设计时，首先要明确本试验需要解决什么问题，并针对问题，确定相应的试验指标值，试验指标值是表示试验结果的特性值，如产品的产量、提取率、合格率及纯度等，可以用它来衡量或考核试验效果。

2. 挑选因素与水平，制定因素与水平表

影响试验指标的因素很多，但因为试验条件有限，不可能全面考察，所以应对实际问题进行具体分析，并根据试验目的，选出主要因素，略去次要因素，以减少要考察的因素数。如果对所研究的试验不够了解，则可以适当多取一些因素。凡是对试验结果可能有较大影响的因素一个也不要漏掉。正交表是安排多因素试验的得力工具，一般倾向于多考察些因素，除了已确定影响很小的因素和交互作用不安排外，凡是可能起作用或情况不明或意见有分歧的因素都值得考察。另外，必要时将区组因素加以考虑，可以提高试验的精度。

每个因素可能处的状态称为因素的水平（简称水平）。确定因素水平时，应尽可能使所选取的水平区间能较好地反映试验指标的变化情况；因素的水平数不宜太多，以免试验工作量太大。对质量因素，应选入的水平通常是早就定下来的，如要比较的品种有 3 中，该因素的水平数只能取 3。对于数量因素，选取水平数的灵活性就大了，如温度、反应时间等，通常取 2~3 个水平，只是在有特殊的场合才考虑取 4 个以上的水平。数量因素的水平幅度取得过窄，结果可能得不到任何有用的信息；过宽，结果会出现危险或试验无法进行下去。最好结合食品专业知识或通过预试验，对数量因素的水平变动范围有一个初步了解，只要认为在技术上是可行的，一开始就应尽可能把试验范围设得宽一些，最后列出因素水平表。

以上两点是正交试验得以顺利完成并能获得较好试验效果的关键，它与设计者所掌握的专业知识和实践经验密切相关。

3. 选择正交表

根据因素和水平表来选择合适的正交表。选取原则如下所述。

（1）考虑水平数　若各因素的水平数均为 2，就选用 $L(2^*)$ 表；若各因素全是 3 水平，就选 $L(3^*)$ 表。若各因素的水平数不相同，就选择适用的混合水平表。

（2）根据正交表的列数确定是否可以容下所有的因素（包括交互作用）　一般一个因素占一列，交互作用占的列数与水平数有关。要看所选的正交表是否足够大，能否容纳得下所考察的因素和交互作用。为了对试验结果进行方差分析或回归分析，还需至少留一个空白列，作为"误差列"。

（3）考虑试验精度的要求　若要求精度高，则宜选取试验次数多的正交表。

（4）若试验费用较高，或试的经费很有限，或人力和时间都比较紧张，则不宜选取试验次数太多的正交表。

（5）按原来考察的因素、水平和交互作用选择正交表，若没有正好适用的正交表可用，简便且可行的办法是适当修改原定的水平数。

（6）在对某因素或某交互作用的影响是否确实存在没有把握的情况下，选择正交表时常为该选大表还是选小表而犹豫。若条件许可，可尽量选用大表，让影响存在可能性较大的因素和交互作用各占适当的列。某因素或某交互作用的影响是否真的存在，留到方差分析进行显著性检验时再做结论。这样既可以减少试验的工作量，又不至于漏掉重要的信息。

也可由试验次数应满足的条件来选择正交表，即自由度选表原则如下。

$$n \geqslant 1 + f_T, f_T' \leqslant f_T \text{ 选择最小的正交表。}$$

式中　f_T'——所考察因素及交互作用的自由度；

　　　f_T——所选正交表的总自由度；

　　　n——所选正交表的试验次数，即正交表总自由度等于正交表的行数减1。

即要考察的试验因素和交互作用的自由度总和小于等于所选取的正交表的总自由度。当需要估计试验误差，进行方差分析时，则各因素及交互作用的自由度之和要小于所选正交表的总自由度。若进行直观分析，则各因素及交互作用的自由度之和可以等于所选正交表总自由度。另外，若各因素及交互作用的自由度之和等于所选正交表总自由度，也可采用有重复正交试验来估计试验误差。

对于正交表来说，确定所考察因素及交互作用的自由度有两条原则。

①正交表每列的自由度。

$$f_{列} = 此列水平数 - 1$$

因素 A 的自由度

$$f_A = 因素 A 的水平数 - 1$$

由于一个因素在正交表中占一列，即因素和列是等同的，从而每个因素的自由度等于该列的自由度。

②因素 A、B 间交互作用的自由度。

$$f_{A \times B} = f_A^0 \times f_B; f_{A \times B \times C} = f_A \times f_B \times f_C \tag{7-2}$$

因此，当需要进行方差分析时，所选正交表的行数 n 必须满足

$$n > 1 + f_T' = \sum f_{因素} + \sum f_{交互作用} + 1 \tag{7-3}$$

这样正交表至少有一个空白列，用于估计试验误差。

若进行直观分析，不需要估计试验误差时，所选正交表的行数 n 必须满足

$$n \geqslant 1 + f_T' = \sum f_{因素} + \sum f_{交互作用} + 1 \tag{7-4}$$

例如，4 因素 3 水平正交试验，不考虑交互作用至少应安排的试验次数为

$$n \geqslant 1 + f_T' = \sum f_{因素} + \sum f_{交互作用} + 1 = (3-1) \times 4 + 0 + 1 = 9$$

在满足上述条件的前提下，选择最小的表。例如，4 因素 3 水平正交试验，满足要求的表有 $L_9(3^4)$，$L_{27}(3^{13})$ 等，一般可以选择 $L_9(3^4)$，但是如果要求精度高，并且试验条件允许，可以选择较大的表。

4. 进行表头设计

表头设计就是把挑选出的因素和要考察的交互作用分别排入正交表的表头适当的列上。

在不考察交互作用时，各因素可随机安排在各列上。

【例 7-1】　考察反应温度（A）、反应时间（B）和用碱量（C）三个三水平因素，若不考察交互作用，试进行表头设计。

解:由于每个因素是三水平,因而选用三水平正交表 $L_n(3^*)$ 表。由于不考虑交互作用,因此因素自由度之和为

$$f_T' = \sum f_{因素} = (3-1) \times 3 = 6$$

故所选正交表的行数应满足 $n \geq 1 + f_T' = 7$,所以选用正交表 $L_9(3^4)$。由于在不考察交互作用时,各因素可随机安排在各列上。因此,将三个因素依次安排在的第1、2、3列上,第4列为空列,表头设计如表7-4所示。

表7-4		表头设计		
列号	1	2	3	4
因素	A	B	C	空

若考察交互作用,就应按该正交表的交互作用列表安排各因素与交互作用。
正交表交互作用表的使用(以表7-5为例)。

表7-5 $L_8(2^7)$ 两列间的交互列

1	2	3	4	5	6	7	列号
(1)→	3	2	5	4	7	6	1
	(2)	1	6	7	4	5	2
		(3)	7	6	5	4	3
			(4)	1	2	3	4
				(5)	3	2	5
					(6)	1	6
						(7)	7

如需要查第1列和第2列的交互作用列,则从表7-5中(1)横向右看,竖向上看,它们的交叉点为3。第3列就是1列与2列的交互作用列。如果第1列排 A 因素,第2列排 B 因素,第3列则需要反映它们的交互作用 $A \times B$,就不能在第3列安排 C 因素或者其它因素,这称为不能混杂。表7-6所示为 $L_8(2^7)$ 的表头设计。

表7-6 $L_8(2^7)$ 表头设计

因素数	列号						
	1	2	3	4	5	6	7
3	A	B	$A \times B$	C	$A \times C$	$B \times C$	
4	A	B	$A \times B$	C	$A \times C$	$B \times C$	D
			$C \times D$		$B \times D$	$A \times D$	
4	A	B	$A \times B$	C	$A \times C$	D	$A \times D$
			$C \times D$		$B \times D$		$B \times C$
5	A	B	$A \times B$	C	$A \times C$	D	E
	$D \times E$	$C \times D$	$C \times E$	$B \times D$	$B \times E$	$A \times E$	$A \times B$
						$B \times C$	

有时为了满足试验的某些要求或为了减少试验次数,可允许 1 级交互作用的混杂,可允许次要因素与高级交互作用的混杂,但一般不允许试验因素与 1 级交互作用的混杂。

还应指出,没有安排因素或交互作用的列称为空列,它可反映试验误差并以此作为衡量试验因素产生的效应是否可靠的标志。因此,在试验条件允许的情况下,一般都应该设置空列,以此来衡量试验的可靠程度。

5. 列出试验方案,进行试验,得到结果

把正交表中安排因素的各列(不包含欲考察的交互作用列)中的每个数字依次换成该因素的实际水平,就得到一个正交试验方案。

按正交试验方案的每一号组合条件进行试验,得到以试验指标形式表示的试验结果。在进行试验时应当注意以下几个方面。

(1)必须严格按照试验方案完成每一号试验,不能随意改动试验组合条件,因为每一号试验都会从不同的角度提供有用的信息。

(2)试验进行的次序没有必要完全按照试验方案中试验号的顺序,可逐个做,也可按抽签方法随机决定试验进行次序。事实上,试验次序可能对试验结果产生影响(例如,由于试验先后的操作熟练程度不同带来的误差干扰,以及外界条件所引起的系统误差),若将试验次序打"乱",则有利于消除这一影响。

(3)每一号试验必须进行重复试验,结果取其平均值。将每一号试验的结果填入试验方案表中相应栏内,供以后分析结果使用。

【例 7 - 2】 采用尿素包结法富集亚油酸的正交试验中,选取的因素为尿素与混合脂肪酸的比、无水乙醇与混合脂肪酸的比、包结温度。每个因素都考虑 3 个水平,不考虑因素间的交互作用。因素与水平如表 7 - 7 所示,试验指标值为混合脂肪酸的回收率。试用正交设计表 $L_9(3^4)$ 安排试验。

表 7 - 7　　　　　　　　　　　　　　　因素与水平表

水平	因素		
	A 尿素与混合脂肪酸比 (质量∶质量)	B 无水乙醇与混合脂肪酸比 (体积∶质量)	C 包结温度/℃
1	1∶1	8∶1	−18
2	2∶1	10∶1	4
3	3∶1	12∶1	20

解:本例选用 $L_9(3^4)$ 表,且不考虑交互作用,因而三个因素可放在任意三列中,本例依次入列。表头设计如表 7 - 8 所示。

表 7 - 8　　　　　　　　　　　　　　　表头设计

列号	1	2	3	4
因素	A	B	C	空

把 $L_9(3^4)$ 正交表中安排因素的各列中的每个数字依次换成该因素的实际水平,就得到一个正交试验方案,如表 7 - 9 所示。

表 7 – 9 　　　　　　　　　　　　　　　　　**正交试验方案**

| 试验号 | 因素 | | | | 试验方案 | 回收率/% |
	A 尿素与脂肪酸比(质量∶质量)	B 无水乙醇与脂肪酸比(体积∶质量)	C 包结温度/℃	e		
1	1(1∶1)	1(8∶1)	1(– 18)	1	$A_1B_1C_1$	29.24
2	1	2(10∶1)	2(4)	2	$A_1B_2C_2$	50.82
3	1	3(12∶1)	3(20)	3	$A_1B_3C_3$	40.96
4	2(2∶1)	1	2	3	$A_2B_1C_2$	52.71
5	2	2	3	1	$A_2B_2C_3$	53.03
6	2	3	1	2	$A_2B_3C_1$	35.72
7	3(3∶1)	1	3	2	$A_3B_1C_3$	39.39
8	3	2	2	3	$A_3B_2C_2$	41.15
9	3	3	1	1	$A_3B_3C_1$	47.53

例如,对于第 5 号试验,试验方案为 $A_2B_2C_3$,它表示尿素与脂肪酸比为 1∶1,无水乙醇与脂肪酸比为 10∶1,包结温度为 20℃。最后试验结果以试验指标的形式给出,列在表格回收率所在列。

6. 试验结果分析

对正交试验结果的分析,通常采用两种方法:一种是直观分析法;另一种是方差分析法。通过对试验结果的计算与分析,可以得到以下有用信息。

(1)分清各因素及其交互作用的主次顺序　分清哪个是主要因素,哪个是次要因素。

(2)判断因素对试验指标影响的显著程度

(3)找出试验因素的优水平和试验范围内的最优组合　即试验因素各取什么水平时,试验指标最好。

(4)分析因素与试验指标之间的关系　即当因素变化时,试验指标是如何变化的。找出指标随因素变化的规律和趋势,为进一步试验指明方向。

(5)了解各因素之间的交互作用情况

(6)估计试验误差的大小

7. 验证试验

最优方案是通过直观分析与计算得出的,还需要进行试验验证,以保证最优方案与实际一致。

(1)将直观分析(已做过的试验中)最好条件与通过计算分析得到的最优条件同时验证,已确定其中的优劣。

(2)也可结合因素的主次和趋势图(对于主要因素,一定要按照有利于指标要求选取;对于次要因素,则可以考虑实际生产条件),对直观分析最好的条件与计算分析得到的最优条件进行综合分析,确定验证试验方案。

将通过验证试验获得的最优方案进行小批量试生产纳入技术文件后,才算完成一项正交试验设计的全过程,否则还需要进行新的一轮正交试验。

第三节 正交试验设计结果直观分析

对正交试验结果的分析,通常采用两种方法:一种是直观分析法;另一种是方差分析法。本章介绍的是直观分析法(又称极差分析法),它简单易懂,实用性强,应用广泛。根据考察试验结果的指标数量多少,正交试验设计可分为单指标正交试验设计(考察指标只有一个)和多指标正交试验设计(考察指标数≥2)。

一、单指标正交试验设计及其结果的直观分析

【例7-3】 为提高某化工产品的转化率,选择了三个有关的因素进行条件试验,反应温度(A),反应时间(B)和用碱量(C)。

解:(1)明确试验目的,确定试验指标

【例7-3】中,试验目的是搞清楚A、B、C对转化率的影响,试验指标为转化率。

(2)确定因素——水平表

表7-10 【例7-3】中的试验因素与水平表

水平	因素		
	A 温度/℃	B 时间/min	C 用碱量/%
1	80	90	5
2	85	120	6
3	90	150	7

(3)选用合适正交表 本试验可选取正交表$L_9(3^4)$安排试验

(4)确定试验方案,根据试验方案进行试验

"因素顺序上列,水平对号入座,横着做",按表7-10所示合成化工产品试验方案进行各号组合条件的试验,并将每号试验的结果"转化率"填入该表的相应栏内成为表7-11。

表7-11 正交试验方案

试验号	因素				转化率/%
	A 温度/℃	B 时间/min	C 用碱量/%	e	
1	1(80)	1(90)	1(5)	1	
2	1	2(120)	2(6)	2	
3	1	3(150)	3(7)	3	
4	2(85)	1	2	3	
5	2	2	3	1	
6	2	3	1	2	
7	3(90)	1	3	2	
8	3	2	2	3	
9	3	3	1	1	

表中每一行都是一种试验组合条件,9 行表示要做 9 种试验组合。例如,第 1 号试验:试验组合条件为 $A_1B_1C_1$,即反应温度 80℃,时间 90min,用碱量 5%。第 8 号试验:试验组合条件为 $A_3B_2C_2$,即反应温度 90℃,时间 120min,用碱量 6%。

(5)试验结果的分析 根据表 7 - 12 所示转化率试验结果,即可对其进行计算与分析。

表 7 - 12 　　　　　　　　　　　正交试验方案

试验号	因素				转化率/%
	A 温度/℃	B 时间/min	C 用碱量/%	e	
1	1(80)	1(90)	1(5)	1	31
2	1	2(120)	2(6)	2	54
3	1	3(150)	3(7)	3	38
4	2(85)	1	2	3	53
5	2	2	3	1	49
6	2	3	1	2	42
7	3(90)	1	3	2	57
8	3	2	2	3	62
9	3	3	1	1	64
K_1(水平 1 三次转化率之和)	123	141	135		
K_2(水平 2 三次转化率之和)	144	165	171	$T = K_1 + K_2 + K_3 = 450$ 注:因素水平数相同时,可用水平指标总和 K 代替其平均值 k 计算 R	
K_3(水平 3 三次转化率之和)	183	144	144		
$k_1\left(\dfrac{K_{1A}}{3}\right)$	41	47	45		
$k_2\left(\dfrac{K_{2A}}{3}\right)$	48	55	57		
$k_3\left(\dfrac{K_{3A}}{3}\right)$	61	48	48		
R(k 中最大值减最小值)	20	8	12		
因素(主→次)	$A > C > B$				
最优组合条件	$A_3B_2C_2$				

①直接分析。试验考察指标转化率越大越好。由表 7 - 12 直接看出,第 9 号试验组合条件 $A_3B_3C_1$ 的试验结果(转化率 64%)最大,是这 9 种试验中效果最好的。但这一方案是否就是 A,B,C 各因素水平的最佳搭配呢?为了寻求最佳的工艺条件,还需进行计算分析。

②计算分析。正交表的综合可比性,使其将复杂的多因素数据处理问题转化为简单的单因素数据处理问题。因此,通过对正交试验数据的计算,能估计各因素影响的重要程度,找出最佳工艺条件。在表 7 - 10 每一列下面分别列出 K_1,k_1,K_2,k_2,K_3,k_3 和 R,它们的计算方法如下。

第 1 列 　　　　　　　　　　　　　$K_{1A} = 31 + 54 + 38 = 123$

　　　　　　　　　　　　　　　　　$K_{2A} = 53 + 49 + 42 = 144$

$$K_{3A} = 57 + 62 + 64 = 183$$

式中 K_{3A}，K_{2A}，K_{3A} 分别表示因素 A 取 1，2，3 水平相应的试验结果之和。

为了比较因素 A 不同水平试验的好坏，特别是在因素水平数不相等的试验中，而引入 k 值。

$$k_{1A} = \frac{K_{1A}}{3} = 41, \quad k_{2A} = \frac{K_{2A}}{3} = 48, \quad k_{3A} = \frac{K_{3A}}{3} = 61$$

式中 k_{1A}，k_{2A}，k_{3A} 分别表示因素 A 相应水平的平均转化率。

同理，可计算出其余 3 列的 K_1，K_2，K_3（或均值 k_1，k_2，k_3），填入表 7 – 12 中。

$T = 450$ 为 9 个试验结果之和，对各列恒有 $K_1 + K_2 + K_3 = T$。为了检查计算结果之和，可对每列进行验算，例如，$K_{1B} + K_{2B} + K_{3B} = 141 + 165 + 144 = 450$

为了直观起见，以因素的水平作横坐标，指标的平均值作纵坐标，画出因素与指标的关系（趋势图），又称直观分析图，如图 7 – 4 所示。

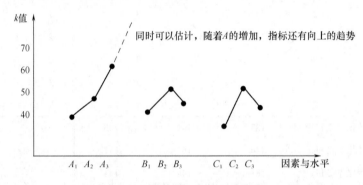

图 7 – 4　因素与指标直观分析图

在画趋势图时要注意，对于数量因素，若水平号顺序排列与水平的实际大小顺序排列不一致，横坐标上的点不能按水平号顺序排列，而应按水平的实际大小顺序排列，并将各坐标点连成折线图，这样就能从图中很容易地看出指标随因素数值增大时的变化趋势；如果是属性因素，由于不是连续变化的数值，则可不考虑横坐标的顺序，也不用将坐标点连成折线。

从表 7 – 12 和图 7 – 4 的趋势可以看出：

①反应温度为 90℃时，转化率最高，可结合实际情况进一步试验温度高于 90℃的时指标值的变化。

②反应时间为 120min 时，转化率最高。

③加碱量为 6% 时，转化率最高。因此，可以确定最优组合条件为 $A_3B_2C_2$。

由图 7 – 4 还可看出，因素水平引起指标值上升或下降的幅度大，该因素就是影响转化率的主要因素（如因素 A）；反之，为次要因素（如因素 B）。为了实现数量化，可以用极差值 R 来描述分散程度的大小。

极差 R 可由各列的 k_1，k_2，k_3 值中最大者减最小者求得，即 $R = k_{max} - k_{min}$

例如，第 1 列 $R_A = k_{3A} - k_{1A} = 61 - 41 = 20$

同理可得，$R_B = 8$，$R_C = 12$

极差 R 的大小反映了试验中各因素作用的大小，极差大表明该因素对指标的影响大，通常为主要因素;极差小表明该因素对指标的影响小,通常为次要因素。

本例因素的"主→次"顺序为 $A > C > B$。

在决定各因素选取什么水平时,要注意以下两种情况。

①如果寻找使指标越大越好的条件,就选取各因素的 K_1,K_2,K_3(或 k_1,k_2,k_3)为最大的水平组合为最优水平组合。

②如果寻找使指标越小越好的条件,就选取各因素的 K_1,K_2,K_3(或 k_1,k_2,k_3)为最小的水平组合为最优水平组合。

本例指标转化率是越大越好,所以选取的最优水平组合为 $A_3B_2C_2$。

通常,各因素最好的水平组合在一起就形成了最优组合条件(或最优工艺条件),同时还要考虑因素的主次。对于主要因素,一定要按照有利于指标要求选取;对于次要因素可以考虑按照实际生产条件(如生产率、成本及能耗等)来选取适当的水平,从而得到符合生产实际的最优或较优生产条件。

③直接分析与计算分析的关系

本例中,直接分析的好条件是 $A_3B_3C_1$,而计算分析(直观分析)的好条件是 $A_3B_2C_2$。本例有 3 个 3 水平的因素,可产生 27 个试验条件,由正交表选出的 9 种组合条件只是其中的 1/3,然而,凭借正交表的正交性,这 9 种组合条件均衡分散在 27 种组合试验条件中,它们的代表性很强,所以偏差量最小的组合条件 $A_3B_3C_1$ 选用直接分析,在全部 9 种组合试验条件中的效果是相当好的。

但是 9 种组合条件毕竟只占了 27 种组合的 1/3,即使不改变水平,也还有提高的可能。计算分析的目的就是为了展望好的条件。对于大多数项目,当计算分析的好条件不在已做的 9 个试验中时,将会得到超出直接分析效果的好条件,这正是体现了正交试验设计的优越性(预见性)。然而,有时会出现计算分析得出较好条件的效果不如直接分析得出较好条件的效果(如本例 $A_3B_2C_2$)。若出现这种情况,一般来说是由没有考虑交互作用或者误差过大所引起的,需作进一步的研究,还有提高试验指标潜力的可能。

(6)验证试验

①将直接分析的好条件 $A_3B_3C_1$ 与计算分析的好条件 $A_3B_2C_2$ 同时验证,以确定其中的优劣。

②也可在直接分析的好条件 $A_3B_3C_1$ 与计算分析的好条件 $A_3B_2C_2$ 的基础上,结合因素的主次和趋势图(对于主要因素,一定要按照有利于指标要求选取;对于次要因素,则可以考虑实际生产条件)进行综合分析,确定验证试验方案。

本试验直接分析的好条件 $A_3B_3C_1$ 与计算分析的好条件 $A_3B_2C_2$ 不一致。为了确定最优的合成工艺条件,结合反应时间为最次要的因素,所以可在计算分析得到的最优组合条件中,选取时间为 90min,即提出新的组合方案为 $A_3B_1C_2$,与 $A_3B_2C_2$ 同时进行验证,验证试验的方案与结果如表 7 – 13 所示。

表 7 – 13　　　　　　　　　　　正交试验合成化工产品验证试验结果

验证试验方案	$A_3B_1C_2$	$A_3B_2C_2$
转化率/%	63.5	63.8

由表 7 – 13 可知,在 $A_3B_2C_2$ 的工艺条件下,转化率略高于 $A_3B_1C_2$ 条件的转化率。但从节省开支、提高效率的角度考虑,选择最优方案是 $A_3B_1C_2$,即反应温度 90℃,时间 90min,用碱量 6% 。

【例 7 – 4】 鸭肉保鲜天然复合剂的筛选。试验以茶多酚作为天然复合保鲜剂的主要成分,分别添加不同增效剂、被膜剂和不同的浸泡时间,进行 4 因素 4 水平正交试验。试设计试验方案。

(1)明确目的,确定指标 本例的目的是通过试验,寻找最佳的鸭肉天然复合保鲜剂。

(2)选因素、定水平 根据专业知识和以前研究结果,选择 4 个因素,每个因素定 4 个水平,因素水平表如表 7 – 14 所示。

表 7 – 14　　　　　　　　　　天然复合保鲜剂筛选试验因素与水平

水平	因素			
	A 茶多酚浓度/%	B 增效剂种类	C 被膜剂种类	D 浸泡时间/min
1	0.1	0.5%维生素 C	0.5%海藻酸钠	1
2	0.2	0.1%柠檬酸	0.8%海藻酸钠	2
3	0.3	0.2%β – CD	1.0%海藻酸钠	3
4	0.4	生姜汁	1.0%葡萄糖	4

(3)选择正交表 此试验为 4 因素 4 水平试验,不考虑交互作用,4 因素共占 4 列,选 $L_{16}(4^5)$ 最合适,并有 1 空列,可以作为试验误差以衡量试验的可靠性。

(4)表头设计 不考虑交互作用,所以 4 因素可以任意放置。

(5)进行试验方案安排及实施试验 将各考察因素每列中的数字换成相应的水平的实际数值。试验方案及结果如表 7 – 15 所示。

表 7 – 15　　　　　　　　　　天然复合保鲜剂筛选正交试验(1)

试验号	因素					综合指标
	A 茶多酚浓度/%	B 增效剂种类	C 被膜剂种类	D 浸泡时间/min	e 空列	
1	1(0.1)	2(0.1%柠檬酸)	3(1.0%海藻酸钠)	3(3)	2	36.20
2	2(0.2)	4(生姜汁)	1(0.5%海藻酸钠)	2(2)	2	31.54
3	3(0.3)	4	3	4(4)	3	30.09
4	4(0.4)	2	1	1(1)	3	29.32
5	1	3(0.2%β – CD)	1	4	3	31.77
6	2	1(0.5%维生素 C)	3	1	4	35.02
7	3	1	1	3	1	32.37
8	4	3	3	2	1	32.64
9	1	1	4(1.0%葡萄糖)	2	3	38.79
10	2	3	2(0.8%海藻酸钠)	3	3	30.90

续表

试验号	因素					综合指标
	A 茶多酚浓度/%	B 增效剂种类	C 被膜剂种类	D 浸泡时间/min	e 空列	
11	3	3	4	1	2	32.87
12	4	1	2	4	2	34.54
13	1	4	2	1	1	38.02
14	2	2	2	4	1	35.62
15	3	2	2	2	4	34.02
16	4	4	4	3	4	32.80

分析方法:首先从 16 个处理中直观地找出最优处理组合为 9 号处理,即 $A_1B_1C_4D_2$,指标为 38.79;其次为 13 号处理 $A_1B_4C_2D_1$,指标为 38.02,但是究竟哪一个是最好的指标呢? 现在通过直观分析进行验证。

(1)计算 K_i 值　即前面所学习的 T_i 和 $\bar{x}_i$。K_i 为同一水平试验之和,在这里,K_1 为水平 1 的 4 次指标值之和,K_2 为水平 2 的 4 次指标值之和,K_3 为水平 3 的 4 次指标值之和,K_4 为水平 4 的 4 次指标值之和。计算结果如表 7-16 所示。

表 7-16　　　　　　　　　　天然复合保鲜剂筛选正交试验直观分析

试验号	A 茶多酚浓度/%	B 增效剂种类	C 被膜剂种类	D 浸泡时间/min	e 空列	综合指标
K_1	144.78	140.72	125.00	135.23	138.65	
K_2	133.08	135.16	137.48	136.99	135.15	
K_3	129.35	128.18	133.95	132.27	129.10	
K_4	129.30	132.45	140.08	132.02	133.61	
k_1	36.20	35.18	31.25	33.81	34.66	
k_2	33.27	33.79	34.37	34.25	33.79	
k_3	32.34	32.05	33.49	33.07	32.28	
k_4	32.33	33.11	35.02	33.01	33.40	
R	3.87	3.14	3.77	1.24	2.39	
因素主次顺序			$A > C > B > D$			
优水平	A_1	B_1	C_4	D_2		

(2)根据极差 R 的大小,进行因素主次的排序　比较本例中 A,B,C,D 4 个因素 R 值的大小,可以看出 A 因素,即茶多酚浓度为最重要因素,其次为 C 因素,即被膜剂的种类,而 D 因素,即浸泡时间为不重要因素。4 个因素的主次关系是:$A > C > B > D$。

(3)各因素与指标(试验结果)的关系图　为了更为直观起见,还可以用作图的方法把因素与水平的变动情况表示出来。方式是各因素的水平作横坐标,各水平的平均值作纵坐标。

(4)计算空列的 R_e 值,以确定误差界限并以此判断各因素的可靠性　各因素的效应是否真正对试验有影响,须将其 R 值与空列的 R 值相比较。因为在有空列的正交试验中,空列

的 R 值 R_e 代表了试验误差(当然其中包括了一些交互作用的影响),所以各因素指标的 R 值只有大于 R_e 才能表示其因素的效应存在,所以空列的 R_e 在这里是判断各试验因素的效应 R 是否可靠地界限。

(5)选出最优的水平组合 即根据因素的主次顺序,将对试验有主要影响的因素,选出最好水平;而对次要因素,既可以根据试验选取最好水平,又可以根据某些既定条件,例如,操作性强或者操作方便、经济实惠节省开支等来选取因素的各具体水平。

本例 A,B,C 为重要因素,按照各因素的最好水平选取为 $A_1B_1C_4$,即茶多酚用量取 0.1% 水平;以 0.5% 维生素 C 作为增效剂;1.0% 葡萄糖液作为被膜剂形成对鸭肉保鲜的最优组合。而浸泡时间 D 为次要因素,选取操作简便的 $1 \sim 3\mathrm{min}$ 即可。

通过以上分析可以看出,虽然正交设计的试验点并不一定包括了全面试验的最优试验组合,但是通过正交试验,不但可以对列入试验的水平组合做出评价,而且也能通过对试验的分析找出试验点以外的最优处理组合,这是全面试验比之不及的优点。但是当找出的最优水平组合与实际得到的最优水平组合不一致时,则往往需要做验证性试验,以判断通过理论分析得出的最佳水平组合是否就是真正的最佳组合。

【例 7 - 5】 2,4 - 二硝基苯肼的工艺改革试验中,2,4 - 二硝基苯肼是一种试剂产品。过去的工艺过程长,工作量大且产品经常不合格。北京化工厂改革了工艺,采用 2,4 - 二硝基氯化苯(以下简称氯化苯)与水合肼在乙醇作溶剂的条件下合成的新工艺。小的试验已初步成功,但收率只有 45%,希望用正交试验法找出好的生产条件,达到提高生产效率的目的。

(1)根据试验目的,制定因素与水平表 如表 7 - 17 所示。

表 7 - 17　　　　　　　　　　　　正交试验因素与水平

水平	因素					
	A 乙醇用量/mL	B 水合肼用量	C 温度/℃	D 时间/h	E 水合肼纯度	F 搅拌速度
1	200	2 倍	100	4	精品	中档
2	0	1.2 倍	60	2	粗品	快速

(2)选择合适的正交表 依据正交表的选表原则,选择 $L_8(2^7)$ 表。

(3)确定试验方案 将本试验的 6 个因素及相应水平按因素顺序上列、水平对号入座原则,排入 $L_8(2^7)$ 表中前 6 个列。试验方案及结果分析如表 7 - 18 所示。

因素影响的主次顺序为: $B > F > C > A > D > E$。

表 7 - 18　　　　　　　　　【例 7 - 5】中的正交试验方案及试验结果(1)

试验号	因素							产率/%
	A 乙醇用量/mL	B 水合肼用量	C 温度/℃	D 时间/h	E 水合肼纯度	F 搅拌速度	e	
1	1(200)	1(2)	1(100)	1(2)	1(精品)	1(中档)	1	56
2	1	1	1	2	2(粗品)	2(快速)	2	65
3	1	2(1.2)	2(60)	1(4)	1	2	2	54
4	1	2	2	2	2	1	1	43

续表

试验号	因素							产率/%
	A 乙醇用量/mL	B 水合肼用量	C 温度/℃	D 时间/h	E 水合肼纯度	F 搅拌速度	e	
5	2(0)	1	2	1	2	1	2	63
6	2	1	2	2	1	2	1	60
7	2	2	1	1	2	2	1	42
8	2	2	1	2	1	1	2	42
K_1	218	244	205	215	212	204	201	
K_2	207	181	220	210	213	221	224	
k_1	54.50	61.00	51.25	53.75	53.00	51.00	50.25	
k_2	51.75	45.25	55.00	52.50	53.25	55.25	56.00	
R	2.75	15.75	3.75	1.25	0.25	4.25	5.75	

（4）第二批撒小网　在第一批试验的基础上，为弄清产生不同颜色的原因及进一步如何提高产率，决定再撒个小网，做第二批正交试验。

制定因素—水平表。对最重要的因素 B，应详加考察，从趋势上看，随水合肼用量的增加产率提高。现决定在好用量两倍的周围，再取 1.7 倍与 2.3 倍两个新用量继续试验——这即是有苗头处着重加密原则。因素与水平表如表 7 - 19 所示。

表 7 - 19　　　　　　　　　　　　正交试验因素与水平

水平	因素		
	A 水合肼用量	B 搅拌速度	C 温度/℃
1	1.7 倍	中挡	100
2	2.3 倍	快速	60

（5）利用正交表确定试验方案（表 7 - 20）

表 7 - 20　　　　　　　　　【例 7 - 5】中的正交试验方案及试验结果（2）

试验号	因素			产率/%
	A 水合肼用量	B 搅拌速度	C 温度/℃	
1	1(1.7 倍)	1(中挡)	1(100)	62
2	2(2.3 倍)	1	2(60)	86
3	1	2(快速)	2	70
4	2	2	1	70
K_1	132	148	132	
K_2	156	140	156	
k_1	33	37	33	
k_2	39	35	39	
R	6	2	6	

（6）试验结果的分析　通过两批正交试验最终确定产品的最优工艺条件为：水合肼用量为2.3倍，搅拌速度为中档，温度为60℃，乙醇用量为200mL，时间为2h，水合肼纯度为粗品，在此优化条件下通过验证试验发现优水平获得的优组合有效提高了产品产率。

二、多指标正交试验设计及其结果的直观分析

在实际生产和科学试验中，对产品考察的指标往往不止一个，我们把这类试验设计称为多指标试验设计。在多指标试验设计中，各因素对不同指标的影响程度是不完全相同的，不同指标的重要程度往往也是不一致的，有些指标之间可能存在一定的矛盾，如何兼顾各个指标，寻找出使每个指标都尽可能好的最优组合方案是多指标正交试验设计成功的关键。多指标正交试验设计的结果处理要比单指标复杂一些，常用的方法有综合评分法和综合平衡法。

（一）综合评分法

综合根据各个指标的重要程度，对得出的试验结果进行分析，给每一个试验评出一个分数，作为总指标，然后根据这个总指标，利用单指标试验结果的直观分析法做进一步的分析，确定较好的试验方案。显然这个方法的关键是如何评分，下面介绍几种评分方法。

（1）对每号试验结果的每个指标统一权衡，综合评价，直接给出每一号试验结果的综合分数。

（2）先对每号试验的每个指标按一定的评分标准评出分数，若各指标的重要性是一样的，可以将同一号试验中各指标分数的总和作为该号试验的总分数。

（3）先对每号试验的每个指标按一定的评分标准评出分数，若各指标的重要性不相同，要先确定各指标相对重要性的权数，然后求加权和作为该号试验总分数。

（1）中评分方法常常用在各试验指标很难量化的试验中，如评判某种食品的好坏，需要从色、香、味、口感等方面进行综合评定，这时就需要有丰富经验的专家才能将各个指标综合起来，给每号试验结果评出一个综合分数，然后再进行单指标的分析，所以，这种方法的可靠性在很大程度上取决于试验者或专家的理论知识和实践经验。

对于后两种评分方法，最关键的是如何对每个指标评出合理的分数。如果指标是定性的，则可以依靠经验和专业知识直接给出一个分数，这样非数量化的指标就转化为数量化指标，使结果分析变得更容易；对于定量指标，有时指标值本身就可以作为分数，如回收率、纯度等；但不是所有的指标值本身都能作为分数，这时就可以使用"隶属度"来表示分数。关于隶属度的计算方法如下。

$$Y_{ij} = \frac{y_{ij} - y_{j\min}}{y_{j\max} - y_{j\min}} \tag{7-5}$$

式中　Y_{ij}——指标隶属度；

　　　y_{ij}——指标值；

　　　i——第 i 号试验，$i = 1,2,3,\cdots,n$；

　　　j——第 j 个考察指标，$j = 1,2,\cdots,k$；

　　$y_{j\min}$——第 j 个考察指标最小值；

　　$y_{j\max}$——第 j 个考察指标最大值。

可见，指标最大值的隶属度为1，而指标最小值的隶属度为0，所以 $0 \leqslant$ 指标隶属度 $\leqslant 1$。

如果各指标的重要性一样,就可以直接将各指标的隶属度相加作为综合指标,否则求出加权和作为综合分值。

综合分值计算如下。

$$Y_i = \sum_{j=1}^{k} B_j Y_{ij} = B_1 Y_{i1} + B_2 Y_{i2} + \cdots + B_k Y_{ik} \qquad (7-6)$$

式中　Y_i——综合分值;

　　　B_j——权重系数,表示各项指标在综合加权评分中的重要性;

　　　Y_{ij}——指标隶属度;

　　　i——第 i 号试验,$i = 1,2,3,\cdots,n$;

　　　j——第 j 个考察指标,$j = 1,2,\cdots,k$。

如果考察指标的要求趋势相同,则符号相同;趋势不同,则符号相异。例如,前 3 个指标都是越小越好,则第 4 个指标是越大越好;若前 3 者取正,则第 4 项取负号。即

$$Y_i = B_1 Y_{i1} + B_2 Y_{i2} + B_3 Y_{i3} - B_4 Y_{i4} \qquad (7-7)$$

【例 7-6】　在玉米淀粉改性制备高取代度的三乙酸淀粉酯的试验中,需要考虑两个指标,即取代度和酯化率,这两个指标都是越大越好,试验的因素和水平如表 7-21 所示,不考虑因素之间的交互作用,试验目的是为了找到使取代度和酯化率都高的试验方案。

表 7-21　　　　　　　　　　　　　【例 7-6】因素与水平表

水平	因素		
	A 反应时间/min	B 吡啶用量/g	C 乙酸酐用量/g
1	3	150	100
2	4	90	70
3	5	120	130

解:本例是一个 3 因素 3 水平的试验,由于不考虑交互作用,所以可选用 $L_9(3^4)$ 正交表来安排试验。表头设计、试验方案及试验结果,如表 7-22 所示。

表 7-22　　　　　　　　　　　　　【例 7-6】中的试验方案及试验结果

试验号	因素				取代度	酯化率/%	取代度隶属度	酯化率隶属度	综合分
	A 温度/℃	B 时间/min	e	C 用碱量/%					
1	1(3)	1(150)	1	1(100)	2.96	65.70	1.00	1.00	1.00
2	1	2(90)	2	2(70)	2.18	40.36	0	0	0
3	1	3(120)	3	3(130)	2.45	54.31	0.35	0.55	0.47
4	2(4)	1	2	3	2.70	41.09	0.67	0.03	0.29
5	2	2	3	1	2.49	56.29	0.40	0.63	0.54
6	2	3	1	2	2.41	43.23	0.29	0.11	0.18
7	3(5)	1	3	2	2.71	41.43	0.68	0.04	0.30
8	3	2	2	3	2.42	56.29	0.31	0.63	0.50
9	3	3	1	1	2.83	60.14	0.83	0.78	0.80

续表

试验号	因素				取代度	酯化率/%	取代度 隶属度	酯化率/ 隶属度	综合分
	A 温度/℃	B 时间/min	e	C 用碱量/%					
K_1	1.47	1.59	1.68	2.34					
K_2	1.01	1.04	1.09	0.48					
K_3	1.60	1.45	1.31	1.26					
R	0.59	0.55	0.59	1.86					
因素主次				$C > A > B$					
最优组合条件				$A_3 B_1 C_1$					

可以看出,这里计算分析出来的优方案 $A_3 B_1 C_1$,不包括在已做的 9 个试验中,所以应按照这个方案进行验证试验,看是否比正交表中第 1 号试验的结果更好,从而确定真正最好的优方案。

由此可见,综合评分法是将多指标问题通过适当的评分方法转换成了单指标的问题,使结果的分析计算变得简单方便。但是,结果分析的可靠性主要取决于评分的合理性,如果评分标准、评分方法不合适,指标的权数不恰当,所得到的结论就不能反映全面情况,所以如何确定合理的评分标准和各指标的权数是综合评分的关键。它的解决有赖于专业知识、经验和实际要求,单纯从数学上是无法解决的。

(二)综和平衡法

综合平衡法是先对每个指标分别进行单指标的直观分析,得到每个指标的影响因素、主次顺序和最佳水平组合,然后根据理论知识和实际经验,对各指标的分析结果进行综合比较和分析,得出较优方案。

【例 7 – 7】 液体葡萄糖生产工艺最佳条件选取试验目的:生产中存在的主要问题是出率低,质量不稳定,经过问题分析,认为影响出率、质量的关键在于调粉、糖化这两个工段,决定将其它工段的条件固定,对调粉、糖化的工艺条件进行探索。

指标值有以下四个。

(1)产量　越高越好;

(2)还原糖　在 32% ~ 40%;

(3)明度　比浊度越小越好,不得大于 300mg/L;

(4)色泽　比色度越小越好,不得大于 30mL。

各因素分别选取 3 个水平,不考虑因素间的交互作用,试进行直观分析,找出兼顾各个指标都好的工艺条件。选取的因素与水平如表 7 – 23 所示。

表 7 – 23　　　　　　　　　　　【例 7 – 7】中的因素与水平表

水平	因素			
	A 粉浆浓度/%	B 粉浆酸度 pH	C 稳压时间/min	D 工作压力/（kg/cm²）
1	16	1.5	0	2.2
2	18	2.0	5	2.7
3	20	2.5	10	3.2

解：

（1）多指标正交试验方案设计　本例为 3 因素 3 水平试验,由于不考虑交互作用,可选用正交表 $L_9(3^4)$ 来安排试验。表头设计、试验方案及试验结果如表 7 – 24 所示。

表 7 – 24　　　　　　　　　【例 7 – 7】中的试验方案及试验结果

| 试验号 | 因素 | | | | 产量/kg | 还原糖/% | 明度/(mg/L) | 色泽/mL |
	A 粉浆浓度/%	B 粉浆酸度 pH	C 稳压时间/min	D 工作压力/(kg/cm²)				
1	1(16)	1(1.5)	1(0)	1(2.2)	996	41.6	500	10
2	1	2(2.0)	2(5)	2(2.7)	1135	39.4	400	10
3	1	3(2.5)	3(10)	3(3.2)	1135	31.0	400	25
4	2(18)	1	2	3	1154	42.4	200	30
5	2	2	3	1	1024	37.2	125	20
6	2	3	1	2	1079	30.2	200	30
7	3(20)	1	3	2	1002	42.4	125	20
8	3	2	2	3	1099	40.6	100	20
9	3	3	1	1	1019	30.0	300	40

（2）多指标正交试验结果的计算与分析

①直观分析。与单指标试验的分析方法相同,先对各指标分别进行直观分析,分别得出因素的主次和最优组合条件,结果如表 7 – 25 ~ 表 7 – 28 所示。

表 7 – 25　　　　　　　　　【例 7 – 7】中的产量试验结果分析

试验结果	A 粉浆浓度/%	B 粉浆酸度 pH	C 稳压时间/min	D 工作压力/(kg/cm²)
K_1	3266	3125	3174	3039
K_2	3257	3258	3308	3216
K_3	3120	3233	3161	3318
k_1	1088.7	1050.7	1058	1013
k_2	1085.7	1086	1102.7	1070
k_3	1040	1077.7	1053.7	1129.3
R	48.7	35.3	49	116
因素主次顺序	$D > C > A > B$			
优水平	A_1	B_2	C_2	D_3

表 7 – 26　　　　　　　　　【例 7 – 7】中的还原糖试验结果分析

试验结果	A 粉浆浓度/%	B 粉浆酸度 pH	C 稳压时间/min	D 工作压力/(kg/cm²)
K_1	112	126.4	112.4	108.8
K_2	109.8	117.2	111.8	112
K_3	133	91.2	110.6	114

续表

试验结果	A 粉浆浓度/%	B 粉浆酸度 pH	C 稳压时间/min	D 工作压力/(kg/cm²)
k_1	37.3	42.1	37.5	36.3
k_2	36.6	39.1	37.3	37.3
k_3	44.3	30.4	36.9	38.0
R	7.73	11.7	0.6	1.7
因素主次顺序		$B > A > D > C$		
优水平	A_1	B_2	C_1	D_3

表 7 – 27 　　　　　　　　【例 7 – 7】中的明度试验结果分析

试验结果	A 粉浆浓度/%	B 粉浆酸度 pH	C 稳压时间/min	D 工作压力/(kg/cm²)
K_1	1300	825	800	925
K_2	525	625	900	725
K_3	525	900	650	700
k_1	433.3	275	266.7	308.3
k_2	175	208.3	300	241.7
k_3	175	300	216.7	233.3
R	258.3	91.7	83.3	75
因素主次顺序		$A > B > C > D$		
优水平	A_2 或 A_3	B_2	C_3	D_3

表 7 – 28 　　　　　　　　【例 7 – 7】中的色泽试验结果分析

试验结果	A 粉浆浓度/%	B 粉浆酸度 pH	C 稳压时间/min	D 工作压力/(kg/cm²)
K_1	45	60	60	70
K_2	80	50	80	60
K_3	80	95	65	75
k_1	15	20	20	23.3
k_2	26.7	16.7	26.7	20
k_3	26.8	31.7	21.7	25
R	11.7	15	6.7	5
因素主次顺序		$B > A > C > D$		
优水平	A_1	B_2	C_1	D_2

②综合平衡分析由表 7 – 25 ~ 表 7 – 28 可以看出,对于不同的指标而言,因素影响的主次顺序是不一样的,不同指标所对应的最优组合条件也是不同的,但是通过综合平衡分析可以得到综合的优方案。针对本例具体平衡过程如下。

因素 A:对于产量、还原糖及色泽三个指标都是取 A_1 好。而对于明度因素 A 是最主要的因素,选择的优水平是 A_2 或 A_3,如果明度选择 A_1,产品明度将远大与 300g/mL;若选择 A_3,则还原糖超过 40%,因此选择 A_2,此时各指标均满足条件,且对于产量这一指标值 A_1 与 A_2 相差不大。

因素 B:因素 B 对于 4 个指标来说,都是以 B_2 为最佳水平,所以选取 B_2。

因素 C:因素 C 对指标值产量影响较大,选取的优水平为 C_2,且此优水平就能满足其他三个指标,所以选取 C_2。

因素 D:因素 D 对指标值产量影响最主要,选取 D_3,还原糖和明度的两个指标也均选择 D_3,因此考察色泽指标在因素 D 选取 3 水平时,是否满足条件,通过 k 值观察,选取 D_3 时各指标均满足条件,所以选取 D_3。

综合上述的分析,最优组合条件为: $A_2B_2C_2D_3$,即粉浆浓度 18%,粉浆酸度 pH 为 2.0,稳压时间 5min,工作压力 3.2kg·cm²。事实上,结果证明采用 $A_2B_2C_2D_3$ 后各项指标都有明显提高。

进行多指标综合平衡时,可参考以下原则进行。

①某个因素可能对某个指标是主要因素,但对另外的指标则可能是次要因素,那么在确定该因素的水平时,应首先选取作为主要因素时的优水平。

②若某因素对各指标的影响程度相差不大,这时可按"少数服从多数"的原则,选取出现次数较多的优水平。

③当因素各水平相差不大时,可依据降低消耗、提高效率的原则选取合适的水平。

④若各试验指标的重要程度不同,则在确定因素优水平时应首先确定相对重要的指标。

在具体运用这几条原则时,仅根据其中的一条可能确定不了最优组合条件,所以应将几条综合在一起分析。

在实际应用中,如果遇到多指标的问题,究竟是采用综合评分法还是综合平衡法要视具体情况而定,有时可以将两者结合起来,以便比较和参考。

三、有交互作用的正交试验设计及其结果的直观分析

(一)交互作用的概念

交互作用是指因素间的联合搭配对试验指标产生的影响作用。因素之间总是存在着交互作用的,只是交互作用的程度不同而已,当交互作用很小时,可以认为不存在交互作用。在试验设计中,表示因素 A、B 间的交互作用记作 $A \times B$,称为一级交互作用;表示因素 A、B、C 之间的交互作用记作 $A \times B \times C$,称为二级交互作用,以此类推,还有三级、四级交互作用,统称为高级交互作用。

(二)交互作用的处理原则

试验设计中,交互作用一律当作因素看待。因此都可以安排在能考察交互作用的正交表的相应列上,它们对试验指标的影响情况都可以分析清楚。但是交互作用又与因素不同。

(1)交互作用所占的列不影响试验方案及其实施。

(2)一个交互作用并不一定只占正交表的一列,而是占 $(m-1)^p$ 列。即表头设计时,交互作用所占正交表的列数与因素的水平 m 有关,与交互作用的级数 p 有关。

交互作用的处理原则如下。

(1)忽视高级交互作用

(2)有选择的考察一级交互作用　通常只考察那些作用效果较显著的,或者试验要求必

须考察的。

（3）试验因素尽量取两水平

（三）交互作用的判别

设有两个因素 A 和 B，各取两水平 A_1、A_2，和 B_1、B_2，这样 A,B 共有 4 种水平组合，在每个组合水平上做试验，根据试验结果判断。在每种组合下各做一次试验，试验结果如【例 7-6】表 7-21 所示。显然，当 $B=B_1$ 时，A 由 A_1 变到 A_2 使试验指标增加 10；当 $B=B_2$ 时，A 由 A_1 变到 A_2 使试验指标减小 15。可见因素 A 由 A_1 变到 A_2 时，试验指标变化趋势相反，与 B 取哪一个水平有关。类似地，当因素 B 由 B_1 变到 B_2 时，试验指标变化趋势相反，与 A 取哪一个水平有关，这时，可以认为 A 与 B 之间有交互作用。如果将【例 7-6】表 7-21 中的数据描述如图 7-5 所示，可以看到两条直线是明显相交的，这是交互作用很强的一种表现。

【例 7-6】表 7-22 和图 7-6 给出了一个无交互作用的例子。由【例 7-6】表 7-22 可以看出，A 或 B 对试验指标的影响与另一个因素取哪一个水平无关；在图 7-6 中两直线是互相平行的，但是由于试验误差的存在，如果两直线近似相互平行，也可以认为两因素间无交互作用，或交互作用可以忽略，如表 7-29、表 7-30 所示。

表 7-29　　　　　　　　　　　　判别交互作用试验数据表（1）

因素	A_1	A_2
B_1	35	25
B_2	15	30

表 7-30　　　　　　　　　　　　判别交互作用试验数据表（2）

因素	A_1	A_2
B_1	35	25
B_2	30	40

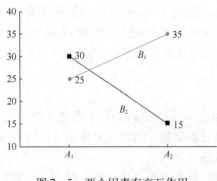

图 7-5　两个因素有交互作用

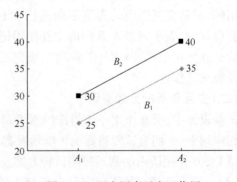

图 7-6　两个因素无交互作用

（四）举例说明交互作用的正交试验设计

【例 7-8】　用石墨炉原子吸收分光光度法测定食品中的铅，为提高测定灵敏度，希望吸光度越大越好，现要研究影响吸光度的因素，确定最佳测定条件。

（1）确定试验指标　选择吸光度。

（2）选择因素和水平　根据专业知识因素水平表如表7-31所示。

表7-31　　　　　　　　　　【例7-8】中的因素与水平表

水平	因素		
	A 灰化温度/℃	B 原子化温度/℃	C 灯电流/mA
1	300	1800	8
2	700	2400	10

（3）选择正交表　选正交表时，一定要把交互作用看成因素，与试验因素一起加以考虑。所选正交表试验号的大小，应能放下所有要考察的因素及交互作用，并且最好有1~2列空列，用以评价试验误差。

在本例中，根据实践三个因素之间可能存在交互作用，因此要把 $A \times B$, $A \times C$, $B \times C$ 与试验因素一起加以考虑，由于本试验因素都是两水平，因此上述交互作用各占正交表的1列，连同试验因素，总计占正交表6列。根据标准正交表可知，选择 $L_8(2^7)$ 最合适。

（4）表头设计　表头设计时，各因素及其交互作用不能任意安排，必须严格按照交互作用列表进行安排。这是有交互作用的正交试验设计的一个重要特点，也是其试验方案设计的关键一步。每张标准正交表都附有一张交互作用列表。

由 $L_8(2^7)$ 的交互作用列如表7-5所示。表中所有数字都是正交表的列号，括号内的数字表示各因素所占的列。任意两个括号列纵横交叉的数字即为这两个括号列所表示的因素的交互作用列。在表头设计中，主要的因素也就是重点要考察的因素，涉及交互作用较多的因素，应该优先安排，而一些次要因素，涉及交互作用少的或者不涉及交互作用的因素，则可放在后面安排。

在本例中，我们按顺序进行安排，先将因素 A、B 安排在1、2列，再按交互作用列表将 $A \times B$ 放在第3列。然后把因素 C 放在第4列，则根据交互作用列表，$A \times C$ 应放在第5列，$B \times C$ 放在第6列。第7列为空列，可用于估计试验误差。表头设计的结果如表7-32所示。

表7-32　　　　　　　　　　【例7-8】中的表头设计

列号	1	2	3	4	5	6	7
因素	A	B	$A \times B$	C	$A \times C$	$B \times C$	

（5）明确试验方案、进行试验、得到试验结果　如表7-33所示。

表7-33　　　　　　　　　　【例7-8】中的试验方案及试验结果

试验号	因素							吸光度
	A	B	$A \times B$	C	$A \times C$	空列	空列	y_i
1	1(300)	1(1800)	1	1(8)	1	1	1	0.484
2	1	1	1	2	2	2	2	0.448
3	1	2(2400)	2	1(10)	1	2	2	0.532

续表

| 试验号 | 因素 | | | | | | | 吸光度 y_i |
	A	B	$A \times B$	C	$A \times C$	空列	空列	
4	1	2	2	2	2	1	1	0.516
5	2(700)	1	2	1	2	1	2	0.472
6	2	1	2	2	1	2	1	0.480
7	2	2	1	1	2	2	1	0.554
8	2	2	1	2	1	1	2	0.552
K_1	1.980	1.884	2.038	2.042	22.048	2.024	2.034	
K_2	2.058	2.154	2.000	1.996	1.990	2.014	2.004	
R	0.078	0.270	0.038	0.046	0.058	0.010	0.030	
因素主次	$B > A > A \times C > C > A \times B$							

由表 7 – 31 可知,虽然交互作用对试验方案没有影响,但将它们看作因素,所以在排因素主次顺序时,应该包括交互作用。

(6)优方案的确定　如果不考虑因素间的交互作用,根据指标越大越好,可以得到优组合为 $A_2B_2C_1$。但是根据上一步排出的因素主次,可知交互作用 $A \times C$ 比因素 C 对试验指标的影响更大,所以确定 C 的优水平应该按因素 A、C 各水平搭配好坏来确定。两因素的搭配表如表 7 – 34 所示。

表 7 – 34　　　　　　　　　　【例 7 – 8】中的因素 A、C 水平搭配表

因素	A_1	A_2
C_1	$\dfrac{y_1 + y_3}{2} = \dfrac{0.484 + 0.532}{2} = 0.508$	$\dfrac{y_5 + y_7}{2} = \dfrac{0.472 + 0.554}{2} = 0.513$
C_2	$\dfrac{y_2 + y_4}{2} = \dfrac{0.448 + 0.516}{2} = 0.482$	$\dfrac{y_6 + y_8}{2} = \dfrac{0.480 + 0.552}{2} = 0.516$

比较上表中的四个值,0.516 最大,所以取 0.516 对应的组合 A_2C_2 为最优组合,即灰化温度 700℃、原子化温度 2400℃、灯电流 10mA。显然,不考虑交互作用和考虑交互作用时的优方案不完全一致,这正反映了因素间交互作用对试验结果的影响。

因此,与无交互作用的区别是按照因素主次的区别排因素主次顺序时,应该包括交互作用;优方案确定的区别要考虑交互作用的影响。

有交互作用的正交试验设计应注意的几个问题。

(1)表头上第一列最多只能安排一个因素或一个交互作用,不允许出现混杂。当考察的因素和交互作用比较多时,选择较大的正交表,避免混杂。

(2)交互作用应依据专业知识和实践经验来判断。

(3)三水平因素之间的交互作用占两列,交互作用的分析比较复杂,一般不用直观分析法,通常都用方差分析法。

(4)在不考虑交互作用而空列较多时,最好仍与有交互作用时一样,按规定进行表头设计,待试验结束后再加以判定。

四、混合水平的正交试验设计及其结果的直观分析

对于因素水平不等的正交试验设计,就需要运用混合型正交表。如果符合标准,混合型正交表的试验设计的方法和等水平的试验设计一样。

(一)直接利用混合水平的正交表

【例7-9】 某油炸膨化食品的体积与油温、物料含水量及油炸时间有关,为确保产品质量,提出工艺要求,现通过正交试验设计寻求理想的工艺参数。

(1)确定试验指标 根据本试验的目的,油炸膨化食品的体积为试验指标,体积越大越好。

(2)因素水平表 如表7-35所示。

表7-35 【例7-9】中的因素与水平表

水平	因素		
	A 油炸温度/℃	B 物料含水量/%	C 油炸时间/s
1	210	2.0	30
2	220	4.0	40
3	230		
4	240		

(3)选择正交表 本例有一个4水平因素,2个2水平因素,从标准的混合型正交表中可以看出选择 $L_8(4^1 \times 2^4)$ 比较合适。

(4)表头设计和编制试验方案 表头设计时,把因素 A 放在正交表的第1列,其余两个因素可随意安排在4个2水平列中,如依次放在正交表的2、3列中,这就完成了表头设计,随后就可以按照标准的正交表安排试验方案。

(5)试验结果与分析 如表7-36所示。

表7-36 【例7-9】中的正交试验方案及试验结果

试验号	因素					每100g 体积/cm³
	A 油炸 温度/℃	B 物料 含水量/%	C 油炸 时间/s	4 空列	5 空列	
1	1(210)	1(2.0)	1(30)	1	1	210
2	1	2(4.0)	2(40)	2	2	208
3	2(220)	1	1	2	2	215
4	2	2	2	1	1	230
5	3(2300)	1	2	1	2	251
6	3	2	1	2	1	247
7	4(240)	1	2	2	1	238
8	4	2	1	1	2	230

续表

试验号	因素					每100g 体积/cm³
	A 油炸 温度/℃	B 物料 含水量/%	C 油炸 时间/s	4 空列	5 空列	
$\bar{K}_{1j}$	209	228.5	225.5			
$\bar{K}_{2j}$	222.5	228.75	231.75			
$\bar{K}_{3j}$	249					
$\bar{K}_{4j}$	234					
R	40	0.25	6.25			
R'	25.46	0.355	8.875			

因素水平完全一样时,因素的主次关系完全由极差 R 的大小来决定。当水平数不完全一样时,直接比较是不行的,这是因为,若因素对指标有同等影响时,水平多的因素极差应大一些。因此,要用系数对极差进行折算。

折算后用 R' 的大小衡量因素的主次, R' 的计算公式为:

$$R' = dR\sqrt{r} \qquad\qquad (7-8)$$

式中　R'——折算后的极差;

　　　R——因素的极差;

　　　r——该因素每个水平试验重复数;

　　　d——折算系数,与因素的水平数有关,其数值,如下表 7 - 37 所示。

表 7 - 37　　　　　　　　　　　　极差折算系数表

水平数	m	2	3	4	5	6	7	8	9	10
折算系数	d	0.71	0.52	0.45	0.40	0.37	0.35	0.34	0.32	0.30

因此表中的 R' 的折算如下:

$$R'_A = dR\sqrt{r} = 0.45 \times 40\sqrt{2} = 25.46$$

$$R'_B = dR\sqrt{r} = 0.71 \times 0.25\sqrt{4} = 0.355$$

$$R'_C = dR\sqrt{r} = 0.71 \times 6.25\sqrt{4} = 8.875$$

(二)并列法

前面介绍的是正交试验设计基本方法,但是在实际的科研和生产实践中可能遇到以下问题。

(1)现成的正交表虽然很多,但仍然满足不了实际需要。根据选定的因素水平及试验要求,又选不出合适的正交表。

(2)实际试验中常会遇到因素多、水平不等,同时又要求考虑交互作用的复杂情况。标准的混合正交表无法使用。

(3)有些问题有某些特殊要求,在方案设计中需要特殊照顾,否则就可能扩大试验的时空范围,增加试验次数,甚至根本无法实施。

为解决上述问题,必须针对不同的问题,在满足试验要求和尽量减少试验次数的前提下,灵活运用正交试验设计。下面介绍几种常用的灵活运用正交试验设计的方法。

对于有混合水平的问题,除了直接应用混合水平的正交表外,还可以将原来已知的正交表加以适当的改造,得到新的混合水平正交表。所有的标准正交表都可以把任意两列及其交互作用列放在一起,进行并列,以得到新的一张正交表。$L_8(4^1 \times 2^4)$ 表就是由 $L_8(2^7)$ 改造而来。

(1)首先从 $L_8(2^7)$ 中随便选两列,如1、2列,将此两列同横行组成的8个数对,恰好4种不同搭配各出现两次,我们把每种搭配用一个数字来表示(表7-38)。

表 7-38　　　　　　　　　　$L_8(2^7)$ 改造为 $L_8(4^1 \times 2^4)$

试验号	1	2		新列
1	1	1	$\longrightarrow$	1
2	1	1	$\longrightarrow$	1
3	1	2	$\longrightarrow$	2
4	1	2	$\longrightarrow$	2
5	2	1	$\longrightarrow$	3
6	2	1	$\longrightarrow$	3
7	2	2	$\longrightarrow$	4
8	2	2	$\longrightarrow$	4

规则:(1,1),(1,2),(2,1),(2,2)组成的数字对分别组成新列的水平1,2,3,4。

(2)于是1、2列合起来形成一个具有4水平的新列,再将1、2列的交互作用列第3列从正交表中去除,因为它已不能再安排任何因素,这样就等于将1、2、3列合并成一个新的4水平列(表7-39)。

表 7-39　　　　　　　　　　$L_8(4 \times 2^4)$ 正交表

试验号	列号				
	1 2 3	4	5	6	7
1	1	1	1	1	1
2	1	2	2	2	2
3	2	1	1	2	2
4	2	2	2	1	1
5	3	1	2	1	2
6	3	2	1	2	1
7	4	1	2	2	1
8	4	2	1	1	2

显然,新的表 $L_8(4 \times 2^4)$ 仍然是一张正交表,不难验证,它仍然具有正交表均衡分散、整齐可比的性质。

(1)任一列中各水平出现的次数相同(4水平列中,各水平出现2次,2水平列各出现8次)。

(2)任意两列中各横行的有序数对出现的次数相同[对于2个2水平列,显然满足;对一列 4 水平,一列 2 水平,它们各横行的八种不同搭配(1,1)、(1,2)、(2,1)、(2,2)、(3,1)、(3,2)、(4,1)、(4,2)各出现一次]。

【例 7 - 10】 为研究塑料薄膜袋保藏棕李的储藏效果和储藏过程中维生素 C 的变化规律,要安排 4 因素多水平正交试验,因素水平表如表 7 - 40,试验指标为维生素 C 含量(mg/100g)。因素 A 四水平,B、C、D 因素 2 水平,要求考察交互作用 $A \times B$、$A \times C$、$B \times C$。

表 7 - 40　　　　　　　　　　　　　　【例 7 - 10】中的因素与水平表

水平	因素			
	A 包装方式	B 储藏温度/℃	C 处理时间	D 膜剂
1	封口,内放 C_2H_2 吸收剂	4	采后 2d	无钙
2	封口,内放 CO_2 吸收剂	室温	采后 10d	含钙
3	封口,不放吸收剂			
4	不封口,不放吸收剂			

由表 7 - 41、表 7 - 42 可知,4 水平有一个因素,2 水平有 3 个因素,还有 3 个交互作用,正交表至少需要 7 列,为估计误差还需要 1 列空列。从混合型标准正交表中可以看出选择 $L_{16}(4^1 \times 2^{12})$ 比较合适。但是,该表没有使用表,也就是不知道因素及其交互作用在列中如何安排。

表 7 - 41　　　　　　　　　　　　　　$L_{16}(2^{15})$ 正交表

试验号	列号														
	1	2	3	4	5	6	7	8	9	10	11	12	13	14	15
1	1	1	1	1	1	1	1	1	1	1	1	1	1	1	1
2	1	1	1	1	1	1	1	2	2	2	2	2	2	2	2
3	1	1	1	2	2	2	2	1	1	1	1	2	2	2	2
4	1	1	1	2	2	2	2	2	2	2	2	1	1	1	1
5	1	2	2	1	1	2	2	1	1	2	2	1	1	2	2
6	1	2	2	1	1	2	2	2	2	1	1	2	2	1	1
7	1	2	2	2	2	1	1	1	1	2	2	2	2	1	1
8	1	2	2	2	2	1	1	2	2	1	1	1	1	2	2
9	2	1	2	1	2	1	2	1	2	1	2	1	2	1	2
10	2	1	2	1	2	1	2	2	1	2	1	2	1	2	1
11	2	1	2	2	1	2	1	1	2	1	2	2	1	2	1
12	2	1	2	2	1	2	1	2	1	2	1	1	2	1	2
13	2	2	1	1	2	2	1	1	2	2	1	1	2	2	1
14	2	2	1	1	2	2	1	2	1	1	2	2	1	1	2
15	2	2	1	2	1	1	2	1	2	2	1	2	1	1	2
16	2	2	1	2	1	1	2	2	1	1	2	1	2	2	1

表 7 – 42　　　　　　　　　　　　　$L_{16}(2^{15})$ 两列间的交互列

1	2	3	4	5	6	7	8	9	10	11	12	13	14	15	列号
(1)	3	2	5	4	7	6	9	8	11	10	13	12	15	14	1
	(2)	1	6	7	4	5	10	11	8	9	14	15	12	13	2
		(3)	7	6	5	4	11	10	9	8	15	14	13	12	3
			(4)	1	2	3	12	13	14	15	8	9	10	11	4
				(5)	3	2	13	12	15	14	9	8	11	10	5
					(6)	1	14	15	12	13	10	11	8	9	6
						(7)	15	14	13	12	11	10	9	8	7
							(8)	1	2	3	4	5	6	7	8
								(9)	3	2	5	4	7	6	9
									(10)	1	6	7	4	5	10
										(11)	7	6	5	4	11
											(12)	1	2	3	12
												(13)	3	2	13
													(14)	1	14
														(15)	15

　　$L_{16}(4^1 \times 2^{12})$ 表是由 $L_{16}(2^{15})$ 改造而来的,如表 7-43 所示。规则:$(1,1),(1,2),(2,1),(2,2)$ 组成的数字对分别组成新列的水平 $1,2,3,4$。

表 7 – 43　　　　　　　　　　　　　$L_{16}(4^1 \times 2^{12})$ 正交表

试验号	1	2	3	4	5	6	7	8	9	10	11	12	13	14	15
	A			B	A×B			C	A×C			B×C	空列	D	空列
1	1	1	1	1	1	1	1	1	1	1	1	1	1	1	1
2	1	1	1	1	1	1	1	2	2	2	2	2	2	2	2
3	1	1	1	2	2	2	2	1	1	1	1	2	2	2	2
4	1	1	1	2	2	2	2	2	2	2	2	1	1	1	1
5	1	2	2	1	1	2	2	1	1	2	2	1	1	2	2
6	1	2	2	1	1	2	2	2	2	1	1	2	2	1	1
7	1	2	2	2	2	1	1	1	1	2	2	2	2	1	1
8	1	2	2	2	2	1	1	2	2	1	1	1	1	2	2
9	2	1	2	1	2	1	2	1	2	1	2	1	2	1	2
10	2	1	2	1	2	1	2	2	1	2	1	2	1	2	1
11	2	1	2	2	1	2	1	1	2	1	2	2	1	2	1
12	2	1	2	2	1	2	1	2	1	2	1	1	2	1	2
13	2	2	1	1	2	2	1	1	2	2	1	1	2	2	1
14	2	2	1	1	2	2	1	2	1	1	2	2	1	1	2
15	2	2	1	2	1	1	2	1	2	2	1	2	1	1	2
16	2	2	1	2	1	1	2	2	1	1	2	1	2	2	1

（1）将 $L_{16}(2^{15})$ 中的第 1、2、3 列改造为四水平的，得到 $L_{16}(4^1 \times 2^{12})$ 表；

（2）将 A 占 1、2、3 列，如果 B 放第 4 列，则由交互作用表知，1，4 占第 5 列；2，4 占第 6 列；3，4 占第 7 列。于是 $A \times B$ 要占 5、6、7 三列；

（3）将 C 排在第 8 列，可以查得：1，8 占第 9 列；2，8 占第 10 列；3，8 占第 11 列。于是 $A \times C$ 要占 9、10、11 三列；

（4）B 在第 4 列，C 在第 8 列，4，8 占第 12，$B \times C$ 放 12 列；

（5）D 可以安排在剩余的任何一列，假如放在第 14 列。

（三）拟水平法

当遇到水平数不相同的正交试验，而没有现成的混合水平正交表使用，并且水平数较多的因素占多数时，可选用水平数较多的正交表，将水平数较少的因素虚拟一些水平，使之能安排在水平数较多的正交表中进行试验。该法称为拟水平法。

【例 7-11】 为提高猪皮制品的乳化性，决定对乳化工艺进行优化，因素水平如表 7-44 所示，忽略因素间的交互作用。

表 7-44　　　　　　　　　　　　　**【例 7-11】中的因素与水平表**

水平	因素			
	A 乳化温度/℃	B 乳化剂比例/%	C 预煮时间/min	D 搅拌速率
1	35	2	20	快挡
2	25	3	40	慢挡
3	45	4	60	快挡

解：这是一个 4 因素的试验，其中 3 个因素是 3 水平，1 个因素是 2 水平，可以套用混合水平正交表 $L_{18}(2^1 \times 3^7)$，需要做 18 次试验。加入 D 因素也有 3 个水平，则本例就变成了 4 因素 3 水平的问题，如果忽略因素间的交互作用，就可以选用等水平正交表 $L_9(3^4)$，只需要做 9 次试验。但是实际上因素 D 只能取 2 个水平，不能够不切实际的安排出第 3 个水平。这时可以根据实际经验，将 D 因素较好的一个水平重复一次，使 D 因素变成 3 个水平的因素。在本例中，如果 D 因素的第 1 个水平比第 2 个水平好，就可将第 1 个水平重复一次作为第 2 个水平（如表 7-44 所示），由于第 3 个水平是虚拟的，故称为拟水平。

D 因素虚拟出一个水平之后，就可以选用正交表 $L_9(3^4)$ 来安排试验，试验结果及分析如表 7-44 所示。

在本例试验结果的分析计算中应注意，因素 D 的第 3 个水平实际上与第 1 个水平是相等的，所以应重新安排正交表第 3 列中 D 因素的水平，将 3 个水平改成 2 个水平（结果如【例 7-11】表 7-45 所示），于是 D 因素所在的第 4 列只有 1，2 两个水平，其中 1 水平出现 6 次。所以求和时只有 K_1，K_2，求平均值时有 k_1 和 k_2。其他列的 K_1，K_2，K_3 与 k_1，k_2，k_3 的计算方法与【例 7-3】一致。

在计算极差时，应该根据 k_i（i 表示水平号）来计算，不能根据 K_i 计算极差，这是因为对于 D 因素，K_1 是 6 个指标值之和，K_2 是 3 个指标值之和；而对于 A、B、C 三因素，K_1，K_2，K_3 分别是 3 个指标值之和，所以只有根据平均值 k_i 求出的极差才有可比性。

表 7 - 45　　　　　　　　【例 7 - 11】中的试验方案及试验结果

试验号	因素				乳化率/%
	A 乳化温度/℃	B 乳化剂比例/%	C 预煮时间/min	D 搅拌速率	
1	1(35)	1(2)	1(20)	1(快挡)	59.2
2	1	2(3)	2(40)	2(慢挡)	75.8
3	1	3(4)	3(60)	3(快挡)	68.0
4	2(25)	1	2	3	74.5
5	2	2	3	1	64.3
6	2	3	1	2	56.3
7	3(45)	1	3	2	69.2
8	3	2	2	3	52.6
9	3	3	1	1	78.9
K_1	203	202.9	194.4	202.4	
K_2	195.1	196.4	202.9	201.3	
K_3	200.7	203.2	211.2	195.1	
k_1	67.67	67.63	64.80	66.25	
k_2	65.03	65.47	67.63	67.10	
k_3	66.90	67.73	70.40	65.03	
R	2.63	2.27	5.60	0.85	
因素主次		$C > A > B > D$			
最优组合条件	A_1	B_3	C_3	D_2	

在确定优方案时,由于乳化率是越高越好,因素 A、B、C 的优水平可以根据 K_1,K_2,K_3 或 k_1,k_2,k_3 的大小取较大的 K_i 或 k_i 所对应的水平,但是对于因素 D 就不能根据 K_1,K_2 的大小来选择优水平,而是应根据 k_1,k_2 的大小来选择优水平。所以本例的优水平为 $A_1B_3C_3D_2$,即乳化温度 35℃,乳化剂比例 4%,预煮时间 60min,搅拌速率慢挡。

因此可知,拟水平法不能保证整个正交表均衡搭配,只具有部分均衡搭配的性质。这种方法不仅可以对一个因素虚拟水平,也可以对多个因素虚拟水平,使正交表的选用更方便、灵活。

第四节　正交试验结果方差分析

正交试验的结果用以上介绍的直观分析法通过对 R 值的大小进行比较分析,区分出因素对指标值影响的主次顺序;通过 K 值或 k 值的计算分析找出最优的处理组合。方法简便易懂,是可行的。但直观分析法也有它的不足之处,就是利用空列的 R 值作为判断各因素和交互作用的误差界限,不够精确。而那些没有空列的设计,就无法判断其误差的大小。这就是说,直观分析法不能对试验结果中必然存在的误差大小予以无偏估计,不能确定其精确度,因而给试验的分析带来困难。如果对试验结果进行方差分析,就能弥补直观分析法的这些不足。

一、正交试验设计方差分析的基本原理

在正交表上进行方差分析的基本原理及步骤如下。

(一)离差平方和的计算与分解

在多因素试验的方差分析中,关键是离差平方和的分解问题。现以在 $L_4(2^3)$ 正交表上安排试验来说明,如表 7-46 所示。

表 7-46 $\qquad\qquad\qquad$ $L_4(2^3)$ 正交表

试验号	列号			试验结果
	1	2	3	
1	1	1	1	x_1
2	1	2	2	x_2
3	2	1	2	x_3
4	2	2	1	x_4
K_1	x_1+x_2	x_1+x_3	x_1+x_4	$T=x_1+x_2+x_3+x_4$
K_2	x_3+x_4	x_2+x_4	x_2+x_3	
k_1	$\dfrac{x_1+x_2}{2}$	$\dfrac{x_1+x_3}{2}$	$\dfrac{x_1+x_4}{2}$	
k_2	$\dfrac{x_3+x_4}{2}$	$\dfrac{x_2+x_4}{2}$	$\dfrac{x_2+x_3}{2}$	$\bar{x}=\dfrac{1}{4}(x_1+x_2+x_3+x_4)$

总离差平方和 SS_T 为

$$SS_T=\sum_{i=1}^{n}(x_i-\bar{x})^2=\sum_{i=1}^{4}(x_i-\bar{x})^2=\sum_{i=1}^{4}\left[x_i-\frac{1}{4}(x_1+x_2+x_3+x_4)\right]^2 \tag{7-9}$$

第 1 列各水平的离差平方和为(r 为水平重复数, m 为水平数)

$$SS_1=r\sum_{p=1}^{m}(k_{p1}-\bar{x})^2=2\sum_{p=1}^{2}(k_{p1}-\bar{x})^2=\frac{1}{4}(x_1+x_2-x_3-x_4)^2 \tag{7-10}$$

式中 $\quad k_{p1}$ ——第 1 列 p 水平的试验结果均值。

同理得第 2 列、第 3 列各水平的离差平方和分别为式 7-11~式 7-13 所示。

$$SS_2=r\sum_{p=1}^{m}(k_{p2}-\bar{x})^2=2\sum_{p=1}^{2}(k_{p2}-\bar{x})^2=\frac{1}{4}(x_1+x_3-x_2-x_4)^2 \tag{7-11}$$

$$SS_3=r\sum_{p=1}^{m}(k_{p3}-\bar{x})^2=2\sum_{p=1}^{2}(k_{p3}-\bar{x})^2=\frac{1}{4}(x_1+x_4-x_2-x_3)^2 \tag{7-12}$$

$$SS_T=SS_1+SS_2+SS_3 \tag{7-13}$$

式(7-13)是 $L_4(2^3)$ 正交表的总离差平方和分解公式,即 $L_4(2^3)$ 的总离差平方和等于各列离差平方和之和。

若在 $L_4(2^3)$ 正交表的第 1 列和第 2 列分别安排二水平的 A,B 因素,在不考虑 A,B 两因素间的交互作用的情况下,则第 3 列是误差列。

同样可以证明:

$$SS_T=SS_A+SS_B+SS_e \tag{7-14}$$

式(7-14)也是离差平方和的分解公式,它表明总离差平方和等于各列因素的离差平方和与误差平方和之和。

一般地,若用正交表安排 N 个因素的试验(包括存在交互作用因素),则有

$$SS_T = SS_A + SS_B + SS_{A \times B} + \cdots + SS_N + SS_e \tag{7-15}$$

若用正交表 $L_n(m^k)$ 来安排试验,则总的试验次数为 n,每个因素的水平数为 m,正交表的列数为 k,设试验结果为 $x_1, x_2, \cdots, x_n$。总离差平方和 SS_T:

$$SS_T = \sum_{i=1}^{n}(x_i - \bar{x})^2 = \sum_{i=1}^{n} x_i^2 - \frac{1}{n}\left(\sum_{i=1}^{n} x_i\right)^2 = Q_T - \frac{1}{n}T^2 \tag{7-16}$$

式中　$Q_T = \sum_{i=1}^{n} x_i^2$ ——各数据平方之和;

　　　$T = \sum_{i=1}^{n} x_i$ ——所有数据之和。

对因素的离差平方和(如因素 A),设因素 A 安排在正交表的第 j 列,可看作单因素试验,用 k_{pj} 表示 A 的第 $p(p=1,2,\cdots,m)$ 个水平的 r 个试验结果的平均值。

则有

$$SS_A = r\sum_{p=1}^{m}(k_{pj} - \bar{x})^2 = \frac{1}{r}\sum_{p=1}^{m} K_{pj}^2 - \frac{1}{n}T^2 = Q_A - \frac{1}{n}T^2 \tag{7-17}$$

误差的离差平方和 SS_e 为

$$SS_e = \sum_{i=1}^{n} x_i^2 - \frac{1}{r}\left(\sum_{p=1}^{m} K_{pj}\right)^2 = Q_T - Q_A \tag{7-18}$$

或者

$$SS_e = SS_{T-} \text{各因素(含交互作用)的离差平方和之和}$$

(二)计算自由度

对于

$$SS_T = SS_A + SS_B + SS_e$$

可有

$$df_T = df_A + df_B + df_e \tag{7-19}$$

式(7-19)称为自由度分解公式,即总的自由度等于各列离差平方和的自由度之和。其中,

$$\begin{aligned}
df_T &= \text{总的试验次数} - 1 = n - 1 \\
df_A &= \text{因素 } A \text{ 的水平数} - 1 = m - 1 \\
df_B &= \text{因素 } B \text{ 的水平数} - 1 = m - 1 \\
df_e &= df_T - (df_A + df_B)
\end{aligned} \tag{7-20}$$

若 A,B 两因素存在交互作用,则 $SS_{A \times B}$ 的自由度 $df_{A \times B}$ 等于两因素自由度之积,即

$$df_{A \times B} = df_A \times df_B \tag{7-21}$$

此时, $df_e = df_T - (df_A + df_B + df_{A \times B})$

一般地,对于水平数相同(饱和)的正交表 $L_n(a^m)$ 满足

$$n - 1 = m(a - 1) \tag{7-22}$$

对于混合水平正交表 $L_n(a_1^{m_1} \times a_2^{m_2})$,其饱和条件为

$$n - 1 = m_1(a_1 - 1) + m_2(a_2 - 1) \tag{7-23}$$

式(7-22)、式(7-23)表明,总离差平方和的自由度等于各列离差平方和的自由度之和。

(三)计算平均离差平方和

如前所述,将各离差平方和分别除以各自相应的自由度,即得到各因素的平均离差平方和及误差的平均离差平方和,如:

$$MS_A = \frac{SS_A}{df_A} \quad MS_B = \frac{SS_B}{df_B} \quad MS_e = \frac{SS_e}{df_e} \tag{7-24}$$

$$MS_{A \times B} = \frac{SS_{A \times B}}{df_{A \times B}} \tag{7-25}$$

(四)F值计算及F检验

前面已讲过F值的计算和F分布表的查法,此处不再重复。在进行F检验时,显著性水平α是指对作出判断大概有$1 - \alpha$的把握。不同的显著性水平,表示在相应的F表作出判断时,有不同程度的把握。例如,对因素A来说,当$F_A > F_\alpha(df_1, df_2)$时,若$\alpha = 0.1$,就有$(1 - \alpha) \times 100\%$即90%的把握说因素$A$的水平改变对试验结果有显著影响,同时,也表示检验出错的几率可能性为10%。其判断标准与前述相同。

对于给定的显著性水平α,检验因素A和$A \times B$对试验结果有无显著影响。要进行F值与临界值的大小比较,若$F_A > F_\alpha(df_1, df_2)$,则表示因素A对试验结果有显著影响,若$F_A < F_\alpha(df_1, df_2)$,则因素$A$对试验结果无显著影响;类似地,若$F_{A \times B} > F_\alpha(df_1, df_2)$,则交互作用$A \times B$对试验结果有显著影响,否则无显著影响。同理可以判断其他因素或交互作用对试验结果有无显著影响。一般来说,F值与对应临界值之间的差距越大,说明该因素或交互作用对试验结果的影响越显著,或者说该因素或交互作用越重要。

在正交表上进行方差分析可以用一定格式的表格计算分析。对于饱和的$L_n(a^m)$正交表可按表7-47格式和公式计算;对于混合水平正交表也适用,但要换上相应的m, k。

表7-47 $L_n(a^m)$正交表

试验号	1	2	⋯	⋯	k	试验结果 x_i	x_i^2
	A	B	⋯	⋯	⋯		
1	1	⋯	⋯	⋯	⋯	x_1	x_1^2
2	1	⋯	⋯	⋯	⋯	x_2	x_2^2
⋮	⋮	⋮				⋮	⋮
n	m	⋯	⋯	⋯	⋯	x_n	x_n^2
K_1	K_{11}	K_{12}			K_{1k}	$T = \sum_{i=1}^{n} x_i \quad Q_T = \sum_{i=1}^{n} x_i^2$	
K_2	K_{21}	K_{22}			K_{2k}		
⋮	⋮	⋮			⋮	$SS_T = Q_T - \frac{1}{n}T^2$	
K_m	K_{m1}	K_{m2}			K_{mk}		

续表

试验号	1	2	...	...	k	试验结果 x_i	x_i^2
	A	B	...	...	...		
K_1^2	K_{11}^2	K_{12}^2			K_{1k}^2	$P = \dfrac{1}{n}T^2$	
K_2^2	K_{21}^2	K_{22}^2			K_{2k}^2	$SS_T = Q_T - P$	
$\vdots$	$\vdots$	$\vdots$					
K_m^2	K_{m1}^2	K_{m2}^2			K_{mk}^2		
S_j	S_1	S_2			S_k		

表 7-10 中：

K_{pj}：第 j 列数字 p 对应的指标之和（$p = 1,2,\cdots,m; j = 1,2,\cdots,k$）；

Sj：第 j 列离差平方和，其计算式为

$$SS_j = \frac{1}{r}\sum_{p=1}^{m} K_{pj}^2 - \frac{1}{n}T^2 = \frac{1}{r}(K_{1j}^2 + K_{2j}^2 + \cdots + K_{mj}^2) - \frac{1}{n}T^2 \qquad (7-26)$$

式中　r——水平重复数，$r = \dfrac{n}{a}$；

　　　n——试验总次数；

　　　a——水平数。

当 $m = 2$ 即二水平时，

$$SS_j = \frac{1}{r}(K_{1j}^2 + K_{2j}^2) - \frac{1}{n}T^2 = \frac{1}{n}(K_{1j} - K_{2j})^2 \qquad (7-27)$$

当 $m = 3$ 即三水平时，有

$$SS_j = \frac{1}{r}(K_{1j}^2 + K_{2j}^2 + K_{3j}^2) - \frac{1}{n}T^2 = \frac{1}{n}[(K_{1j} - K_{2j})^2 + (K_{1j} - K_{3j})^2 + (K_{2j} - K_{3j})^2] \qquad (7-28)$$

当 $m = 4$ 即四水平时，

$$SS_j = \frac{1}{r}(K_{1j}^2 + K_{2j}^2 + K_{3j}^2 + K_{4j}^2) - \frac{1}{n}T^2$$

$$= \frac{1}{n}[(K_{1j} - K_{2j})^2 + (K_{1j} - K_{3j})^2 + (K_{1j} - K_{4j})^2 + (K_{2j} - K_{3j})^2 + (K_{2j} - K_{4j})^2 + (K_{3j} - K_{4j})^2]$$

$$(7-29)$$

经上述计算后，列出方差分析表如表 7-48 所示。进行显著性检验。

表 7-48　　　　　　　　　　　　　方差分析表

方差来源	离差平方和 SS	自由度 df	平均平方 MS	F 值	显著性
A	$SS_A = SS_1$	$df_A = m - 1$	$MS_A = SS_A/df_A$	$F_A = MS_A/MS_e$	
B	$SS_B = SS_2$	$df_B = m - 1$	$MS_B = SS_B/df_B$	$F_B = MS_B/MS_e$	
$A \times B$	$SS_{A \times B} = SS_3$	$df_{A \times B} = df_A \times df_B$	$MS_{A \times B} = SS_{A \times B}/df_{A \times B}$	$F_{A \times B} = MS_{A \times B}/MS_e$	
$\vdots$	$\vdots$	$\vdots$	$\vdots$	$\vdots$	
误差 e	SS_e	df_e	$MS_e = SS_e/df_e$		
总和 T	SS_T	$df_T = n - 1$			

注：由 F 分布表查得临界值 F_α，并与表中计算的 F 值（$F_A, F_B, F_{A \times B}$）比较，进行显著性检验。

表 7－48 中，SS_A、SS_B 为 A、B 两因素所占列的离差平方和。

$SS_{A \times B}$ 为交互作用所占列的 SS 之和。若 $m = 2$，交互作用只占一列，如 $L_8(2^7)$ 表中，若 A，B 分别占第 1、2 列，则 $SS_{A \times B} = SS_3$；若 $m = 3$，交互作用占两列，如在 $L_9(3^4)$ 表中，若 A，B 分别占第 1、2 列，则 $SS_{A \times B} = SS_3 + SS_4$。

SS_e 为误差所占列的 SS 之和。即为除因素（含交互作用）所占列之外的所有空列的 SS 之和。

每列的自由度为 $m - 1$，每个 SS 的自由度等于其所占列的自由度之和。例如，若 $SS_{A \times B} = SS_3 + SS_4$，则 $df_{A \times B} = df_3 + df_4$。

在方差分析一章中介绍过，SS_A 为因素 A 的离差平方和，它主要是由试验条件改变引起的，由于是用每个水平下的试验数据平均值代表每个水平的真值，平均值受误差的影响要小些，因而其中也包含有试验误差的影响。所以当计算完平均离差平方和后，如果某因素或交互作用的平均离差平方和小于或等于误差的平均离差平方和，此时该因素或交互作用的离差平方和不再本认为是因素与试验误差共同作用的结果（由随机误差的定义可知，没有哪种特殊的处理因素可以使随机误差减小），而是仅由随机误差引起，此时该因素或交互作用的离差平方和"退化"为误差，因而将它们归入误差，构成新的误差。这样可以更充分利用原始资料蕴含的信息，提高假设检验的效率，突显其他因素的影响。

二、相同水平正交试验设计的方差分析

水平数相同即使用等水平正交表进行试验，对所得结果进行的方差分析，称为相同水平正交试验的方差分析。

（一）二水平正交试验设计的方差分析

二水平的正交试验的方差分析比较简单，正交表中任一列（第 j 列）对应的离差平方和的计算可以进行如下简化：

$$SS_j = \frac{1}{r}(K_{1j}^2 + K_{2j}^2) - \frac{1}{n}T^2 = \frac{1}{n}(K_{1j} - K_{2j})^2 \tag{7-30}$$

【例 7－12】 某厂拟采用化学吸收法，用填料塔吸收废气 SO_2，为了使废气中 SO_2 的浓度达到排放标准，通过正交试验对吸收工艺条件进行了摸索，试的因素与水平如表 7－49 所示。需要考虑交互作用 $A \times B$，$B \times C$。如果将 A，B，C 放在正交表 $L_8(2^7)$ 的 1、2、4 列，试验结果（SO_2 摩尔分数/％）依次为：0.15，0.25，0.03，0.02，0.09，0.16，0.19，0.08。试进行方差分析（$\alpha = 0.05$）。

表 7－49　　　　　　　　　　【例 7－12】中的试验因素与水平表

水平	A 碱浓度/％	B 操作温度/℃	C 填料种类
1	5	40	甲
1	10	20	乙

解：（1）列出正交表 $L_8(2^7)$ 和试验结果，如表 7－50 所示。

表 7 – 50　　　　　　　　　　　**【例 7 – 12】中的正交试验方案及试验结果**

试验号	因素							SO₂摩尔分数 ×100
	A 碱浓度 /%	B 操作温度/℃	A × B 3	C 填料种类	空列 5	B × C 6	空列 7	
1	1(5)	1(40)	1	1(甲)	1	1	1	15
2	1	1	1	2(乙)	2	2	2	25
3	1	2(20)	2	1	1	2	2	3
4	1	2	2	2	2	1	1	2
5	2(10)	1	1	1	2	1	2	9
6	2	1	2	2	1	2	1	16
7	2	2	1	1	2	2	1	19
8	2	2	1	2	1	1	2	8
K_1	45	65	67	46	42	34	52	
K_2	52	32	30	51	55	63	45	$T = 97$
R	7	33	37	5	13	29	7	$P = 1176.125$
SS_j	6.125	136.125	171.125	3.125	21.125	105.125	6.125	$Q = 1625$

（2）计算离差平方和

总离差平方和：$SS_T = Q_T - P = 1625 - 1176.125 = 448.875$

因素与交互作用的离差平方和为

$$SS_A = SS_1 = \frac{1}{n}(K_{1A} - K_{2A})^2 = \frac{1}{8}(45 - 52)^2 = 6.125$$

同理：

$$SS_B = SS_2 = \frac{1}{n}(K_{1B} - K_{2B})^2 = \frac{1}{8}(65 - 32)^2 = 136.125$$

$$SS_{A \times B} = SS_3 = \frac{1}{n}(K_{1A \times B} - K_{2A \times B})^2 = \frac{1}{8}(67 - 30)^2 = 171.125$$

$$SS_C = SS_4 = \frac{1}{n}(K_{1C} - K_{2C})^2 = \frac{1}{8}(46 - 51)^2 = 3.125$$

$$SS_{B \times C} = SS_3 = \frac{1}{n}(K_{1B \times C} - K_{2B \times C})^2 = \frac{1}{8}(34 - 63)^2 = 105.125$$

$$SS_5 = SS_5 = \frac{1}{n}(K_{1空列} - K_{2空列})^2 = \frac{1}{8}(42 - 55)^2 = 21.125$$

$$SS_7 = SS_7 = \frac{1}{n}(K_{1空列} - K_{2空列})^2 = \frac{1}{8}(52 - 45)^2 = 6.125$$

误差平方和为 $SS_e = SS_5 + SS_7 = 21.125 + 6.125 = 27.250$

或 $SS_e = SS_T - (SS_A + SS_B + SS_{A \times B} + SS_C + SS_{B \times C})$

$= 448.875 - (6.125 + 136.125 + 171.125 + 3.125 + 105.125)$

$= 27.250$

（3）计算自由度

总自由度：$df_T = n - 1 = 8 - 1 = 7$

各因素自由度：$df_A = df_B = df_C = a - 1 = 2 - 1 = 1$

交互作用自由度：$df_{A \times B} = df_A \times df_B = 1 \times 1 = 1$ 或 $df_{A \times B} = df_3 = a - 1 = 2 - 1 = 1$

同理：$df_{A \times B} = df_B \times df_C = df_6 = 1$

或 $df_e = df_T - (df_A + df_B + df_{A \times B} + df_C + df_{B \times C}) = 7 - (1 + 1 + 1 + 1 + 1) = 2$

（4）计算均方

$$MS_A = \frac{SS_A}{df_A} = 6.125$$

$$MS_B = \frac{SS_B}{df_B} = 136.125$$

$$MS_{A \times B} = \frac{SS_{A \times B}}{df_{A \times B}} = 171.125$$

$$MS_C = \frac{SS_C}{df_C} = 3.125$$

$$MS_{B \times C} = \frac{SS_{B \times C}}{df_{B \times C}} = 105.125$$

$$MS_e = \frac{SS_e}{df_e} = \frac{27.250}{2} = 13.625$$

在求得的均方值中发现 $MS_A < MS_e$，$MS_C < MS_e$，这说明了因素 A，C 对试验结果的影响较小，为次要因素，所以可以将它们都归入误差，这样误差的离差平方和、自由度和均方都会随之发生变化，即

新误差列平方和：$SS_e^\Delta = SS_e + SS_A + SS_C = 27.250 + 6.125 + 3.125$

新误差列自由度：$df_e^\Delta = df_e + df_A + df_C = 2 + 1 + 1 = 4$

新误差列均方：$MS_e^\Delta = \frac{SS_e^\Delta}{df_e^\Delta} = \frac{36.500}{4} = 9.125$

（5）计算 F 值

$$F_B = \frac{MS_B}{MS_e^\Delta} = \frac{136.125}{9.125} = 14.92$$

$$F_{A \times B} = \frac{MS_{A \times B}}{MS_e^\Delta} = \frac{171.125}{9.125} = 18.75$$

$$F_{B \times C} = \frac{MS_{B \times C}}{MS_e^\Delta} = \frac{105.125}{9.125} = 11.52$$

由于 A，C 已经并入误差列，因此就不需要再计算它们对应的 F 值。

（6）F 检验　将以上计算的统计量结果在方差分析表中列出，并得出相应因素显著性检验的结论。方差分析结果如表 7 – 51 所示。

表 7 – 51　　　　　　　　　　　　　　　【例 7 – 12】中的方差分析表

方差来源	离差平方和 SS	自由度 df	平均平方 MS	F 值	显著性
B	136.125	1	136.125	14.92	*
$A \times B$	171.125	1	171.125	18.75	*
$B \times C$	105.125	1	105.125	11.52	*

续表

方差来源	离差平方和 SS	自由度 df	平均平方 MS	F 值	显著性
$\left.\begin{matrix} A \\ C \\ 误差\ e \end{matrix}\right\} e^{\Delta}$	36.500	4	9.125		
总和 T	448.125	7			

查表得临界值 $F_{0.05}(1,4) = 7.71$，$F_{0.01}(1,4) = 21.20$，所以对于给定显著性水平 $\alpha = 0.05$，因素 B 和交互作用 $A \times B$、$B \times C$ 对试验结果都有显著影响。从表 7-40 中的 F 值的大小也可以看出因素的主次顺序为 $A \times B$、B、$B \times C$，这与极差分析结果是一致的。

（7）优方案的确定 交互作用 $A \times B$，$B \times C$ 都对试验指标有显著影响，所以因素 A、B、C 优水平的确定应依据 A、B 水平搭配表 7-52 和 B、C 水平搭配表 7-53。由于指标（废气中 SO_2 摩尔分数 ×100）是越小越好，所以因素 A、B 优水平搭配为 $A_1 B_2$，因素 B、C 优水平搭配为 $B_2 C_2$。于是，最后确定的优方案为 $A_1 B_2 C_2$，即碱浓度为 5%，操作温度为 20℃，填料选择乙种。

表 7-52   **【例 7-12】中的因素 A、B 水平搭配表**

因素	A_1	A_2
B_1	$\dfrac{y_1 + y_2}{2} = \dfrac{15 + 25}{2} = 20.0$	$\dfrac{y_5 + y_6}{2} = \dfrac{9 + 16}{2} = 12.5$
B_2	$\dfrac{y_3 + y_4}{2} = \dfrac{3 + 2}{2} = 2.5$	$\dfrac{y_7 + y_8}{2} = \dfrac{19 + 8}{2} = 13.5$

表 7-53   **【例 7-12】中的因素 B、C 水平搭配表**

因素	C_1	C_2
B_1	$\dfrac{y_1 + y_5}{2} = \dfrac{15 + 9}{2} = 12.0$	$\dfrac{y_2 + y_6}{2} = \dfrac{25 + 16}{2} = 20.5$
B_2	$\dfrac{y_3 + y_7}{2} = \dfrac{3 + 19}{2} = 11.0$	$\dfrac{y_4 + y_8}{2} = \dfrac{2 + 8}{2} = 5.0$

（二）三水平正交试验设计的方差分析

对于三水平正交试验的方差分析，因为 $r = \dfrac{n}{a} = \dfrac{n}{3}$，所以任一列（第 j 列）的离差平方和为

$$SS_j = \frac{1}{r}(K_{1j}^2 + K_{2j}^2 + K_{3j}^2) - P = \frac{3}{n}(K_{1j}^2 + K_{2j}^2 + K_{3j}^2) - P \tag{7-31}$$

【例 7-13】 自溶酵母提取物是一种多用途食品配料。为探讨啤酒酵母的最适自溶条件，安排三因素三水平正交试验。试验指标为自溶液中蛋白质含量（%）。试验因素水平表如表 7-54 所示，不考虑交互作用，试验方案及结果分析如表 7-55 所示。试对试验结果进行方差分析。

表 7 – 54	【例 7 – 13】中的因素与水平表		
水平	因素		
	A 温度/℃	B pH	C 加酶量/%
1	50	6.5	2.0
2	55	7.0	2.4
3	60	7.5	2.8

解:(1)列出正交表 $L_9(3^4)$ 和试验结果,如表 7 – 55 所示。

表 7 – 55	【例 7 –13】中的试验方案及试验结果				
试验号	因素				蛋白质含量/%
	A 温度/℃	B pH	C 加酶量/%	e 空列	
1	1(50)	1(6.5)	1(2.0)	1	6.25
2	1	2(7.0)	2(2.4)	2	4.97
3	1	3(7.5)	3(2.8)	3	4.54
4	2(55)	1	2	3	7.53
5	2	2	3	1	5.54
6	2	3	1	2	5.50
7	3(60)	1	3	2	11.4
8	3	2	2	3	10.9
9	3	3	1	1	8.95
K_1	15.76	25.18	22.65	20.74	$T = 65.58$
K_2	18.57	21.41	21.45	21.87	$P = 477.86$
K_3	31.25	18.99	21.48	22.97	$Q = 530.89$
K_1^2	248.38	634.03	513.02	430.15	
K_2^2	344.84	458.39	460.10	478.30	
K_3^2	976.56	360.62	461.39	527.62	
R	2.63	2.27	5.60	0.85	

(2)计算离差平方和

总离差平方和:$SS_T = Q_T - P = 530.89 - 477.86 = 53.03$

因素的离差平方和:

$$SS_A = \frac{1}{3}(K_{1A}^2 + K_{2A}^2 + K_{3A}^2) - P = \frac{1}{3}(248.38 + 344.84 + 976.56) - 477.86 = 45.40$$

同理:

$$SS_B = \frac{1}{3}(K_{1B}^2 + K_{2B}^2 + K_{3B}^2) - P = \frac{1}{3}(634.03 + 458.39 + 360.62) - 477.86 = 6.49$$

$$SS_C = \frac{1}{3}(K_{1C}^2 + K_{2C}^2 + K_{3C}^2) - P = \frac{1}{3}(513.02 + 460.10 + 461.39) - 477.86 = 0.31$$

误差平方和:$SS_e = SS_T - (SS_A + SS_B + SS_C) = 53.03 - (45.40 + 6.49 + 0.31) = 0.83$

(3)计算自由度

总自由度:$df_T = n - 1 = 9 - 1 = 8$

各因素自由度:$df_A = df_B = df_C = a - 1 = 3 - 1 = 2$

或 $df_e = df_T - (df_A + df_B + df_C) = 8 - (2 + 2 + 2) = 2$

(4)计算均方

$$MS_A = \frac{SS_A}{df_A} = 22.70$$

$$MS_B = \frac{SS_B}{df_B} = 3.23$$

$$MS_C = \frac{SS_C}{df_C} = 0.155$$

$$MS_e = \frac{SS_e}{df_e} = \frac{0.83}{2} = 0.415$$

在求得的均方值中发现 $MS_C < MS_e$,这说明了因素 C 对试验结果的影响较小,为次要因素,所以可以将它都归入误差,这样误差的离差平方和、自由度和均方都会随之发生变化,即

新误差列平方和:$SS_e^\Delta = SS_e + SS_C = 0.83 + 0.31 = 1.14$

新误差列自由度:$df_e^\Delta = df_e + df_C = 2 + 2 = 4$

新误差列均方:$MS_e^\Delta = \frac{SS_e^\Delta}{df_e^\Delta} = \frac{1.14}{4} = 0.285$

(5)计算 F 值

$$F_A = \frac{MS_A}{MS_e^\Delta} = \frac{22.70}{0.285} = 79.65$$

$$F_B = \frac{MS_B}{MS_e^\Delta} = \frac{3.23}{0.285} = 11.37$$

由于 C 已经并入误差列,因此就不需要再计算它们对应的 F 值。

(6)F 检验 将以上计算的统计量结果在方差分析表中列出,并得出相应因素显著性检验的结论。方差分析结果如表 7-56 所示。

表 7-56		【例 7-13】中的方差分析表			
方差来源	离差平方和 SS	自由度 df	平均平方 MS	F 值	显著性
A	45.40	2	22.70	79.6	* *
B	6.49	2	3.24	11.4	*
$\left.\begin{array}{c}C\\ \text{误差}\,e\end{array}\right\}e^\Delta$	1.14	4	0.285		
总和 T	53.03	8			

查表得临界值 $F_{0.05}(2,4) = 6.94$,$F_{0.01}(2,4) = 18.0$,所以对于给定显著性水平 $\alpha = 0.05$,因素 A 和 B 对试验结果都有显著影响,且 $F_A > F_{0.01}(2,4)$,说明因素 A 对试验结果影响非常显著。从表 7-40 中的 F 值的大小也可以看出因素的主次顺序为 A,B,C,这与极差

分析结果是一致的。

(三)四水平正交试验设计的方差分析

对于四水平正交试验的方差分析,任一列(第 j 列)的离差平方和为

$$SS_j = \frac{1}{r}(K_{1j}^2 + K_{2j}^2 + K_{3j}^2 + K_{4j}^2) - \frac{1}{n}T^2 \tag{7-32}$$

【例7-14】 某食品厂生产口香糖,检验口香糖的质量好坏需要分析拉伸率(越大越好)这一指标,现要进行口香糖配方的试验分析,因素与水平表如表7-57所示,结果分析如表7-58所示。

表7-57　　　　　　　　　　　　【例7-14】中的试验因素与水平

水平	因素			
	A 胶基添加量/%	B 葡萄糖浆添加量/%	C 糖粉添加量/%	D 薄荷添加量/%
1	19	17	58	0.8
2	20	18	59	0.9
3	21	19	60	1.0
4	22	20	61	1.1

解:(1)列出正交表 $L_9(3^4)$ 和试验结果,如表7-58所示。

表7-58　　　　　　　　　　　　【例7-14】中的试验方案及试验结果

试验号	因素					拉伸率/%
	A 胶基添加量/%	B 葡萄糖浆添加量/%	C 糖粉添加量/%	D 薄荷添加量/%	e	
1	1(19)	2(18)	3(60)	3(1.0)	2	545
2	2(20)	4(20)	1(58)	2(0.9)	2	490
3	3(21)	4	3	4(1.1)	3	515
4	4(22)	2	1	1(0.8)	3	505
5	1	3(19)	1	4	4	492
6	2	1(17)	3	1	4	485
7	3	1	1	3	1	499
8	4	3	3	1	1	480
9	1	1	4(61)	2	3	566
10	2	3	2(59)	3	3	539
11	3	3	4	1	2	511
12	4	1	2	4	2	515
13	1	4	2	1	1	535
14	2	2	4	2	1	488

续表

试验号	因素					拉伸率/%
	A 胶基 添加量/%	B 葡萄糖浆 添加量/%	C 糖粉 添加量/%	D 薄荷 添加量/%	e	
15	3	2	2	2	4	495
16	4	4	4	3	4	475
K_1	2055	2138	2016	2047	2059	$T = 8135$
K_2	1956	2002	1992	2016	2030	$P = 4136139.063$
K_3	2131	2020	2049	2021	2050	$Q_T = 4146307$
K_4	1993	1975	2078	2051	1996	
R	43.75	40.75	21.5	8.75	15.75	

（2）计算离差平方和

总离差平方和：$SS_T = Q_T - P = 4146307 - 4136139.063 = 10167.9375$

因素的离差平方和：$r = \dfrac{n}{a} = \dfrac{16}{4} = 4$

$$SS_A = \frac{1}{r}(K_{1A}^2 + K_{2A}^2 + K_{3A}^2 + K_{4A}^2) - \frac{1}{n}T^2 = 4403.6875$$

$$SS_B = \frac{1}{r}(K_{1B}^2 + K_{2B}^2 + K_{3B}^2 + K_{4B}^2) - \frac{1}{n}T^2 = 3879.1875$$

$$SS_C = \frac{1}{r}(K_{1C}^2 + K_{2C}^2 + K_{3C}^2 + K_{4C}^2) - \frac{1}{n}T^2 = 1062.1875$$

$$SS_D = \frac{1}{r}(K_{1D}^2 + K_{2D}^2 + K_{3D}^2 + K_{4D}^2) - \frac{1}{n}T^2 = 237.6875$$

误差平方和：$SS_e = SS_T - (SS_A + SS_B + SS_C + SS_D) = 585.1875$

（3）计算自由度

总自由度：$df_T = n - 1 = 16 - 1 = 15$

各因素自由度：$df_A = df_B = df_C = df_D = a - 1 = 4 - 1 = 3$

或 $df_e = df_T - (df_A + df_B + df_C + df_D) = 15 - (3 + 3 + 3 + 3) = 3$

（4）计算均方

$$MS_A = \frac{SS_A}{df_A} = 1467.896$$

$$MS_B = \frac{SS_B}{df_B} = 1293.063$$

$$MS_C = \frac{SS_C}{df_C} = 354.063$$

$$MS_D = \frac{SS_D}{df_D} = 79.229$$

$$MS_e = \frac{SS_e}{df_e} = \frac{585.1875}{3} = 195.063$$

（5）计算 F 值

$$F_A = \frac{MS_A}{MS_e} = \frac{1467.896}{195.063} = 7.525$$

$$F_B = \frac{MS_B}{MS_e} = \frac{1293.063}{195.063} = 6.629$$

$$F_C = \frac{MS_C}{MS_e} = \frac{354.063}{195.063} = 1.815$$

$$F_D = \frac{MS_D}{MS_e} = \frac{79.229}{195.063} < 1$$

（6）F 检验　将以上计算的统计量结果在方差分析表中列出，方差分析结果如表 7 - 59 所示。

表 7 - 59　　　　　　　　　【例 7 - 14】中的方差分析表（1）

方差来源	离差平方和 SS	自由度 df	平均平方 MS	F 值	显著性
A	4403.6875	3	1467.896	7.525	$**$
B	3879.1875	3	1293.063	6.629	$*$
C	1062.1875	3	354.063	1.815	
D	237.6875	3	79.229	<1	
误差 e	585.1875	3	195.063		
总和 T	10167.9375	15			

查表得临界值 $F_{0.05}(3,3) = 9.28$，$F_{0.01}(3,3) = 29.46$，对于给定显著性水平 $\alpha = 0.05$，所有因素对试验结果都无显著影响，且发现因素 D 的 F 值 <1，所以考虑将 D 与误差列合并处理。合并误差列后所得的方差分析表如表 7 - 60 所示。

表 7 - 60　　　　　　　　　【例 7 - 14】中的方差分析表（2）

方差来源	离差平方和 SS	自由度 df	平均平方 MS	F 值	显著性
A	4403.6875	3	1467.896	10.71	$**$
B	3879.1875	3	1293.063	9.43	$*$
C	1062.1875	3	354.063	2.58	
$\left.\begin{matrix} D \\ \text{误差 } e \end{matrix}\right\} e^{\Delta}$	822.875	6	137.15		
总和 T	10167.9375	15			

查表得临界值 $F_{0.05}(3,6) = 4.76$，$F_{0.01}(3,6) = 9.78$，对于给定显著性水平 $\alpha = 0.05$，因素 A、B 对试验结果具有显著影响，且 $F_A > F_{0.01}(3,6)$，说明因素 A 对试验结果影响非常显著。而因素 C 对试验结果影响不显著，从表 7 - 60 中的 F 值的大小也可以看出因素的主次顺序为 A、B、C，这与极差分析结果是一致的。

三、不同水平正交试验设计的方差分析

不同水平的正交试验设计的方差分析与相同水平的正交表方差分析基本相同，只是在

计算离差平方和 SS_j 时,应注意各列水平数的差别。

(一)混合水平正交表法正交试验设计的方差分析

【例7-15】 以面包专用粉为主要原料,通过添加乳酸菌、酵母、面包改良剂、白糖等辅料,采用二次发酵工艺生产面包。以产品硬度值为指标,通过正交试验,确定最佳的工艺条件,考察白砂糖用量、酵母与乳酸菌比例、发酵时间等三个因素。因素与水平表如表7-61所示,结果分析如表7-62所示,试对结果进行方差分析。

表7-61　　　　　　　　　　　　　　　【例7-15】中的因素与水平表

水平	因素		
	A 白砂糖用量/%	B 酵母与乳酸菌比例	C 发酵时间/min
1	10	1:1	40
2	15	1:2	60
3	20		
4	25		

解:(1)试验方案与结果如表7-62所示。

表7-62　　　　　　　　　　　　　　【例7-15】中的正交试验方案及试验结果

试验号	因素					硬度值
	A 白砂糖用量/%	B 酵母与乳酸菌比例	C 发酵时间/min	4 空列	5 空列	
1	1(10)	1(1:1)	1(40)	1	1	31.60
2	1	2(1:2)	2(60)	2	2	31.00
3	2(15)	1	1	2	2	31.60
4	2	2	2	1	1	30.50
5	3(20)	1	2	1	2	31.20
6	3	2	1	2	1	31.00
7	4(25)	1	2	2	1	33.00
8	4	2	1	1	2	30.00
K_1	62.60	127.40	124.20	123.30	126.10	
K_2	62.10	122.50	125.70	126.60	123.80	
K_3	62.20					$T = 249.90$
K_4	63.00					$P = 7806.25$
K_1^2	3918.76	16230.76	15425.64	15202.89	15901.21	$Q_T = 7811.81$
K_2^2	3856.41	15006.25	15800.49	16027.56	15326.44	
K_3^2	3868.84					
K_4^2	3969.00					
SS_j	0.2550	3.0025	0.2825	1.3625	0.6625	

（2）计算离差平方和

总离差平方和：$SS_T = Q_T - P = 7811.81 - 7806.25 = 4.895$

因素的离差平方和：$r_A = \dfrac{n}{a} = \dfrac{8}{4} = 2r_B = r_C = r_{空列} = \dfrac{n}{a} = \dfrac{8}{2} = 4$

$$SS_A = \frac{1}{r}\left(K_{1A}^2 + K_{2A}^2 + K_{3A}^2 + K_{4A}^2\right) - \frac{1}{n}T^2 = \frac{1}{2}\left(K_{1A}^2 + K_{2A}^2 + K_{3A}^2 + K_{4A}^2\right) - \frac{1}{8}T^2 = 0.2550$$

$$SS_B = SS_2 = \frac{1}{n}\left(K_{1B} - K_{2B}\right)^2 = \frac{1}{8}\left(127.40 - 122.50\right)^2 = 3.0025$$

$$SS_C = SS_4 = \frac{1}{n}\left(K_{1C} - K_{2C}\right)^2 = \frac{1}{8}\left(124.20 - 125.70\right)^2 = 0.2825$$

$$SS_{空列1} = SS_4 = \frac{1}{n}\left(K_{1空列} - K_{2空列}\right)^2 = \frac{1}{8}\left(123.30 - 126.60\right)^2 = 1.3625$$

$$SS_{空列2} = SS_5 = \frac{1}{n}\left(K_{1空列} - K_{2空列}\right)^2 = \frac{1}{8}\left(126.10 - 123.80\right)^2 = 0.6625$$

误差平方和：$SS_e = SS_4 + SS_5 = 1.3625 + 0.6625 = 2.0250$

或 $SS_e = SS_T - \left(SS_A + SS_B + SS_C\right)$

$\qquad = 4.895 - \left(0.2550 + 3.0025 + 0.2825\right)$

$\qquad = 2.0250$

（3）计算自由度

总自由度：$df_T = n - 1 = 8 - 1 = 7$

各因素自由度：$df_A = a - 1 = 4 - 1 = 3$

$\qquad\qquad df_B = df_C = a - 1 = 2 - 1 = 1$

$\qquad\qquad df_e = df_T - \left(df_A + df_B + df_C\right) = 7 - \left(3 + 1 + 1\right) = 2$

（4）计算均方

$$MS_A = \frac{SS_A}{df_A} = \frac{0.2550}{3} = 0.0850$$

$$MS_B = \frac{SS_B}{df_B} = \frac{3.0025}{1} = 3.0025$$

$$MS_C = \frac{SS_C}{df_C} = 0.2825$$

$$MS_e = \frac{SS_e}{df_e} = \frac{2.0250}{2} = 1.0125$$

在求得的均方值中发现 $MS_A < MS_e, MS_C < MS_e$，这说明了因素 A,C 对试验结果的影响较小，为次要因素，所以可以将它们都归入误差，这样误差的离差平方和、自由度和均方都会随之发生变化，即

新误差列平方和：$SS_e^{\Delta} = SS_e + SS_A + SS_C = 2.0250 + 0.2250 + 0.2825 = 2.5625$

新误差列自由度：$df_e^{\Delta} = df_e + df_A + df_C = 2 + 3 + 1 = 6$

新误差列均方：$MS_e^{\Delta} = \dfrac{SS_e^{\Delta}}{df_e^{\Delta}} = \dfrac{2.5625}{6} = 0.4270$

（5）计算 F 值

$$F_B' = \frac{MS_B}{MS_e^{\Delta}} = \frac{3.0025}{0.4270} = 7.032$$

由于 A、C 已经并入误差列，因此就不需要再计算它们对应的 F 值。未 F 合并时 F_A、F_B 值计算如下。

$$F_A = \frac{MS_A}{MS_e} = \frac{0.0850}{1.0120} = 0.077$$

$$F_C = \frac{MS_C}{MS_e} = \frac{0.2825}{1.0120} = 0.279$$

（6）F 检验　将以上计算的统计量结果在方差分析表中列出，并得出相应因素显著性检验的结论。未合并误差列及合并误差列后的方差分析结果如表 7-63 和表 7-64 所示。

表 7-63　　　　　　　　　　【例 7-15】中的方差分析表（1）

方差来源	离差平方和 SS	自由度 df	平均平方 MS	F 值	显著性
A	0.2550	3	0.0850	0.077	
B	3.0025	1	3.0025	2.965	*
C	0.2825	1	0.2825	0.279	
误差 e	2.025	2	1.0125		
总和 T	4.895	7			

注：$F_{0.25}(1,2) = 2.57$，$F_{0.1}(1,2) = 8.53$；$F_{0.05}(1,2) = 18.51$，$F_{0.01}(1,2) = 98.50$。

由表 7-51 结果表明，除 B 因素有显著影响外，其余因素均无影响。此时，将因素平均平方和小于或接近于误差项平均平方的列进行合并，形成新误差列，这时方差分析表如表 7-64 所示。

表 7-64　　　　　　　　　　【例 7-15】中的方差分析表（2）

方差来源	离差平方和 SS	自由度 df	平均平方 MS	F 值	显著性
B	3.0025	1	3.0025	7.032	*
$\left.\begin{matrix}A\\C\\ \text{误差 } e\end{matrix}\right\} e^{\Delta}$	2.5625	6	0.4270		
总和 T	2.895	7			

注：$F_{0.05}(1,6) = 5.99$，$F_{0.01}(1,6) = 13.75$。

由表 7-64 可以看出因素 B 对考察指标有显著影响，A、C 因素对考察指标几乎没有影响。因素影响的主次顺序为 $B > C > A$，最佳水平组合为 $A_4 B_1 C_2$。

（二）混合水平的拟水平正交试验设计的方差分析

【例 7-16】　设某试验需考察 A、B、C、D 四个因素，其中 C 是 2 水平的，其余 3 个因素都是 3 水平的，具体数值如表 7-65 所示。试验指标越大越好，试安排试验并对试验结果进行方差分析，找出最好的试验方案。

表 7 – 65 **【例 7 – 16】中的试验因素与水平**

水平	因素			
	A	B	C	D
1	350	5	60	65
2	250	15	80	75
3	300	10	80(拟水平)	85

解：

（1）方案安排及直观分析　这是一个 4 因素，其中 C 因素为 2 水平，其余因素为 3 水平的正交试验设计。选用 $L_9(3^4)$ 较为合理，由于因素 C 与其他因素的水平不一致，因此采用拟水平法对本试验进行设计并实施。

从 C 因素的两个水平中根据实际经验选取一个好的水平让它重复一次作为第三个水平，这个重复的水平作为因素 C 的第三个水平（C_3）。表头设计及试验结果如表 7 – 66 所示。

表 7 – 66 **【例 7 – 16】中的试验方案及试验结果**

试验号	因素				试验结果
	A	B	C	D	x_i
1	1(350)	1(5)	1(60)	1(65)	45
2	1	2(15)	2(80)	2(75)	36
3	1	3(10)	3(80)	3(85)	12
4	2(250)	1	2	3	15
5	2	2	3	1	40
6	2	3	1	2	15
7	3(300)	1	3	2	10
8	3	2	2	3	5
9	3	3	1	1	47
K_1	93	70	65	132	
K_2	70	81	160	61	$T = 225$
K_3	62	74		32	$P = 7849$
k_1	31.0	23.3	21.7	44.0	$Q_T = 5625$
k_2	23.3	27.0	26.7	20.3	
k_3	20.7	24.7		10.7	
R	10.3	3.7	5.0	33.3	
S_i	172.67	20.67	50	1764.67	

（2）计算离差平方和

总离差平方和：$SS_T = Q_T - P = 7849 - 5625 = 2224$

因素的离差平方和：

$$SS_A = \frac{1}{3}(K_{1A}^2 + K_{2A}^2 + K_{3A}^2) - P = 172.67$$

同理：

$$SS_B = \frac{1}{3}(K_{1B}^2 + K_{2B}^2 + K_{3B}^2) - P = 20.67$$

$$SS_C = \frac{1}{3}K_{1C}^2 + \frac{1}{6}K_{2C}^2 - P = \frac{1}{3} \times 65^2 + \frac{1}{6} \times 160^2 - \frac{1}{9} \times 225^2 = 50$$

$$SS_D = \frac{1}{3}(K_{1D}^2 + K_{2D}^2 + K_{3D}^2) - P = 1764.67$$

误差平方和：$SS_e = SS_T - (SS_A + SS_B + SS_C + SS_D) = 216$

（3）计算自由度

总自由度：$df_T = n - 1 = 9 - 1 = 8$

各因素自由度：$df_A = df_B = df_D = a - 1 = 3 - 1 = 2$

$$df_C = 2 - 1 = 1$$

$$df_e = df_T - (df_A + df_B + df_C + df_D) = 8 - (2 + 2 + 1 + 2) = 1$$

（4）计算均方

$$MS_A = \frac{SS_A}{df_A} = \frac{172.67}{2} = 86.33$$

$$MS_B = \frac{SS_B}{df_B} = \frac{20.67}{2} = 10.33$$

$$MS_C = \frac{SS_C}{df_C} = \frac{50.00}{1} = 50.00$$

$$MS_D = \frac{SS_D}{df_D} = \frac{1764.67}{2} = 882.33$$

$$MS_e = \frac{SS_e}{df_e} = \frac{216}{1} = 216$$

由于 $MS_A < MS_e, MS_B < MS_e, MS_C < MS_e$，这说明了因素 A、B、C 对试验结果的影响较小，为次要因素，所以可以将它都归入误差，这样误差的离差平方和、自由度和均方都会随之发生变化。

新误差列平方和：$SS_e^\Delta = SS_e + SS_A + SS_B + SS_C = 216 + 172.67 + 20.67 + 50 = 459.34$

新误差列自由度：$df_e^\Delta = df_e + df_A + df_B + df_C = 1 + 2 + 2 + 1 = 6$

新误差列均方：$MS_e^\Delta = \frac{SS_e^\Delta}{df_e^\Delta} = \frac{459.34}{6} = 76.56$

（5）计算 F 值

$$F_D = \frac{MS_D}{MS_e^\Delta} = \frac{882.33}{76.56} = 11.52$$

由于因素 A、B、C 已经并入误差列，因此就不需要再计算它们对应的 F 值。

（6）F 检验 将以上计算的统计量结果在方差分析表中列出，并得出相应因素显著性检验的结论。方差分析结果如表 7 - 67 所示。

表 7 – 67   **【例 7 – 16】中的方差分析表**

方差来源	离差平方和 SS	自由度 df	平均平方 MS	F 值	显著性
A	172. 67	2	86. 33		
B	20. 67	2	10. 33		
C	50. 00	1	50. 00		
D	1764. 67	2	882. 33	11. 52	* *
e	216	1	216		
$\left.\begin{array}{l}A\\B\\C\\ \text{误差 } e\end{array}\right\} e^\Delta$	459. 34	6	76. 56		
总和 T	1471. 88	8			

注:$F_{0.05}(2,6) = 5.14$,$F_{0.01}(2,6) = 10.92$。

由于因素 A、B、C 已经并入误差,所以不需要计算它们的 F 值。从方差分析表可以看出 $F_D > F_{0.01}(2,6)$,说明因素 D 对试验结果影响非常显著,因素 A、B、C 对试验指标无显著性影响。结合极差的大小顺序可以判断因素影响的主次顺序为:$D > A > C > B$,D 因素的优水平为 1 水平,而 A、B、C 对指标值影响不显著的因素可以先不进行优选,视实际生产工艺具体情况而定。

四、重复试验与重复取样正交试验设计的方差分析

在正交试验设计方案的实施中,若遇以下情况则需进行重复(取样)试验。

(1)正交表各列已被因素及交互作用占满,没有空白列也无经验误差(由以往的经验确定),这时为了估计试验误差进行方差分析,一般除选用更大的正交表外,还可做(取样)试验。

(2)虽然因素没有占满正交表的所有列,即尚有少数空白列,但由于试验的原因做了重复(取样)试验,以提高试验精度,减少试验误差的干扰。

重复试验是指在同一试验室中,由同一个操作者,用同一台仪器在相同试验方法和试验条件下,对同一试样在短期内(一般不超过 7d)进行连续两次或多次分析的试验。

重复取样是指若在一个试验中,得出的产品是多个,则可对产品重复抽取样品分别进行测试,得到若干个测试的数据。

重复试验与重复取样误差的区别如下所述。

(1)重复试验需要增加试验次数;而重复取样不增加试验次数,只是对一次试验的多个产品分别进行测试。

(2)若试验过程简单、成本低,没有时间限制,可选择重复试验;若试验过程复杂,成本高,且一个试验得出的产品是多个,可选择重复取样。

(3)重复试验误差包括所有干扰的因素,反映的是整体误差,重复试验次数多了,可能把所有的因素都包括进去了;而重复取样反映的是产品的不均匀性与试验的测量误差(称为局

部误差),因而一般来说,重复试验误差大于重复取样误差。

重复试验的方差分析与无重复试验的情况基本相同,但有其特点:

(1)计算 K_{1j},K_{2j}…时,是以各号试验下的数据之和进行计算。

(2)离差平方和的计算公式中的"水平重复数 r"应为"无重复试验时的水平重复数 r 与重复试验数 k 的乘积",即

$$SS_j = \frac{1}{r'} \sum_{p=1}^{m} K_{pj}^2 - \frac{1}{n} T^2 = \frac{1}{r'} (K_{1j}^2 + K_{2j}^2 + \cdots + K_{mj}^2) - \frac{1}{n} T^2 \qquad (7-33)$$

$$r' = r \cdot k = \frac{n}{a} \cdot k$$

(3)总的试验误差(总体误差)SS_e 包括空列误差 SS_{e1}(称第一类误差)与重复试验误差 SS_{e2}(称第二类误差),即

$$SS_e = SS_{e1} + SS_{e2} \qquad (7-34)$$

$$df_e = df_{e1} + df_{e2} \qquad (7-35)$$

$$SS_{e2} = \sum_{i=1}^{n} \sum_{j=1}^{k} (x_{ij})^2 - \frac{1}{k} \sum_{i=1}^{n} \left(\sum_{j=1}^{k} x_{ij} \right)^2 \qquad (7-36)$$

$$df_{e2} = n(k-1) \qquad (7-37)$$

【例7-17】　硅钢带取消黑退火(空气退火)工艺试验。硅钢带经退火后能脱除一部分碳,但钢带生成很厚的氧化皮,增加酸洗困难且此工艺耗电大,今想取消这道工序。为此,用正交表安排试验,考察经过黑退火与取消黑退火后钢带的磁性是否一致。试验选取的因素与水平表,如表7-68所示。

表7-68　　　　　　　　　　　【例7-17】中的试验因素与水平表

水平	因素	
	A 退火工艺	B 成品厚度/mm
1	黑退火	0.20
2	取消黑退火	0.35

解:选用 $L_4(2^3)$ 正交表安排试验,其表头设计、试验方案及试验结果如表7-69所示。

表7-69　　　　　　　　　　　【例7-17】中的试验方案及试验结果

试验号	列号			试验结果 $x_{ij}\left(\times\frac{1}{100}-184\right)$					合计 x_i
	A 退火工艺	B 成品厚度/mm	e						
1	1(黑退火)	1(0.20)	1	2.0	5.0	1.5	2.0	1.0	11.5
2	1	2(0.35)	2	8.0	5.0	3.0	7.0	2.0	25.0
3	2(取消黑退火)	1	1	4.0	7.0	0.0	5.0	6.5	22.5
4	2	2	2	7.5	7.0	5.0	4.0	1.5	25.0
K_1	36.5	34.0	36.5	$T = \sum_{i=1}^{4}\sum_{j=1}^{5} x_{ij} = 84$					
K_2	47.5	50.0	47.5						

续表

试验号	列号			试验结果	合计
	A 退火工艺	B 成品厚度/mm	e	$x_{ij}\left(\times\dfrac{1}{100}-184\right)$	x_i
K_1^2	1332.25	1156.00	1332.25	$Q_T = \dfrac{T^2}{n \cdot k}$	
K_2^2	2256.25	2500.00	2256.25		
SS_j	6.05	12.8	6.05	$SS_j = \dfrac{K_{1j}^2 + K_{2j}^2}{n \cdot k} - Q_T$	

第一类误差：$SS_{e1} = SS_3 = 6.05$

$$df_{e1} = df_3 = a - 1 = 2 - 1 = 1$$

第二类误差：

$$SS_{e2} = \sum_{i=1}^{n} \sum_{j=1}^{k} (x_{ij})^2 - \frac{1}{k} \sum_{i=1}^{n} \left(\sum_{j=1}^{k} x_{ij} \right)^2$$

$$= (2^2 + 5^2 + \cdots + 1.5^2) - \frac{1}{5}(11.5^2 + 25^2 + 22.5^2 + 25^2)$$

$$= 90.3$$

$$df_{e2} = 4 \times (5 - 1) = 16$$

本例为重复试验，SS_{e1} 和 SS_{e2} 都属于总体误差，所以，合并 SS_{e1} 和 SS_{e2} 得

$$SS_e = SS_{e1} + SS_{e2} = 6.05 + 90.3 = 96.35$$

$$df_e = df_{e1} + df_{e2} = 1 + 16 = 17$$

列出方差分析表 7 – 70，用 SS_e 对因素进行显著性检验。

表 7 – 70   **【例 7 – 17】中的方差分析表**

方差来源	离差平方和 SS	自由度 df	平均平方 MS	F 值	显著性
A	6.05	1	6.05	1.07	
B	12.8	1	12.8	2.26	*
e_1	6.05	1			
e_2	90.3	16			
$\left.\begin{array}{c} e_1 \\ e_2 \end{array}\right\} e^\Delta$	96.35	17	5.67		
总和 T	115.2	19			

注：$F_{0.1}(1,17) = 3.03$，$F_{0.25}(1,17) = 1.42$。

由方差分析表可知，成品厚度对硅钢带磁性有较显著影响，而退火工艺对指标值的影响不显著。

第五节　SPSS 在正交试验结果分析中的应用

一、SPSS 操作步骤

1. 将相关数据输入 SPSS 数据编辑窗口后，依次选择：分析→一般线性模型→单变量，即

可打开【单变量】主对话框。

2. 将左边"目标值"变量选入右边"因变量"（因变量列表），a、b 和 c 项目选入"固定因子(s)"（自变量），"d"因子（即空列）不动，用于估算试验误差。

3. 选择【模型】按钮，打开【单变量模型】子对话框。在此对话框中选择"设定"（自定义模型），将左边 a、b 和 c 项目选入"模型"中，按【继续】按钮返回【单变量】主对话框。

4. 选择【两两比较】，打开【单变量：观测均值的两两比较】对话框，将左边 a、b 和 c 项目选入"两两比较检验"中，选择"Duncan"，单击【继续】返回【单变量】主对话框。

二、单指标正交试验设计及其结果的分析

【例 7 - 18】　一种新型的食品乳化剂，通过酯化反应制得，现对其合成工艺进行优化，以提高乳化剂的乳化能力。根据探索性试验，确定的因素与水平如表，3 因素 3 水平（假定因素间无交互作用），指标值为：乳化能力，越大越好，如表 7 - 71 所示。

表 7 -71　　　　　　　　　　　【例 7 - 17】中的试验因素与水平

水平	因素		
	A 温度/℃	B 酯化时间/h	C 催化剂种类
1	130	3	甲
2	120	2	乙
3	110	4	丙

（1）根据试验目的，明确试验方案，如表 7 - 72 所示。

表 7 - 72　　　　　　　　　　　【例 7 - 18】中的试验方案

试验号	因素				试验方案
	A 温度/℃	B 酯化时间/h	C 催化剂种类	e	
1	1(130)	1(3)	1(甲)	1	$A_1B_1C_1$
2	1	2(2)	2(乙)	2	$A_1B_2C_2$
3	1	3(4)	3(丙)	3	$A_1B_3C_3$
4	2(120)	1	2	3	$A_2B_1C_2$
5	2	2	3	1	$A_2B_2C_3$
6	2	3	1	2	$A_2B_3C_1$
7	3(110)	1	3	2	$A_3B_1C_3$
8	3	2	2	3	$A_3B_2C_2$
9	3	3	1	1	$A_3B_3C_1$

（2）将相关数据输入 SPSS 数据编辑窗口，如图 7 - 7，图 7 - 8 所示。

	名称	类型	宽度	小数	标签	值	缺失	列	对齐	度量标准
1	a	数值(N)	8	0		{1, 130℃}...	无	8	▆ 右(R)	⊘ 度量(S)
2	空列	数值(N)	8	0		无	无	8	▆ 右(R)	⊘ 度量(S)
3	b	数值(N)	8	0		{1, 3小时}...	无	8	▆ 右(R)	⊘ 度量(S)
4	c	数值(N)	8	0		{1, 甲催化剂...	无	8	▆ 右(R)	⊘ 度量(S)
5	乳化能力	数值(N)	8	2		无	无	8	▆ 右(R)	⊘ 度量(S)

图7-7　变量设置窗口

	a	空列	b	c	乳化能力
1	1	1	1	1	0.56
2	1	2	2	2	0.74
3	1	3	3	3	0.57
4	2	1	2	3	0.87
5	2	2	3	1	0.85
6	2	3	1	2	0.82
7	3	1	3	2	0.67
8	3	2	1	3	0.64
9	3	3	2	1	0.66

图7-8　变量安排窗口

(3)依次选择　分析→一般线性模型→单变量,即可打开【单变量】主对话框,如图7-9所示。

图7-9　单变量分析命令选择

178

（4）将左边"目标值"变量选入右边"因变量"（因变量列表），a、b 和 c 项目选入"固定因子"（自变量），"d"因子（即空列）不动，用于估算试验误差，如图 7 - 10、图 7 - 11 所示。

图 7 - 10　单变量分析对话框

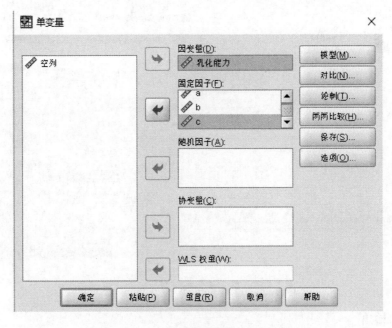

图 7 - 11　单变量分析输入变量对话框

（5）选择【模型】按钮,打开【单变量模型】子对话框。在此对话框中选择"设定"（自定义模型）,将左边 a、b 和 c 项目选入"模型"中,按【继续】按钮返回【单变量】主对话框,如图 7-12 所示。

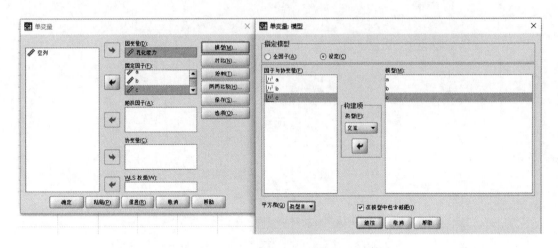

图 7-12　单变量分析模型对话框

（6）选择【两两比较】,打开【单变量:观测均值的两两比较】对话框,将左边 a、b 和 c 项目选入"两两比较检验"中,选择"Duncan",单击【继续】返回【单变量】主对话框,如图 7-13 所示。

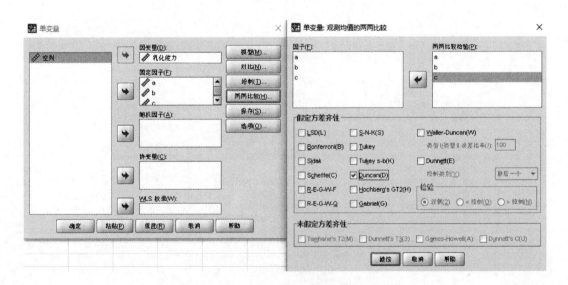

图 7-13　单变量分析两两比较对话框

（7）结果输出

①输出 1——自变量概况表,如表 7-73 所示。

表7-73　　　　　　　　　　　　　　主体间因子

因素	水平	标签值	N
a	1	130℃	3
	2	120℃	3
	3	110℃	3
b	1	3h	3
	2	2h	3
	3	4h	3
c	1	甲催化剂	3
	2	乙催化剂	3
	3	丙催化剂	3

由上表中可看出,因素 A、B、C 均有3个水平,每个水平有3次重复。

②输出2——试验结果方差分析表,如表7-74所示。

表7-74　　　　　　　　　　　　　　主体间效应的检验

因变量:乳化能力

源	Ⅲ型平方和	df	均方	F	Sig.
校正模型	0.104[a]	6	0.017	5.996	0.150
截距	4.523	1	4.523	1571.598	0.001
a	0.087	2	0.044	15.131	0.062
b	0.011	2	0.006	1.927	0.342
c	0.005	2	0.003	0.931	0.518
误差	0.006	2	0.003		
总计	4.632	9			
校正的总计	0.109	8			

a. $R^2 = 0.947$(调整 $R^2 = 0.789$)。

由上表中可看出,因素的 Sig. 值均大于0.05,说明各因素试验结果均无显著影响。

③输出 A 因素对乳化能力影响的 Duncan 多重比较,见表7-75。

表7-75　　　　　　　　　因素对乳化能力影响的 Duncan 多重比较

Duncan[a, b]

A	N	子集		A	N	子集	
		1	2			1	2
130℃	3	0.6233		120℃	3		0.8467
110℃	3	0.6567		Sig.		0.526	1.000

注:已显示同类子集中的组均值,基于观测到的均值;误差项为均值方(错误)=0.03;

a. 使用调和均值样本大小=3.000;b. α=0.05。

从表7-75中可看出,A 因素的第二水平最好。第一水平与第三水平无显著差异。

④输出 B 因素对乳化能力影响的 Duncan 多重比较,如表 7 – 76 所示。

表 7 –76　　　　　　　　　　因素对乳化能力影响的 Duncan 多重比较

Duncan^{a, b}

B	N	子集 1	B	N	子集 1
3h	3	0.6733	2h	3	0.7567
4h	3	0.6967	Sig.		0.184

注:已显示同类子集中的组均值,基于观测到的均值;误差项为均值方（错误）=0.003;

a. 使用调和均值样本大小 =3.000;b. α =0.05。

从表 7 – 76 中可看出,B 因素的水平差异不明显,以第二水平(2h)相对较好。

⑤输出 C 因素对乳化能力影响的 Duncan 多重比较,见表 7 – 77。

表 7 –77　　　　　　　　　C 因素对乳化能力影响的 Duncan 多重比较

Duncan^{a,b}

C	N	子集 1	C	N	子集 1
甲催化剂	3	0.6900	乙催化剂	3	0.7433
丙催化剂	3	0.6933	Sig.		0.330

注:已显示同类子集中的组均值,基于观测到的均值;误差项为均值方（错误）=0.003;

a. 使用调和均值样本大小 =3.000;b. α =0.05。

从表 7 – 77 中可看出,C 因素的水平差异不明显,以第二水平(乙种催化剂)相对较好。

(一)有交互作用的正交试验设计及其结果的分析

【例 7 –19】　用石墨炉原子吸收分光光度计法测定食品中的铅,为提高测定灵敏度,希望吸光度大。为提高吸光度,对 A(灰化温度/℃)、B(原子化温度/℃)和 C(灯电流/mA)三个因素进行了考察,并考虑交互作用 A×B、A×C,各因素及水平如表 7 –78 所示。试进行正交试验,找出最优水平组合。

3 因素 2 水平正交试验,考虑交互作用:A×B、A×C,指标:吸光度,越大越好。如表 7 – 78 所示。

表 7 –78　　　　　　　　　　【例 7 –18】试验因素与水平

水平	因素		
	A	B	C
1	300	1800	8
2	700	2400	10

解:(1)明确试验方案、进行试验、得到试验结果及其结果的直观分析,如表 7 – 79 所示。

表 7 -79　　　　　　　　　　　【例 7 - 18】正交试验方案及试验结果

试验号	因素							吸光度
	A	B	$A \times B$	C	$A \times C$	空列	空列	
1	1(300)	1(1800)	1	1(8)	1	1	1	0.484
2	1	1	1	2	2	2	2	0.448
3	1	2(2400)	2	1(10)	1	2	2	0.532
4	1	2	2	2	2	1	1	0.516
5	2(700)	1	2	1	2	1	2	0.472
6	2	1	2	2	1	2	1	0.480
7	2	2	1	1	2	2	1	0.554
8	2	2	1	2	1	1	2	0.552
K_1	1.980	1.884	2.038	2.042	2.048	2.024	2.034	
K_2	2.058	2.154	2.000	1.996	1.990	2.014	2.004	
R	0.078	0.270	0.038	0.046	0.058	0.010	0.030	
因素主次				$B > A > A \times C > C > A \times B$				

（2）输入变量，运行结果，如图 7 - 14 ~ 图 7 - 20 所示。

	名称	类型	宽度	小数	标签	值	缺失	列	对齐	度量标准
1	a	数值(N)	8	0		{1, 300℃}...	无	8	右(R)	度量(S)
2	b	数值(N)	8	0		{1, 1800℃}...	无	8	右(R)	度量(S)
3	ab	数值(N)	8	0		无	无	8	右(R)	度量(S)
4	c	数值(N)	8	0		{1, 8mA}...	无	8	右(R)	度量(S)
5	ac	数值(N)	8	0		无	无	8	右(R)	度量(S)
6	空列1	数值(N)	8	0		无	无	8	右(R)	度量(S)
7	空列2	数值(N)	8	0		无	无	8	右(R)	度量(S)
8	吸光度	数值(N)	8	3		无	无	8	右(R)	度量(S)

图 7 - 14　变量设置窗口

a	b	ab	c	ac	空列1	空列2	吸光度
1	1	1	1	1	1	1	0.484
1	1	1	2	2	2	2	0.448
1	2	2	1	1	2	2	0.532
1	2	2	2	2	1	1	0.516
2	1	2	1	2	1	2	0.472
2	1	2	2	1	2	1	0.480
2	2	1	1	2	2	1	0.554
2	2	1	2	1	1	2	0.552

图 7 - 15　变量安排窗口

a	b			ac	空列1	空列2	吸光度
1	1		1	1	1	1	0.484
1	1			2	2	2	0.448
1	2			2	2	2	0.532
1	2			1	1	1	0.516
2	1			1	1	2	0.472
2	1			2	2	1	0.480
2	2		2	2	1	0.554
2	2		1	1	1	2	0.552

菜单栏：视图(V)　数据(D)　转换(T)　分析(A)　图形(G)　实用程序(U)　附加内容(O)　窗口(W)　帮助

分析下拉菜单：
报告
描述统计
表(T)
RFM 分析
比较均值(M)
一般线性模型(G) → GLM GEN 单变量(U)…　GLM MULT 多变量(M)…　GLM REP 重复度量(R)…　方差成分(V)…
广义线性模型
混合模型(X)
相关(C)
回归(R)
对数线性模型(O)
神经网络

图 7 – 16　单变量分析命令选择对话框

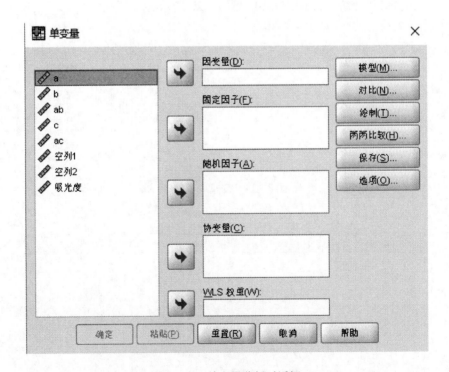

图 7 – 17　单变量分析对话框

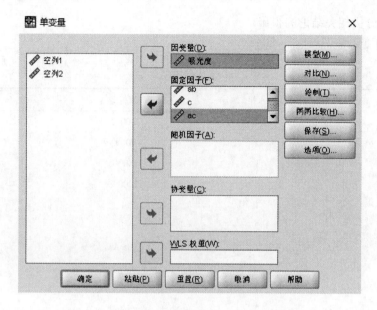

图 7 - 18　单变量分析输入变量对话框

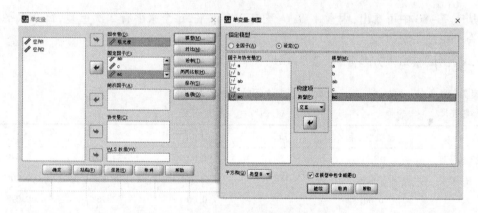

图 7 - 19　单变量分析模型对话框

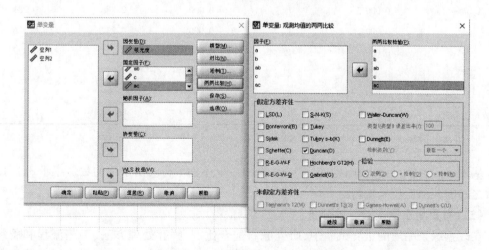

图 7 - 20　单变量分析两两比较对话框

（3）方差分析相关结论的得出

①输出自变量概况（表7-80）

表7-80 　　　　　　　　　　　主体间因子

因素	水平	值标签	N
a	1	300℃	4
	2	700℃	4
b	1	1800℃	4
	2	2400℃	4
ab	1	1	4
	2	2	4
c	1	8mA	4
	2	10mA	4
ac	1	1	4
	2	2	4

从表7-80中可看出，因素 A、B、C、均有2个水平，每个水平有2次重复，每个水平在试验组合中出现4次。

②输出试验结果方差分析（表7-81）

表7-81 　　　　　　　　　　　主体间效应的检验

因变量:吸光度

源	Ⅲ型平方和	df	均方	F	Sig.
校正模型	0.011[a]	5	0.002	34.363	0.029
截距	2.038	1	2.038	32610.888	0.000
a	0.001	1	0.001	12.168	0.073
b	0.009	1	0.009	145.800	0.007
ab	0.000	1	0.000	2.888	0.231
c	0.000	1	0.000	4.232	0.176
ac	0.000	1	0.000	6.728	0.122
误差	0.000	2	6.250E-5		
总计	2.049	8			
校正的总计	0.011	7			

a. $R^2 = 0.988$（调整 $R^2 = 0.960$）。

从表7-81中可看出，因素的主次，水平的搭配还是不行。由于组的数量小于3，因此各因素之间的两两比较未执行。

（二）有重复正交试验方差分析

在改善绿茶品质的正交试验中，研究原料配合比例、鲜叶处理方法、工艺流程和肥料用量等因素对绿茶品质的影响，每种组合下重复测定两次。试通过 SPSS 对正交试验的结果进行分析,如表 7 -82,图 7 -21 ~图 7 -27 所示。

表 7 -82 绿茶品质试验结果

试验号	因素				品质评分	
	A 配合比例	B 鲜叶处理	C 工艺流程	D 肥料用量	I	II
1	1	1	1	1	78.9	78.1
2	1	2	2	2	77.0	77.0
3	1	3	3	3	77.5	78.53
4	2	1	2	3	80.1	480.9
5	2	2	3	1	77.6	578.4
6	2	3	1	2	78.0	679.0
7	3	1	3	2	76.7	776.3
8	3	2	1	3	81.3	882.7
9	3	3	1	1	79.5	978.5

1. 输入变量,运行结果

名称	类型	宽度	小数	标签	值	缺失	列	对齐	度量标准
品质	数值(N)	8	2		无	无	8	右(R)	度量(S)
配合比	数值(N)	8	0		无	无	8	右(R)	度量(S)
鲜叶处理	数值(N)	8	0		无	无	8	右(R)	度量(S)
工艺流程	数值(N)	8	0		无	无	8	右(R)	度量(S)
肥料用量	数值(N)	8	0		无	无	8	右(R)	度量(S)

图 7 -21 变量设置窗口

	品质	配合比	鲜叶处理	工艺流程	肥料用量
1	78.90	1	1	1	1
2	77.00	1	2	2	2
3	77.50	1	3	3	3
4	80.10	2	1	2	3
5	77.60	2	2	3	1
6	78.00	2	3	1	2
7	76.70	3	1	3	2
8	81.30	3	2	1	3
9	79.50	3	3	2	1
10	78.10	1	1	1	1
11	77.00	1	2	2	2
12	78.50	1	3	3	3
13	80.90	2	1	2	3
14	78.40	2	2	3	1
15	79.00	2	3	1	2
16	76.30	3	1	3	2
17	82.70	3	2	1	3
18	78.50	3	3	2	1

图 7 -22 变量安排窗口

图 7 – 23　单位变量分析命令选择对话框

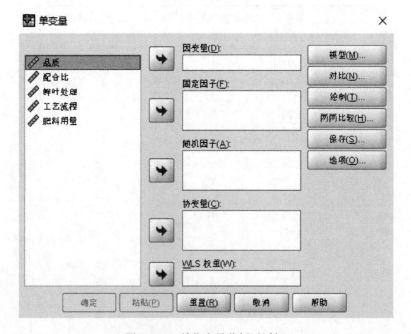

图 7 – 24　单位变量分析对话框

图 7-25 单变量分析输入变量对话框

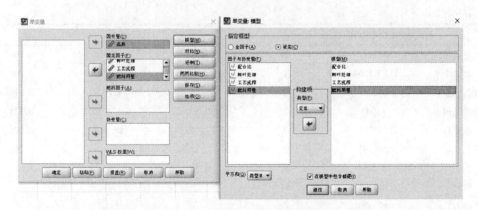

图 7-26 单变量分析模型对话框

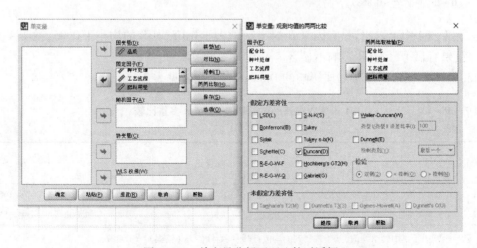

图 7-27 单变量分析两两比较对话框

2. 得出方差分析相关结论

（1）输出自变量概况见表 7 - 83

表 7 - 83   主体间因子

因素	水平	N	因素	水平	N
配合比	1	6	工艺流程	1	6
	2	6		2	6
	3	6		3	6
鲜叶处理	1	6	肥料用量	1	6
	2	6		2	6
	3	6		3	6

从表 7 - 82 中可看出，因素 A、B、C、D 均有 3 个水平，每个水平有 2 次重复，每个水平在试验组合中出现 6 次。

（2）输出试验结果方差分析见表 7 - 84

表 7 - 84   主体间效应的检验

因变量：品质

源	Ⅲ型平方和	df	均方	F	Sig.
校正模型	46.000[a]	8	5.750	14.702	0.000
截距	111392.000	1	111392.000	284809.091	0.000
配合比	6.333	2	3.167	8.097	0.010
鲜叶处理	1.000	2	0.500	1.278	0.325
工艺流程	14.333	2	7.167	18.324	0.001
肥料用量	24.333	2	12.167	31.108	0.000
误差	3.520	9	0.391		
总计	111441.520	18			
校正的总计	49.520	17			

a. $R^2 = 0.929$（调整 $R^2 = 0.866$）。

从表 7 - 84 中可看出，只有因素 B 的 Sig. 值大于 0.05，其余的均小于 0.05，说明 A、C、D 对试验结果有显著影响，B 影响不显著。

（3）输出 A 因素对绿茶品质影响的 Duncan 多重比较见表 7 - 85

表 7 - 85   **A 因素对绿茶品质影响的 Duncan 多重比较**

Duncan[a,b]

配合比	N	子集 1	子集 2	配合比	N	子集 1	子集 2
1	6	77.8333		3	6		79.1667
2	6		79.0000	Sig.		1.000	0.655

注：已显示同类子集中的组均值，基于观测到的均值；误差项为均值方（错误）= 0.391；

a. 使用调和均值样本大小 = 6.000；b. $\alpha = 0.05$。

从表 7 - 85 中可看出，A 因素的第三水平最好。

（4）输出 B 因素对转化率影响的 Duncan 多重比较见表 7 - 86

表 7 - 86　　　　　　　　　　**B 因素对绿茶品质影响的 Duncan 多重比较**

Duncan^{a,b}

鲜叶处理	N	子集 1	鲜叶处理	N	子集 1
1	6	78. 5000	2	6	79. 0000
3	6	78. 5000	Sig.		0. 218

注：已显示同类子集中的组均值，基于观测到的均值；误差项为均值方（错误）= 0.391；

a. 使用调和均值样本大小 = 6.000；b. $\alpha = 0.05$。

从表 7 - 86 中可看出，B 因素的水平差异不明显，以第二水平相对较好。

（5）输出 C 因素对绿茶品质影响的 Duncan 多重比较见表 7 - 87

表 7 - 87　　　　　　　　　　**C 因素对绿茶品质影响的 Duncan 多重比较**

Duncan^{a,b}

工艺流程	N	子集 1	子集 2	子集 3
3	6	77. 5000		
2	6		78. 8333	
1	6			79. 6667
Sig.		1. 000	1. 000	1. 000

注：已显示同类子集中的组均值，基于观测到的均值；误差项为均值方（错误）= 0.391；

a. 使用调和均值样本大小 = 6.000；b. $\alpha = 0.05$。

从表 7 - 87 中可看出，C 因素的第一水平最好。

（6）输出 D 因素对绿茶品质影响的 Duncan 多重比较见表 7 - 88

表 7 - 88　　　　　　　　　　**D 因素对绿茶品质影响的 Duncan 多重比较**

Duncan^{a,b}

肥料用量	N	子集 1	子集 2	子集 3
2	6	77. 3333		
1	6		78. 5000	
3	6			80. 1667
Sig.		1. 000	1. 000	1. 000

注：已显示同类子集中的组均值，基于观测到的均值；误差项为均值方（错误）= 0.391；

a. 使用调和均值样本大小 = 6.000；b. $\alpha = 0.05$。

从表 7 - 88 中可看出，D 因素的第三水平最好。

习　题

1. 简述正交试验设计基本步骤。

2. 什么叫表头设计？进行表头设计应注意哪些问题？

3. 在某项食品类试验研究中，考察 A、B、C 3 个因素以及 $A \times B, B \times C, A \times C$ 间的一级交互作用对试验指标的影响。每个因素各取 2 个水平。试根据正交表的选表原则选择一合适的正交表并进行表头设计，如表 7 - 89 所示。

表 7 - 89　　　　　　　　　　　　　　因素水平表

水平	反应时间(A)/h	吡啶用量(B)/g	己酸酐用量(C)/g
1	3	150	100
2	4	90	70
3	5	120	130

4. 玉米淀粉改性制备高取代度的三乙酸淀粉酯的试验。为了提高取代度和酯化率，现安排正交试验，不考虑因素之间的交互作用，考察指标值取代度和酯化率都是越大越好。试用综合评分法对结果进行分析，找出最好的生产方案和因素影响的主次顺序。（已知综合指标值 $Y = 0.4 \times$ 取代度 $+ 0.6 \times$ 酯化率），如表 7 - 90 所示。

表 7 - 90　　　　　　　　　　　　　　试验安排及结果

试验号	A 反应时间/h	B 吡啶用量/g	C 己酸酐用量/g	取代度	酯化率/%
1	3	150	100	2.96	65.70
2	3	90	70	2.18	40.36
3	3	120	130	2.45	54.31
4	4	150	130	2.70	41.09
5	4	90	100	2.49	56.29
6	4	120	70	2.41	43.23
7	5	150	70	2.71	41.43
8	5	90	130	2.42	56.29
9	5	120	100	2.83	60.14

5. 用某种菌生产酯类风味物质，为了寻找最优的发酵工艺条件，重点考察了葡萄糖用量(A)，蛋白胨用量(B)，发酵时间(C)三个因素的影响，试验指标为菌体生长量(g/L)。试确定表中的优水平及因素影响的主次，并进行方差分析讨论因素的显著性？〔已知 $F_{0.05}(2,2) = 19, F_{0.01}(2,2) = 99$〕，如表 7 - 91 所示。

表 7 – 91 $L_9(3^4)$ **正交试验表**

试验号	因素				菌体生长量/(g/L)
	A 葡萄糖用量/(g/L)	B 蛋白胨用量/(g/L)	C 发酵时间/min	e	
1	1(50)	1(2)	1(60)	1	8.6
2	1(50)	2(6)	2(100)	2	9.1
3	1(50)	3(8)	3(140)	3	9.7
4	2(100)	1(2)	2(100)	3	7.5
5	2(100)	2(6)	3(140)	1	9.3
6	2(100)	3(8)	1(60)	2	8.9
7	3(150)	1(2)	3(140)	2	8.2
8	3(150)	2(6)	1(60)	3	9.4
9	3(150)	3(8)	2(100)	1	8.3

第八章 均匀试验设计

均匀性原则是试验设计优化的重要原则之一。均匀设计法是我国数学家利用数论在多维数值积分中的应用原理构造均匀设计表来进行均匀试验设计的科学方法。本章介绍均匀设计法的基本思想与实际应用,并举例说明均匀设计法用于优化试验中的具体实施方法。

第一节 均匀试验设计概述

一、均匀试验设计概念

均匀设计(Uniform design,UD)是一种从均匀性出发的试验设计方法(Experimental design method),也称均匀试验设计法(Uniform experimental design)。它是由方开泰教授和王元教授在1978年共同提出的,均匀设计的数学原理是数论中的一致分布理论,此方法借鉴了"近似分析中的数论方法"这一领域的研究成果,将数论和多元统计相结合,是数论方法中的"伪蒙特卡罗方法"的一个应用。与其他试验设计方法相比,均匀设计更适合于水平数较多的多因素试验设计,不仅能大大减少试验次数,而且能保证试验点均匀分散在整个试验范围内,从而能有效地进行后续的回归分析和寻优,这是传统的优选法和正交设计所不具有的特点。优选法是基于单变量的最优化方法,即假定所研究的问题中只有一个因素起作用,这种情况在实际问题中几乎是没有的。正交设计的基础是拉丁方理论,适合于设计多因素的试验,其试验次数相对于全面试验中各因素、各水平的所有组合数来说是大大地减少了,但在因素水平数较多时,正交设计的试验次数规模依然较大,特别是对于试验成本较高的科学试验或工业试验来说,仍需要寻找能使试验次数进一步减少的试验设计方法,这也是均匀设计最初被提出的动因。

二、均匀试验设计特点

采用均匀设计,每个因素的每个水平仅做一次试验,因而试验次数与最高水平数相等。当水平数增加时,试验数仅随水平数的增加而增加。例如,当因素的水平数 $r=6$ 时,若采用正交试验次数至少为 $r^2=36$ 次,而采用均匀设计只需做6次试验,而且试验效果基本相同。此外,正交设计中的整齐可比原则使试验结果的分析十分方便,易于估计各因素的主效应和部分交互效应,从而可分析各因素对试验指标的影响大小和变化规律。由于均匀设计不再考虑正交试验的整齐可比性,因此其试验结果的处理要采用回归分析方法——线性回归或多项式回归分析,对于交互关系较多的还需用逐步回归等筛选变量的技巧,这样导致计算量将会很大,常常借助计算机来完成。回归分析中可对所建立的模型中各因素进行回归显著性检验,根据因素偏回归平方和的大小确定各因素对回归的重要性,当因素间无相关关系时,因素偏回归平方和的大小体现了它对试验指标影响的重要性。

均匀设计有其独特的布(试验)点方式,具有试验安排的"均衡性",即对每个因素的每个水平一视同仁。其特点表现在以下几点。

（1）每个因素的各水平做一次且仅做一次试验。

（2）任两个因素的试验点在平面的格子点上，每行每列有且仅有一个试验点。

（3）均匀设计表任两列组成的试验方案一般并不等价。均匀设计表的这一性质和正交表有很大的不同，因此，每个均匀设计表必须有一个附加的使用表。

（4）当因素的水平数增加时，试验数按水平数的增加量在增加。如当水平数从 9 水平增加到 10 水平时，试验数 n 也从 9 增加到 10。而正交设计当水平增加时，试验数按水平数平方的比例在增加。当水平数从 9 增加到 10 时，试验数将从 81 增加到 100。由于这个特点，使均匀设计更便于使用。

均匀设计的这些特点使它适合于众多实际应用领域，例如，化工、材料、医药、生物、食品、军事工程、电子和社会经济等，尽管正交试验设计历时较长并且应用甚广，目前也有不少学者认为从整体上讲均匀设计是一种优于正交设计的新试验设计方法，因此均匀设计逐渐受到研究人员的重视和倡导，从有了该方法以来，经过 30 多年的发展和推广，均匀设计在国内得到了广泛应用，并获得不少好的成果。同时我们需要清楚地知道这并不意味其他试验设计方法不重要，每种方法都有其优点，也有其局限性，根据实际情况选取合适的方法是应用统计和试验设计的重要内容。

三、均匀试验设计基本思想

试验设计方法虽然有很多种，但本质上都是在试验范围内如何挑选有代表性的试验点的方法。正交设计是根据正交性准则来挑选代表点，使得这些点能反映试验范围内各因素和试验指标的关系；正交设计所挑选的代表点有均匀分散、整齐可比两个特点。均匀分散使得试验点有代表性；整齐可比便于试验数据的分析。若在一项试验中有 s 个因素，每个因素各有 q 个水平，用正交试验设计法安排试验，为了保证整齐可比的特点，由于任意两个因素的所有水平之间要两两相遇一次，所以至少要做 q^2 次试验。当 q 较大时，试验次数将更大，使试验工作量非常巨大。若要进一步减少试验的次数，只有去掉整齐可比的要求。均匀设计就是只考虑试验点在试验范围内充分均匀分散而不考虑整齐可比，因此它的试验点的分布均匀性比正交设计试验点的均匀性更好，使试验点具有更好的代表性。由于这种方法不再考虑正交设计中为整齐可比而设置的试验点，因而大大减少了试验次数，这是均匀试验设计法的最大优势。由此得到的结果仍能反映分析体系的主要特征，这种从均匀性出发的试验设计方法，称为均匀设计法。

均匀设计的数学原理是数论中的一致分布理论，此方法借鉴了"近似分析中数论方法"这一领域的研究成果，将数论和多元统计相结合，是数论方法中的"伪蒙特卡罗方法"的一个应用。均匀设计只考虑试验点在试验范围内均匀散布，挑选试验代表点的出发点是"均匀分散"，而不考虑"整齐可比"，它可保证试验点具有均匀分布的统计特性，可使每个因素的每个水平做一次且仅做一次试验，任两个因素的试验点点在平面的格子点上，每行每列有且仅有一个试验点。它着重在试验范围内考虑试验点均匀散布以求通过最少的试验来获得最多的信息，因而其试验次数比正交设计明显地减少，使均匀设计特别适合于多因素多水平的试验和系统模型完全未知的情况。例如，当试验中有 m 个因素，每个因素有 n 个水平时，如果进行全面试验，共有 nm 种组合，正交设计是从这些组合中挑选出 n^2 个试验，而均匀设计是利用数论中的一致分布理论选取 n 个点试验,而且应用数论方法使试验点在积分范围内散布得十分均匀,并使分布点离被积函数的各种值充分接近,因此便于计算机统计建模。如某项试验影响因素有 5 个,水平数为 10 个,则全面试验次数为 10^5 次,即做十万次试验;正交设计是做 10^2 次,即做 100 次试验;而均匀设计只做 10 次,可见其优越性非常突出。

事实上,在均匀设计方法出现以前,正交设计已经在工农业生产中广泛应用,并取得良好效果。目前均匀设计亦已成为与正交设计同样流行的试验设计方法之一,人们自然而然地会拿正交设计与均匀设计相比较。它们各有所长,相互补充,给使用者提供了更多的选择。

第二节　均匀设计表

均匀设计与正交试验设计相似,也是利用一套精心设计的表格来安排试验的。均匀设计所用的表格称为均匀设计表(table of uniform design),它是根据数论在多维数值积分中的应用原理构造的,是均匀设计的基本工具,分为等水平和不等水平两种。

每个均匀设计表都是一个长方阵,设有 n 行 m 列,每列是 $\{1,2,\cdots,n\}$ 的一个置换(即 1 到 n 的重新排列),每行是 $\{1,2,\cdots,n\}$ 的一个子集,可以是真子集。

1. 均匀设计表构造

(1)首先确定表的第 1 行　给定试验次数 n 时,表的第 1 行数据由 $1 \sim n$ 与 n 互素(最大公约数为 1)的整数构成。例如,当 $n=9$ 时,与 9 互素的 $1 \sim 9$ 的整数有 1、2、4、5、7、8;而 3、6、9 不是与 9 互素的整数,这样表 $U_9(9^6)$ 的第 1 行数据就是 1、2、4、5、7、8。可见,均匀设计表的列数 s 是由试验次数 n 决定的。

(2)表的其余各行的数据由第 1 行生成　记第 1 行的 r 个数为 $h_1,h_2,\cdots,h_r$,表的第 k ($k<n$)行第 j 列的数字是 kh_j 除以 n 的余数,而第 n 行的数据就是 n。

对于表 $U_9(9^6)$ 第 1 列第 1 行的数据是 $h_i=1$,其第 1 列第 k($k<9$)行的数字就是 k 除以 n 的余数,也就是 k,这样其第 1 列就是 1、2、$\cdots$,9。实际上,表 $U_n(n^s)$ 的第 1 列元素总是 1,2,$\cdots$,n。

表 $U_9(9^6)$ 第 2 列第 1 行的数据是 $h_2=2$,其第 2 列第 k($k<9$)行的数字就是 $2k$ 除以 n 的余数,也就是 2、4、6、8、1、3、5、7、9。

给出均匀设计表的试验次数 n 和第 1 行后,就可以用 Excel 软件计算出其余各行的元素,例如,对 $U_9(9^6)$ 表,先把试验号和列号输入到表中,再把第 1 行数据 1、2、4、5、7、8 输入到区域"B2:G2"中,然后在"B3"单元格内输入公式"$= \text{MOD}(\$A3 * B\$2,9)$",再把公式复制到区域"B2:G9",而第 9 行的数据都输入 9,如表 8 – 1 所示。

表 8 – 1　　　　　用 Excel 软件计算均匀设计表 $U_9(9^6)$

试验号	列号					
	1	2	3	4	5	6
1	1	2	4	5	7	8
2	2	4	8	1	5	7
3	3	6	3	6	3	6

续表

试验号	列号					
	1	2	3	4	5	6
4	4	8	7	2	1	5
5	5	1	2	7	8	4
6	6	3	6	3	6	3
7	7	5	1	8	4	2
8	8	7	5	4	2	1
9	9	9	9	9	9	9

2. $U_n^*(n^s)$ 均匀设计表构造

均匀设计表的列数是由试验次数 n（表的行数）决定的，当 n 为素数时可获得 $n-1$ 列，而 n 不是素数时表的列数总是小于 $n-1$ 列。例如，$n=6$ 时只有 1 和 5 两个数与 6 互素，这说明当 $n=6$ 时用上述办法生成的均匀设计表只有 2 列，即最多只能安排 2 个因素，这太少了。为此，可以将表 $U_7(7^6)$ 的最后一行去掉来构造 U_6。为区别由前面的方法生成的均匀设计表，记为 $U_6^*(6^6)$。

若试验次数 n 固定，当因素数目 s 增大时，均匀设计表的偏差 D 也随之增大。所以在实际使用时，因素数目 s 一般控制在试验次数 n 的 1/2 以内，或者说试验次数 n 要达到因素数目 s 的 2 倍。例如，U_7 理论上有 6 列，但是实际上最多只安排 4 个因素，所以见到的只有 $U_7(7^4)$ 表，而没有 $U_7(7^6)$ 表。

需要注意的是 U 表最后一行全部由水平 n 组成，若每个因素的水平都是由低到高排列，最后一个试验将是所有最高水平相组合。在有些试验中，如在化工试验中，所有最高水平组合在一起可能使反应过分剧烈，甚至爆炸。反之，若每个因素的水平都是由高到低排列，则 U_n 表中最后一个试验将是所有低水平的组合，有时也会出现反常现象，甚至化学反应不能进行。U_n^* 表的最后一行则不然，比较容易安排试验。

U_n^* 表比 U_n 表有更好的均匀性，但是当试验数 n 给定时，有时 U_n 表也可以比 U_n^* 表能安排更多的因素。例如，表 $U_7(7^4)$ 和表 $U_7^*(7^4)$ 形式上看都有 4 列，似乎都可以安排 4 个因素，但是由使用表看到，用表 $U_7^*(7^4)$ 实际上最多只能安排 3 个因素，而表 $U_7(7^4)$ 则可以安排 4 个因素。故当因素数目较多且超过 U_n^* 表的使用范围时可使用 U 表。

一、等水平均匀设计表

均匀设计是继 20 世纪 60 年代华罗庚教授倡导的优选法和我国数理统计学者在国内推广的正交法之后，由于 20 世纪 70 年代末应航天部第三研究院飞航导弹火控系统建立数学模型并研究其诸多影响因素的需要，由中国科学院应用数学所方开泰教授和王元教授提出的一种试验设计方法。均匀设计是通过一套精心设计的表来进行试验设计的，对于每一个均匀设计表都有一个使用表，可指导如何从均匀设计表中选用适当的列来安排试验。均匀设计试验法使用的表称为 U 表，是将数论方法用于试验设计构造而成。

均匀设计是通过一套精心设计的表来进行试验设计的，对于每一个均匀设计表都有一个使用表,可指导如何从均匀设计表中选用适当的列来安排试验。均匀设计试验法使用的表称为 U 表,是将数论方法用于试验设计构造而成。与正交表类似,每一个均匀设计表都有一个代号,等水平均匀设计表可用 $U_n(r^l)$ 或 $U_n^*(r^l)$ 表示,其中,U 为均匀表代号;n 为均匀表横行数(需要做的试验次数);r 为因素水平数,与 n 相等;l 为均匀表纵列数。代号 U 右上角加"*"和不加"*"代表两种不同的均匀设计表,通常加"*"的均匀设计表有更好的均匀性,应优先选用,表 8 – 3、表 8 – 5 分别为均匀表 $U_7(7^4)$ 与 $U_7^*(7^4)$,可以看出,$U_7(7^4)$ 与 $U_7^*(7^4)$ 都有 7 行 4 列,每个因素都有 7 个水平,但在选用时应首选 $U_7^*(7^4)$。表 8 – 4,表 8 – 6 分别为这两个均匀表的使用表。附录 4 中给出了常用的均匀设计表。

如表 8 – 2 是均匀设计表,可安排 10 因素 11 水平的试验,共进行 11 次试验。

表 8 – 2 $\qquad\qquad\qquad U_{11}(11^{10})$

试验号	列 号									
	1	2	3	4	5	6	7	8	9	10
1	1	2	3	4	5	6	7	8	9	10
2	2	4	6	8	10	1	3	5	7	9
3	3	6	9	1	4	7	10	2	5	8
4	4	8	1	5	9	2	6	10	3	7
5	5	10	4	9	3	8	2	7	1	6
6	6	1	7	2	8	3	9	4	10	5
7	7	73	10	6	2	9	5	1	8	4
8	8	5	2	10	7	4	1	9	6	3
9	9	7	5	3	1	10	8	6	4	2
10	10	9	8	7	6	5	4	3	2	1
11	11	11	11	11	11	11	11	11	11	11

每个均匀设计表都附有一个使用表,根据使用表可将因素安排在适当的列中,以及由这些列所组成的试验方案的均匀度。例如,表 8 – 3 是 $U_7(7^4)$ 的使用表,由该表可知,2 个因素时,应选用 1、3 两列来安排试验;当有三个因素时,应选用 1、3、4 三列,最后一列 D 表示均匀度的偏差(discrepancy),偏差值越小,表示均匀分散性越好。如果有两个因素,若选用表 8 – 3 中的 $U_7(7^4)$ 的 1、3 列,其偏差 $D = 0.2389$,如表 8 – 4 所示;若选用表 8 – 5 中的 $U_7^*(7^4)$ 的 1、3 列,其偏差 $D = 0.1582$,后者较小,可见 U_n 和 U_n^* 表都能满足试验设计时,应优先选用 U_n^* 表,如表 8 – 6 所示。

表 8 – 3 $\qquad\qquad\qquad U_7(7^4)$

试验号	列 号			
	1	2	3	4
1	1	2	3	6
2	2	4	6	5

续表

试验号	列　号			
	1	2	3	4
3	3	6	2	4
4	4	1	5	3
5	5	3	1	2
6	6	5	4	1
7	7	7	7	7

表 8 – 4　　　　　　　　　　　　$U_7(7^4)$ 使用表

因素数	列　号				D
2	1	3			0.2398
3	1	2	3		0.3721
4	1	2	3	4	0.4760

表 8 – 5　　　　　　　　　　　　$U_7^*(7^4)$

试验号	列　号			
	1	2	3	4
1	1	3	5	7
2	2	6	2	6
3	3	1	7	5
4	4	4	4	4
5	5	7	1	3
6	6	2	6	2
7	7	5	3	1

表 8 – 6　　　　　　　　　　　　$U_7^*(7^4)$ 使用表

因素数	列　号				D
2	1	3			0.1582
3	2	3	4		0.2132
4	1	2	3	4	—

　　当试验数 n 为奇数时,通常 U_n 表比 U_n^* 表能安排更多的因素。当因素个数 s 较大且水平数为奇数时,超过 U_n^* 表的使用范围时可采用 U_n 表,如表 8 – 7 ~ 表 8 – 12 所示。

表 8 – 7			$U_8^*(8^5)$		
试验号	列 号				
	1	2	3	4	5
1	1	2	4	7	8
2	2	4	8	5	7
3	3	6	3	3	6
4	4	8	7	1	5
5	5	1	2	8	4
6	6	3	6	6	3
7	7	5	1	4	2
8	8	7	5	2	1

表 8 – 8		$U_8^*(8^5)$ 使用表			
因素数		列 号			D
2	1	3			0. 1445
3	1	3	4		0. 2000
4	1	2	3	5	0. 2709

表 8 – 9			$U_9(9^5)$		
试验号	列 号				
	1	2	3	4	5
1	1	2	4	7	8
2	2	4	8	5	7
3	3	6	3	3	6
4	4	8	7	1	5
5	5	1	2	8	4

表 8 – 10		$U_9(9^5)$ 使用表			
因素数		列 号			D
2	1	3			0. 1944
3	1	3	4		0. 3102
4	1	2	3	5	0. 4066

表 8 - 11		$U_9^*(9^4)$		
试验号	列　号			
	1	2	3	4
1	1	3	7	9
2	2	6	4	8
3	3	9	1	7
4	4	2	8	6
5	5	5	5	5
6	6	8	2	4
7	7	1	9	3
8	8	4	6	2
9	9	7	3	1

表 8 - 12	$U_9^*(9^4)$ 使用表			
因素数	列　号			D
2	1	2		0.1574
3	2	3	4	0.1980

等水平均匀设计表具有以下特点。

(1)每列不同数字都只出现一次,也就是说,每个因素的每个水平做一次且仅做一次试验。

(2)任两个因素的试验点绘制在平面网格上,每行、每列有且仅有一个试验点。如 U_{11} (11^{10}) 表的第 1 列和第 7 列点成图 8 - 1,可见,每行每列只有一个试验点。特点(1)和(2)反映了均匀设计试验安排的"均衡性",即对各因素,每个因素的每个水平一视同仁。

(3)均匀设计表任两列组成的试验方案一般并不等价。例如,用表 $U_8^*(8^5)$ 的第 1、3 列和第 1、5 列分别画图,得图 8 - 1(1)和图 8 - 1(2)。可以看出图 8 - 1(1)中试验点的分布比

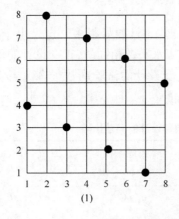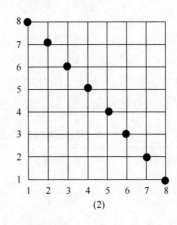

图 8 - 1　均匀设计试验点的散布情况

图 8-1(2)的均匀性好。因此,使用均匀设计表时不能随意选列,而应当选择均匀性比较好的列。具体设计时应按等水平均匀设计表的使用表来安排试验因素。

(4)等水平均匀表的试验次数与该表的水平数相等。当因素的水平数增加时,均匀设计的试验次数按水平数的增加而增加。例如,当水平数从 8 增加到 9 时,试验数 n 也从 8 增加到 9。而对于等水平正交试验,当水平数增加时,试验次数按水平数的平方比例在增加。当水平数从 8 增加到 9 时,试验次数将从 64 增加到 81。可见,均匀设计中增加因素水平时,仅使试验工作量稍有增加,这是均匀设计的最大优点。

(5)水平数为奇数的均匀设计表和水平数为偶数的均匀设计表之间具有确定的关系。将奇数表划去最后一行,就得到水平数比原奇数表少 1 的偶数表;相应地,试验次数也减少,而使用表不变。例如,$U_9(9^5)$ 划去最后一行,就得到了 $U_8^*(8^5)$,其使用表不变(但相应的偏差值会改变)。所以,试验次数 n 为奇数时,U_n 表通常比 U_n^* 表能安排更多的因素,而 U_n^* 表比 U_n 表有更好的均匀性,应优先选用。

(6)均匀表中各列的因素水平不能像正交表那样可以任意改变次序,而只能按照原来的顺序进行平滑。即将原来最后一个水平与第 1 个水平衔接起来,组成一个封闭圈,然后从任一个处开始定为第 1 个水平,按顺时针或逆时针方向,排出第 2 个水平、第 3 个水平,依此类推。图 8-2(1)和图 8-2(2)分别表示均匀表 $U_9(9^5)$ 第 1 列(1)和第 2 列的因素水平的平滑。

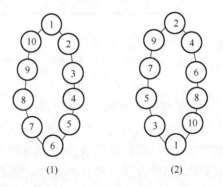

图 8-2　均匀表 $U_9(9^5)$ 因素水平的平滑程度

(7)当试验次数相同时,均匀设计比正交设计均匀性要好得多。这是由于试验数给定时,正交设计的水平数相对很少,导致偏差增大。当水平数相同时,正交设计的偏差较小,但两者相差不大,如表 8-13 所示,但此时相应的正交设计的试验次数很多。当偏差相近时,均匀设计的试验次数比正交设计可节省 4 至十几倍。

表 8-13　　　　　水平数相同时正交设计与均匀设计的偏差比较

正交设计 OD	偏差 D	均匀设计 UD	偏差 D
$L_{36}(6^2)$	0.1597	$U_6^*(6^2)$	0.4875
$L_{49}(7^2)$	0.1378	$U_7^*(7^2)$	0.1582

续表

正交设计 OD	偏差 D	均匀设计 UD	偏差 D
$L_{64}(8^2)$	0.1211	$U_8^*(8^2)$	0.1445
$L_{81}(9^2)$	0.1080	$U_9^*(9^2)$	0.1574
$L_{100}(10^2)$	0.975	$U_{10}^*(10^2)$	0.1125
$L_{121}(11^2)$	0.0888	$U_{11}^*(11^2)$	0.1136
$L_{144}(12^2)$	0.0816	$U_{12}^*(12^2)$	0.1163
$L_{169}(13^2)$	0.0754	$U_{13}^*(13^2)$	0.0962
$L_{225}(15^2)$	0.0656	$U_{15}^*(15^2)$	0.0833
$L_{324}(18^2)$	0.0548	$U_{18}^*(18^2)$	0.0779

二、混合水平均匀设计表

均匀设计表适用于因素水平数较多的试验,但在具体的试验中,往往很难保证不同因素的水平数相等,这样直接利用等水平的均匀表来安排试验就有一定的困难,下面介绍采用拟水平法将等水平均匀表转化成混合水平均匀表的方法。

不等水平均匀设计表用于安排因素水平不相同的均匀试验。其一般形式为 $U_n(m_1^{k_1} \times m_2^{k_2} \times m_3^{k_3})$。式中,$n$ 为试验总次数;m_1、m_2、m_3 为列的水平数;k_1、k_2、k_3 分别为水平数为 m_1、m_2、m_3 的列的数目。

不等水平均匀设计表是从等水平的均匀设计表,利用拟水平的方法得到的,现举例说明。

例如,某试验考察 A、B、C 三个因素,其中 A 因素设定 9 个水平,B 因素和 C 因素仅设定 3 个水平,这个试验直接用等水平均匀设计表设计当然不行,但可采用拟水平法对等水平均匀设计表进行改造。

首先初步选定 $U_9^*(9^4)$ 表来设计试验,如表 8-11 所示。根据其使用表(表 8-12)选择 $U_9^*(9^4)$ 的第 2、3、4 列分别安排 A、B、C 三个因素。由于因素 B、C 仅为 3 水平,所以将 B、C 列的水平作如下改造,

$$\{1,2,3\} \to 1, \{4,5,6\} \to 2, \{7,8,9\} \to 3$$

这样,便得到了混合水平设计表 $U_9(9 \times 3^2)$,如表 8-14 所示。该表的均衡性很好,没有重复试验,B 和 C 列恰恰构成两因素的全面试验方案。

表 8-14		$U_9(9 \times 3^2)$	
试验号		列　号	
	A 2	B 3	C 4
1	3	(7)3	(9)3
2	6	(4)2	(8)3

续表

试验号	列 号		
	A	B	C
	2	3	4
3	9	(1)1	(7)3
4	2	(8)3	(6)3
5	5	(5)2	(5)2
6	8	(2)1	(4)2
7	1	(9)3	(3)1
8	4	(6)2	(2)1
9	7	(3)1	(1)1

又如,要安排一个 2 因素(A,B)5 水平和 1 因素(C)2 水平的试验,这项试验若用正交设计,可用 L_{50} 表,但试验次数太多;若用均匀设计来安排,可用混合水平均匀表 $U_{10}(5^2 \times 2^1)$,只需要进行 10 次试验。$U_{10}(5^2 \times 2^1)$ 可由 $U_{10}^*(10^8)$ 生成,由于表 $U_{10}^*(10^8)$ 有 8 列,希望从中选择三列,要求由该三列生成的混合水平表 $U_{10}(5^2 \times 2^1)$ 有好的均衡性,于是选用 1、2、5 三列,对 1、2 列采用水平合并:{1,2}→1,{3,4}→2,…,{9,10}→5 对第 5 列采用水平合并:

$$\{1,2,3,4,5\} \rightarrow 1, \{6,7,8,9,10\} \rightarrow 2$$

如表 8-15 所示的方案,它有较好的均衡性。

表 8-15　　　　　　　　　　**拟水平设计 $U_{10}(5^2 \times 2^1)$**

试验号	A	B	C
1	(1)1	(2)1	(5)1
2	(2)1	(4)2	(10)2
3	(3)2	(6)3	(4)1
4	(4)2	(8)4	(9)3
5	(5)3	(10)5	(3)1
6	(6)3	(1)1	(8)2
7	(7)4	(3)2	(2)1
8	(8)4	(5)3	(7)2
9	(9)5	(7)4	(1)1
10	(10)5	(9)5	(6)2

若参照使用表,选用 $U_{10}^*(5^2 \times 2^1)$ 的 1、5、6 三列,用同样的拟水平法:便得到如表 8-16 所示。所示的 $U_{10}(5^2 \times 2^1)$ 表。这个方案中,A、C 两列的组合水平中,有两个(2,2),但没有(2,1),有两个(4,1),但没有(4,2),因此该表均衡性不好。

表 8 – 16　　　　　　　　　　　　　　　拟水平设计 $U_{10}(5^2 \times 2^1)$

试验号	A	B	C
1	(1)1	(5)3	(7)2
2	(2)1	(10)5	(3)1
3	(3)2	(4)2	(10)2
4	(4)2	(9)5	(6)2
5	(5)3	(3)2	(2)1
6	(6)3	(8)4	(9)2
7	(7)4	(2)1	(5)1
8	(8)4	(7)4	(1)1
9	(9)5	(1)1	(8)2
10	(10)5	(6)3	(4)1

可见,对同一个等水平均匀表进行拟水平设计,可以得到不同的混合均匀表,这些表的均衡性也不相同,而且参照使用表得到的混合均匀表不一定都有较好的均衡性。本书附录中给出了一批用拟水平法生成的混合水平均匀设计表,可以直接参考选用。

在混合水平均匀表的任一列上,不同水平出现次数是相同的,但出现次数≥1,所以试验次数与各因素的水平数一般不一致,这与等水平的均匀表不同。

第三节　均匀试验设计基本方法

用均匀设计表来安排试验与正交设计的步骤有相似之处,但也有一些不同之处。不同之处包括试验方案设计和结果分析两部分。

一、均匀试验方案设计

1. 明确试验目的,确定试验指标

由试验研究出发,根据试验目的选定衡量试验效果好坏的指标,即试验指标。如果试验要考察多个指标,还要将各指标进行综合分析。

2. 选择试验因素

根据以往研究结论、实际经验和专业知识,筛选对试验指标影响较大的因素的来设计试验。

3. 确定因素水平

结合试验条件和以往的实践经验,先确定各因素的取值范围,然后在这个范围内取适当的水平。进行均匀设计时,试验范围要尽可能宽一些,以防止最佳条件的遗漏。每个因素的水平可适当多取一些,使试验点分布更均匀,若某个或某些因素多,取水平有困难时,可以少取几个水平,即各因素的水平数也可以不一样。由于 U_t 奇数表的最后一行各因素的最大水平号相遇,如果各因素的水平序号与水平实际数值的大小顺序一致,则会出现所有因素的高水平或低水平相遇的情况,如果是化学反应,则可能出现因反应太剧烈而无法控制的现象,或者反应太慢得不到试验结果。为了避免这些情况,可以随机排列因素的水平序号,另外使

用 U^* 均匀表也可以避免上述情况。

4. 选择均匀设计表

选择均匀设计表,这是均匀设计很关键的一步,应根据欲研究的因素数和试验次数来选择,并首选 U^* 表。均匀设计方案没有整齐可比性,试验结果的分析必须选用多元回归分析法进行,在选表时还应注意均匀表的试验次数与回归分析的关系。找出描述多个(k 个)因素($x_1,x_2,\cdots,x_k$)与响应值 y 间的统计关系。若各因素与响应值 y 之间统计关系是线性的,那么,多元回归方程为

$$y = b_0 + b_1x_1 + b_2x_2 + b_3x_3 + \cdots + b_mx_k \qquad (8-1)$$

要求出这 m 个(不包括 b_0,b_0 可由这 m 个回归系数求出)回归系数 $b_i(i=1,2,\cdots,m)$,就要列出 m 个方程。为了对求得的方程进行检验,还要增加一次试验,共需 $m+1$ 次试验,应选择试验次数 m 大于或等于 $m+1$ 的均匀设计表。由于方程是线性的,方程个数 m 就是因素个数 k。

当各因素与响应值之间的关系为非线性或因素间存在交互作用时,可建立多元高次方程。例如,各因素与响应值为二次关系时,回归方程为

$$y = b_0 + \sum_{i=1}^{k} b_ix_i + \sum_{i=1}^{T}\sum_{j=1,i\neq j} b_Tx_ix_j + \sum_{i=1}^{k} b_ix_i^2 \qquad (8-2)$$

其中,x_ix_j 反映因素间的交互效应,x_i^2 反映因素二次项的影响。回归方程的回归系数(不计常数项 b_0)总计为

$$m = k + k + \frac{k(k-1)}{2} \qquad (8-3)$$

式中　　k——因素个数;

$\dfrac{k(k-1)}{2}$——交互作用项个数。

这就是说,为了求得二次项和交互作用项,必须选用试验次数大于回归方程系数总数的均匀设计表。例如,考察三个因素时,若各因素与响应值为线性关系,回归方程系数与因素个数相同,即 $m=3$,可选用试验次数为 5 的 $U_5(5^4)$ 表安排试验;若各因素的二次项对响应值也有影响时,回归方程的系数是因素的 2 倍,即 $m=2k=6$ 试验次数应大于 m,所以至少应选用 $U_7(7^6)$ 表安排试验;如果因素之间的交互作用也要考虑,回归方程的系数个数 m 可由公式计算,$m=9$,试验次数应大于 9,所以至少选用 $U_{10}(10^{10})$ 表安排试验。由此可见,因素的多少和因素方次的大小直接影响试验工作量。为了尽量能减少试验次数,在安排试验之前,应该用专业知识判断一下各因素的响应值影响的大致情况,各因素之间是否存在交互作用,删去影响不显著的因素和影响小的交互作用项及二次项,以便减少回归方程的系数,从而减少试验次数。

若各个因素的水平不全部相等时,则选用混合水平均匀设计表设计试验。

5. 进行表头设计

根据试验的因素数和该均匀表对应的使用表,将各因素安排在均匀表相应的列中,如果是混合水平的均匀表,则可省去表头设计这一步。

需要指出的是,均匀表中的空列既不能安排交互作用,也不能用来估计试验误差,所以在分析试验结构时不用列出。

6. 制订试验方案

均匀表选定以后,若为等水平表,则根据因素个数在使用表上查出可安排因素的列号,

再将各因素依其重要程度为序,依次排在表上。通常先排重要的、希望首先了解的因素;若为混合水平均匀设计表,则按水平把各因素分别安排在具有相应水平的列中。各因素所在列确定后,将安排有因素的各列水平代码换成相应因素的具体水平值,即得到试验设计方案。

有时均匀设计表的水平数多于设置的水平数。例如,$U_{12}(12^{11})$的水平数为12,而因素只设置6个水平就足够了,这时可采用拟水平的方法安排试验,将设置的每个水平重复一次排入所用的均匀设计表中。

须指出,在均匀设计中,均匀设计表中的空列(没有安排因素的列)既不能用于考察交互作用,也不能用于估计试验误差。

【例8-1】 在阿魏酸的合成工艺考察中,为了提高产量,选取了原料配比(A)、吡啶量(B)和反应时间(C)三个因素,各取了7个水平如下:

原料配比(A):1.0,1.4,1.8,2.2,2.6,3.0,3.4

吡啶量(B,mL):10,13,16,19,22,25,28

反应时间(C,h):0.5,1.0,1.5,2.0,2.5,3.0,3.5

根据因素和水平,选取均匀设计表$U_7(7^4)$或$U_7^*(7^4)$。从它们的使用表中可以查到,当$s=3$时,两个表的偏差分别为0.3721和0.2132,故应当选用$U_7^*(7^4)$来安排该试验,其试验方案例如表8-17所示。该方案是将A、B、C分别放在$U_7^*(7^4)$表的后3列而获得的。

表8-17 制备阿魏酸的试验方案$U_7^*(7^4)$和结果

编号	原料配比	吡啶量	反应时间	收率
1	1.0(1)	13(2)	1.5(3)	0.330
2	1.4(2)	19(4)	3.0(6)	0.336
3	1.8(6)	25(6)	1.0(2)	0.294
4	2.2(1)	10(1)	2.5(5)	0.476
5	2.6(5)	16(3)	0.5(1)	0.209
6	3.0(6)	22(5)	2.0(4)	0.451
7	3.4(7)	28(7)	3.5(7)	0.482

本试验也可以使用$U_7(7^6)$均匀设计表,试验方案例如表8-18所示。根据试验方案进行试验,其收率(Y)列于表中的最后一列,其中以第7号试验为最好,其工艺条件为配比3.4,吡啶量28mL,反应时间3.5h。

表8-18 制备阿魏酸的试验方案$U_7^*(7^4)$和结果

编号	原料配比	吡啶量	反应时间	收率
1	1.0(1)	13(2)	1.5(3)	0.330
2	1.4(2)	19(4)	3.0(6)	0.336
3	1.8(3)	25(6)	1.0(2)	0.294
4	2.2(4)	10(1)	2.5(5)	0.476

续表

编号	原料配比	吡啶量	反应时间	收率
5	2.6(5)	16(3)	0.5(1)	0.209
6	3.0(6)	22(5)	2.0(4)	0.451
7	3.4(7)	28(7)	3.5(7)	0.482

二、均匀试验结果与分析

由于均匀设计的试验点没有整齐可比性,所以试验结果的分析不能采用方差分析法,通常采用直观分析法和回归分析法。

1. 直观分析法

如果试验目的只是寻找一个较优的工艺条件,而又缺乏计算工具,这时可以采用直观分析法,即从已做的试验点中挑一个试验指标最好的试验点,该点相应的因素水平组合即为欲寻找的较优工艺条件。因均匀设计的试验点充分均匀分布,所以由已做的试验点中筛选出的优化工艺条件与在整个试验范围内通过全面试验寻找的优化工艺条件逼近。这个方法看起来粗糙,但大量实践证明,它是十分有效的方法。

2. 回归分析法

在条件允许的情况下,均匀设计的试验结果分析最好采用回归分析法。通过对试验结果进行回归分析,可解决以下问题。

(1)获得反映各试验因素与试验指标之间关系的回归方程。

(2)由标准回归系数的绝对值大小,可判断出试验因素对试验指标影响的主次顺序。

(3)根据回归方程的极值点可以得出优化工艺条件。

由于均匀设计的结果没有整齐可比性,分析结果本能采用一般的方差分析法,通常要多元回归分析或逐步回归分析的方法,找出描述多个因素$(x_1,x_2,\cdots,x_m)$与响应值y之间统计关系的回归方程:

$$\hat{y} = b_0 + b_1 x_1 + b_2 x_2 + \cdots + b_m x_m \tag{8-4}$$

回归方程的系数采用最小二乘法求得,把均匀设计试验所得结果列入方程式(8-5)~式(8-10)中即可求得$(b_1,b_2,\cdots,b_m)$。

令x_{ik}表示因素x_i在第k次试验时取的值,y_k表示响应值y在第k次试验的结果。计算

$$l_{ij} = \sum_{k=1}^{n}(x_{ik} - \overline{x_i})(x_{ik} - \overline{x_j}) \quad (i,j = 1,2,\cdots,m) \tag{8-5}$$

$$l_{iy} = \sum_{k=1}^{n}(x_{ik} - \overline{x_i})(y_k - \overline{y}) \quad (i,j = 1,2,\cdots,m) \tag{8-6}$$

$$l_{yy} = \sum_{k=1}^{n}(y_k - \overline{y})^2 \tag{8-7}$$

$$\overline{x_i} = \frac{1}{n}\sum_{k=1}^{n}x_{ik} \quad (i,j = 1,2,\cdots,m) \tag{8-8}$$

$$\overline{y} = \frac{1}{n}\sum_{k=1}^{n}y_k \tag{8-9}$$

回归方程系数由下列正规方程组决定

$$l_{11}b_1 + l_{12}b_2 + \cdots + l_{1m}b_m = l_{1y}$$
$$l_{21}b_1 + l_{22}b_2 + \cdots + l_{2m}b_m = l_{2y}$$
$$l_{m1}b_1 + l_{m2}b_2 + \cdots + l_{mm}b_m = l_{my}$$

$$b_0 = \bar{y} - \sum_{i=1}^{m} b_i \bar{y}_i \qquad (8-10)$$

当各因素与响应值关系是非线性关系或存在因素的交互作用时,可采用多项式回归的方法,例如,各因素与响应值均为二次关系时回归方程为

$$y = b_0 + \sum_{i=1}^{m} b_i x_i + \sum_{j \geq 1}^{T} b_{ij} x_i x_j + \sum_{i=1}^{m} b_{ii} x_i^2 \ (T = C_m^2) \qquad (8-11)$$

其中 $x_i x_j$ 项反映了因素间的交互效应,x_i^2 项反映因素二次项的影响。通过变量代换式 (8-11)可化为多元线性方程求解。即令

$$x_l = x_i x_j \quad (j = 1,2,\cdots,m; j \geq i) \qquad (8-12)$$

式(8-11)可以化为

$$\hat{y} = b_0 + \sum_{i=1}^{2m+T} b_i x_i \ (T = C_m^2) \qquad (8-13)$$

在这种情况下,为了求得二次项和交互作用项,就不能选用试验次数等于因素数的均匀设计表,而必须选用试验次数大于或等于回归方程系数总数的 U 表了。例如,3 因素的试验,若各因素与响应值关系均为线性,可选用试验次数 5 次的 $U_5(5^4)$ 表安排试验。当各因素与响应值关系为二次多项式时,回归方程的系数为 $2m + C_m^2$ 个,其中一次项及二次项均为 m 个,交互作用项为 C_m^2 个。所以回归方程系数共 9 个(常数项不计在内),就必须选用 $U_9(9^6)$ 表或试验次数更多的表来安排试验。由此可见,因素的多少及因素方次的大小直接影响实际工作量。为了尽可能减少试验次数,在安排试验之前,应该用专业知识判断一下各因素对响应值的影响大致如何,各因素之间是否有交互影响,删去影响不显著的因素或影响小的交互作用项及二次项,以便减少回归方程的项数,从而减少试验工作量。

根据拟定的回归方程项数决定采用的 U 表之后,就要安排因素水平表了。这时有的因素可能不需要设置表中规定的那么多水平,可以采用拟水平的方法安排试验,即将某些重要水平值重复填入表中。

求响应面极值可采用多种优化方法,如逐步登高法、最速上升法、单纯形法等,这一过程用手工计算是很麻烦的,但是由计算机来完成则易如反掌,所以如果具备必要的计算手段,均匀设计法是一种十分简便易行的方法,可以大大节省人力、物力和时间。

如果没有计算手段,不妨采用直观分析试验结果。由于均匀设计水平数取得多,水平间隔较小,试验点均匀分布,所以试验点中响应值最佳的点对应的试验条件离全面试验的最优条件不会相差太远,在进行零星试样的快速分析时,特别是没有现成的分析条件时,可以把均匀设计中最优点的条件作为欲选的试验条件。

【例 8-2】 用发酵法生产肌苷,培养由葡萄糖、酵母粉、玉米浆、硫酸铵、磷酸氢二钠、氯化钾、硫酸镁和硫酸钙等成分组成。今欲通过均匀试验确定最佳培养基配方。

(1)试验方案设计

①确定试验指标。根据本试验的研究目的,选择产肌苷量(mg/mL)作为试验指标,试验指标越大越好。

②确定试验因素。根据专业知识和有关资料,选定葡萄糖浓度、尿素浓度,酵母浓度、硫

酸铵浓度和玉米浆浓度 5 种成分为试验因素。

③确定试验次数。本试验考察因素共有 5 个,考虑到有的因素与试验指标之间可能存在二次关系,即考察某些因素的二次项,至少要进行 10 次试验。

④确定因素水平,选均匀设计表。每个因素取 10 个水平,应选 $U_{10}(10^{10})$ 均匀设计表,因素水平如表 8 - 19 所示。

表 8 - 19 　　　　　　　　　　　　　　　　**因素水平表** 　　　　　　　　　　　单位:%

因素	葡萄糖 x_1	尿素 x_2	酵母 x_3	硫酸铵 x_4	玉米浆 x_5
1	8.5	0.25	1.5	1.00	0.55
2	9.0	0.30	1.6	1.05	0.60
3	9.5	0.35	1.7	1.10	0.65
4	10.0	0.40	1.8	1.15	0.70
5	10.5	0.45	1.9	1.20	0.75
6	11.0	0.50	2.0	1.25	0.80
7	11.5	0.55	2.1	1.30	0.85
8	12.0	0.60	2.2	1.35	0.90
9	12.5	0.65	2.3	1.40	0.95
10	13.0	0.70	2.4	1.45	1.00

⑤列出试验方案。根据表 $U_{10}(10^{10})$ 的使用表,当有 5 个因素时,应安排在第 1、2、3、5、7 列。因此 x_1、x_2、x_3、x_4 和 x_5 分别安排在第 1、2、3、5、7 列上。再把每列的代码换成相对应因素的水平值,即得试验方案,如表 8 - 11 所示。试验结果列于表 8 - 20 中最后一列。

表 8 - 20 　　　　　　　　　　　　　　**均匀试验方案及结果** 　　　　　　　　单位:%

序号	试验因素					
	葡萄糖 x_1	尿素 x_2	酵母 x_3	硫酸铵 x_4	玉米浆 x_5	肌苷量 x_1
1	1(8.5)	2(0.30)	3(1.7)	5(1.20)	7(0.85)	20.87
2	2(9.0)	4(0.40)	6(2.0)	10(1.45)	3(0.65)	17.15
3	3(9.5)	6(0.50)	9(2.3)	4(1.15)	10(1.00)	21.09
4	4(10.0)	8(0.60)	1(1.5)	9(1.40)	6(0.80)	23.06
5	5(10.5)	10(0.70)	4(1.8)	3(1.10)	2(0.60)	23.48
6	6(11.0)	1(0.25)	7(2.1)	8(1.35)	9(0.95)	23.40
7	7(11.5)	3(0.35)	10(2.4)	2(1.05)	5(0.75)	17.87
8	8(12.0)	5(0.45)	2(1.6)	7(1.30)	1(0.55)	26.17
9	9(12.5)	7(0.55)	5(1.9)	1(1.00)	8(0.90)	26.79
10	10(13.0)	9(0.65)	8(2.2)	6(1.25)	4(0.70)	14.80

（2）试验结果分析

①直观分析。对表 8 – 11 中 10 次试验结果进行直观比较,可见第 9 次试验的产肌苷量最高,表明第 9 号试验所对应条件为较优工艺条件。即培养基中葡萄糖浓度为 12.5%、尿素浓度为 0.55%、酵母浓度为 1.9%、硫酸铵浓度为 1.00%、玉米浆浓度为 0.90% 时发酵,所产生的肌苷含量较高。

②回归分析。采用回归分析方法建立 x_1、x_2、x_3、x_4、x_5 与 y 之间的回归方程。用回归分析法处理表 8 – 21 数据,得回归系数和标准回归系数如表 8 – 16 所示。

表 8 – 21 回归分析结果

	常数	x_1	x_2	x_4	x_5	x_1^2	x_3^2	x_4^2	x_5^2
回归系数	75.002	12.882	– 4.852	– 106.321	– 120.996	– 0.563	– 3.089	39.665	84.084
标准化回归系数		4.570	– 0.187	– 4.091	– 4.656	– 4.667	– 0.929	3.745	5.030

由表 3 可得回归方程为

$$y = 75.002 + 12.882x_1 - 4.852x_2 - 106.321x_4 - 120.996x_5 - 0.563x_1^2 - 3.089x_3^2 + 39.665x_4^2 + 84.084x_5^2$$

经 F 检验,$F = 3551.67 > F_{0.05(8,1)} = 238.88$。表明回归方程显著。

根据标准回归系数的绝对值可以判断,各因素对指标影响的主次顺序为 x_1(葡萄糖浓度)$> x_5$(玉米浆浓度)$> x_4$(硫酸铵浓度)$> x_2$(尿素浓度)。

根据高等数学中函数极值求解方法,对回归方程求偏导,

$$\frac{\partial y}{\partial x_1} = 12.882 - 2 \times 0.563x_1 = 0$$

$$\frac{\partial y}{\partial x_4} = -106.321 + 2 \times 39.665x_4 = 0$$

$$\frac{\partial y}{\partial x_5} = 120.9962 \times 84.084x_5 = 0$$

解方程,在试验范围内,确定最优化条件为 $x_{1,\max} = 11.44$、$x_{2,\max} = 0.25$、$x_{3,\max} = 1.5$、$x_{4,\max} = 1.34$、$x_{5,\max} = 0.72$。即培养基优化配方为葡萄糖 11.44%、尿素 0.25%、酵母 1.5%、硫酸铵 1.34%、玉米浆 0.72%。

【例 8 – 3】 在葡萄籽油超声波提取试验中,考察超声时间、超声强度、溶剂用量(液固比)三个因素对提取率的影响,将各因素均取 6 个水平,采用 $U_6^*(6^3)$ 均匀设计表,根据使用表选择第 1、2、3 列安排试验。试验方案及结果如表 8 – 22 所示。

表 8 – 22 葡萄籽油超声波提取试验方案 $U_6^*(6^3)$ 及结果

试验号	试验因素			提取率(Y)/%
	超声时间(x_1)/min	超声强度(x_2)/%	液固比(x_3)	
1	1(10)	2(60)	3(6)	26.34
2	2(20)	4(80)	6(12)	29.55
3	3(30)	6(100)	2(4)	26.93
4	4(40)	1(50)	5(10)	27.48

续表

试验号	试验因素			
	超声时间(x_1)/min	超声强度(x_2)/%	液固比(x_3)	提取率(Y)/%
5	5(50)	3(70)	1(2)	25.77
6	6(60)	5(90)	4(8)	28.74

（1）对表 8 - 22 试验数据进行回归分析。建立回归方程为

$$y = 21.7 + 0.0112x_1 + 0.0363x_2 + 0.375x_3$$

（2）回归方程显著性检验　方差分析结果如表 8 - 23 所示。

表 8 - 23　　　　　　　　　　　方程方差分析

方差来源	偏差平方和	自由度	方差	F 值	显著性
回归	10.1755	3	3.3918	30.4974	*
剩余	0.2224	2	0.1112		
总计	10.3979	5	2.0796		

由于 $F = 30.497 > F_{0.05(3,2)} = 19.164$，表明回归方程显著，提取率与超声时间、超声强度、溶剂用量之间具有良好的线性关系。

（3）回归系数显著性检验　如表 8 - 24 所示。

表 8 - 24　　　　　　　　　　　回归系数显著性检验

变量	系数	标准误差	t 值	p 值
常数	21.7	0.772128	28.13899	0.001261
x_1	0.0112	0.008252	1.359015	0.307105
x_2	0.0363	0.008252	4.397321	0.048021
x_3	0.375	0.041259	9.097607	0.011868

由表 8 - 24 可以看出，x_1 的影响不显著，删除 x_1，重新建立回归方程为

$$y = 22.0 + 0.038x_2 + 0.366x_3$$

经显著性检验，所有因素变量对提取率的影响显著，回归方程为优化方程。

（4）通过以上分析，各因素对提取率影响的主次顺序为 x_3（液固比）＞ x_2（超声强度）＞ x_3（超声时间）。根据回归方程和实际经验得出较佳的工艺条件为：超声时间 20～30min，超声强度 100%（250W），溶剂用量（液固比）为 8～10。由于优化条件处于试验范围的边界（超声强度 100%），所以应该进一步调整试验范围，继续新一轮试验。

（5）试验优化的验证：按以上优化的提取条件取 $x_1 = 30$min、$x_2 = 100$%、$x_3 = 10$ 时，回归方程的预测值为 30.17%，进行三次验证试验得到的平均提取率为 30.08%，与回归方程预测值接近，说明优化的工艺条件具有良好的重现性。

【例 8 - 4】　在淀粉接枝丙烯制备高吸水性树脂的试验中，为提高树脂吸盐水的能力考察了丙烯酸用量(x_1)、引发剂用量(x_2)、丙烯酸中和度(x_3)和甲醛用量(x_4)四个因素，每个

因素取 9 个水平,如表 8 - 25 所示。

表 8 - 25 淀粉接枝丙烯制备高吸水性树脂试验的因素水平表

水平	丙烯酸用量 x_1/mL	引发剂用量 x_2/%	丙烯酸中和度 x_3/mL	甲醛用量 x_4/mL
1	12.0	0.3	48.0	0.20
2	14.5	0.4	53.5	0.35
3	17.0	0.5	59.0	0.50
4	19.5	0.6	64.5	0.65
5	22.0	0.7	70.0	0.80
6	24.5	0.8	75.5	0.95
7	27.0	0.9	81.0	1.10
8	29.5	1.0	86.5	1.25
9	32.0	1.1	92.0	1.40

解:根据因素和水平,可以选取均匀设计表 $U_9^*(9^4)$ 或者 $U_9(9^4)$。由它们的使用表可以发现,均匀表 $U_9^*(9^4)$ 最多只能安排 3 个因素,因此选 $U_9(9^4)$ 安排试验。根据 $U_9(9^4)$ 使用表,将 x_1、x_2、x_3 和 x_4 分别放在 1、2、3、5 列,试验方案如表 8 - 26 所示。

表 8 - 26 淀粉接枝丙烯制备高吸水性树脂试验的因素水平表

水平	x_1/mL	x_2/%	x_3/mL	x_4/mL	吸盐水倍率 Y/%
1	12.0	0.4	64.5	1.25	34
2	14.5	0.6	86.5	1.10	42
3	17.0	0.8	59.0	0.95	40
4	19.5	1.0	81.0	0.80	45
5	22.0	0.3	53.5	0.65	55
6	24.5	0.5	75.5	0.50	59
7	27.0	0.7	48.0	0.35	60
8	29.5	0.9	70.0	0.20	61
9	32.0	1.1	92.0	1.40	63

如果采用直观分析法,9 号试验所得产品的吸盐水能力最强,可以将 9 号试验对应的条件作为较好的工艺条件。

如果对上述试验结果进行回归分析,得到的回归方程为

$$Y = 18.585 + 1.644x_1 - 11.667x_2 + 0.101x_3 - 3.333x_4$$

该回归方程 $R^2 = 0.986$,方差分析结果如表 8 - 27 所示,可见所求的回归方程非常显著,该回归方程是可信的。

表 8 – 27   **方差分析**

方差来源	df	SS	MS	F	显著性差异 F
回归分析	4	919	229.75	70.69231	0.000578254
残差	4	13	3.25		
总计	8	932			

由回归方程可以看出,x_1 和 x_3 的系数为正,表明试验指标随之增加而增加;x_2 和 x_4 的系数为负,表明试验指标随之增加而减小。因此,确定优方案时,前者的取值应偏上限,后者取下限,即丙烯酸 32mL,引发剂 0.3%,丙烯酸中和度 92%,甲醛 0.20mL。将其代入回归方程,$Y = 76.3$。这结果好于 9 号试验结果,但需要验证试验。

为了判断各因素的主次顺序,对各因素进行 t 检验,结果如表 8 – 28 所示,比较各个因素的 P 值就可以大致看出各个因素对因素变量作用的重要性。可见因素主次顺序为:$x_1 > x_2 > x_3 > x_4$,即丙烯酸用量 > 引发剂用量 > 丙烯酸中和度 > 甲醛用量。

表 8 – 28   **各因素的 t 检验结果**

因素	系数	标准误差	t Stat	P 值
常数	18.584	3.704	5.017	0.007
x_1	1.644	0.1267	12.980	0.0002
x_2	-11.667	3.167	-3.684	0.0211
x_3	0.101	0.0576	1.754	0.1543
x_4	-3.333	2.111	-1.579	0.1896

为了得到更好的结果,可对上述工艺条件进一步考察,x_1 和 x_3 可以取更大一点,x_2 和 x_4 取更小一点,也许会得到更优的试验方案。

三、均匀试验设计注意事项

1. 表的选择,因素及水平的安排

若试验中有 k 个定量因素和 t 个定性因素时,我们从混合型均匀设计表中选出带有 $s = k + t$ 列的 $Un(q_1 \times \cdots \times q_k \times d_1 \times \cdots \times d_t)$ 表。这里要求 $n \geq k + d + 1$,其中 $d = (d_1 + \cdots + d_t - t)$,为了给误差留下自由度,其中的 n 最好不取等号。表中前 k 列对应 k 个连续变量,表中后 t 列可安排定性因素,安排 n 个试验,得到 n 个结果 $y_1, y_2, \cdots, y_n$。

为了分析,首先要将定性因素的状态依照伪变量法,将第 i 个因素分别化成 $(d_i - 1)$ 个相对独立的 n 维伪变量 $z_{i1}, z_{i2}, \cdots, z_{i(di-1)}$。将这总共 $d = (d_1 + \cdots + d_t - t)$ 个伪变量与相应的 k 个连续变量 $x_1, \cdots, x_k$ 一起进行建模分析。为了保证主效应不蜕化,要对混合型均匀设计表进行挑选。

2. 试验结果的回归建模分析

首先考察它们的一阶回归模型:

$$y = \alpha_0 + \sum_{j=1}^{k} \alpha_j x_j + \sum_{i=1}^{t} \sum_{j=1}^{d_i-1} \beta_{ij} z_{ij} + \varepsilon \tag{8 – 14}$$

如果不理想,则再考虑一些交互效应和一些连续变量的高次效应。显然最多可考虑的附加效应数为 m 个,这里 $m \leqslant n - (k + d - 2)$,值得指出的是,由于 $z_{ij} \times z_{ij} = z_{ij}$,因此无需考虑伪变量的高阶效应,只考虑连续变量的高次效应即可。又因为 $z_{ij_1} \times z_{ij_2} = 0, j_1 \neq j_2$ 时,因此也无需考虑同一状态因素内的伪变量间的相互效应。只有 $i_1 \neq i_2$ 才有可能使 $z_{i_1 j_1} \times z_{i_2 j_2} \neq 0$,即不同状态因素间的相互效应可能要考虑。此外,不要忘记考虑连续变量与伪变量的交互效应。至于三个以上的状态因素间的交互效应项 $z_{i_1 j_1} \times z_{i_2 j_2} z_{i_3 j_3} \neq 0$ 的可能性就更小了。

由于实际问题千变万化,很多场合需要把均匀设计灵活地运用到不同的问题中,可以从以下几个方面介绍灵活运用均匀设计的方法。

(1)水平数较少的均匀设计　当因素水平较少时,要使用试验次数大于因素水平数目的均匀设计表 $U_n(q^s)$,不要使用试验次数等于因素水平数目的均匀设计表 $U_n(n^s)$ 或 $U_n^*(n^s)$。因为试验的次数太少就不能有效地对试验数据做回归分析。这时可以把试验的次数定为因素水平数目的 2 倍。例如,有 $s = 4$ 个因素,每个因素的水平数目 $q = 5$,这时需要安排 $n = 10$ 次试验。为此,一个简单的方法是采用拟水平法,把 5 个水平的因素虚拟成 10 个水平的因素,使用均匀设计表 $U_{10}^*(10^8)$ 安排试验,但是这种方法的均匀性不够好。实际上这个问题可以直接使用 $U_{10}(5^s)$ 均匀设计表安排试验。对一般的试验次数大于因素水平数目的问题可以直接使用 $U_n(q^s)$ 均匀设计表安排试验。

(2)因素和水平数目较多　当所研究的因素和水平数目较多时,均匀设计试验法比其他试验设计方法所需的试验次数更少,但不可过分追求少的试验次数,除非有很好的前期工作基础和丰富的经验,否则不要企图通过做很少的试验就可达到试验目的,因为试验结果的处理一般需要采用回归分析方法完成,过少的试验次数很可能导致无法建立有效的模型,也就不能对问题进行深入的分析和研究,最终使试验和研究停留在表面化的水平上(无法建立有效的模型,只能采用直接观察法选择最佳结果)。一般情况下,建议试验的次数取因素数的 $3 \sim 5$ 倍为好。

(3)混合水平的均匀设计　可以对水平数少的因素采用拟水平的方法增加水平数目,从而使用正常的均匀设计表安排试验。另外也可以采用混合水平均匀设计表安排试验。

(4)含有定性因素的均匀设计　当存在定性因素的时候,可以采用伪变量的处理方法,将定性因素转化为定量值。

(5)优先选用表进行试验设计　通常情况下表的均匀性要好于 Un 表,其试验点布点均匀,代表性强,更容易揭示出试验的规律,而且在各因素水平序号和实际水平值顺序一致的情况下还可避免因各因素最大水平值相遇所带来的试验过于剧烈或过于缓慢而无法控制的问题。

(6)对于所确定的优化试验条件的评价,一方面要看此条件下指标结果的好坏,另一方面要考虑试验条件是否合理可行的问题,要权衡利弊,力求达到用最小的付出获取最大收益的效果。

注意,在对回归方程进行规划求解时,可能在试验范围内有多个极值点,所以有时规划求解的结果不是唯一的。

需要说明的是,在均匀设计的回归分析中,回归方程的数学模型一般是未知的,需要试验者结合自己的专业理论知识和经验,先初步设计一个简单模型(如线性模型),如果经检验不显著,再增加交互项和平方项,直到找到检验显著的回归方程。注意,只有当试验次数多于回归方程的项数时,才能对方程进行检验,所以回归方程可能比较复杂时,应适当选择试验次数较多的均匀表。

第四节　均匀试验实例及计算机软件在结果分析中的应用

均匀试验设计是研究多因素多水平试验最优组合的一种试验设计方法,其可用较少的试验次数,完成复杂的因素、水平间的最优搭配。但目前专业的均匀试验设计软件不多,一般的统计软件很难完成均匀试验的设计和全部分析。除了直接应用均匀设计表的使用表来进行均匀设计外,还可以利用 DPS(date processing system)试验设计软件来进行指定因素数和水平数的均匀设计。DPS 数据处理系统包含了常用的各种统计方法,操作简单和数据处理功能强大是其最大特点,在均匀试验设计与分析上有其独特之处且操作简单。

例如,我们目前的试验要求具有 3 个因素,每个因素 7 个水平,我们可以根据表 $U_7^*(7^4)$ 的使用表,利用表中 2、3、4 列来安排试验,我们也可以利用 DPS 试验设计软件来直接设计 $U_7^*(7^3)$ 均匀设计表。在利用 DPS 数据处理系统完成试验统计分析之前,首先将 DPS 数据处理系统软件安装在电脑上。然后利用以下步骤来设计带"*"的均匀设计表,如图 8 - 3 ~ 图 8 - 5 所示。

图 8 - 3　在 DPS 中启用均匀试验设计命令

从图 8 - 5 的 DPS 软件输出结果可以看到,其偏差 D 只有 0.1213,小于 $U_7^*(7^3)$ 使用表中的偏差值 0.2132,其优越性更好。采用这种方法获得的均匀设计表不需要使用表,因此使用起来更为简便。

附录中列出了试验次数为奇数的常用均匀设计表,使用时应根据水平数选用,例如,做5

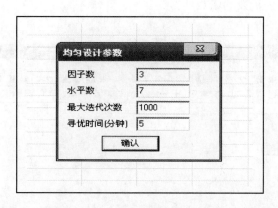

图 8 – 4　指定因子数和水平数

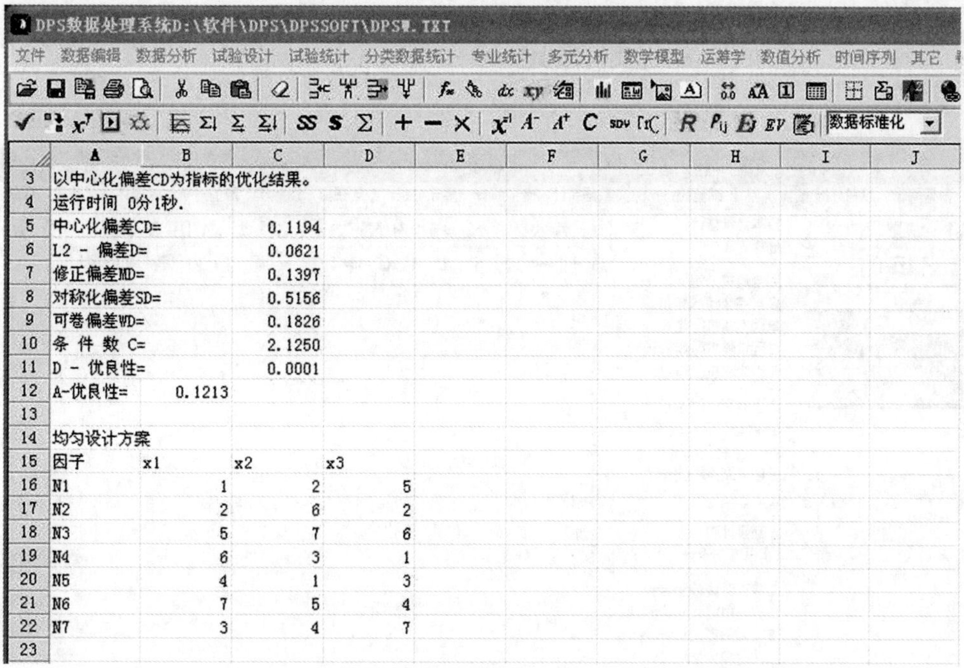

图 8 – 5　DPS 软件输出结果

水平的试验,选 $U_5(5^4)$ 表,7 水平选用 $U_7(7^6)$ 表等。当水平数为偶数时,用比它大一的奇数表划去最后一行即得,例如,$U_{10}(10^{10})$ 表是通过 $U_{11}(11^{10})$ 表划去最后一行得到的。利用 U 表安排的试验点是很均匀的,例如,对 2 因素 11 水平试验点的布置,可由 $U_{11}(11^{10})$ 表及其使用表来确定。

　　对同一个等水平均匀表进行拟水平设计,可以得到不同的混合水平表,这些表的均衡性也不相同,而且参照使用表得到的混合均匀表不一定都有较好的均衡性。我们也可以利用 DPS 试验设计软件采用以下步骤(如图 8 – 6 ~ 图 8 – 9 所示)来直接设计混合水平均匀设计表,我们以设计 $U_{12}(12^1 \times 6^1 \times 4^1 \times 3^2)$ 为例,注意此处试验次数 12 为各因子水平数的最小公倍数,也可以是该最小公倍数的倍数。

图8-6　定义两列参数分别为因子数和水平数并选中

图8-7　选择混合水平均匀设计命令

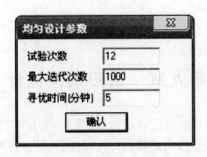

图 8 - 8　定义试验次数

DPS数据处理系统D:\软件\DPS\DPSSOFT\DPSW.TXT

文件　数据编辑　数据分析　试验设计　试验统计　分类数据统计　专业统计　多元分析　数学模型　运筹学　数值分析　时间序列　其它

	A	B	C	D	E	F	G	H	I	J
7	以中心化偏差CD为指标的优化结果。									
8	运行时间 0分7秒.									
9	中心化偏差CD=		0.2179							
10	L2 - 偏差D=		0.0336							
11	修正偏差MD=		0.3260							
12	对称化偏差SD=		1.0905							
13	可卷偏差WD=		0.4571							
14	条 件 数 C=		1.4934							
15	D - 优良性=		0.0000							
16	A-优良性=	0.3574								
17										
18	均匀设计方案									
19	因子	x1	x2	x3	x4	x5				
20	N1	10	5	4	3	2				
21	N2	4	6	3	2	3				
22	N3	8	1	3	3	2				
23	N4	6	4	1	3	1				
24	N5	3	5	1	1	2				
25	N6	12	3	3	1	1				
26	N7	11	2	1	2	3				
27	N8	2	2	4	2	1				
28	N9	9	6	2	2	1				
29	N10	1	3	2	3	3				
30	N11	5	1	2	1	2				
31	N12	7	4	4	1	3				
32										

图 8 - 9　混合水平均匀设计表 $U_{12}(12^1 \times 6^1 \times 4^1 \times 3^2)$ 最终结果

习　　题

1. 均匀设计和正交设计相比,有哪些优点?

2. 采用均匀设计表设计试验方案时,应注意的问题是什么? 为什么每个均匀设计表都附有一个相应的使用表?

3. 均匀设计法的特点有哪些?

4. 某试验要考察 A、B、C、D 4 个因素,每个因素有 4 个水平,使用均匀设计法安排试验方案。若 A 因素有 8 个水平,如何安排?

第九章　回归试验设计

　　古典回归分析,它是被动地处理已有试验(或统计)数据,对试验安排几乎不提任何要求的一种数据分析方法。数据处理时,运算相对比较复杂,并且古典回归分析方法对所求得回归方程的精度也很少考虑。这样,不仅盲目地增加了试验次数,而且试验数据往往不能提供充分的信息。

　　随着科学研究的发展,特别是寻求最佳工艺参数以及建立生产过程的数学模型等需要,人们越来越要求以较少的试验建立精度较高的方程。这就要求主动地把试验安排、数据处理和回归方程的精度统一起来加以考虑,就是根据试验目的和数据分析来选择试验点,这种做法不仅使得在每个试验点上获得的数据含有最大的信息,从而减少试验次数,而且使数据的统计分析更为简便。

　　回归设计,就是在因子空间选择适当的试验点,以较少的试验处理,建立一个有效的回归方程,从而解决生产中的优化问题。它是在多元线性回归的基础上用主动收集数据的方法获得具有较好性质的回归方程的一种试验设计方法。回归设计有回归正交设计、回归旋转设计、回归 D–最优设计等。回归正交设计是回归设计中最简单、最基本、最常用和最有代表性的设计方法,它是回归分析与正交设计有机结合而形成的一种新的试验设计方法。回归正交设计分为一次回归正交设计和二次回归正交设计。

第一节　一次回归正交设计

　　当研究的因变量与各自变量之间呈线性关系时,在进行回归设计时可采用一次回归正交设计。一次回归正交设计是解决在回归模型中变量的最高次数为一次的(不包括交叉项的次数)多元回归问题。其数学模型是

$$y_i = \beta_0 + \beta_1 z_{i1} + \beta_2 z_{i2} + \cdots + \beta_p z_{ip} + \varepsilon_i (i = 1, 2, \cdots, k) \tag{9-1}$$

　　其回归方程为

$$y_i = b_0 + b_1 z_{i1} + b_2 z_{i2} + \cdots + b_p z_{ip} \tag{9-2}$$

式中　$b_0, b_1, b_2, \cdots, b_p$——参数 $\beta_0, \beta_1, \beta_2, \cdots, \beta_p$ 的估计值。

一、一次回归正交设计的基本方法

　　由古典回归分析中的多元回归计算过程可知,回归计算的复杂性在于系数矩阵的运算。这是因为古典回归分析中的试验点是随意的,试验点上变量 ε 的取值是随意的,因而所构成的系数矩阵是十分复杂的。

　　式(9–1)是表示变量 y 与变量 $z_1, z_2, \cdots, z_p$ 之间相互关系的数学结构式。它的结构矩阵 Z 为

$$Z = \begin{bmatrix} 1 & z_{11} & z_{12} & \cdots & z_{1p} \\ 1 & z_{21} & z_{22} & \cdots & z_{2p} \\ 1 & z_{31} & z_{32} & \cdots & z_{3p} \\ \vdots & \vdots & \vdots & & \vdots \\ 1 & z_{n1} & z_{n2} & \cdots & z_{np} \end{bmatrix} \quad (9-3)$$

正规方程组的系数矩阵 A 为

$$A = Z'Z = \begin{bmatrix} N & \sum_i z_{i1} & \sum_i z_{i2} & \cdots & \sum_i z_{ip} \\ & \sum_i z_{i1}^2 & \sum_i z_{i1}z_{i2} & \cdots & \sum_i z_{i1}z_{ip} \\ & & & \ddots & \\ & 对称 & & & \sum_i z_{ip}^2 \end{bmatrix}$$

根据矩阵运算规律可知当系数矩阵 A 为对角矩阵时,可以大大简化其逆矩阵的计算,同时还能使回归系数间不存在相关性。欲使矩阵 A 为对角阵,需使

$$\left. \begin{aligned} \sum_i z_{ij} &= 0 \\ \sum_i z_{ij}z_{it} &= 0 \\ j &\neq t \end{aligned} \right\} (j=1,2,\cdots,p; t=1,2,\cdots,p; i=1,2,\cdots,n) \quad (9-4)$$

即结构矩阵 Z 中的任一列的和为零,任两列相应元素的乘积之和为零。从数学意义上讲,也就是结构矩阵 Z 具有正交性。这一点可与前面所讲正交表恃性相联系。下面用 $L_8(2^7)$ 正交表分析说明。表 9-1、表 9-2 所示为 2 水平正交表 $L_8(2^7)$,当用"-1"代换表中第二水平符号"2"时,正交表的每一列之和以任两列乘积之和均为零,满足以上正交性要求,同时,"-1"代换符号"2",正交表的本质并无差别,不影响试验设计。由此可见,要使结构矩阵成为有正交性的矩阵,安排试验时要选用 2 水平正交表来实施。

表 9-1   变换前 $L_8(2^7)$ 正交表

试验号	列 号						
	1	2	3	4	5	6	7
1	1	1	1	1	1	1	1
2	1	1	1	2	2	2	2
3	1	2	2	1	1	2	2
4	1	2	2	2	2	1	1
5	2	1	2	1	2	1	2
6	2	1	2	2	1	2	1
7	2	2	1	1	2	2	1
8	2	2	1	2	1	1	2

表 9 - 2			变换后 $L_8(2^7)$ 正交表				
试验号	列 号						
	1	2	3	4	5	6	7
1	1	1	1	1	1	1	1
2	1	1	1	-1	-1	-1	-1
3	1	-1	-1	1	1	-1	-1
4	1	-1	-1	-1	-1	1	1
5	-1	1	-1	1	-1	1	-1
6	-1	1	-1	-1	1	-1	1
7	-1	-1	1	1	-1	-1	1
8	-1	-1	1	-1	1	1	-1

二、一次回归方程的建立

(一)确定因素水平范围

如果研究 p 个因素 $z_1, z_2, \cdots, z_p$ 与试验指标 y 的关系,首先确定每个因素的变化范围,即因素的上水平和下水平。因素 j 的上限水平记作 z_{2j},下限水平记作 z_{1j},上、下限水平的平均值记作零水平 z_{0j} 即

$$z_{0j} = \frac{z_{2j} + z_{1j}}{2} \qquad (9-5)$$

将上水平与零水平之差称为变动区间,记作 Δ_j

$$\Delta_j = z_{2j} - z_{0j} \quad 或 \quad \Delta_j = \frac{z_{2j} - z_{1j}}{2} \qquad (9-6)$$

(二)因素编码

所谓编码就是对自然因素 z_j 的各个实际水平值进行适当的线性变换。其线性变换公式为

$$x_j = \frac{z_j - z_{0j}}{\Delta_j} \qquad (9-7)$$

式中　z_j——自然空间取值;

　　　x_j——编码空间取值。

对各个自然因素进行编码后,建立 y 对 $z_1, z_2, \cdots, z_p$ 的回归问题就转化为建立 y 对 $x_1, x_2, \cdots, x_p$ 的回归问题。将以 $z_1, z_2, \cdots, z_p$ 为坐标轴的因子空间中选择适当试验点的回归问题转化为以 $x_1, x_2, \cdots, x_p$ 为坐标的编码空间中选择适当试验点的回归设计问题。这样,试验方案的设计、方程的回归以及其统计检验,都相应转化为在编码空间中进行。这样的设计简化了计算手续,运算更为简便。

正是由于因素的编码,使回归设计有了正交性,为简化数据分析创造了条件。对试验因素编码是回归正交设计极为重要的环节。表 9-3 为因素水平编码表。

表 9 – 3		因素水平编码表		
水平	因　　素			
	z_1	z_2	…	z_p
下水平(-1)	z_{11}	z_{12}	…	z_{1p}
上水平($+1$)	z_{21}	z_{22}	…	z_{2p}
变化区间 Δ_j	Δ_1	Δ_2	…	Δ_p
零水平(0)	z_{01}	z_{02}	…	z_{0p}

例如,某试验的第一个因素上限水平值 $z_{21} = 12$,下限水平值 $z_{11} = 6$,那么零水平 $z_{01} = 9$,各水平的编码值为

$$x_{11} = (z_{11} - z_{01})/\Delta_1 = (6 - 9)/3 = -1$$
$$x_{01} = (z_{01} - z_{01})/\Delta_1 = (9 - 9)/3 = 0$$
$$x_{21} = (z_{21} - z_{01})/\Delta_1 = (12 - 9)/3 = 1$$

经过上述编码变换后就建立如下的对应关系

$$下限水平\ z_{11}(6) \to x_{11}(-1)$$
$$零水平\ z_{01}(9) \to x_{01}(0)$$
$$上限水平\ z_{21}(12) \to x_{21}(+1)$$

对因素各水平编码的目的,是为了使供试因素各水平在编码空间是"平等"的,即它们的取值都在[$+1$,-1]区间变化,而不受因素原单位和取值的影响。

(三)选择适宜正交表,列出试验方案

一次回归正交设计是运用 2 水平正交表设计试验。在运用 2 水平正交表进行回归设计时,需以"-1"代换正交表中的"2",以"$+1$"代换正文表中的"1",并增加"0"水平重复试验,这种变换适应了对因素水平编码的需要,代换后正交表中的"$+1$"和"-1"不仅表示因素水平的不同状态,而且表示因素水平数量变化后的大小。一次回归正交设计中的正交表的选择和方案设计与正交试验设计相似,首先根据因素个数和交互作用情况选择适当的正交表,随后将各因素及交互作用分别安排到正交表的相应列上,然后将各因素的每一水平真实值填入相应的编码中,这样就得到了一次回归正交设计的试验方案。

设置零水平重复试验的主要作用,一是在于对试验结果进行统计分析时能够了解经 F 检验显著的一次回归方程在被研究区域内的拟合情况;二是可以提供剩余自由度来估计误差,以便进行显著性检验。所谓零水平重复试验,就是指对所有供试因素的水平编码值均取零时的处理组合重复进行若干次试验。至于零水平重复试验应取多少次,一般主要根据对试验的要求和实际情况而定。

试验方案设计好后,按方案进行试验,填写试验结果再进行计算和分析。

例如,三因素试验,把三个变量(因素)放在正交表 $L_8(2^7)$ 第 1、2、4 列,得到一张如表 9 – 4 所示的试验方案。

表 9 – 4		试验方案		
	因　素			
试验号	x_1	x_2	x_3	y_i
	1	2	4	试验结果
1	$1(z_{21})$	$1(z_{22})$	$1(z_{23})$	y_1
2	1	1	$-1(z_{13})$	y_2
3	1	$-1(z_{12})$	1	y_3
4	1	-1	-1	y_4
5	$-1(z_{11})$	1	1	y_5
6	-1	1	-1	y_6
7	-1	-1	1	y_7
8	-1	-1	-1	y_8
9	$0(z_{01})$	$0(z_{02})$	$0(z_{03})$	y_9
10	0	0	0	y_{10}
11	0	0	0	y_{11}

三、回归方程及偏回归系数的方差分析

如果采用二水平正交表编制 p 元一次回归正交设计,具有 N 次试验,其试验结果为 $y_i(i=1,2,\cdots,N)$,则一次回归的数学模型可表示为

$$y_i = \beta_0 + \sum_{j=1}^{p}\beta_j x_{ij} + \sum_{k<j}\beta_{kj}x_i k_{xj} + \varepsilon_i(i=1,2,\cdots,N;j=1,2,\cdots,p;k=1,2,\cdots,p) \qquad (9-8)$$

式中　　x_{ij} ——第 i 次试验中第 j 个变量的编码值;

$x_{ik}x_{ij}$ ——第 i 次试验中第 j 个变量与第 k 个变量的交互之积(交互作用项)。

回归方程为

$$\hat{y} = b_0 + \sum_{j=1}^{p}b_j x_{ij} + \sum_{k<j}b_{kj}x_{ik}x_{ij} \qquad (9-9)$$

其结构矩阵 X

$$X = \begin{bmatrix} 1 & x_{11} & \cdots & x_{1p} & x_{11}x_{12} & \cdots & x_{1(1-p)}x_{1p} \\ 1 & x_{21} & \cdots & x_{2p} & x_{21}x_{22} & \cdots & x_{2(1-p)}x_{2p} \\ \vdots & \vdots & & \vdots & \vdots & & \vdots \\ 1 & x_{N1} & \cdots & x_{Np} & x_{N1}x_{N2} & x_{N1} & x_{N(1-p)}x_{Np} \end{bmatrix} \qquad (9-10)$$

由于一次回归正交设计的结构矩阵具有正交性,因而它的系数矩阵(信息矩阵)为对角阵,即

$$A = X'X = \begin{bmatrix} N & & & & & & 0 \\ & \sum x_{i1}^2 & & & & & \\ & & \ddots & & & & \\ & & & \sum x_{ip}^2 & & & \\ & & & & \sum(x_{i1}x_{i2})^2 & & \\ & & & & & \ddots & \\ 0 & & & & & & \sum(x_{i(p-1)}x_{ip})^2 \end{bmatrix} \qquad (9-11)$$

令

$$a_1 = \sum x_{i1}^2, \cdots, a_p = \sum x_{ip}^2, a_{12} = \sum (x_{i1}^2 x_{i2}^2)^2, \cdots, a_{(p-1)p} = \sum (x_{i(p-1)} x_{ip})^2$$

那么逆矩阵(相关矩阵) c 为

$$c = A^{-1} = \begin{bmatrix} N^{-1} & & & & & & & 0 \\ & a_1^{-1} & & & & & & \\ & & \ddots & & & & & \\ & & & a_p^{-1} & & & & \\ & & & & a_{12}^{-1} & & & \\ & & & & & \ddots & & \\ 0 & & & & & & & a_{(p-1)p}^{-1} \end{bmatrix} \tag{9-12}$$

常数项矩阵 B 为

$$B = X'Y = \begin{bmatrix} \sum_i y_i \\ \sum_i x_{i1} y_i \\ \sum_i x_{i2} y_i \\ \vdots \\ \sum_i x_{ip} y_i \\ \sum_i x_{i1} x_{i2} y_i \\ \vdots \\ \sum_i x_{i(p-1)} x_{ip} y_i \end{bmatrix} = \begin{bmatrix} B_0 \\ B_1 \\ B_2 \\ \vdots \\ B_p \\ B_{p1} \\ \vdots \\ B_{(p-1)p} \end{bmatrix} \tag{9-13}$$

参数 β 的最小二乘估计 $b = A^{-1}B$,即回归系数

$$b_0 = \frac{B_0}{N} = \frac{1}{N} \sum y_i, b_j = \frac{B_j}{a_j} = \frac{1}{a_j} \sum x_{ij} y_i, b_{kj} = \frac{B_{kj}}{a_{kj}} = \frac{1}{a_{kj}} \sum x_{ik} x_{ij} y_i \tag{9-14}$$

$$(i = 1, 2, \cdots, N; j = 1, 2, \cdots, p; k = 1, 2, \cdots, p)$$

由以上分析可以看出,由于按正交表来安排试验和对变量进行了线性代换,使得系数矩阵的逆矩阵 c 运算简单,回归系数之间不存在相关性,所以统计运算简单化。

对回归方程进行显著性检验,与多元线性回归方程显著性检验相同,一般采用 F 检验,仍需计算 $SS_{总}$、$SS_{回}$、$SS_{剩}$ 等。由于试验设计具有正交性,消除了回归系数间的相关性,故回归平方和为各项偏回归平方和之和。

回归系数计算可如表 9-5 所示,回归方程、回归系数的检验如表 9-6 所示。

表 9-5 一次回归正交设计计算表

试验号	x_0	x_1	x_2	$\cdots$	x_p	$x_1 x_2$	$\cdots$	$x_{(p-1)} x_p$	试验结果
1	1	x_{11}	x_{12}	$\cdots$	x_{1p}	$x_{11} x_{12}$	$\cdots$	$x_{1(p-1)} x_{1p}$	y_1
2	1	x_{21}	x_{22}	$\cdots$	x_{2p}	$x_{21} x_{22}$	$\cdots$	$x_{2(p-1)} x_{2p}$	y_2
$\vdots$	$\vdots$	$\vdots$	$\vdots$	$\cdots$	$\vdots$	$\vdots$	$\cdots$	$\vdots$	$\vdots$

续表

试验号	x_0	x_1	x_2	$\cdots$	x_p	x_1x_2	$\cdots$	$x_{(p-1)}x_p$	试验结果
N	1	x_{N1}		$\cdots$	x_{Np}	$x_{N1}x_{N2}$	$\cdots$	$x_{N(p-1)}x_{Np}$	y_N
$B_j = \sum_i x_j y$	$\sum_i y_i$	$\sum_i x_{i1}y_i$	$\sum_i x_{i2}y_i$	$\cdots$	$\sum_i x_{iP}y_i$	$\sum_i x_{i1}x_{i2}y_i$	$\cdots$	$\sum_i x_{i(p-1)}x_{ip}y_i$	
$a_j = \sum x_j^2$	N	N	N	$\cdots$	N	N	$\cdots$	N	
$b_j = \dfrac{B_j}{a_j}$	$\dfrac{B_0}{N}$	$\dfrac{B_1}{N}$	$\dfrac{B_2}{N}$	$\cdots$	$\dfrac{B_p}{N}$	$\dfrac{B_{12}}{N}$	$\cdots$	$\dfrac{B_{(p-1)p}}{N}$	
$Q_j = \dfrac{B_j^2}{a_j}$		$\dfrac{B_1^2}{N}$	$\dfrac{B_2^2}{N}$	$\cdots$	$\dfrac{B_p^2}{N}$	$\dfrac{B_{12}^2}{N}$	$\cdots$	$\dfrac{B_{p(p-1)}^2}{N}$	

注：不包括零点重复试验的设计—非整体设计时 a_j 均等于 N。

表 9 – 6　　　　　　　　　　一次正交回归设计的方差分析

变异来源	平方和	自由度	均方	F 值
x_1	$Q_1 = B_1^2/N$	1	Q_1	$\dfrac{Q_1}{SS_{剩}/df_{剩}}$
x_2	$Q_1 = B_2^2/N$	1	Q_2	$\dfrac{Q_2}{SS_{剩}/df_{剩}}$
$\vdots$	$\vdots$	$\vdots$	$\vdots$	$\vdots$
x_p	$Q_1 = B_P^2/N$	1	Q_p	$\dfrac{Q_p}{SS_{剩}/df_{剩}}$
x_1x_2	$Q_{12} = B_{12}^2/N$	1	Q_{12}	$\dfrac{Q_{12}}{SS_{剩}/df_{剩}}$
x_1x_3	$Q_{13} = B_{13}^2/N$	1	Q_{13}	$\dfrac{Q_{13}}{SS_{剩}/df_{剩}}$
$\vdots$	$\vdots$	$\vdots$	$\vdots$	$\vdots$
$x_{(p-1)}x_p$	$Q_{(p-1)p} = B_{(p-1)p}^2/N$	1	$Q_{(p-1)p}$	$\dfrac{Q_{(p-1)p}}{SS_{剩}/df_{剩}}$
回归	$SS_{回} = Q_1 + Q_2 + \cdots + Q_{(p-1)p}$	$df_{回} = p(p+1)/2$	$SS_{回}/df_{回}$	$\dfrac{SS_{回}/df_{回}}{SS_{剩}/df_{剩}}$
剩余	$SS_{剩} = SS_{总} - SS_{回}$	$df_{剩} = df_{总} - df_{回}$	$SS_{剩}/df_{剩}$	
总和	$SS_{总} = \sum_i y_i^2 - \dfrac{B_0}{N}$	$df_{总} = N - 1$		

　　由表 9 – 5 可知，各变量的偏回归平方和，$Q_j = b_j B_j = N b_j^2$ 即 Q 和 b_j 的平方成正比，b_j 的绝对值越大，Q 也就越大。这就是说，在正交设计所求得的回归方程中，每一个回归系数 b_j 的绝对值大小刻划了对应变量（因子）在方程中的作用大小。根据回归系数绝对值的大小可判断这些变量在方程中的作用大小，回归系数的符号反映了这种作用的性质。由于一次正交回归设计消除了回归系数间的相关性，因此，对于经 F 检验不显著的回归项（变量）可以直

接从回归方程中剔除,不需要重新进行回归计算来建立回归方程,它们的影响可并入试验误差中。

上述对回归方程的检验,只能说明相对于平均剩余平方和($SS_剩/df_剩$)而言,变量部分的影响显著与否。即使回归方程检验显著,也只能说明回归方程在试验点上与试验结果拟合得很好,但不能保证在整个被研究区域内部也拟合得很满意。为此,对回归方程的拟合情况还需进行检验。为了检验回归方程的拟合情况,需在零水平($z_{01}, z_{02}, \cdots, z_{0p}$)处理上安排一些重复试验,求其算术平均值$\bar{y}_0$随后与回归方程的常数项$b_0$作$t$检验来进行拟合情况判断。$b_0$为零水平(编码值$x_i = 0$)时的回归值($\hat{y}_0 = b_0$)。若所求得的回归方程有实际意义,那么,由回归方程得出的零水平处试验指标的回归值b_0应与零水平时的指标y_{0i}(实际观测值)的算术平均值尻没有显著差异,所以只需检验$\bar{y}_0$与b_0间是否有差异就可判断出在所研究的整个区域内部该回归方程拟合是否适宜。此差异性的检验属于两个正态总体均值的差异检验,用前述的t检验法即可完成。

设零水平试验重复M次,试验结果分别为$y_{01}, y_{02}, \cdots, y_{0m}$,其算术平均数为

$$\bar{y}_0 = \sum_{i=1}^{M} y_{0i}/M \tag{9-15}$$

则零水平重复试验的偏差平方和(纯误差平方和)及相应自由度为

$$SS_0 = \sum_{i=1}^{M} (y_{0i} - \bar{y}_0)^2 = \sum_{i=1}^{M} y_{0i}^2 - \frac{1}{M} (\sum_{i=1}^{M} y_{0i})^2 \tag{9-16}$$

$$df_0 = M - 1 \tag{9-17}$$

t值计算公式为

$$t = \frac{|b_0 - \hat{y}_0|}{\sqrt{\dfrac{SS_剩 + SS_0}{df_剩 + df_0}} \sqrt{\dfrac{1}{N} + \dfrac{1}{M}}} \tag{9-18}$$

式中,N次总试验不包括M次零水平上的重复试验。

在给定的显著水平α下,若有$t < t_{\alpha(df_剩 + df_0)}$,那么认为$b_0$与$\bar{y}_0$无显著差异,即在整个区域内部一次回归方程的预测值与实际观测值拟合得较好,所建立的一次回归模型是恰当的;若$t > t_0$,标明用一次回归方程来描述还不够恰当,在这种情况下必须改变回归模型,重新补做试验,试建立二次或更高次回归方程。

对回归方程的拟合情况分析,也可通过F检验法进行回归方程的矢拟检验。引入失拟平方和SS_{lf}和自由度df_{lf}的概念。一般情况下,剩余平方和$SS_剩$包含误差平方和SS_e与失拟平方和SS_{lf},但是在没有重复试验时,SS_e无法从$SS_剩$中分离出来。为了考察回归方程的拟合情况,回归设计时,需要在零水平处理上重复试验M次,M的大小没有严格的限制,但是为了提高显著性检验的灵敏度,通常应使$M \geqslant 3$。

在零水平上重复试验M次,那么重复试验的偏差平方和SS_0(零水平)即为试验误差平方和SS_e。

$$SS_e = SS_0 = \sum_{i=1}^{M} (y_{0i} - \bar{y}_0)^2 = \sum_{i=1}^{M} y_{0i}^2 - \frac{1}{M} (\sum_{i=1}^{M} y_{0i})^2 \tag{9-19}$$

$$df_e = df_0 = M - 1 \tag{9-20}$$

失拟平方和SS_{lf}的一般计算公式为

$$SS_{lf} = SS_r - SS_e \tag{9-21}$$

$$df_{lf} = df_r - df_e \tag{9-22}$$

当仅在零点进行重复试验时，失拟平方和及其自由度为

$$SS_{lf} = (b_0 - \bar{y}_0)^2 \tag{9-23}$$

$$df_{lf} = 1 \tag{9-24}$$

那么

$$F_{lf} = \frac{SS_{lf}/df_{lf}}{SS_e/df_e} \sim F_{\alpha(df_{lf}, df_e)} \tag{9-25}$$

式中，SS_{lf} 为各点试验值的均值 $\bar{y}_i$（零点为 $\bar{y}_0$，其余各点因无重复皆为 y_i）与直线 $\hat{y}$ 的差值平方和。SS_{lf} 越大，表明各试验观测值的均值 $\bar{y}_i$ 偏离回归直线越远，方程拟合得越不好。

若统计量 $F_{lf} > F_{\alpha(df_{lf}, df_e)}$，则表明所求得的回归方程是失拟的，即拟合得不好，这说明失拟平方和 SS_{lf} 中，除含有试验误差外，还含有其他条件因素及其交互作用的影响，或者含有 x 的非线性影响，即 y 与 x 不仅存在一次关系，可能还有二次或更高次关系，这尚需进一步研究。若 $F_{lf} < F_{\alpha(df_{lf}, df_e)}$，表明该方程不失拟，失拟平方和基本上是由试验误差引起的，回归方程拟合良好。

最后要指出的是所得到的回归方程是在编码空间求得的，它表述了编码因素 x 与试验指标 y 之间实际存在的线性关系。但根据试验要求与实际需要，通常还应由编码空间转换到自然因素空间，寻求到试验指标 y 关于自然因素 z 的回归方程。应当注意，无论用于预测、控制，还是用于调优，回归方程只在所试验的范围内有效，超出原有试验范围，就可能失去实际意义。

四、一次回归正交设计应用实例

一次回归正交设计常被用来确定最佳生产条件或最优配方以及试验因素的筛选。

【例 9-1】 长期研究经验表明，由某种天然产物中提取蛋白时，其提取率与反应时间和反应温度有关。根据经验反应时间的变化范围为 20~30min，反应温度为 70~78℃ 用一次回归正交设计法建立回归方程。

解：1. 试验方案设计

(1)确定试验因素及上、下水平 试验目的是寻求蛋白的提取率与反应时间和反应温度的关系，试验因素为反应时间（Z_1）和反应温度（℃），试验指标为蛋白提取率，用 y 表示。根据经验，反应时间 Z_1 为 20~30min，反应温度 70~78℃，那么由式(9-5)和式(9-6)计算各因素的零水平 Z_0 以及变化间距 Δ。

反应时间 Z_1 的上限水平 $Z_{21}=30$，下限水平 $Z_{11}=20$，则零水平 $Z_{01}=\dfrac{Z_{11}+Z_{21}}{2}=25$，变化间距 $\Delta_1=\dfrac{Z_{21}-Z_{11}}{2}=5$。

反应温度 Z_2 的上限水平 $Z_{22}=78$，下限水平 $Z_{12}=70$，则零水平 $Z_{02}=\dfrac{Z_{12}+Z_{22}}{2}=74$，变化间距 $\Delta_2=\dfrac{Z_{22}-Z_{12}}{2}=4$。

(2)对各因素进行编码，列出因素水平编码表 本例因素水平编码如表 9-7 所示。

表 9 – 7　　　　　　　　　　　　　　　　　　因素编码

因素	Z_1	Z_2
下水平(–1)	20	70
上水平(+1)	30	78
变化区间 Δ_j	5	4
零水平 Z_{0j}	25	74

（3）选择 2 水平正交表，设计试验方案　根据被研究因素的个数及互作情况，选择适宜正交表。本例为 2 因素试验，加上互作共需 3 列，可选用 $L_4(2^3)$ 正交表设计试验方案。试验方案如表 9 – 8 所示，零水平处的重复试验方案如表 9 – 9 所示。

表 9 – 8　　　　　　　　　　　　　　　　　　试验方案

试验号	因　素		
	Z_1 反应时间/min	Z_2 反应温度/℃	Z_1Z_2
1	1(30)	1(78)	1
2	1	–1(70)	–1
3	–1(20)	1	–1
4	–1	–1	1

表 9 – 9　　　　　　　　　　零水平(中心点)重复试验方案

中心点试验	$x_{01}(Z_{01})$	$x_{02}(Z_{02})$
1	0(25)	0(74)
2	0	0
3	0	0
4	0	0
5	0	0

试验方案设计好后进行试验，记录试验结果。

2. 试验结果统计分析

（1）列出一次回归正交设计的计算表，如表 9 – 10 所示。

表 9 – 10　　　　　　　　　　　　　　一次回归方程计算表

试验号	x_0	x_1	x_2	x_1x_2	y
1	1	1	1	1	41.5
2	1	1	–1	–1	40.9
3	1	–1	1	–1	40.0
4	1	–1	–1	1	39.3

续表

试验号	x_0	x_1	x_2	x_1x_2	y
$B_j = \sum xy$	161.7	3.1	1.3	-0.1	$SS_{总} = \sum y^2 - \dfrac{1}{N}(\sum y)^2$
$b_j = \dfrac{B_j}{N}$	40.43	0.775	0.325	-0.025	$df_{总} = N - 1 = 4 - 1 = 3$
$Q_j = b_j B_j$		2.4025	0.4225	0.0025	$SS_{剩} = SS_{总} - Q_1 - Q_2 = 0.0025, df_{剩} = 1$
					$SS_{回} = Q_1 + Q_2 = 2.825, df_{回} = 2$

根据以上计算,可建立如下回归方程:

$$\hat{y} = 40.43 + 0.775x_1 + 0.325x_2$$

(2)回归关系的显著性检验 两个因素的交互作用,在本例中忽略,故可利用交互作用列来计算剩余平方和。回归关系显著性检验结果如表 9 - 11 所示。

表 9 - 11 　　　　　　　　　　　　方差分析

变异来源	平方和	自由度	均方	F 值	显著性
x_1	2.4025	1	2.4025	961	*
x_2	0.4225	1	0.4225	169	*
回归	3.825	2	1.4125	565	*
剩余	0.0025	1	0.0025		
总和	2.8275	3			

查 F 表,$F_{0.05(1,1)} = 161.4, F_{0.01(1,1)} = 4.52.2, F_{0.05(2,1)} = 199.5, F_{0.01(2,1)} = 4999.5$

经 F 检验表明,x_1、x_2 对 y 的影响达到显著水平,回归方程为

$$\hat{y} = 40.43 + 0.775x_1 + 0.325x_2$$

此回归方程经 F 检验显著。

(3)拟合情况检验 上述回归方程显著,只说明一次回归方程在试验点上与试验结果拟合得比较好,为检验在整个区域内部回归方程是否拟合很好,需在零水平上安排重复试验,结果如表 9 - 12 所示。

表 9 - 12 　　　　　　　　　　中心点试验方案及结果

中心点试验	$x_{01}(Z_{01})$	$x_{02}(Z_{02})$	y
1	0(25)	0(74)	40.3
2	0	0	40.5
3	0	0	40.7
4	0	0	40.2
5	0	0	40.6
			$\bar{y}_0 = 40.46$

根据式(9-12)计算统计量 t,其中:

$$SS_0 = \sum_{i=1}^{M} (y_{0i} - \bar{y}_0)^2 = \sum_{i=1}^{5} (y_{0i} - 40.46)^2 = 0.172$$

$$df_0 = M - 1 = 5 - 1 = 4$$

$$t = \frac{|b_0 - \bar{y}_0|\sqrt{df_{剩} + df_0}}{\sqrt{SS_{剩} + SS_0}\sqrt{\frac{1}{N} + \frac{1}{M}}} = \frac{|40.43 - 40.46|\sqrt{1 + 4}}{\sqrt{0.0025 + 0.172}\sqrt{\frac{1}{4} + \frac{1}{5}}} = 0.239$$

由于 $t < t_{0.05(1+4)} = 2.571$,所以回归方程在整个研究区域内部拟合得很好。

(4)确定蛋白提取率与反应时间和反应温度的回归关系。

$$y = 40.43 + 0.775 \times \left(\frac{Z_1 - 25}{5}\right) + 0.325 \times \left(\frac{Z_2 - 74}{4}\right)$$

$$y = 30.54 + 0.155Z_1 + 0.082Z_2$$

由回归方程可以看出,反应温度为 70~78℃,反应时间为 20~30min,蛋白提取率与反应时间和反应温度成正相关,随着温度的升高,反应时间的延长,蛋白提取率呈增大趋势。

在编制试验方案与配列计算格式表时,考虑到计算试验误差与显著性检验的需要,若将零点重复试验一并编入试验方案与计算格式表中,这种设计称为整体设计,而将试验方案与零点重复试验分别考虑的设计称为非整体设计。

整体设计的试验方案是一次全面制订,因此进行试验时,可以全面考虑,统一安排,既为所有试验点同时进行试验创造了条件,也为进一步缩小试验时空范围、减少试验干扰提供了可能。与非整体设计相比,整体设计可以更充分地利用零点试验信息,提高常数项回归系数 b_0 上的精度,而对一次项回归系数 b_j 的计算无任何影响。

综上分析,回归方程显著性检验的主要内容有①回归系数的检验,主要考察试验因素对试验指标是否有显著影响;②回归方程的检验,主要考察整个回归方程是否显著;③失拟检验,主要考察事先假定的回归模型是否符合实际,这是一项容易被忽视但却是非常重要的检验。

上述三项检验,全部可采用 F 检验。进行 F 检验时,首先必须计算用于显著性检验的各偏差平方和和自由度。试验指标 y 的总波动一般是由以下三个方面的原因引起的:①试验因素 x 取不同水平引起 y 的波动,其大小可由回归平方和 $SS_{回}$ 反映;②试验误差引起 y 的波动,其大小可由误差平方和 SS_e 描述;③试验因素 x 的非线性效应以及其他条件因素及其交互作用的影响等引起 y 的波动,其大小可由失拟平方和 SS_{Lf} 表述。

第二节 二次回归组合设计

当使用一次回归正交设计时,如果发现拟合程度不理想(即失拟性检验显著或极显著),就说明使用一次回归设计不合适,需要引入二次回归正交设计。大多数食品试验研究,重点是寻找最优化参数、最佳配比组合和最适研究条件等,其试验多数为二次或更高次反应,因而研究二次回归正交组合设计十分必要。

一、二次回归组合设计基本原理

(一)中心组合设计方案

当有 m 个自变量时,二次回归方程式的一般形式为

$$y_a = \beta_0 + \sum_{j=1}^{m} \beta_j x_{aj} + \sum_{i<j}^{m} \beta_{ij} x_{ai} x_{aj} + \sum_{j=1}^{m} \beta_{jj} x_{aj}^2 + \varepsilon_a \qquad (9-26)$$

回归系数的个数(包括 a_0)

$$Q = 1 + m + C_m^2 + m = C_{m+2}^2 = (m+2)(m+1)/2 \qquad (9-27)$$

因此,回归方程的剩余自由度为

$$df_r = N - C_{m+2}^2 \qquad (9-28)$$

式中　N——试验处理数。

这就说明,为了使回归方程比较可信,要想获得 m 个变量的二次回归方程,全面组合试验的试验处理数 N 不能太小,至少应该大于 Q,才能使得剩余自由度 df_r 不至于太小;另一方面,为了使试验在实际操作中经济可行,试验的处理数 N 又不能太大。因此,试验处理数 N 的确定成为关键。同时,为了计算二次回归方程的系数,每个因素所取的水平数应 $\geqslant 3$。故 m 个因素(自变量)的 3 水平全面试验的试验处理数 N 为 3^m。

表 9-13 列出了不同自变量数目($m=2\sim6$)时,二次回归下 3 水平全面试验的剩余自由度 df_r。可见,大多数 3 水平全面试验中,试验处理数和剩余自由度太大,因而工作量太大,组合设计则可解决这一矛盾。

表 9-13　　　　　　　　　全面试验与组合设计的剩余自由度

因素数 m	Q	3 水平全面试验		组合设计		1/2 实施	
		N	df_r	N	df_r	N	df_r
2	6	9	3	9	3		
3	10	27	17	15	5		
4	15	81	66	25	10		
5	21	243	222	43	22	27	6
6	28	729	701	77	49	45	17

组合设计,就是在参试因子(自变量)的编码空间中选择几类不同特点(即分别处于不同球面上)的试验点,适当组合而形成试验方案。由于组合设计可选择多种类型的点,而且有些类型点的数目(试验处理数)又可适当调节,所以组合设计针对调节试验处理数 N,进而调节剩余自由度 df_r 方面,要比全面试验灵活且更为科学实用。

(二)中心组合设计方案的特点

该方案总试验次数 N 为

$$N = m_c + 2m + m_0 \qquad (9-29)$$

(1)每个因子(变量)都可取 5 个水平,故该方案所布的试验点范围较广。

(2)该方案还有较大的灵活性,因为在方案中留有两个待定参数 m_0(中心点的试验次数)和 γ(星号点的位置),这给人们留下活动余地,使二次回归设计具有正交性、旋转性等成为可能。

（3）中心点处的 m_0 次重复，使试验误差较为准确估计成为可能，从而使对方程与系数的检验有了可靠依据。

（三）中心组合设计中的试验点组成

二次回归正交组合试验设计，一般由下面 3 种类型的点组合而成

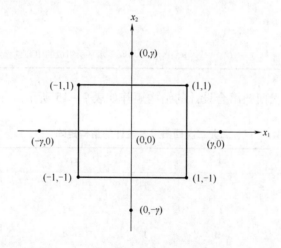

试验点分布的图示为

图 9 - 1　二元二次回归正交组合设计试验点分布

（1）二水平析因点　这些点的每一个坐标，都分别各自只取 +1 或 -1；这种试验点的个数记为 m_c；当这些点组成 2 水平全因素试验时 $m_c = 2^m$。若根据正交表配置 2 水平部分实施（1/2 或 1/4 等）的试验点时，这种试验点的个数 $m_c = 2^{m-1}$ 或 $m_c = 2^{m-2}$。调节这个 m_c，就相应地调节了误差（剩余）自由度 df_r。

（2）轴点　这些点都在坐标轴上，且与坐标原点（中心点）的距离都为 γ，即这些点只有 1 个坐标（自变量）取 γ 或 -γ，而其余坐标都取零。这些点在坐标图上通常都用星号标出，故又称星号点。其中 γ 称为轴臂或星号臂，是待定参数，可根据正交性或旋转性的要求来确定。这些点的个数为 $2m$，记为 m_γ。

（3）原点　又称中心点（基准点），即各自变量都取零的点，本试验点可作一次，也可重复多次，其次数记为 m_0。调节 m_0，显然也能相应地调节误差（剩余）自由度 df_r。

上述 3 种类型试验点个数的和，就是组合试验设计的总试验点（处理）数 N，即

$$N = m_c + 2m + m_0 \qquad (9-30)$$

例如，$m = 2$，2 因素（x_1 与 x_2）二次回归正交组合设计，由 9 个试验点组成，如图 9 - 1 所示，其试验处理组合如表 9 - 14 所示。

表 9 - 14　　　　　　　　　二元二次回归正交设计水平组合表

处理号	x_1	x_2	说　　明
1	1	1	m_c：二水平（+1 和 -1）的全因素试验点 $2^2 = 4$
2	1	-1	
3	-1	1	
4	-1	-1	
5	$+\gamma$	0	m_γ：分布在 x_1 和 x_2 坐标轴上星号位置的试验点
6	$-\gamma$	0	$2 \times 2 = 4$
7	0	$+\gamma$	
8	0	$-\gamma$	
9	0	0	m_0：x_1 和 x_2 均取零水平所组成的中心试验点

二因素（x_1, x_2）二次回归组合设计的结构矩阵如表 9 - 15 所示。

表 9 - 15　　　　　　　　　二元二次回归组合设计的结构矩阵

处理号	x_0	x_1	x_2	$x_1 x_2$	x_1^2	x_2^2
1	1	1	1	1	1	1
2	1	1	-1	-1	1	1
3	1	-1	1	-1	1	1
4	1	-1	-1	1	1	1
5	1	$+\gamma$	0	0	γ^2	0
6	1	$-\gamma$	0	0	γ^2	0
7	1	0	$+\gamma$	0	0	γ^2
8	1	0	$-\gamma$	0	0	γ^2
9	1	0	0	0	0	0

当 $m = 3$，3 因素（x_1, x_2, x_3）二次回归正交组合设计，则由 15 个试验点组成，其试验水平组合如表 9 - 16 所示。

表 9-16 　　　　　　　　　　　三元二次回归正交设计水平组合表

处理号	x_1	x_2	x_3	说　明
1	1	1	1	这 8 个点组成 2 水平(+1 和 -1)的
2	1	1	-1	全因子试验 $2^3 = 8$
3	1	-1	1	
4	1	-1	-1	
5	-1	1	1	
6	-1	1	-1	
7	-1	-1	1	
8	-1	-1	-1	
9	γ	0	0	这 6 个点分布在 x_1、x_2、x_3 轴上的星号位置
10	$-\gamma$	0	0	
11	0	γ	0	
12	0	$-\gamma$	0	
13	0	0	γ	
14	0	0	$-\gamma$	
15	0	0	0	由 x_1、x_2、x_3 的零水平所组成的中心试验点

3 因素(x_1 , x_2 , x_3)二次回归组合设计的结构矩阵如表 9-17 所示。

表 9-17 　　　　　　　　　　　二元二次回归组合设计的结构矩阵

处理号	x_0	x_1	x_2	x_3	x_1x_2	x_1x_3	x_2x_3	x_1^2	x_2^2	x_3^2
1	1	1	1	1	1	1	1	1	1	1
2	1	1	1	-1	1	-1	-1	1	1	1
3	1	1	-1	1	-1	1	-1	1	1	1
4	1	1	-1	-1	-1	-1	1	1	1	1
5	1	-1	1	1	-1	-1	1	1	1	1
6	1	-1	1	-1	-1	1	-1	1	1	1
7	1	-1	-1	1	1	-1	-1	1	1	1
8	1	-1	-1	-1	1	1	1	1	1	1
9	1	γ	0	0	0	0	0	γ^2	0	0
10	1	$-\gamma$	0	0	0	0	0	γ^2	0	0
11	1	0	γ	0	0	0	0	0	γ^2	0
12	1	0	$-\gamma$	0	0	0	0	0	γ^2	0
13	1	0	0	γ	0	0	0	0	0	γ^2
14	1	0	0	$-\gamma$	0	0	0	0	0	γ^2
15	1	0	0	0	0	0	0	0	0	0

可以看出,组合设计具有以下明显的优点:①它可使剩余自由度 df_r 取得适中,大大节省了试验处理数,如表 9 – 13 和表 9 – 18 所示,且因子数越多,试验次数减少得越多。②组合设计的试验点在因子空间中的分布是较均匀的。③组合设计还便于在一次回归的基础上实施。若一次回归不显著,可以在原先的 m_c 个(二水平全面试验的或部分实施的)试验点基础上,补充一些中心点与轴点试验,即可求得二次回归方程,这是组合试验设计的又一个不可比拟的优点。

二次回归组合设计试验点数

因素数 m	选用正交表	表头设计	m_c	$2m$	m_0	N	Q
2	$L_4(2^3)$	1、2 列	$2^2 = 4$	$2 \times 2 = 4$	1	9	6
3	$L_8(2^7)$	1、2、4 列	$2^3 = 8$	$2 \times 3 = 6$	1	15	10
4	$L_{16}(2^{15})$	1、2、4、8 列	$2^4 = 16$	$2 \times 4 = 8$	1	25	15
5	$L_{32}(2^{31})$	1、2、4、8、16 列	$2^5 = 32$	$2 \times 5 = 10$	1	43	21
5(1/2 实施)	$L_{16}(2^{15})$	1、2、4、8、15 列	$2^{5-1} = 16$	$2 \times 5 = 10$	1	27	21

二、二次回归组合设计正交性的实现

由表 9 – 15 和表 9 – 17 可见,在加入中心点与轴点后,一次项($x_1, \cdots, x_m$)与乘积项($x_i x_j, i \neq j$)并没有失去正交性,即

$$\sum_{j=1}^{m} x_j = 0 \qquad \sum_{i \neq j} x_i x_j = 0 \quad (i, j = 1, 2, \cdots, m) \tag{9 – 31}$$

而 x_0 项和二次项($x_1^2, \cdots, x_m^2$)则失去了正交性,即

$$\sum_{a=1}^{N} x_{a0} = m_c + m_0 + 2m \neq 0 \qquad \sum_{a=1}^{N} x_{aj}^2 = m_c + 2\gamma^2 \neq 0 \tag{9 – 32}$$

$$\sum_{a=1}^{N} x_{a0} x_{aj}^2 = m_c + m\gamma^2 \neq 0 \qquad \sum_{a=1}^{N} x_{ai}^2 x_{aj}^2 = m_c \neq 0 \tag{9 – 33}$$

为了获得正交性,首先应该对平方项 $x_1^2, \cdots, x_m^2$ 进行中心化变换,即令

$$x_{aj}' x_{aj}' = x_{aj}^2 - \frac{1}{N} \sum_{a=1}^{N} x_{aj}^2 = x_{aj}^2 - (m_c + 2\gamma^2)/N \quad (j = 1, \cdots, m; a = 1, \cdots, N) \tag{9 – 34}$$

这样变换后的 $x_1', x_2', \cdots, x_m'$ 项与 x_0 项正交

$$\sum_{a=1}^{N} x_{a0} x_{aj}' = 0 \quad (j = 1, 2, \cdots, m) \tag{9 – 35}$$

其次,我们可取适当的轴臂 γ,使变换后的 $x_1', x_2', \cdots, x_m'$ 项之间正交

$$\sum_{a=1}^{N} x_{ai}' x_{aj}' = 0 \quad (i \neq j, i, j = 1, 2, \cdots, m) \tag{9 – 36}$$

$$0 = m_c - (m_c + 2\gamma^2)^2/N = -\frac{4}{N} \left[\gamma^4 + m_c \gamma^2 - \frac{1}{2} m_c \left(m + \frac{1}{2} m_0 \right) \right]$$

即

$$\gamma^4 + m_c \gamma^2 - \frac{1}{2} m_c \left(m + \frac{1}{2} m_0 \right) = 0 \tag{9 – 37}$$

由于 $\gamma > 0$,所以为了达到正交性,使式(9 – 36),亦即(9 – 37)式成立,只须使

$$\gamma = \sqrt{\frac{-m_c + \sqrt{m_c^2 + 2m_c(m + m_0/2)}}{2}} \tag{9-38}$$

当试验因素数 m 和零水平重复次数 m_0 确定时，γ 值就可以通过上式计算出来。为了设计方便，将由上式算得的一些常用 γ 值列入表 9-19。

表 9-19 二次回归正交设计常用 γ 值表

m_0	因素数 m							
	2	3	4	5(1/2 实施)	5	6(1/2 实施)	6	7(1/2 实施)
1	1.00000	1.21541	1.41421	1.54671	1.59601	1.72443	1.76064	1.88488
2	1.07809	1.28719	1.48258	1.60717	1.66183	1.78419	1.82402	1.94347
3	1.14744	1.35313	1.54671	1.66443	1.72443	1.84139	1.88488	2.00000
4	1.21000	1.41421	1.60717	1.71885	1.78419	1.89629	1.94347	2.05464
5	1.26710	1.47119	1.66443	1.77074	1.84139	1.94910	2.00000	2.10754
6	1.31972	1.52465	1.71885	1.82036	1.89629	2.00000	2.05464	2.15884
7	1.36857	1.57504	1.77074	1.86792	1.94910	2.04915	2.10754	2.20866
8	1.41421	1.62273	1.82036	1.91361	2.00000	2.09668	2.15884	2.25709
9	1.45709	1.66803	1.86792	1.95759	2.04915	2.14272	2.20866	2.30424
10	1.49755	1.71120	1.91361	2.00000	2.09668	2.18728	2.25709	2.35018
11	1.53587	1.75245	1.95759	2.04096	2.14272	2.23073	2.30424	2.39498

例如，在 $m = 2$，$m_c = 2^m = 4$ 且 $m_0 = 1$ 的情形下，由表 9-19 可查得 $\gamma = 1$，在此需要对所有平方项进行中心化变换，如式(9-39)所示，即

$$x'_{aj} = x_{aj}^2 - 2/3 \tag{9-39}$$

变换后使得 $\sum x'_{aj} = 0$，实现了结构矩阵的正交性。从而可以拟出经中心化变换后的二元二次回归正交设计的结构矩阵，如表 9-20 所示，类似地可以拟出三元二次回归正交设计的结构矩阵，如表 9-21 所示。

表 9-20 二元二次回归正交组合设计的结构矩阵

处理号	x_0	x_1	x_2	$x_1 x_2$	x'_1	x'_2
1	1	1	1	1	0.333	0.333
2	1	1	-1	-1	0.333	0.333
3	1	-1	1	-1	0.333	0.333
4	1	-1	-1	1	0.333	0.333
5	1	1	0	0	0.333	-0.667
6	1	-1	0	0	0.333	-0.667
7	1	0	1	0	-0.667	0.333
8	1	0	-1	0	-0.667	0.333
9	1	9	0	0	-0.667	-0.667

表 9 – 21   三元二次回归正交组合设计的结构矩阵

处理号	x_0	x_1	x_2	x_3	x_1x_2	x_1x_3	x_2x_3	x_1'	x_2'	x_3'
1	1	1	1	1	1	1	1	0.27	0.27	0.27
2	1	1	1	−1	1	−1	−1	0.27	0.27	0.27
3	1	1	−1	1	−1	1	−1	0.27	0.27	0.27
4	1	1	−1	−1	−1	−1	1	0.27	0.27	0.27
5	1	−1	1	1	−1	−1	1	0.27	0.27	0.27
6	1	−1	1	−1	−1	1	−1	0.27	0.27	0.27
7	1	−1	−1	1	1	−1	−1	0.27	0.27	0.27
8	1	−1	−1	−1	1	1	1	0.27	0.27	0.27
9	1	1.215	0	0	0	0	0	0.746	−0.73	−0.73
10	1	−1.215	0	0	0	0	0	0.746	−0.73	−0.73
11	1	0	1.215	0	0	0	0	−0.73	0.746	−0.73
12	1	0	−1.215	0	0	0	0	−0.73	0.746	−0.73
13	1	0	0	1.215	0	0	0	−0.73	−0.73	0.746
14	1	0	0	−1.215	0	0	0	−0.73	−0.73	0.746
15	1	0	0	0	0	0	0	−0.73	−0.73	−0.73

三、二次回归组合设计设计及统计分析

(一)因素水平编码

与一次回归正交设计类似,二次回归正交组合设计的方法,同样是在确定试验因素的基础上拟定每个因素的上下水平,上水平以 Z_{2j} 表示,下水平以 Z_{1j} 表示,两者之算术平均数为零水平,以 Z_{0j} 表示。把上水平和零水平之差除以参数 γ(γ 值可从表 9 – 19 查出),称为因素 Z_j 的变化间距,以 Δ_j 表示,即

$$\Delta_j = \frac{(Z_{2j} - Z_{0j})}{\gamma} \tag{9 – 40}$$

对每个因素 Z_j 的各个水平进行编码,所谓编码就是对因素水平的取值作如下线性变换

$$x_{ij} = \frac{(Z_{ij} - Z_{0j})}{\Delta_j} \tag{9 – 41}$$

这样就建立了各因素 Z_{ij} 与 x_{ij} 取值的一一对应关系,得到如下因素水平编码表,如表 9 – 22 所示。

表 9 – 22   因素水平编码表

编码	Z_1	Z_2	…	Z_m
$+\gamma$	Z_{21}	Z_{22}	…	Z_{2m}
$+1$	$Z_{01} + \Delta_1$	$Z_{02} + \Delta_2$	…	$Z_{0m} + \Delta_m$
0	Z_{01}	Z_{02}	…	Z_{0m}

续表

编码	Z_1	Z_2	…	Z_m
-1	$Z_{01} - \Delta_1$	$Z_{02} - \Delta_2$	…	$Z_{0m} - \Delta_m$
$-\gamma$	Z_{11}	Z_{12}	…	Z_{1m}

根据试验因素的个数,选择适当的二水平正交表,加上 m_r 与 m_0 的试验点,即设计成试验方案。

(二)二次回归正交组合设计的确定

首先根据因素数 m 选择合适的正交表进行交换,明确二水平试验方案,二水平试验次数 m_c 和星号试验次数 m_γ 也能随之确定,这一过程可以参考表 9 – 18 所示。然后对二次项进行中心化处理,就可以得到具有正交性的二次回归正交组合设计编码表。

(三)试验处理的随机化

回归正交试验各处理的随机化可采用抽签、随机数字表或随机函数,之后根据试验方案进行试验,收集数据。

(四)二次回归正交组合设计试验结果的统计分析

如果研究 m 个因素,采用二次回归正交组合设计共有 N 个处理,其试验结果以 $\gamma_1, \gamma_2, \cdots, \gamma_N$ 表示,则 2 次回归的数学模型如式 9 – 26 所示。当对平方项进行了中心变换,消除平方项与常数项的相关性以后,数学模型变为

$$y_a = \beta_0' + \sum_{j=1}^{m} \beta_j x_{aj} + \sum_{i<j} \beta_{ij} x_{ai} x_{aj} + \sum_{j=1}^{m} \beta_{jj} x_{aj}' + \varepsilon_a \tag{9 – 42}$$

用样本估计时

$$\hat{y} = a_0 + \sum_{j=1}^{m} b_j x_j + \sum_{i<j} b_{ij} x_i x_j + \sum_{j=1}^{m} b_{jj} x_j^2 \tag{9 – 43}$$

例如,当 $m = 3$ 时,三元二次回归方程为

$$\hat{y} = b_0 + b_1 x_1 + b_2 x_2 + b_3 x_3 + b_{12} x_1 x_2 + b_{13} x_1 x_3 + b_{23} x_2 x_3 + b_{11} x_1^2 + b_{22} x_2^2 + b_{33} x_3^2$$

或

$$\hat{y} = b_0' + b_1 x_1 + b_2 x_2 + b_3 x_3 + b_{12} x_1 x_2 + b_{13} x_1 x_3 + b_{23} x_2 x_3 + b_{11} x_1' + b_{22} x_2' + b_{33} x_3' \tag{9 – 44}$$

其余依此类推……

要建立二次回归方程,首先必须计算出不同类型的回归系数 $b_0', b_j, b_{ij}, b_{jj}$。由于二次回归正交组合设计的结构矩阵具有正交性,因而它的信息矩阵 A 为

$$A = X'X = \begin{bmatrix} N & & & & & & & & & & 0 \\ & a_1 & & & & & & & & & \\ & & \ddots & & & & & & & & \\ & & & a_m & & & & & & & \\ & & & & a_{12} & & & & & & \\ & & & & & \ddots & & & & & \\ & & & & & & a_{(m-1)m} & & & & \\ & & & & & & & a_{11} & & & \\ & & & & & & & & \ddots & & \\ 0 & & & & & & & & & a_{mm} \end{bmatrix} \tag{9 – 45}$$

其中: $a_j = \sum a_{aj}^2$ 　$a_{ij} = \sum (x_{ai} x_{aj})^2$ 　$i \neq j$ 　$a_{jj} = \sum (x_{aj}')^2$

常数项矩阵 B 为：

$$B = X'Y = (B_0, B_1, \cdots, B_m; B_{12}, \cdots, B_{m-1,m}, B_{11}, \cdots, B_{mm}) \tag{9-46}$$

其中：$B_0 = \sum y_a \quad B_j = \sum x_{aj} y_a \quad B_{jj} = \sum x'_{aj} y_a \quad B_{ij} = \sum x_{ai} x_{aj} y_a \quad (i \neq j)$

相关矩阵 C 为：

$$C = A^{-1} = \begin{bmatrix} N^{-1} & & & & & & & & 0 \\ & N_1^{-1} & & & & & & & \\ & & \ddots & & & & & & \\ & & & N_m^{-1} & & & & & \\ & & & & N_{12}^{-1} & & & & \\ & & & & & \ddots & & & \\ & & & & & & N_{(m-1)m}^{-1} & & \\ & & & & & & & N_{11}^{-1} & \\ & & & & & & & & \ddots \\ 0 & & & & & & & & N_{mm}^{-1} \end{bmatrix} \tag{9-47}$$

于是二次回归方程的回归系数 $b = A^{-1}B$，则

$$b'_0 = \frac{B_0}{N} = \frac{1}{N} \sum y_a = \bar{y} \tag{9-48}$$

$$b_j = \frac{B_j}{a_j} = \frac{\sum x_{aj} y_a}{\sum x_{aj}^2} \tag{9-49}$$

$$b_{jj} = \frac{B_{jj}}{a_{jj}} = \frac{\sum x'_{aj} y_a}{\sum (x'_{aj})^2} \tag{9-50}$$

$$b_{jj} = \frac{B_{ij}}{a_{ij}} = \frac{\sum x_{ai} x_{aj} y_a}{\sum (x_{ai} x_{aj})^2} (i \neq j) \tag{9-51}$$

为简便起见，上述计算可列表进行，如表 9 – 23 所示。

表 9 – 23 　　　　　　　　　　　　　二次回归正交设计结构矩阵及运算表

试验号	x_0	x_1	$\cdots$	x_m	$x_1 x_2$	$\cdots$	$x_{m-1} x_m$	x_1'	$\cdots$	x_m'	y_a
1	1	x_{11}	$\cdots$	x_{1m}	$x_{11} x_{12}$	$\cdots$	$x_{1(m-1)} x_{1m}$	x'_{11}	$\cdots$	x'_{1m}	y_1
2	1	x_{21}	$\cdots$	x_{2m}	$x_{21} x_{22}$	$\cdots$	$x_{2(m-1)} x_{2m}$	x'_{21}	$\cdots$	x'_{2m}	y_2
$\vdots$	$\vdots$	$\vdots$	$\vdots$	$\vdots$	$\vdots$	$\vdots$	$\vdots$	$\vdots$	$\vdots$	$\vdots$	$\vdots$
$\vdots$	$\vdots$	$\vdots$	$\vdots$	$\vdots$	$\vdots$	$\vdots$	$\vdots$	$\vdots$	$\vdots$	$\vdots$	$\vdots$
N	1	x_{N1}	$\cdots$	x_{Nm}	$x_{N1} x_{N2}$	$\cdots$	$x_{N(m-1)} x_{Nm}$	x'_{N1}	$\cdots$	x'_{Nm}	y_N
$a_j = \sum x_j^2$	$\sum x_{a0}^2$	$\sum x_{a1}^2$	$\cdots$	$\sum x_{am}^2$	$\sum (x_{a1} x_{a2})$	$\cdots$	$\sum (x_{am-1} x_{am})$	$\sum x'^2_{a1}$	$\cdots$	$\sum x'^2_{am}$	$\sum y^2$
$B_j = \sum x_j$	$\sum x_{a0}$	$\sum x_{a1} y$	$\cdots$	$\sum x_{am} y_a$	$\sum x_{a1} x_{a2} y$	$\cdots$	$\sum x_{am-1} x_{am} y_a$	$\sum x'_{a1} y_a$	$\cdots$	$\sum x'_{am} y_a$	$SS_y = \sum y^2 - (\sum y)^2/N$
$b_j = \dfrac{B_j}{a_j}$	b_0	$\dfrac{B_1}{a_1}$	$\cdots$	$\dfrac{B_m}{a_m}$	$\dfrac{B_{12}}{a_{12}}$	$\cdots$	$\dfrac{B_{m-1,m}}{a_{m-1,m}}$	$\dfrac{B_1'}{a_1'}$	$\cdots$	$\dfrac{B_m'}{a_m'}$	$SS_R = \sum Q_j + \sum Q_{ij} + \sum Q'_j$
$Q_j = B_j^2/a_j$	Q_1	$\cdots$	Q_m	Q_{12}	$\cdots$		$Q_{m-1,m}$	Q_1'	$\cdots$	Q_m'	$SS_r = SS_y - SS_R$

经过上述运算可建立相应的二次回归方程

$$\hat{y} = b_0 + \sum_{j=1}^{m} b_j x_j + \sum_{i<j} b_{ij} x_i x_j + \sum_{i=1}^{m} b_{jj} x_j^2 \tag{9-52}$$

式中

$$b_0 = \bar{y} - \frac{1}{N} \sum_{a=1}^{N} x_{aj}^2 \cdot \sum_{j=1}^{m} b_{jj} \tag{9-53}$$

回归关系的显著性检验一般采用 F 检验。

将 b 值计算结果代入二次回归正交数学模型中,即可得回归方程。方程及回归系数显著性检验与一次回归相同,详见一次正交回归方差分析表。如果在中心点设 m_0 次重复,且试验结果分别为 $y_{01}, y_{02}, \cdots, y_{0m}$,则可先用计算的误差平方和 (SS_{el}) 对失拟平方和 (SS_{lf}) 进行检验,方法也与一次相同。

$$SS_e = \sum_{i=1}^{m_0} (y_{0i} - \bar{y}_0)^2 \quad df_e = m_0 - 1 \tag{9-54}$$

$$SS_{lf} = SS_T - SS_e \quad df_{lf} = df_r - df_e \tag{9-55}$$

$$F_{lf} = \frac{SS_{lf}/df_{lf}}{SS_e/df_e} \tag{9-56}$$

如果 $F_{lf} < F_{0.05(df_{lf}, df_e)}$ 表明拟合不好,有其他因素存在,应考虑修改回归模型。

四、二次回归组合设计的应用实例

【例 9-2】　某食品加香试验,3 个因素,即 Z_1(香精用量)、Z_2(着香时间)、Z_2(着香温度),试进行二次回归正交组合设计,并进行统计分析。

解:
(1)确定因素水平变化范围
香精用量 $Z_1(6 \sim 18 \text{mL/kg})$
着香时间 $Z_2(8 \sim 24 \text{h})$
着香温度 $Z_3(22 \sim 48 ℃)$
(2)确定 γ 值、m_c 及 m_0
根据本试验目的和要求,确定 $m_c = 2^m = 2^3 = 8, m_0 = 1$,查表 9-19 得 $\gamma = 1.215$。
(3)确定因素的上、下水平,变化间距以及对因子进行编码,如表 9-24 所示。

表 9-24　　　　　　　　　　3 因素 2 次组合设计水平取值及编码表

编码	Z_1/(mL/kg 物料)	Z_2/h	Z_3/℃
$+\gamma$	18	24	48
$+1$	16.94	22.6	45.7
0	12	16	35
-1	7.06	9.4	24.3
$-\gamma$	6	8	22
Δ_i	4.94	6.6	10.7

计算各因素的零水平:　　　　　　　　计算各因素的变化间距:
$Z_{01} = (18 + 6)/2 = 12(\text{mL/kg})$　　　　$\Delta_{01} = (18 - 12)/1.215 = 4.94(\text{mL/kg})$

$$Z_{02} = (24 + 8)/2 = 16(\text{h}) \qquad \Delta_{02} = (24 - 16)/1.215 = 6.6(\text{h})$$

$$Z_{03} = (48 + 22)/2 = 35(\text{℃}) \qquad \Delta_{03} = (48 - 35)/1.215 = 10.7(\text{℃})$$

（4）列出试验设计及试验方案，如表9-25所示。

表9-25 三因素二次回归正交组合设计及实施方案

试验号	试验设计			实施方案		
	x_0	x_1	x_2	香精用量/(mL/kg)	着香时间/h	着香温度/℃
1	1	1	1	16.94	22.6	45.7
2	1	1	-1	16.94	22.6	24.3
3	1	-1	1	16.94	9.4	45.7
4	1	-1	-1	16.94	9.4	24.3
5	-1	1	1	7.06	22.6	45.7
6	-1	1	-1	7.06	22.6	24.3
7	-1	-1	1	7.06	9.4	45.7
8	-1	-1	-1	7.06	9.4	24.3
9	1.215	0	0	18	16	35
10	-1.215	0	0	6	16	35
11	0	1.215	0	12	24	35
12	0	-1.215	0	12	8	35
13	0	0	1.215	12	16	48
14	0	0	-1.215	12	16	22
15	0	0	0	12	16	35

（5）试验结果的统计分析　根据三元二次回归正交组合设计的要求，将各自变量的编码填入相应的结构矩阵中，如表9-26所示，并进行统计分析检验。

表9-26 某食品三元二次回归正交组合设计结构矩阵及计算表

试验号	x_0	x_1	x_2	x_3	x_1x_2	x_1x_3	x_2x_3	x_1'	x_2'	x_3'	结果(y)
1	1	1	1	1	1	1	1	0.27	0.27	0.27	2.32
2	1	1	1	-1	1	-1	-1	0.27	0.27	0.27	1.25
3	1	1	-1	1	-1	1	-1	0.27	0.27	0.27	1.93
4	1	1	-1	-1	-1	-1	1	0.27	0.27	0.27	2.13
5	1	-1	1	1	-1	-1	1	0.27	0.27	0.27	5.85
6	1	-1	1	-1	-1	1	-1	0.27	0.27	0.27	0.17
7	1	-1	-1	1	1	-1	-1	0.27	0.27	0.27	0.80
8	1	-1	-1	-1	1	1	1	0.27	0.27	0.27	0.56
9	1	1.215	0	0	0	0	0	0.746	-0.73	-0.73	1.60

续表

试验号	x_0	x_1	x_2	x_3	x_1x_2	x_1x_3	x_2x_3	x_1'	x_2'	x_3'	结果(y)
10	1	−1.215	0	0	0	0	0	0.746	−0.73	−0.73	0.56
11	1	0	1.215	0	0	0	0	−0.73	0.746	−0.73	5.54
12	1	0	−1.215	0	0	0	0	−0.73	0.746	−0.73	3.89
13	1	0	0	1.215	0	0	0	−0.73	−0.73	0.746	3.57
14	1	0	0	−1.215	0	0	0	−0.73	−0.73	0.746	2.52
15	1	0	0	0	0	0	0	−0.73	−0.73	−0.73	5.80
$a_j = \sum x_j^2$	15	10.9525	10.9525	10.9525	8	8	8	4.3607	4.3607	4.3607	$\sum y^2 = 51.8443$
$\beta_j = \sum x_j y$	37.37	2.6336	7.2948	9.1858	−6.27	−6.17	5.59	−10.2019	0.5286	−4.3721	$SS_y = 58.7432$
$b_j = B_j/a_j$	b_0	0.2405	0.6660	0.8387	−0.7838	−0.7713	0.6988	−2.3395	0.1212	−1.0093	$SS_R = 55.2032$
$Q_j = B_j^2/a_j$		0.6333	4.8586	7.7040	4.9141	4.7586	3.9060	23.8676	0.0641	4.4422	$SS_r = 3.540$

①建立三元二次回归方程。

计算 b_0：

$$b_0 = \frac{1}{N}\sum y - \frac{1}{N}\sum x_{aj}^2 \cdot \sum_{j=1}^{m} b_{jj} = \frac{37.37}{15} - \frac{10.9525}{15}(-2.3395 + 0.1212 - 1.0093) = 4.9091$$

（其中 $\frac{1}{N}\sum y = b_0^1$，本例 $b_0^1 = 2.4913$）

经过以上运算，可以初步建立多元回归方程

$$\hat{y} = 2.4913 + 0.2405x_1 + 0.6660x_2 + 0.8387x_3 - 0.7838x_1x_2 - 0.7713x_1x_3$$
$$+ 0.6988x_2x_3 - 2.3395x_1' + 0.1212x_2' - 1.0093x_3'$$

$$\hat{y} = 4.9091 + 0.2405x_1 + 0.6660x_2 + 0.8387x_3 - 0.7838x_1x_2 - 0.7713x_1x_3$$
$$+ 0.6988x_2x_3 - 2.3395x_1^2 + 0.1212x_2^2 - 1.0093x_3^2$$

②回归关系的显著性检验。根据 9−25 的有关数据。列出方差分析表，如表 9−27 所示。

表 9−27　　　　　　　　　　　　回归关系的方差分析表

变异来源	平方和(SS)	自由度(df)	均方(MS)	F	显著程度
x_1	0.63327	1	0.63327	<1	ns
x_2	4.85856	1	4.85856	6.8624 *	0.05(6.61)
x_3	7.70400	1	7.70400	10.8814 *	0.05(6.61)
x_1x_2	4.91410	1	4.91410	10.3994 *	0.05(6.61)
x_1x_3	4.75861	1	4.75861	6.9409 *	0.05(6.61)
x_2x_3	3.90601	1	3.90601	5.5170	0.10(4.06)
x_1'	23.86763	1	23.86763	33.7116 * *	0.01(16.30)
x_2'	0.06407	1	0.06407	<1	ns
x_3'	4.44220	1	4.44220	6.2743	0.10(4.06)

续表

变异来源	平方和(SS)	自由度(df)	均方(MS)	F	显著程度
回归	55.20320	9	6.13369	8.6635*	0.05(4.77)
剩余	3.53998	5	0.70799		
总变异	58.74317	14			

方差分析表明，总回归达到显著水平，说明本食品的加香试验与所选因素之间存在显著的回归关系，试验设计方案是正确的，选用二次正交回归组合设计也是恰当的。除 x_1 和 x_2^2 以外，其余各项因子基本达到显著或极显著，说明香料用量、着香时间、着香温度与这一食品的加香有显著或极显著关系。本试验设计的因素、水平选择是成功的。

有时候试验的效果并不是都这么显著，即达到显著的因素没有这么多。这是由生物、农业和食品加工等领域试验影响因素的多样性和不确定性所造成。在回归正交试验设计的分析检验中，至少要求某因素的显著水平达到 0.25。也就是说当某因素的显著水平达到 0.25 时，一般不要盲目将其淘汰。

因为在这种回归正交试验中，第一次方差分析往往因为误差（剩余）自由度偏小而影响检验的准确度。并且由于回归正交试验计划具有的正交性，保证了试验因素的列与列之间没有互作（即没有相关性）存在，因此我们可以将未达到 0.25 以上显著水平的因素（或者互作）剔除，将其平方和和自由度并入误差（剩余）项，进行第二次方差分析，以提高检验的准确度。

第二次方差分析结果如表 9 – 28 所示。

表 9 – 28 回归关系的第二次方差分析表

变异来源	平方和(SS)	自由度(df)	均方(MS)	F	显著程度
x_2	4.85856	1	4.85856	8.0263*	0.05(5.59)
x_3	7.70400	1	7.70400	12.7269**	0.01(12.20)
x_1x_2	4.91410	1	4.91410	8.1180*	0.05(5.59)
x_1x_3	4.75861	1	4.75861	7.8612*	0.05(5.59)
x_2x_3	3.90601	1	3.90601	6.4527*	0.05(5.59)
x_1^2	23.86763	1	23.86763	39.4290**	0.01(12.20)
x_3^2	4.44220	1	4.44220	7.3385*	0.05(5.59)
回归	54.24265	7	7.74895	12.8012**	0.01(6.99)
剩余	4.23732	7	0.60533		
总变异	58.47997	14			

第二次方差分析表明，总回归及各项因素均达到显著或极显著水平，说明这一食品加香与试验因素之间存在极显著的回归关系，其优化的回归方程为

$$\hat{y} = 2.4913 + 0.6660x_2 + 0.8387x_3 - 0.7838x_1x_2 - 0.7713x_1x_3 - 0.6988x_2x_3 - 2.3395x_1' - 1.0093x_3'$$

$$\hat{y} = 4.9359 + 0.6660x_2 + 0.8387x_3 - 0.7838x_1x_2 - 0.7713x_1x_3 - 0.6988x_2x_3 - 2.3395x_1^2 - 1.0093x_3^2$$

本试验由于 $m_0 = 1$，故不能进行失拟检验，这是试验的一个缺陷。如果取 $m_0 = 4$，对试验进行失拟检验，则本试验将更为圆满。

（6）回归方程的应用　当我们得到二次回归方程以后，可以对它进行以下 3 方面的应用。

①在方程设计范围内最优试验因子的选取。这是目前广泛使用的计算机程序 SPSS 和 SAS 系统中经常运用的，是一种局部优化的方法。通过程序对试验所设计的因子编码进行自动寻优，找出每一个因素已有的局部最优点，作为本试验的优化试验点。这种方法的特点是简单、有效、实用，但找出的局部"最优"水平编码并不是理论上的最优点，不能代表真正的最优。这种方法将在后面正交旋转和通用旋转设计示例中介绍。

②方程局部最优点的寻找。即利用数学求极值的方法，寻找所得到的三元二次优化回归方程的局部最优解。首先对回归方程

$$\hat{y} = 4.9359 + 0.6660x_2 + 0.8387x_3 - 0.7838x_1x_2 - 0.7713x_1x_3 - 0.6988x_2x_3 - 2.3395x_1^2 - 1.0093x_3^2$$

求一阶偏导数，并当达到局部最优点时，$\dfrac{\partial y}{\partial x_j} = 0$

因此有

$$\begin{cases} \dfrac{\partial y}{\partial x_1} = -2 \times 2.3395x_1 - 0.7838x_2 - 0.7713x_3 = 0 \\[2mm] \dfrac{\partial y}{\partial x_2} = -0.7838x_1 + 0.6988x_3 = -0.6660 \\[2mm] \dfrac{\partial y}{\partial x_3} = -0.7713x_1 + 0.6988x_2 - 2 \times 1.0093x_3 = -0.8387 \end{cases}$$

解此方程，得

$$x_1 = 0.3756, x_2 = -1.8345, x_3 = -0.4143$$

代入原编码水平，得出各因素的最优试验水平：

香精用量 $Z_1 = x_1\Delta_1 + Z_{01} = 0.3756 \times 4.94 + 12 = 13.85(\text{mL/kg 物料})$

着香时间 $Z_2 = x_2\Delta_2 + Z_{02} = -1.8345 \times 6.58 + 16 = 3.92(\text{h})$

着香温度 $Z_3 = x_3\Delta_3 + Z_{03} = -0.4143 \times 10.7 + 35 = 30.57(℃)$

③寻求最佳试验方案。最佳试验方案，并不一定是上面我们所寻求的局部最优点，而是根据试验所消耗的人力、物力、财力综合平衡，在保证试验质量和结果真实可靠的前提下，寻求经济、高效的试验方案。由于本试验不便叙述，这里举另外一例。

某作物对氮肥（N）和磷肥（P_2O_5）的最佳施肥方案，其一阶偏导数为

$$\frac{\partial y}{\partial x_1} = 25.1282 - 30.404x_1 + 11.250x_2$$

$$\frac{\partial y}{\partial x_2} = 15.2349 + 11.250x_1 - 31.0808x_2$$

而最佳施肥量是当边际产量等于边际成本时得施肥量，它受边际产量、作物产品价格、肥料价格的制约，因此有以下关系式。

氮肥的边际产量为：$\dfrac{\partial y}{\partial x_N} = \dfrac{P_{x_N}}{P_y} = \dfrac{纯氮价格}{产品价格} = \dfrac{3.50}{1.40} = 2.50$

磷肥的边际产量为：$\dfrac{\partial y}{\partial x_N} = \dfrac{P_{x_N}}{P_y} = \dfrac{P_2O_5 \text{ 价格}}{\text{产品价格}} = \dfrac{2.50}{1.40} = 1.786$

于是根据等价关系，建立如下方程组：

$$\begin{cases} 30.4040x_N - 11.25x_P = 25.1282 - 2.50 \\ -11.25x_N + 31.0808x_P = 15.2349 - 1.786 \end{cases}$$

解此方程组，即得到了最佳施肥方案。

第三节　二次回归旋转设计

一、二次回归旋转设计基本原理

"回归的正交设计"具有试验处理数比较少，计算简便，消除了回归系数之间的相关性等优点。但它也存在一定的缺点，即二次回归预测值 $\hat{y}$ 的方差随试验点在因子空间的位置不同而呈现较大的差异。由于误差的干扰，就不易根据预测值寻找最优区域。为了克服这个缺点，人们通过进一步研究，提出了回归的旋转设计（whirly design）。

所谓旋转性是指试验因素空间中与试验中心距离相等的球面上各处理组合的预测值的方差具有几乎相等的特性，具有这种性质的回归设计称回归旋转设计。利用具有旋转性的回归方程进行预测时，对于同一球面上的点可直接比较其预测值的好坏，从而找出预测值较优区域。

（一）回归设计旋转性条件

如何才能使试验设计具有旋转性呢？这就需要弄清楚旋转性对试验设计有什么要求以及获得旋转性必须满足哪些基本条件。首先必须明确的是：在旋转设计中，试验处理的预测值 $\hat{y}$ 的方差仅与因素空间中从试验点到试验中心的距离 ρ 有关而与方向无关，从而克服了通常因为不知道最优点在什么方向的缺陷。

这里应该解决的是二次回归正交的旋转性问题。下面以试验设计中常用的三元二次回归方程来讨论这个问题。

在 3 个变量情况下，二次回归模型为

$$y_\alpha = \beta_0 x_0 + \sum_{j=1}^{3} \beta_j x_j + \sum_{i<j} \beta_{ij} x_i x_j + \sum_{j=1}^{3} \beta_{ij} x_j^2 + \varepsilon_{ij} \tag{9-57}$$

即　$y_\alpha = \beta_0 + \beta_1 + \beta_2 x_{\alpha 2} + \beta_3 x x_{\alpha 3} + \beta_{12} x_{\alpha 1} x_{\alpha 2} + \beta_{13} x_{\alpha 1} x_{\alpha 3} + \beta_{23} x_{\alpha 2} x_{\alpha 3} + \beta_{11} x_{\alpha 1}^2 + \beta_{22} x_{\alpha 2}^2 + \beta_{33} x_{\alpha 3}^2 + \varepsilon_\alpha$

$$\tag{9-58}$$

$(\alpha = 1, 2, \cdots, N) A$ 的元素分类 $\begin{cases} \text{其指数} \alpha_1, \alpha_2, \cdots, \alpha_m \text{都是偶数或零} \\ \text{其指数} \alpha_1, \alpha_2, \cdots, \alpha_m \text{中至少有 1 个为奇数} \end{cases}$

它的结构矩阵为

$$X = \begin{pmatrix} 1 & x_{11} & x_{12} & x_{13} & x_{11}x_{12} & x_{11}x_{13} & x_{12}x_{13} & x_{11}^2 & x_{12}^2 & x_{13}^2 \\ 1 & x_{21} & x_{22} & x_{23} & x_{21}x_{22} & x_{21}x_{23} & x_{22}x_{23} & x_{21}^2 & x_{22}^2 & x_{23}^2 \\ \vdots & \vdots & \vdots & \vdots & \vdots & \vdots & \vdots & \vdots & \vdots & \vdots \\ 1 & x_{N1} & x_{N2} & x_{N3} & x_{N1}x_{N2} & x_{N1}x_{N3} & x_{N2}x_{N3} & x_{N1}^2 & x_{N2}^2 & x_{N3}^2 \end{pmatrix} \tag{9-59}$$

此外，为了使旋转设计成为可能，还必须使信息矩阵 A 不退化（满秩）。为此，必须有不

等式

$$\frac{\lambda_4}{\lambda_2^2} \neq \frac{m}{m+2} \tag{9-60}$$

式(9-60)就是 m 元二次旋转设计的非退化条件。已经证明,只要使 N 个试验点不在同一个球面上,就能满足非退化条件。

最简单的情况是把 N 个试验点分布在2个或3个半径不等的球面上。如 m_0 个点分布在半径为0的球面上(即在中心点重复 m_0 次试验),另外 $m_1 = N - m_0$ 个点均匀分布在半径为 $\rho(\rho \neq 0)$ 的球面上。

综上所述,为了获得 m 元二次旋转设计方案,就要求既要满足旋转性条件式,又要满足非退化条件式(9-60)。满足式旋转设计是必要条件,满足非退化条件式(9-53)是使旋转性成为可能的充分条件。两者结合起来才能使旋转性设计得以实现。实际操作上主要借助于组合设计来实现。因为组合设计中 N 个试验点 $N = m_c + m_\gamma + m_0$,分布在3个半径不相等的球面上。即

m_c 个点分布在半径 $\rho_c = \sqrt{m}$ 的球面上;

m_γ 个点分布在半径 $\rho_\gamma = \gamma$ 的球面上;

m_0 个点分布在半径 $\rho_0 = 0$ 的球面上;

因此,采用组合设计选取的试验点,完全能够满足非退化条件式(9-60),即信息矩阵 A 不会退化。此外,采用组合设计,其信息矩阵 A 的元素中

$$\sum_\alpha x_{\alpha j} = \sum_\alpha x_{\alpha i} x_{\alpha j} = \sum_\alpha x_{\alpha i}^2 x_{\alpha j} = 0 \tag{9-61}$$

而它的偶次方元素

$$\sum_\alpha x_{\alpha i}^2 = m_c + 2\gamma^2 \qquad \sum_\alpha x_{\alpha i}^4 = m_c + 2\gamma^4 \qquad \sum_\alpha x_{\alpha i}^2 x_{\alpha j}^2 = m_c \tag{9-62}$$

均不等于零,完全符合旋转性条件式的要求。

为了获得旋转设计方案,还必须根据旋转性条件式(9-60)确定 γ 值,事实上只要

$$\sum_\alpha x_{\alpha j}^4 = 3 \sum x_{\alpha i}^2 x_{\alpha j}^2 \tag{9-63}$$

求出 γ 值就行了。

在组合设计下,当 $m_c = 2^m$(全实施)时,则前式变为

$$2^m + 2\gamma^4 = 3 \times 2^m$$

解此方程,即可建立全实施时 γ 值的计算式,即

$$\gamma = 2^{\frac{m}{4}} \tag{9-64}$$

同理

当 $m_c = 2^{m-1}(\frac{1}{2}$ 实施$)\gamma = 2^{\frac{m-1}{4}}$

当 $m_c = 2^{m-2}(\frac{1}{4}$ 实施$)\gamma = 2^{\frac{m-2}{4}}$

当 $m_c = 2^{m-3}(\frac{1}{8}$ 实施$)\gamma = 2^{\frac{m-3}{4}}$

为了便于设计,现将 m 个因素不同实施情况下的 γ 值,如表9-29所示。

表 9 – 29 二次正交旋转组合设计参数表

m	m_c	m_γ	m_0	N	γ
2(全实施)	4	4	8	16	1.414
3(全实施)	8	6	9	23	1.682
4(全实施)	16	8	12	36	2.000
5(全实施)	32	10	17	59	2.378
5(1/2 全实施)	16	10	10	36	2.000
6(1/2 全实施)	32	12	15	59	2.378
6(1/4 全实施)	16	12	8	36	2.000
7(1/2 全实施)	64	14	22	100	2.828
7(1/4 全实施)	32	14	13	59	2.378
8(1/2 全实施)	128	16	33	177	3.364
8(1/4 全实施)	64	16	20	100	2.828
8(1/8 全实施)	32	16	11	59	2.374

(二)旋转组合设计正交性的获得

二次旋转组合设计具有同一球面预测值 $\hat{y}$ 的方差相等的优点,但回归统计数的计算较繁琐。如果使它获得正交性就能大大简化计算手续。

在二次旋转组合计划中,1 次项和交互项的回归系数 b_i 和 b_{ij} 仍保持正交,但 b_0 与 b_{ij} 之间,以及 b_{ii} 与 b_{jj} 之间都存在相关,即不具正交性,方法如下。

1. 常数项 b_0 与平方项 b_{ij} 间相关性的消除

b_0 与 b_{ij} 两者间相关性的消除比较简单,只要对平方项施行中心化变换即可实现,即

$$x'_{aj} = x^2_{aj} - \frac{1}{N}\sum_a x^2_{aj} \tag{9-65}$$

2. 平方项 b_{ii} 与 b_{jj} 间相关性的消除

平方项之间相关性的消除,必须使 $\lambda_4 = \lambda_2^2$ 或 $\dfrac{\lambda_4}{\lambda_2^2} = 1$,如何才能满足该要求呢?在组合设计中

$$\frac{\lambda_4}{\lambda_2} = \frac{m_c m + 2\gamma^4}{(m_c + 2\gamma^2)^2} \cdot \frac{N}{m+2} \tag{9-66}$$

对于 m 个因素的二次旋转组合设计,式(9 – 66)中的 m,m_c 和 γ 都是固定的。因此,只有适当地调整 N 才能使 $\dfrac{\lambda_4}{\lambda_2^2} = 1$,而试验处理数 $N = m_c + m_\gamma + m_0$ 中 $m_c + m_\gamma$ 也是固定的,这样就只能通过调整中心点的试验处理数 m_0 使 $\dfrac{\lambda_4}{\lambda_2^2} = 1$。由此可见,适当地选取 m_0,就能使二次旋转组合设计具有一定的正交性。为了方便设计,已将 m 元不同实施的 m_0 和 N 例入表 9 – 29 中。

综上所述,只要对平方项施行中心化变换,并适当调整 m_0 就能获得二次正交旋转组合

设计方案。

(三)旋转组合设计的通用性

二次回归旋转组合设计,具有同一球面上各试验点的预测值 $\hat{y}$ 的方差相等的优点,但它还存在不同半径球面上各试验点的预测值 $\hat{y}$ 的方差不等的缺点。为了解决这一问题,提出了旋转设计的通用性问题。所谓"通用性",就是试验除了仍保持其旋转性外,还具有各试验点与中心的距离 ρ 在因子空间编码值区间 $0 < \rho < 1$ 的范围内,其预测值 $\hat{y}$ 的方差基本相等的性质,即同时具有旋转性与通用性。这种设计称为通用旋转组合设计。

首先来看预测值 $\hat{y}$ 的方差,已知在 m 个因素情况下,其预测值 $\hat{y}$ 的方差。

$$D(\hat{y}) = \frac{(m+2)\sigma^2}{[(m+2)\lambda_4 - m](N/\lambda_4)} \times \left[1 + \frac{\lambda_4 - 1}{\lambda_4}\rho^2 + \frac{(m+1)\lambda_4 - (m-1)}{2\lambda_4^2(m+2)}\rho^4 \right] \quad (9-67)$$

此式是在 $\lambda_2 = 1$ 的约定下得到的,这种约定并非本质的,只是为了讨论简单起见。由此可知,只有恰当确定 λ_4,才能满足通用性的要求。

那么,对 λ_4 有什么要求呢? 总的来说,它必须使式中 $D(\hat{y})$ 在 $\rho_i(0 < \rho < 1)$ 区间的内插点)处的值与 $\rho = 1$ 处的值的差的平方和为最小,即

$$Q(\lambda_4) = f_0^2(\lambda_4) \sum_{i=1}^{n} \left[f_1(\lambda_4)\rho_i^2 + f_2(\lambda_4)\rho_i^4 \right]^2 = 最小 \quad (9-68)$$

式中

$$f_0(\lambda_4) = \frac{m+2}{[(m+2)\lambda_4 - m](N/\lambda_4)} \quad (9-69)$$

$$f_2(\lambda_4) = \frac{(m+1)\lambda_4 - (m-1)}{2\lambda_4^2(m+2)} \quad (9-70)$$

$$f_1(\lambda_4) = \frac{\lambda_4 - 1}{\lambda_4} \quad (9-71)$$

于是,对于不同的 m,均可计算出满足上式的 λ_4。

当 λ_4 确定后,由关系式可以计算出不同 m 的试验处理数 N。

$$N = \frac{(m_c + 2\gamma^2)^2(m+2)\lambda_4}{m_c m + 2\gamma^2} \quad (9-72)$$

当计算结果不是整数时,N 可取其最靠近的整数。然后再由 $m_0 = N - m_c - m_\gamma$。计算出不同 m 值的 m_0,上述计算结果如表 9 – 30 所示。

表 9 – 30　　　　　　　　　二次通用旋转组合设计参数表

m	m_c	m_γ	γ	λ_4	N	m_0
2(全实施)	4	4	1.414	0.81	13	5
3(全实施)	8	6	1.682	0.86	20	6
4(全实施)	16	8	2.000	0.86	31	7
5(1/2 全实施)	16	10	2.000	0.89	32	6
6(1/2 全实施)	32	12	2.378	0.90	53	9
7(1/2 全实施)	64	14	2.828	0.92	92	14
8(1/2 全实施)	128	16	3.364	0.93	165	21
9(1/4 全实施)	64	16	3.828	0.93	93	13

从上述讨论结果看出,为了满足通用性要求,主要在于确定出适当的 m_0。因此,只要在中心点安排如表 9-30 所示的 m_0 次试验旋转组合设计便获得通用性。

从以上可以看出,正交旋转的好处在于正交性,它是通过增加中心点的试验次数换来的,但有时并不合算。在某些实际问题中,反倒不如选用通用旋转设计。因为通用旋转设计,既能在 $0 < \rho < 1$ 的较实用区域使方差 $D(\hat{y})$ 基本不变,又可在一定程度上减少了试验次数。

二、二次回归正交旋转组合设计及统计分析

(一)二次正交旋转设计的一般方法

设研究因素为 m 个,分别以 $Z_1, Z_2, \cdots, Z_m$ 表示。在进行设计时,首先确定每个因素的上、下水平,进而计算零水平,以及变化间距。某因素零水平及变化间距的计算式为:

$$Z_{0j} = (Z_{1j} + Z_{2j})/2 \qquad \Delta_j = (Z_{2j} - Z_{0j})/\gamma \qquad (9-73)$$

式中 γ 为待定参数,其值可以从表 9-29 中查出。

对每个因素 Z_j 各水平的取值进行线性变换,以实现其编码为:

$$x_{\alpha j} = (Z_{\alpha j} - Z_{0j})/\Delta_j \qquad (9-74)$$

这样,就将有单位的自然变量 Z_j 变成了无单位的规范变量 $x_j (j = 1, 2, \cdots, m)$,并可编制出因素水平的编码值表,如表 9-31 所示。

表 9-31　　　　　　　二次正交旋转设计因素水平编码值表

编码	Z_1	Z_2	$\cdots$	Z_m
$+\gamma$	Z_{21}	Z_{22}	$\cdots$	Z_{2m}
$+1$	$Z_{01} + \Delta_1$	$Z_{02} + \Delta_2$	$\cdots$	$Z_{0m} + \Delta_m$
0	Z_{01}	Z_{02}	$\cdots$	Z_{0m}
-1	$Z_{01} - \Delta_1$	$Z_{02} - \Delta_2$	$\cdots$	$Z_{0m} - \Delta_m$
$-\gamma$	Z_{11}	Z_{12}	$\cdots$	Z_{1m}

试验因素 $Z_1, Z_2, \cdots, Z_m$ 经因素水平编码后,以变量 $x_1, x_2, \cdots, x_m$ 表示,选用适当的 2 水平正交表,即可设计出二次回归正交旋转组合方案。

为了方便设计与统计分析,现将常用的 2 因素和 3 因素二次正交旋转组合设计的结构矩阵列如表 9-32 和表 9-33 所示。

表 9-32　　　　　　　二元二次正交旋转组合设计的结构矩阵

处理号		x_0	x_1	x_2	$x_1 x_2$	x_1'	x_2'
m_c	1	1	1	1	1	0.5	0.5
	2	1	1	-1	-1	0.5	0.5
	3	1	-1	1	-1	0.5	0.5
	4	1	-1	-1	1	1.5	0.5
m_γ	5	1	1.414	0	0	1.5	-0.5

续表

处理号		x_0	x_1	x_2	x_1x_2	x_1'	x_2'
	6	1	-1.414	0	0	-0.5	-0.5
	7	1	0	1.414	0	-0.5	1.5
	8	1	0	-1.414	0	-0.5	1.5
m_0	9	1	0	0	0	-0.5	-0.5
	10	1	0	0	0	-0.5	-0.5
	11	1	0	0	0	-0.5	-0.5
	12	1	0	0	0	-0.5	-0.5
	13	1	0	0	0	-0.5	-0.5
	14	1	0	0	0	-0.5	-0.5
	15	1	0	0	0	-0.5	-0.5
	16	1	0	0	0	-0.5	-0.5
$a_j = \sum z_{ij}^2$		16	8	8	4	8	8

表 9-33 三元二次正交旋转组合设计的结构矩阵

处理号		x_0	x_1	x_2	x_3	x_1x_2	x_1x_3	x_2x_3	x_1'	x_2'	x_3'
m_c	1	1	1	1	1	1	1	1	0.406	0.406	0.406
	2	1	1	1	-1	1	-1	-1	0.406	0.406	0.406
	3	1	1	-1	1	-1	1	-1	0.406	0.406	0.406
	4	1	1	-1	-1	-1	-1	1	0.406	0.406	0.406
	5	1	-1	1	1	-1	-1	1	0.406	0.406	0.406
	6	1	-1	1	-1	-1	1	-1	0.406	0.406	0.406
	7	1	-1	-1	1	1	-1	-1	0.406	0.406	0.406
	8	1	-1	-1	-1	1	1	1	0.406	0.406	0.406
m_γ	9	1	1.682	0	0	0	0	0	2.234	-0.594	-0.594
	10	1	-1.682	0	0	0	0	0	2.234	-0.594	-0.594
	11	1	0	1.682	0	0	0	0	-0.594	2.234	-0.594
	12	1	0	-1.682	0	0	0	0	-0.594	2.234	-0.594
	13	1	0	0	1.682	0	0	0	-0.594	-0.594	2.234
	14	1	0	0	-1.682	0	0	0	-0.594	-0.594	2.234
m_0	15	1	0	0	0	0	0	0	-0.594	-0.594	-0.594
	16	1	0	0	0	0	0	0	-0.594	-0.594	-0.594
	17	1	0	0	0	0	0	0	-0.594	-0.594	-0.594
	18	1	0	0	0	0	0	0	-0.594	-0.594	-0.594
	19	1	0	0	0	0	0	0	-0.594	-0.594	-0.594

续表

处理号	x_0	x_1	x_2	x_3	x_1x_2	x_1x_3	x_2x_3	x_1'	x_2'	x_3'
20	1	0	0	0	0	0	0	−0.594	−0.594	−0.594
21	1	0	0	0	0	0	0	−0.594	−0.594	−0.594
22	1	0	0	0	0	0	0	−0.594	−0.594	−0.594
23	1	0	0	0	0	0	0	−0.594	−0.594	−0.594
	23	13.658	13.658	13.658	8	8	8	15.887	15.887	15.887

（二）二次回归正交旋转组合设计试验结果的统计分析

二次回归正交旋转组合设计试验结果的统计分析与二次回归正交组合设计试验结果的统计分析方法相似，这里不再赘述。

【例9-3】 三因素（1/2）实施正交旋转组合设计实例，采用三因素二次正交旋转设计组合设计，其试验因素水平编码如表9-34所示。

表9-34　　　　　　　　　　　试验因素水平编码表

编码	Z_1	Z_2	Z_3
+1.682	51.0	16.0	10000
+1	48.6	14.4	8580
0	45.0	12.0	6500
−1	41.4	9.6	4420
−1.682	39.0	8.0	3000
Δ_j	3.6	2.4	2080

试验结果及统计分析如下：

（1）建立回归方程　三因素二次回归正交旋转组合设计结构矩阵与结果计算如表9-35所示。初步得回归方程为：

表9-35　　　　　三因素二次回归正交旋转组合设计结构矩阵与结果计算表

处理号	x_0	x_1	x_2	x_3	x_1x_2	x_1x_3	x_2x_3	x_1'	x_2'	x_3'	y
1	1	1	1	1	1	1	1	0.406	0.406	0.406	78
2	1	1	1	−1	1	−1	−1	0.406	0.406	0.406	84
3	1	1	−1	1	−1	1	−1	0.406	0.406	0.406	73
4	1	1	−1	−1	−1	−1	1	0.406	0.406	0.406	77
5	1	−1	1	1	−1	−1	1	0.406	0.406	0.406	81
6	1	−1	1	−1	−1	1	−1	0.406	0.406	0.406	88
7	1	−1	−1	1	1	−1	−1	0.406	0.406	0.406	80
8	1	−1	−1	−1	1	1	1	0.406	0.406	0.406	73
9	1	1.682	0	0	0	0	0	2.234	−0.594	−0.594	74

续表

处理号	x_0	x_1	x_2	x_3	x_1x_2	x_1x_3	x_2x_3	x_1'	x_2'	x_3'	y
10	1	-1.682	0	0	0	0	0	2.234	-0.594	-0.594	71
11	1	0	1.682	0	0	0	0	-0.594	2.234	-0.594	86
12	1	0	-1.682	0	0	0	0	-0.594	2.234	-0.594	69
13	1	0	0	1.682	0	0	0	-0.594	-0.594	2.234	84
14	1	0	0	-1.682	0	0	0	-0.594	-0.594	2.234	80
15	1	0	0	0	0	0	0	-0.594	-0.594	-0.594	83
16	1	0	0	0	0	0	0	-0.594	-0.594	-0.594	85
17	1	0	0	0	0	0	0	-0.594	-0.594	-0.594	83
18	1	0	0	0	0	0	0	-0.594	-0.594	-0.594	78
19	1	0	0	0	0	0	0	-0.594	-0.594	-0.594	83
20	1	0	0	0	0	0	0	-0.594	-0.594	-0.594	79
21	1	0	0	0	0	0	0	-0.594	-0.594	-0.594	81
22	1	0	0	0	0	0	0	-0.594	-0.594	-0.594	83
23	1	0	0	0	0	0	0	-0.594	-0.594	-0.594	83
$\alpha_j = \sum x_j^2$	23	13.658	13.658	13.658	8	8	8	15.887	15.887	15.887	
$\beta_j = \sum x_j y$	1836	-4.954	156.594	-3.272	-4	-10	-16	-46.524	-18.244	7.208	
$b_j = B_j / a$	79.8261	-0.3627	4.1437	-0.2396	-0.50000	-1.2500	-2.0000	-2.9284	-1.1484	0.4537	
$Q_j = B_j^2 / a_j$	—	1.7969	234.5058	0.78839	2.0000	12.5000	32.0000	136.2424	20.9507	3.2703	

初步得回归方程为

$$\hat{y} = 79.8261 - 0.3627x_1 + 4.1437x_2 - 0.2396x_3 - 0.5000x_1x_2 - 1.2500x_1x_3$$
$$- 2.0000x_2x_3 - 2.9284x_1' - 1.1484x_2' + 0.4537x_3'$$

（2）回归方程的显著性测验：对所得三元二次回归方程 $\hat{y}$ 进行方差分析，如表 9 - 36 所示。

表 9 - 36　　　　　三因素二次回归正交旋转组合设计试验结果方差分析表

变异来源	平方和 SS	自由度 df	均方 MS	F 值	F_α
x_1	1.7969	1	1.7969	<1	$F_{0.01(1,13)} = 3.14$
x_2	234.5058	1	234.5058	26.918 **	$F_{0.05(1,13)} = 4.67$
x_3	0.7839	1	0.7839	<1	
x_1x_2	2.0000	1	2.0000	<1	
x_1x_3	12.5000	1	12.5000	1.435	
x_2x_3	32.0000	1	32.0000	3.673 **	
x_1'	136.2424	1	136.2424	15.639 **	
x_2'	20.9507	1	20.9507	2.405	

续表

变异来源	平方和 SS	自由度 df	均方 MS	F 值	F_α
x_3'	3.2703	1	3.2703	<1	
回归	444.0500	9	49.3389	5.663	$F_{0.01(9,13)} = 4.19$
剩余	113.2544	13	8.7119		
误差	40.0000	8	5.0000		
失拟	73.2544	5	14.6509	2.930	$F_{0.05(5,8)} = 3.69$
总变异	557.3044	22			

剔除 x_1, x_3, x_1x_2, x_1x_3, x_2' 和 x_3', 回归方程变为

$$\hat{y} = 79.8261 + 4.1437x_2 - 2.0000x_2x_3 - 2.9284x_1$$

将中心化变换还原为 x_j^2, 得

$$\hat{y} = 81.5656 + 4.1437x_2 - 2.0000x_2x_3 - 2.9284x_1^2$$

此时

$$R^2 = \frac{SS_R}{SS_y} = \frac{402.7482}{557.3044} = 0.7227$$

三、通用旋转组合设计及其统计分析

(一)通用旋转组合设计的一般方法

通用旋转组合设计与正交旋转组合设计基本相同,其组合计划中试验处理组合数 N,也是由 3 部分组成,即

$$N = m_c + m_\gamma + m_0 \tag{9-75}$$

上式中 m_c 和 m_γ 的数值与正交旋转组合设计完全相同,只是 N 和 m_0 有所不同,其值可从表 9-30 查出。

现将常用的三因素二次通用旋转组合设计的结构矩阵列如表 9-37 所示。

表 9-37 三元二次通用旋转组合设计的结构矩阵

	处理号	x_0	x_1	x_2	x_3	x_1x_2	x_1x_3	x_2x_3	x_1'	x_2'	x_3'
m_c	1	1	1	1	1	1	1	1	1	1	1
	2	1	1	1	-1	1	-1	-1	1	1	1
	3	1	1	-1	1	-1	1	-1	1	1	1
	4	1	1	-1	-1	-1	-1	1	1	1	1
	5	1	-1	1	1	-1	-1	1	1	1	1
	6	1	-1	1	-1	-1	1	-1	1	1	1
	7	1	-1	-1	1	1	-1	-1	1	1	1
	8	1	-1	-1	-1	1	1	1	1	1	1
m_γ	9	1	1.682	0	0	0	0	0	2.282	0	0
	10	1	-1.682	0	0	0	0	0	2.282	0	0

续表

处理号	x_0	x_1	x_2	x_3	x_1x_2	x_1x_3	x_2x_3	x_1'	x_2'	x_3'
11	1	0	1.682	0	0	0	0	0	2.282	0
12	1	0	1.682	0	0	0	0	0	2.282	0
13	1	0	0	1.682	0	0	0	0	0	2.282
14	1	0	0	−1.682	0	0	0	0	0	2.282
15	1	0	0	0	0	0	0	0	0	0
16	1	0	0	0	0	0	0	0	0	0
17	1	0	0	0	0	0	0	0	0	0
18	1	0	0	0	0	0	0	0	0	0
19	1	0	0	0	0	0	0	0	0	0
20	1	0	0	0	0	0	0	0	0	0

(m_0 标注于处理号 15～20 行左侧)

（二）通用旋转组合设计试验结果的统计分析

1. 建立二次回归方程。要建立回归方程，必须计算出回归系数，而回归系数

$$b = (X'X)^{-1}(X'Y) \tag{9-76}$$

式中　$(X'X)^{-1}$——设计的相关矩阵；

　　　$(X'Y)$——常数项矩阵 B。

在通用旋转设计下有：

$$
\begin{bmatrix} b_0 \\ b_{11} \\ b_{22} \\ \vdots \\ b_{mm} \\ b_1 \\ b_2 \\ \vdots \\ b_m \\ b_{12} \\ b_{13} \\ \vdots \\ b_{m-1,m} \end{bmatrix}
=
\begin{bmatrix}
K & E & E & \cdots & E & & & & & & & & \\
E & F & G & \cdots & G & & & & & & & & \\
E & G & F & \cdots & G & & & & & 0 & & & \\
\vdots & \vdots & \vdots & \ddots & \vdots & & & & & & & & \\
E & G & G & \cdots & F & & & & & & & & \\
& & & & & e^{-1} & & & & & & & \\
& & & & & & e^{-1} & & & & & & \\
& & & & & & & \ddots & & & & & \\
& & & & & & & & e^{-1} & & & & \\
& & & & & & & & & m_c^{-1} & & & \\
& & & & & & & & & & m_c^{-1} & & \\
& 0 & & & & & & & & & & \ddots & \\
& & & & & & & & & & & & m_c^{-1}
\end{bmatrix}
\begin{bmatrix}
\sum_\alpha y_\alpha \\
\sum_\alpha x_{\alpha1}^2 y_\alpha \\
\sum_\alpha x_{\alpha2}^2 y_\alpha \\
\vdots \\
\sum_\alpha x_{\alpha m}^2 y_\alpha \\
\sum_\alpha x_{\alpha1} y_\alpha \\
\sum_\alpha x_{\alpha2} y_\alpha \\
\vdots \\
\sum_\alpha x_{\alpha m} y_\alpha \\
\sum_\alpha x_{\alpha1} x_{\alpha2} y_\alpha \\
\sum_\alpha x_{\alpha1} x_{\alpha3} y_\alpha \\
\vdots \\
\sum_\alpha x_{\alpha m-1} x_{\alpha m} y_\alpha
\end{bmatrix}
$$

$$\tag{9-77}$$

所以回归系数为

$$b_0 = K \sum_\alpha y_\alpha + E \sum_{j=1}^{m} \left(\sum_\alpha x_{\alpha j}^2 y_\alpha \right)$$

$$b_0 = e^{-1} \sum_\alpha x_{\alpha j} y_\alpha = \frac{B_j}{a_j}$$

$$b_{ij} = m_c^{-1} \sum_\alpha x_{\alpha i} x_{\alpha j} y_\alpha = \frac{B_{ij}}{a_{ij}}$$

$$b_{jj} = (F - G) \sum_\alpha x_{\alpha j}^2 y_\alpha + G \sum_{j=1}^{m} x_{\alpha j}^2 y_\alpha + E \sum_\alpha y_\alpha$$

$$(9 - 78)$$

式(9 - 78)中 K、E、F、G 的值如表 9 - 38 所示。

表 9 - 38　　　　　　　　　二次通用旋转组合设计 K、E、F、G 值表

m	e	K	E	F	G
2	8	0.2	- 0.1	0.14375	0.01875
3	13.618	0.1663402	- 0.056792	0.06939	0.00689003
4	24	0.1428571	- 0.0357142	0.0349702	0.00372023
5(1/2)	24	0.1590909	- 0.0340909	0.0340909	0.0028409
5	43.314	0.0987822	- 0.019101	0.0170863	0.00146131
6(1/2)	43.314	0.1107487	- 0.018738	0.0168422	0.00121724
7(1/2)	80	0.0703125	- 0.00976562	0.00830078	0.000488281

令 $e = m_c + 2\gamma^2$　　　$f = m_c + 2\gamma^4$　　　$H = 2\gamma^4 [Nf + (m - 1)Nm_c - me^2]$

则　　　　　　　　$K = 2\gamma^4 H^{-1}[f + (m - 1)m_c]$　　　$G = H^{-1}(e^2 - Nm_c)$　　　　(9 - 79)

$$F = H^{-1}[Nf + (m - 2)Nm_c - (m - 1)e^2]　　　E = - 2H^{-1}e\gamma^4 \qquad (9 - 80)$$

由式(9 - 78)计算出回归系数 b，即可建立二次多项式回归方程。

2. 回归方程的显著性检验。

(1)计算平方和及自由度　如果 m 元二次通用旋转组合设计的 N 个试验结果以 y_1，y_2，…，y_N 表示，则各项平方和及其自由度为

$$SS_y = \sum_\alpha (y_\alpha - y)^2 = \sum_\alpha y_\alpha^2 - \left(\sum y_\alpha \right)^2 / N$$

$$df_y = N - 1$$

$$SS_r = \sum_\alpha y_\alpha^2 - \sum_{j=0}^{m} b_j B_j - \sum_{i<j} b_{ij} B_{ij} - \sum_{j=1}^{m} b_{jj} B_{jj}$$

$$df_r = N - C_{m+2}^2$$

$$SS_R = SS_y - SS_R　　　df_R = C_{m+2}^2 - 1$$

$$(9 - 81)$$

在通用旋转组合设计中，一般中心点均需做重复试验。如果重复次数为 m_0 试验结果以 y_{01}，y_{02}，…，y_{0m0} 表示，则它们的误差平方和及其自由度为

$$SS_e = \sum_{i=1}^{m_0} (y_{0i} - \bar{y}_0)^2 = \sum_{i=1}^{m_0} y_{0i}^2 - \sum_{i=1}^{m_0} (y_{0i})^2 / m_0　　　df_e = m_0 - 1 \qquad (9 - 82)$$

可由误差项与剩余项比较计算失拟平方和及其自由度：

$$SS_{Lf} = SS_r - SS_e　　　df_{Lf} = df_r - df_e \qquad (9 - 83)$$

(2)失拟性检验　失拟性可用统计量

$$F_{Lf} = \frac{SS_{Lf}/df_{Lf}}{SS_r/df_r} \tag{9-84}$$

$F_{Lf} < F_{0.05}$，表示差异不显著，可直接对回归方程进行显著性检验；如果 $F_{Lf} > F_{0.05}$，差异显著，则表明存在影响试验结果的其他不可忽略的因素，需要进一步考察其原因，改变二次回归模型。

（3）回归方程的显著性检验

$$F_R = \frac{SS_R/df_R}{SS_r/df_r} \tag{9-85}$$

进行显著性检验，如果 $F_R < F_{0.05}$，则回归关系不显著，说明此回归方程不宜应用；如果 $F_R > F_{0.05}$ 和 $F_{0.01}$，则回归关系显著或极显著，表明此回归方程可以应用。

（4）回归系数的显著性检验：当 F_{Lf} 检验结果不显著时，回归方程中各变量作用的大小，可通过 t 检验来判断。为此，需要计算各回归系数的 t 值，其计算式为式（9-86）。

$$t_0 = |b_0|/\sqrt{K(SS_r/df_r)}$$
$$t_j = |b_j|/\sqrt{e^{-1}(SS_r/df_r)}$$
$$t_{ij} = |b_{ij}|/\sqrt{m_c^{-1}(SS_r/df_r)}$$
$$t_{jj} = |b_{jj}|/\sqrt{F(SS_r/df_r)} \tag{9-86}$$

式（9-86）中 K、m_c、F、e 已如前述如表9-35所示。

（三）四元二次通用旋转组合示例

【例9-4】　鸡肉乳酸发酵试验，对鸡肉乳酸发酵的产酸条件进行优化试验，采用二次通用旋转组合设计对盐浓度、糖浓度、发酵温度和发酵时间进行试验，采用四元二次通用旋转组合试验寻求最优发酵条件，试验因素及水平编码如表9-39所示。

表9-39　鸡肉乳酸发酵产酸条件的四元二次通用旋转组合设计因素水平表

编码	盐浓度 x_1/%	糖浓度 x_2/%	发酵温度 x_3/℃	发酵时间 x_4/h
+2	8.0	6.0	37.0	48
+1	7.0	5.0	34.0	44
0	6.0	4.0	31.0	40
-1	5.0	3.0	28.0	36
-2	4.0	2.0	25.0	32

试验设计方案和试验结果如表9-40所示。

表9-40　鸡肉乳酸发酵产酸条件的四元二次通用旋转组合设计方案及结果

处理号	x_1	x_2	x_3	x_4	含酸量 y_α/%
1	1	1	1	1	0.654
2	1	1	1	-1	0.433
3	1	1	-1	1	0.538
4	1	1	-1	-1	0.321

续表

处理号	x_1	x_2	x_3	x_4	含酸量 y_α/%
5	1	−1	1	1	0.314
6	1	−1	1	−1	0.279
7	1	−1	−1	1	0.295
8	1	−1	−1	−1	0.242
9	−1	1	1	1	0.779
10	−1	1	1	1	0.594
11	−1	1	−1	1	0.710
12	−1	1	−1	−1	0.529
13	−1	−1	1	1	0.481
14	−1	−1	1	−1	0.307
15	−1	−1	−1	1	0.328
16	−1	−1	−1	−1	0.291
17	2	0	0	0	0.125
18	−2	0	0	0	0.648
19	0	2	0	0	0.785
20	0	−2	0	0	0.213
21	0	0	2	0	0.429
22	0	0	−2	0	0.198
23	0	0	0	2	0.842
24	0	0	0	−2	0.486
25	0	0	0	0	0.797
26	0	0	0	0	0.709
27	0	0	0	0	0.759
28	0	0	0	0	0.694
29	0	0	0	0	0.728
30	0	0	0	0	0.738
31	0	0	0	0	0.746

（1）建立四元二次回归方程　根据计算，可建立四元二次多项式回归方程（计算从略）。

$$\hat{y} = 0.7448 - 0.0829x_1 + 0.1319x_2 + 0.0437x_3 + 0.0786x_4 - 0.0243x_1x_2 - 0.0012x_1x_2 - 0.0032x_1x_4$$
$$+ 0.0086x_2x_3 + 0.0316x_2x_4 + 0.0079x_3x_4 - 0.0934x_1^2 - 0.0652x_2^2 - 0.1116x_3^2 - 0.0239x_4^2$$

（2）回归方程的显著性检验　对鸡肉乳酸发酵产酸条件数学模型的方差分析如表9－41所示。

表 9 – 41 三因素二次回归正交旋转组合设计试验结果方差分析表

变异原因	平方和 SS	自由度 df	均方 MS	F 值	显著程度
x_1	0.16484	1	0.16484	49.28	$F_{0.01(1,30)} = 8.53$
x_2	0.41738	1	0.41738	127.79	
x_3	0.04585	1	0.04585	13.71	
x_4	0.13726	1	0.13726	41.04	
$x_1 x_2$	0.00946	1	0.00946	2.83	
$x_1 x_3$	0.00002	1	0.00002	<1	
$x_1 x_4$	0.00016	1	0.00016	<1	
$x_2 x_3$	0.00117	1	0.00117	<1	
$x_2 x_4$	0.01594	1	0.01594	4.77	$F_{0.05(1,30)} = 4.49$
$x_3 x_4$	0.00101	1	0.00101	<1	
x_1'	0.16884	1	0.16884	50.48	
x_2'	0.07959	1	0.07959	23.79	
x_3'	0.34411	1	0.34411	102.88	
x_4'	0.01648	1	0.01648	4.93	
回归	1.40211	14	0.10015	29.94	$F_{0.01(9,13)} = 3.56$
剩余	0.05352	16	0.00334		
误差	0.00853	6	0.00142		
失拟	0.04499	10	0.00450	3.17	$F_{0.05(10,6)} = 4.74$
总变异	1.45563	30			

从方差分析可以看出,回归达到极显著水平。说明本试验设计及分析效果都很好,各因素间显著与不显著也泾渭分明。因此没有必要做二次回归方差分析,可直接将 $F < 1$ 的回归系数去掉而得到含酸量与各因素间的回归方程为

$$\hat{y} = 0.7448 - 0.0829 x_1 + 0.1319 x_2 + 0.0437 x_3 + 0.0786 x_4 - 0.0243 x_1 x_2$$
$$+ 0.0316 x_2 x_4 - 0.0934 x_1^2 - 0.0652 x_2^2 - 0.1116 x_3^2 - 0.0239 x_4^2$$

四、Box – Benhken 设计与响应面分析

响应面优化法,即响应曲面法(Response Surface Methodology, RSM),这是一种试验条件寻优的方法,适于解决非线性数据处理的相关问题。它囊括了试验设计、建模、检验模型的合适性、寻求最佳组合条件等众多试验和技术;通过对过程的回归拟合和响应曲面、等高线的绘制可方便地求出相应于各因素水平的响应值。在各因素水平响应值的基础上,可以找出预测的响应最优值以及相应的试验条件。

响应面优化法,考虑了试验随机误差;同时,响应面法将复杂的未知的函数关系在小区域内用简单的一次或二次多项式模型来拟合,计算比较简便,是解决实际问题的有效手段。所获得的预测模型是连续的,与正交试验相比,其优势是在试验条件寻优过程中,可以连续

的对试验的各个水平进行分析,而正交试验只能对一个个孤立的试验点进行分析。

响应面优化的前提是:设计的试验点应包括最佳的试验条件,如果试验点的选取不当,使用响应面优化法是不能得到很好的优化结果的。因而,在使用响应面优化法之前,应当确立合理的试验的各因素与水平。

有多种响应面分析的试验设计,但最用的是下面两种:Central Composite Design 响应面优化分析、Box – Behnken Design 响应面优化分析。

Box – Behnken Design,简称 BBD,由 Box – Behnken 提出的中心组合设计是一种较常用的回归设计法,适用于 2 ~ 5 个因素的优化试验。Box – Behnken 设计首先假定试验范围内存在二次项,其试验点的选取为编码立方体的每条棱的中点。对更多因素的 BBD 试验设计,若均包含三个重复的中心点,4 因素试验对应的试验次数为 27 次,5 因素试验对应的试验次数为 46 次。因素增多,试验次数成倍增长,所以对在 BBD 设计之前,进行析因设计对减少试验次数是很有必要的。

按照试验设计安排试验,得出试验数据,下一步即是对试验数据进行响应面分析。响应面分析主要采用的是非线性拟合的方法以得到拟合方程。最为常用的拟合方法是采用多项式法,简单因素关系可以采用一次多项式,含有交互项作用的可以采用二次多项式,更为复杂的因素间相互作用可以使用三次或更高次数的多项式。一般,使用的是二次多项式。根据得到的拟合方程,可采用绘制出响应面图的方法获得最优值;也可采用方程求解的方法,获得最优值。另外,使用一些数据处理软件,可以方便地得到最优化结果。响应面分析得到的优化结果是一个预测结果,需要做试验加以验证。如果根据预测的试验条件,能够得到相应的与预测结果一致的试验结果,则说明进行响应面优化分析是成功的;如果不能够得到与预测结果一致的试验结果,则需要改变响应面方程,或是重新选择合理的试验因素与水平。Box – Behnken Design 经常采用 Design Expert 7.0 统计软件进行试验方案的设计及分析,应用实例如下。

【例 9 – 5】 用双水相法测定食品中铁含量,为了优化工艺条件,在单因素试验结果的基础上,选择影响萃取效果显著的三个因素:萃取温度(A)、聚乙二醇浓度(B)、硫酸铵质量(C),因素水平编码见表 9 – 42,试验指标值为铁的含量。用 Design Expert 7.0 统计软件的 Box – Behnken 试验设计安排三因素三水平响应面优化试验。

表 9 – 42   **Box – Behnken 因素水平编码表**

水平	因素		
	A 萃取温度/℃	B 聚乙二醇浓度/%	C 硫酸铵质量/g
1	30	10	7
2	40	15	8
3	50	20	9

(1)建立 Design Expert 数据文件   Response Surface→Box – Behnken,以"萃取温度""聚乙二醇浓度""硫酸铵质量"为变量名,按照表 9 – 42 分别填入各变量的单位及上下水平,"Center points per block"填入"3"→Continue。见图 9 – 2。"铁的含量"为响应变量名→Continue。见图 9 - 3。得到 Box - Behnken 试验设计方案后进行试验并将试验结果填入“铁的含量”列,得到数据如图 9 - 4。

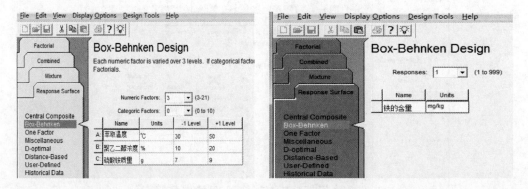

图 9 - 2　因素与水平

图 9 - 3　选取指标值

Std	Run	Block	Factor 1 A:萃取温度 ℃	Factor 2 B:聚乙二醇浓 %	Factor 3 C:硫酸铵质量 g	Response 1 铁的含量 mg/kg
13	1	Block 1	40.00	15.00	8.00	71.45
4	2	Block 1	50.00	20.00	8.00	63.89
7	3	Block 1	30.00	15.00	9.00	56.57
10	4	Block 1	40.00	20.00	7.00	57.1
14	5	Block 1	40.00	15.00	8.00	70.92
5	6	Block 1	30.00	15.00	7.00	61.18
1	7	Block 1	30.00	10.00	8.00	68.29
9	8	Block 1	40.00	10.00	7.00	58.47
12	9	Block 1	40.00	20.00	9.00	54.97
15	10	Block 1	40.00	15.00	8.00	71.34
8	11	Block 1	50.00	15.00	9.00	55.12
2	12	Block 1	50.00	10.00	8.00	65.35
11	13	Block 1	40.00	10.00	9.00	55.61
3	14	Block 1	30.00	20.00	8.00	65.9
6	15	Block 1	50.00	15.00	7.00	59.61

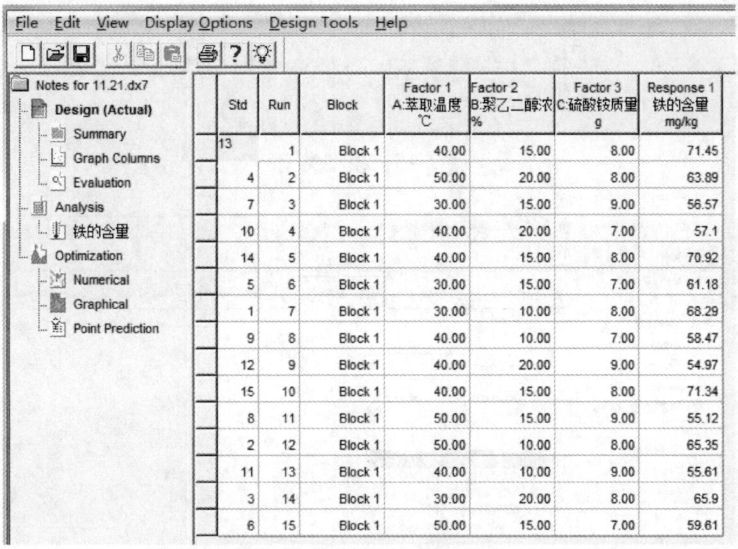

图 9 - 4　方案安排

(2)响应面分析

①Analyze→“铁的含量”Fit Summary→$f(x)$ model→ANOVA→Diagnostics→Model Graphs,在“Term”中依次填入“*AB*”“*BC*”“*AC*”获得等高线图。View→3D Surface√,获得三维响应曲面图,如图 9 - 9。②预测最优值:Optimization→Numerical√→Criteria√,“萃取温度”“聚乙二醇浓度”“硫酸铵质量”均是“in range”,分别填入各变量的上下水平,“铁的含量”√→“goal”中设定为“Maximize”,“54.9”→“Lower”,“72.0”→“Upper”→Solutions。

(3)主要结果解读　Box - Behnken 试验主要输出结果如图 9 - 5 ~ 图 9 - 10,图 9 - 6 中模型的 $F = 93.31$,相应的概率值 $P < 0.0001$,证明试验所选用的二次模型具有极显著性。失拟项 $F = 12.78$,相应的概率值为 $P = 0.0734 > 0.05$,失拟不显著,结果证明该回归方程无失

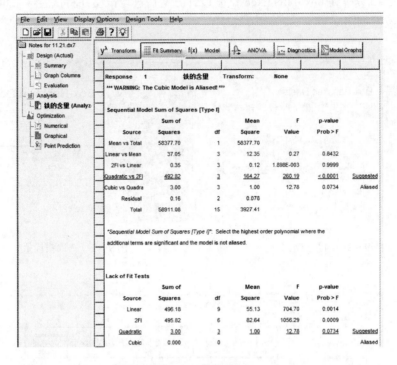

图 9 - 5　模型类型

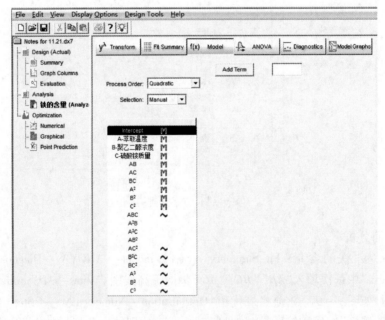

图 9 - 6　模型变量

拟因素存在,回归模型与实测值能较好地拟合。模型中一次项萃取温度(A)、聚乙二醇百分浓度(B)、硫酸铵质量(C)的影响是显著的($P < 0.05$);在二次项中,因素 A、B 达到显著水平($P < 0.05$),因素 C 达到极显著水平($P < 0.0001$)。在交互项中,各因素之间的交互影响不

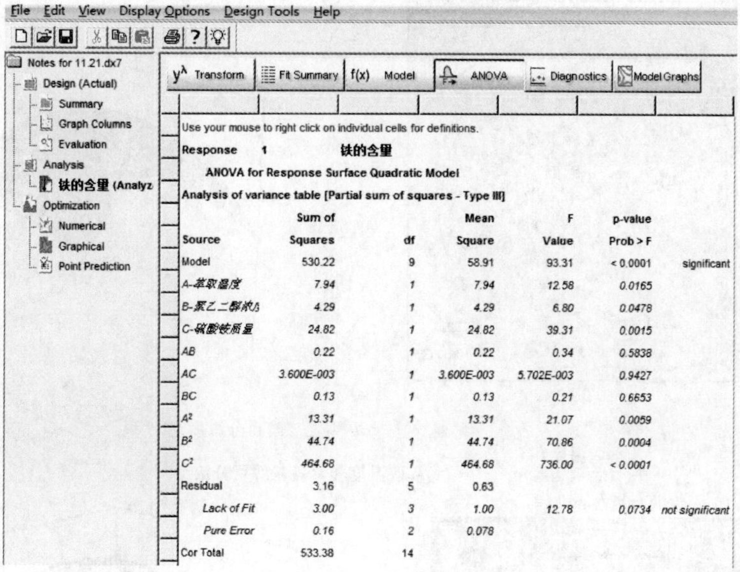

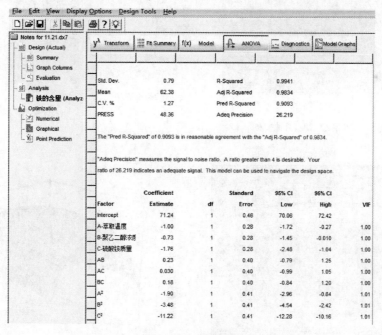

Use your mouse to right click on individual cells for definitions.

Response 1 铁的含量

ANOVA for Response Surface Quadratic Model

Analysis of variance table [Partial sum of squares - Type III]

Source	Sum of Squares	df	Mean Square	F Value	p-value Prob > F	
Model	530.22	9	58.91	93.31	< 0.0001	significant
A-萃取温度	7.94	1	7.94	12.58	0.0165	
B-聚乙二醇浓	4.29	1	4.29	6.80	0.0478	
C-硫酸铵质量	24.82	1	24.82	39.31	0.0015	
AB	0.22	1	0.22	0.34	0.5838	
AC	3.600E-003	1	3.600E-003	5.702E-003	0.9427	
BC	0.13	1	0.13	0.21	0.6653	
A^2	13.31	1	13.31	21.07	0.0059	
B^2	44.74	1	44.74	70.86	0.0004	
C^2	464.68	1	464.68	736.00	< 0.0001	
Residual	3.16	5	0.63			
Lack of Fit	3.00	3	1.00	12.78	0.0734	not significant
Pure Error	0.16	2	0.078			
Cor Total	533.38	14				

图 9－7 方差分析

Std. Dev.	0.79	R-Squared	0.9941
Mean	62.38	Adj R-Squared	0.9834
C.V. %	1.27	Pred R-Squared	0.9093
PRESS	48.36	Adeq Precision	26.219

The "Pred R-Squared" of 0.9093 is in reasonable agreement with the "Adj R-Squared" of 0.9834.

"Adeq Precision" measures the signal to noise ratio. A ratio greater than 4 is desirable. Your ratio of 26.219 indicates an adequate signal. This model can be used to navigate the design space.

Factor	Coefficient Estimate	df	Standard Error	95% CI Low	95% CI High	VIF
Intercept	71.24	1	0.46	70.06	72.42	
A-萃取温度	-1.00	1	0.28	-1.72	-0.27	1.00
B-聚乙二醇浓	-0.73	1	0.28	-1.45	-0.010	1.00
C-硫酸铵质量	-1.76	1	0.28	-2.48	-1.04	1.00
AB	0.23	1	0.40	-0.79	1.25	1.00
AC	0.030	1	0.40	-0.99	1.05	1.00
BC	0.18	1	0.40	-0.84	1.20	1.00
A^2	-1.90	1	0.41	-2.96	-0.84	1.01
B^2	-3.48	1	0.41	-4.54	-2.42	1.01
C^2	-11.22	1	0.41	-12.28	-10.16	1.01

图 9－8 系数检验

显著（$P>0.05$），可忽略。在所选的各因素水平范围内，按照对结果的影响排序：$C>A>B$，即硫酸铵质量 > 萃取温度 > 聚乙二醇浓度。图 9－8 中，该模型的决定系数 R^2 为 99.41%，说明该模型能解释 99.41% 响应值的变化，校正后为 98.34%，说明方程拟合较好，并且变异系数较低，为 1.27，表明试验的精确度较高，可靠性强。所以，回归方程给铁含量的测定提供

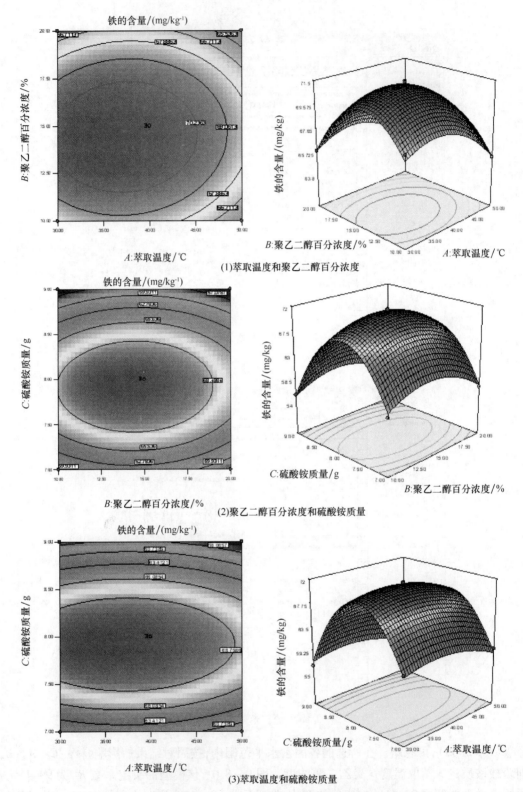

(1)萃取温度和聚乙二醇百分浓度

(2)聚乙二醇百分浓度和硫酸铵质量

(3)萃取温度和硫酸铵质量

固定水平:萃取温度40℃、聚乙二醇浓度15%、硫酸铵质量8.00g

图9-9　各两因素交互作用对铁含量影响的响应面和等高线图

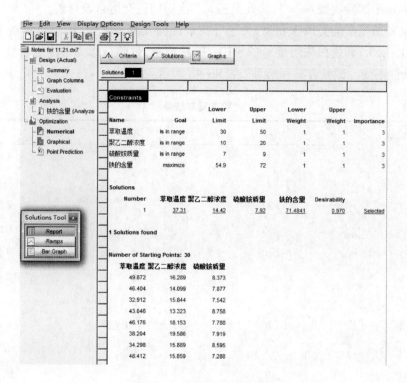

图 9 - 10　最优条件的获得

了一个非常合适的模型,可以用于双水相法测定食品中铁含量的研究。铁含量和编码自变量的二次回归模型方程为:

$$Y = 71.24 - 1.00A - 0.73B - 1.76C + 0.23AB + 0.030AC + 0.18BC - 1.90A^2 - 3.48B^2 - 11.22C^2$$

图 9 - 9 中,聚乙二醇百分浓度(B)和硫酸铵质量(C)、萃取温度(A)和硫酸铵质量(C)两组对应的等高线呈扁平或椭圆状,且响应曲面比较陡峭,响应值变化较大,表明这两组因素间的交互作用比较大;A 和 B 等高线接近圆形,响应曲面相对比较平缓,说明因素间交互作用较弱。虽然图 9 -9(2)、(3)中对应响应曲面较为陡峭,但三个模型综合分析表明两因素间的交互作用不大。另外,响应曲面均为开口向下,响应值随着每个因素的增大而增大,当增大到极值点后,它又随着因素的增大而逐渐减小。这个结果说明此模型在所取范围内有稳定点,且这个稳定点是响应面的最高点,也是等高线椭圆的中心点。图 9 - 10 中,得到的最大响应值对应的最佳条件为萃取温度为 37.31℃,聚乙二醇浓度为 14.42%,硫酸铵的质量为 7.92g,理论铁的量为 71.48mg/kg。

习　　题

1. 回归正交设计为什么要进行因素编码?

2. 零点重复试验的作用是什么? 一般如何安排零点重复试验?

3. 某产品的提取率(y)与时间(z_1)和温度(z_2)有关,试验时,各因素控制范围分别为时间 10 ~20min,温度 40 ~60℃,试用一次回归正交设计试验方案。

4. 若零水平试验次数 $m_0 = 3$，试列出三元二次回归正交组合设计表。

5. 用某种菌生产酯类风味物质，为了寻找最优的发酵工艺条件，重点考察了葡萄糖用量 $x_1(50 \sim 150 \mathrm{g/L})$ 和蛋白胨用量 $x_2(2 \sim 10 \mathrm{g/L})$ 的影响，试验指标为菌体生长量 $y(\mathrm{g/L})$，其他的发酵条件不变。试验方案和结果如表 9 - 43 所示。

表 9 - 43　　　　　　　　　　　　试验方案与结果

试验号	x_1	x_2	y
1	1	1	9.61
2	1	-1	9.13
3	-1	1	9.37
4	-1	-1	8.57
5	1.078	0	9.34
6	-1.078	0	8.97
7	0	1.078	10.21
8	0	-1.078	9.48
9	0	0	10.24
10	0	0	10.33

(1)试用二次回归正交设计在试验范围内建立二次回归方程。

(2)对回归方程和回归系数进行显著性检验。

(3)失拟性检验。

(4)试验范围内最优方案的确定。

6. 为了提高玉米蛋白质的提取率，考察了三个因素：液固比 $x_1(8 \sim 12 \mathrm{mL/g})$、pH $x_2(8 \sim 9)$、温度 $x_3(40 \sim 60 ℃)$，试验指标 y 为蛋白质提取率(%)。试验设计了三元二次回归旋转组合设计，试验方案和试验结果如表 9 - 44 所示。

表 9 - 44　　　　　　　　　　　　试验方案与结果

试验号	x_1	x_2	x_3	蛋白质提取率 $y/\%$
1	1	1	1	41.3
2	1	1	-1	38.5
3	1	-1	1	39.5
4	1	-1	-1	40.2
5	-1	1	1	35.2
6	-1	1	-1	34.1
7	-1	-1	1	41.3
8	-1	-1	-1	39.8

续表

试验号	x_1	x_2	x_3	蛋白质提取率 $y/\%$
9	1.682	0	0	50.1
10	−1.682	0	0	39.5
11	0	1.682	0	48.3
12	0	−1.682	0	46.1
13	0	0	1.682	52.3
14	0	0	−1.682	47.6
15	0	0	0	57.5
16	0	0	0	58.1
17	0	0	0	59.1
18	0	0	0	57.9
19	0	0	0	58.2
20	0	0	0	56.8
21	0	0	0	57.3
22	0	0	0	58.5
23	0	0	0	59.1

（1）建立二次回归方程。

（2）对回归方程和回归系数进行显著性检验，并确定因素的主次顺序。

（3）试用响应面法确定优方案的大致范围。

（4）试用 Design Expert 统计软件确定优方案。

第十章　配方试验设计

配方试验设计（formula experiment design）由 H. Scheffé 于 1958 年首先提出，至今已有 40 多年。由于这种试验设计方法与工农业生产及科学试验有密切的关系，所以无论在理论研究还是实际应用中都有了很大的发展。在化工、医药、食品、材料等的配方和生产制造都广泛地应用配方试验设计方法。

第一节　配方试验设计概述

日常生活中和工业生产上经常遇到配方配比一类的问题，即所谓混料问题。这里所说的混料是指由若干不同成分的元素混合形成一种新的物品。由不同成分组成的钢、铁、铝、药方、饲料以及燃料等都是混料，某些分配问题，如企业的材料、资金、设备和人员等的分配也可看成混料或配方问题。

配方试验就是通过实物试验或非实物试验，考察各种混料成分与试验指标之间的关系。例如，人们吃的糕点是将面粉、水、油、糖发酵及某些香料混合后经烘烤制成的，考察这些成分对糕点的柔软性、口味等试验指标的影响所进行的试验就是混料试验。应该指出，混料试验中的混料成分至少应有三种，并且混料成分中的不变成分不应作为混料成分。

一、配方试验设计概念

配方试验设计又称混料试验设计（mixture experiment design），其目的是合理地选择少量试验点，通过一些不同配比的试验，得到指标与成分百分比之间的回归方程，并进一步探讨组成与指标之间的内在规律，方法主要有单纯形格子点设计、单纯形重心设计、配方均匀设计。

二、配方试验设计约束条件

配方试验设计，不同于以前所介绍的各种试验设计。配方试验设计的试验指标只与每种成分的含量有关，而与配方的总量无关，且每种成分的比例必须是非负的，且在 $0 \sim 1$ 变化，各种成分的含量之和必须等于 1（即 100%）。也就是说，各种成分不能完全自由地变化，受到一定条件的约束。

设 y 为试验指标，$x_i(i=1,2,\cdots,p)$ 是第 i 种成分的含量，则配方问题的约束条件，即混料约束条件为

$$\left.\begin{array}{l} x_i \geq 0,(i=1,2,\cdots,p) \\ \sum_{i=1}^{p} x_i = x_1 + x_2 + \cdots + x_p = 1 \end{array}\right\} \qquad (10-1)$$

式中　x_i——配方成分或混料分量，即配方试验中的试验因素。

配方试验设计是一种受特殊条件约束的回归设计，它是通过合理地安排试验，以求得各种线性或非线性回归方程的技术方法。它具有试验点数少、计算简便、容易分析、迅速得到

最佳配方条件等优点。

配方约束条件[式(10-1)]决定了配方试验设计不能采用一般多项式作为回归模型，否则会由于混料条件的约束而引起信息矩阵的退化。配方试验设计常采用 Scheffé 多项式回归模型。例如，一般的三元二次回归方程为

$$\hat{y} = b_0 + \sum_{i=1}^{3} b_i x_i + \sum_{i<j} b_{ij} x_i x_j + \sum_{i=1}^{3} b_{ii} x_i^2 \tag{10-2}$$

而配方试验设计中，三分量二次回归方程应为

$$\hat{y} = \sum_{i=1}^{3} b_i x_i + \sum_{i<j} b_{ij} x_i x_j \tag{10-3}$$

比较式(10-1)和式(10-2)可知，Scheffé 多项式没有常数项和平方项。这是因为，将约束条件 $\sum_{i=1}^{3} x_i = 1$ 代入式(10-2)，即可推导得到式(10-3)。

如果产品含有三种成分，其比例分别为 x_1、x_2、x_3，则试验指标 y 与 x_1、x_2、x_3 之间的三元二次回归方程可以表示为

$$\hat{y} = b_0 + b_1 x_1 + b_2 x_2 + b_3 x_3 + b_{12} x_1 x_2 + b_{13} x_1 x_3 + b_{23} x_2 x_3 + b_{11} x_1^2 + b_{22} x_2^2 + b_{33} x_3^2 \tag{10-4}$$

由于 $b_0 = b_0(x_1 + x_2 + x_3)$，$x_1^2 = x_1(1 - x_2 - x_3)$，$x_2^2 = x_2(1 - x_1 - x_3)$，$x_3^2 = x_3(1 - x_1 - x_2)$ 整理可得

$$\hat{y} = b_1 x_1 + b_2 x_2 + b_3 x_3 + b_{12} x_1 x_2 + b_{13} x_1 x_3 + b_{23} x_2 x_3 \tag{10-5}$$

回归方程没有了常数项和二次项，只有一次项和交互项。

又由于 $x_3 = 1 - x_1 - x_2$，所以上述回归方程还可以表示如下。

$$\hat{y} = b_0 + b_1 x_1 + b_2 x_2 + b_{12} x_1 x_2 + b_{11} x_1^2 + b_{22} x_2^2 \tag{10-6}$$

通常，配方试验设计的 p 分量 d 次多项式回归方程，其 Scheffé 多项式(或称为规范多项式)为一次式(10-7)($d=1$)

$$\hat{y} = \sum_{i=1}^{p} b_i x_i \tag{10-7}$$

二次式(10-8)($d=2$)

$$\hat{y} = \sum_{i=1}^{p} b_i x_i + \sum_{i<j} b_{ij} x_i x_j \tag{10-8}$$

三次式(10-9)($d=3$)

$$\hat{y} = \sum_{i=1}^{p} b_i x_i + \sum_{i<j} b_{ij} x_i x_j + \sum_{i<j} r_{ij} x_i x_j (x_i - x_j) + \sum_{i<j<k} b_{ijk} x_i x_j x_k \tag{10-9}$$

式中　r_{ij}——三次项 $x_i x_j (x_i - x_j)$ 的回归系数。

由此看来，配方试验设计的 (p,d) Scheffé 多项式回归方程中，待估计的回归系数的个数比一般的 p 因素 d 次多项式回归方程要少。例如，对于混料试验设计 (p,d) 的回归方程式(10-8)来说无常数项和二次项。于是，减少了 $p+1$ 个回归系数，所以至少可以少做 $p+1$ 次试验。

第二节　单纯形配方设计

一、单纯形的概念

单纯形是指在一定空间中最简单的图形，它是 n 维空间中 $n+1$ 个点的集合所形成的最

简单封闭几何图形,如二维空间的单纯形为一个正三角形,三维空间的单纯形是一个正四面体,n 维空间的单纯形有 $n+1$ 个顶点。

若单纯形中任意两个顶点的距离都相等,则称这种单纯形为正规单纯形。平面上的正规单纯形是等边三角形,三维空间的正规单纯形是正四面体,当维数 >3 时,正规单纯形不能用图画出。

例如,组分数 $m=3$ 的配方试验,各组分百分比 $x_j(j=1,2,3)$ 只能取在二维正规单纯形——等边三角形上。

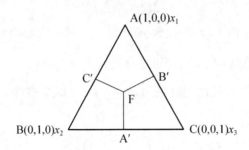

画出三个坐标轴,只画出一个等边(正)三角形,如图 $10-1(1)$ 所示。

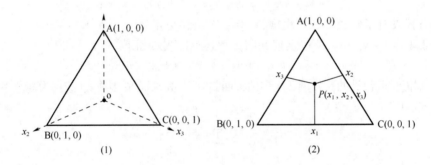

图 $10-1$ 二维、三维单纯形

以 $p=3$ 为例讨论单形上点的坐标问题。对于三因子混料试验,这个试验的单纯形是一个等边三角形,其三个顶点分别为 $A(1,0,0)$、$B(0,1,0)$ 和 $C(0,0,1)$。设 $P(x_1、x_2、x_3)$ 为这单形的内点,定义 x_1 表示 P 点到边 BC 的距离,x_2 为 P 点到边 AC 的距离,x_3 为 P 点到边 AB 的距离。为简单起见,使用时不再画出三个坐标轴,只画出一个正三角形,如图 $10-1(1)$ 所示。

取此正三角形的高为 1,在正三角形内任一点 P 到三个边的距离之和为 1,即

$$x_1 + x_2 + x_3 = 1 \quad 或 \quad \sum_{i=1}^{3} x_i = 1 \qquad (10-10)$$

所以,三因子混料试验可以用等边三角形这样一个单形上的点表示。

一般情况下,对 p 因子混料试验,其 p 个顶点分别为 $A_1(1,0,0,\cdots,0)$、$A_2(0,1,0,\cdots,0)$、$\cdots$、$A_p(0,0,0,\cdots,1)$。设 $P(x_1,x_2,\cdots,x_p)$ 为单形的内点,定义 $x_1,x_2,\cdots,x_p$ 分别表示 P 点到 $A_2\cdots A_p$ 面的距离,$A_1 A_3\cdots A_p$ 面的距离,$\cdots$,$A_1\cdots A_{p-1}$ 面的距离,并取 $p-1$ 维空间内正规单纯形为 1。于是就建立了 p 因子混料试验的单形坐标系。

正规单纯形的顶点代表单一成分组成的混料,棱上的点代表两种成分组成的混料,面上的点代表多于两种而少于等于 m 种成分组成的混料,而内部的点则是代表全部 m 种成分组成的混料。

二、单纯形格子点设计

(一)单纯形格子点的表示

$\{p,d\}$ 表示正规单纯形顶点数为 p(也就是组分数为 p),阶数为 d(即每边的等分数)的格子点集。如三顶点正规单纯形的四阶格子点集记为 $\{3,4\}$。

$\{p,d\}$ 格子点集中共有 $\dfrac{(p+d-1)!}{(p-1)!\,d!}$ 个点,正好与回归方程中待估计的回归系数的个数相等,所以单纯形格子点设计是饱和设计。常用单纯形格子点设计的试验次数与 p、d 之间的关系如表 10 - 1 所示。

表 10 - 1   单纯形格子设计的试验点数

P	d		
	2	3	4
3	6	10	15
4	10	20	35
5	15	35	70
6	21	56	126
8	36	120	330
10	55	220	715

(二)单纯形格子点设计原理

将图 10 - 2(1)中高为 1 的等边三角形三条边各二等分,如图 10 - 2(2)所示。则此三角形的三个顶点与三个边中点的总体称为二阶格子点集,记为 $\{3,2\}$ 单纯形格子点设计,其中 3 表示正规单纯形的顶点个数,即组分数 $p=3$,2 表示每边的等分数,即阶数 $d=2$。其中共有 6 个点,各点坐标如表 10 - 2 所示。

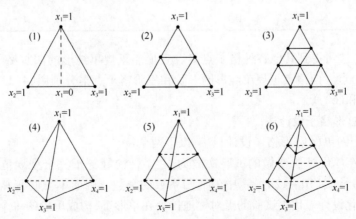

图 10 - 2 $\{3,d\}$ 和 $\{4,d\}$ 单纯形格子点设计

表10-2   {3,2}各点坐标(三因素二阶格子点集坐标)

点号	坐标		
	x_1	x_2	x_3
1	1	0	0
2	0	1	0
3	0	0	1
4	1/2	1/2	0
5	1/2	0	1/2
6	0	1/2	1/2

如果将等边三角形各边三等分,如图10-2(3)所示,对应分点连成与一边平行的直线,则在等边三角形上形成许多格子,这些小等边三角形的顶点,即这些格子的顶点的总体称三阶格子点集,记为{3,3}单纯形格子点设计,前面的3表示了正规单纯形顶点个数,即组分数 p,后面的3表示了每边的等分数,即阶数 d。其中共有10个点。各点坐标如表10-3所示。

表10-3   {3,3}各点坐标(三因素三阶格子点集坐标)

点号	坐标		
	x_1	x_2	x_3
1	1	0	0
2	0	1	0
3	0	0	1
4	2/3	1/3	0
5	1/3	2/3	0
6	2/3	0	1/3
7	1/3	0	2/3
8	0	2/3	1/3
9	0	1/3	2/3
10	1/3	1/3	1/3

用类似的方法可得到其他各种格子点集。三顶点正规单纯形的四阶格子点集记为{3,4},总共有15个点。四顶点正规单纯形的二阶和三阶格子点集分别用{4,2}和{4,3}表示,如图10-2(5)和(6)所示。

(三)单(纯)形格子设计法

Scheffé 提出的单(纯)形格子设计,具有以下两个特点。

(1)每个{p,d}设计所要做的试验次数为 C_{p+d-1}^{d},恰好等于完全型规范多项式回归方程,如式(10-11)、式(10-12)所示中的回归系数的个数。因而单(纯)形格子设计是饱和设计,是一种优化设计。代表试验的点对称地排列在单形上,构成单形的一个格子,称为{p,d}格子。每一点的 p 个坐标代表 p 个因素的成分值,它们加起来的和等于1。

(2)试验点的成分与模型的次数(或阶数)d 有关,我们约定每一成分 x_i 取值为 $\dfrac{1}{d}$ 的倍数,即

$$x_i = 0, \frac{1}{d}, \frac{2}{d}, \cdots, \frac{d-1}{d}, 1 \qquad (10-11)$$

并且在设计中因素成分量的各种配合都使用到。

(四)单纯形格子点设计试验方案的确定

1. 无约束单纯形格子点设计

无约束配方设计中,每种组分 x_j 可以在 $0 \sim 1$ 范围内变化,其取值与阶数 d 有关,为 $1/d$ 的倍数,即

$$x_j = 0, \frac{1}{d}, \frac{2}{d}, \cdots, \frac{d-1}{d}, 1 \qquad (10-12)$$

无约束单纯形格子点设计自然变量与规范变量相等,即 $x_j = z_j$,不必区分规范变量与自然变量。

2. 有约束单纯形格子点设计

混料组分除了受下式约束外,

$$x_j \geq 0(j=1,2,\cdots,m), x_1 + x_2 + \cdots x_m = 1$$

还受其他约束条件限制:

$$a_j \leq x_j \leq b_j, j = 1,2,\cdots,m$$

有上下界约束的配方试验其试验空间是正规单纯形内的一个凸几何体,如 $m=3$ 的有上下界约束的混料试验区间如图 10-3 所示。

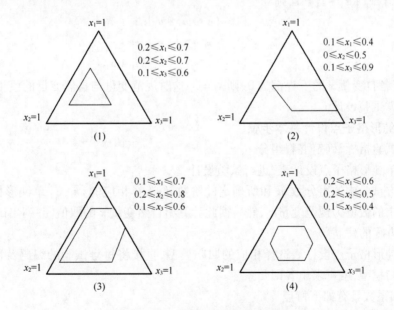

图 10-3 有上下界约束的配方设计

这里只介绍有下界约束的单纯形格子点设计,因为此时试验范围为原正规单纯形内的一个规则单纯形(图 10-4),所以仍可使用单纯形设计。

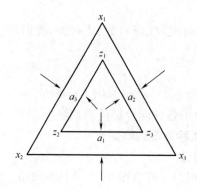

图 10 – 4 有下界约束的单纯形配方设计

在选用单纯形格子点设计前,先将自然变量 $x_j(j=1,2,\cdots,m)$ 进行编码应将自然变量转化为规范变量,编码公式为

$$x_j - a_j = \left(1 - \sum_{j=1}^{m} a_j\right) z_j \tag{10 – 13}$$

$$z_j = \frac{x_j - a_j}{1 - \sum_{j=1}^{m} a_j} \tag{10 – 14}$$

式中,a_j 为各自然变量 x_j 对应的最小值(下界),其几何意义如图 10 – 4 所示,所以有

$$x_j \geqslant a_j \tag{10 – 15}$$

例如,某种产品有 3 种组分组成,所占的百分比分别为 x_1, x_2, x_3;$x_1 \geqslant a_1$,$x_2 \geqslant a_2$,$x_3 \geqslant a_3$;$a_1 + a_2 + a_3 < 1$,$x_1 + x_2 + x_3 = 1$,则

$$x_1 = [1 - (a_1 + a_2 + a_3)]z_1 + a_1$$
$$x_2 = [1 - (a_1 + a_2 + a_3)]z_2 + a_2$$
$$x_3 = [1 - (a_1 + a_2 + a_3)]z_3 + a_3$$

显然,若各自变量 x_j 的下界都为 0,则 $x_j = z_j$,这时规范变量与自然变量的值相等,也就是无约束的配方试验设计。

(五)单纯形格子点设计基本步骤

1. 明确试验指标,确定混料组分

2. 选择单纯形格子点设计表,进行试验设计

根据配方试验中的组分数 m 和所确定的阶数 d,选择相应的 $\{m, d\}$ 单纯形格子点设计表。设计表中的数值为规范变量 z_j,然后据此计算出自然变量 x_j 的取值,并列出试验方案。

3. 回归方程的建立

根据单纯形格子点设计表选择相应的回归模型,直接将每号试验的编码及试验结果代入对应的回归模型,就可求出各回归系数。

(1)回归系数具有如下特点

①在单纯形格子设计中,每个回归系数的值只取决于所对应的一些格子上的观测值,而与其他设计点上的观测值无关,故使得用最小二乘法计算回归系数变得很简单。各回归系数均可表达为相应设计点上观测值的简单线性组合。

②在单形格子设计中,各回归系数都可表达成相应格子点的响应值的简单线性组合。

③每一个回归系数的值,只取决于按一定规律对应的一些格子点上的响应值,而与其他设计点上的响应值无关,因此回归系数的计算很简单。

④把各试验点的因子成分值及响应值分别代入模型,便得一组方程,解这组方程便可获得回归系数的估计值。

为表述清晰起见,各试验点的响应值标以相应的下标,如

y_i : x_i 为 1 而其余者为 0 的试验点的响应值;

y_{ij} : x_i 为 1/2, x_j 为 1/2,其余者为 0 的试验点的响应值;

y_{iij} : x_i 为 2/3, x_j 为 1/3,其余者为 0 的试验点的响应值;

y_{ijj} : x_i 为 1/3, x_j 为 2/3,其余者为 0 的试验点的响应值;

y_{ijk} : x_i , x_j , x_k 均为 1/3,其余者为 0 的试验点的响应值

回归系数具有以下特点。

(2) $\{p,1\}$ 单纯形格子设计回归系数的计算　$\{p,1\}$ 单纯形格子设计回归方程为

$$\hat{y} = \sum_{i=1}^{p} b_i x_i \tag{10-16}$$

在 $\{p,1\}$ 单纯形格子设计中,每一试验点只有一个因子成分为 1,其余皆为 0,故将每个试验各因子成分值 x_i 及其相应的结果 y_i 分别代入式(10-16),便得 $b_i = y_i$

(3) $\{p,2\}$ 单形格子设计回归系数的计算　$\{p,2\}$ 单形格子设计回归方程为

$$\hat{y} = \sum_{i=1}^{p} b_i x_i + \sum_{i<j}^{p} b_{ij} x_i x_j \tag{10-17}$$

在 $\{p,2\}$ 单纯形格子设计中, $1 \sim p$ 号试验与 $\{p,1\}$ 的设计完全相同,所以将每个试验各因子成分值 x_i 及其相应的结果 y_i 分别代入式(10-17)得 $b_i = y_i$

第 $p+1 \sim$ 第 $\dfrac{p(p+1)}{2}$ 号试验点,各因子成分的取值为 1,其中两个成分取值均为 1/2,其余皆为 0。将每一试验点因子成分值及其相应结果值分别代入式(10-17),再将 $b_i = y_i$ 代入,则有

$$b_{ij} = 4y_{ij} - 2(y_i + y_j) \tag{10-18}$$

(4) $\{p,3\}$ 单纯形格子设计回归系数的计算　$\{p,3\}$ 单纯形格子设计回归方程为

$$\hat{y} = \sum_{i=1}^{p} b_i x_i + \sum_{i<j}^{p} b_{ij} x_i x_j + \sum_{i<j}^{p} r_{ij} x_i x_j (x_i - x_j) + \sum_{i<j<k}^{p} b_{ijk} x_i x_j x_k \tag{10-19}$$

在 $\{p,3\}$ 单纯形格子设计中, $1 \sim p$ 号试验完全同 $\{p,1\}$ 的设计,所以可得 $b_i = y_i$ 。

第 $p+1 \sim$ 第 p^2 号试验有两种情况,一是因子成分值 x_i 为 1/3, x_j 为 2/3,其余为 0;二是因子成分值 x_i 为 2/3, x_j 为 1/3,其余为 0。将这两种情况所对应的试验因子成分值及相应的结果值分别代入式(10-17)得

$$b_{ij} = \frac{9}{4}(y_{ijj} + y_{iij} - y_i - y_j) \tag{10-20}$$

$$b_{ijk} = 27y_{ijk} + \frac{9}{2}(y_i + y_j + y_k) - \frac{27}{4}(y_{iij} + y_{ijj} + y_{iik} + y_{ikk} + y_{jjk} + y_{jkk}) \tag{10-21}$$

应当指出的是以上回归方程中的 $b_{ij} x_i x_j$ 项,不能单纯理解为 x_i 与 x_j 的交互效应,这是因为它们受条件公式(10-1)的限制,不能独立地变动,所以它们只表示一种非线性混合的关系。当 $b_{ij} > 0$ 时,Scheffé 称这种非线性混合关系为协调的;而当 $b_{ij} < 0$ 时,则称之为对抗的。

下面以例 10-1 的试验结果为例进行有关计算。

【例 10-1】 某食品由三种成分组成,所占的百分比分别为 x_1、x_2、x_3,$x_1 \geq 0.5$、$x_2 \geq 0.3$、$x_3 \geq 0.1$,通过单纯格子 $\{3,2\}$ 设计,试验安排及结果见表 10-4,试对结果进行分析。

表 10-4　　　　　　【例 10-1】的试验结果($\{3,2\}$ 单纯格子设计)

处理号	$x_1(Z_1)$	$x_2(Z_2)$	$x_3(Z_3)$	试验结果
1	1(0.60)	0(0.30)	0(0.10)	$y_1 = 90$
2	0(0.50)	1(0.40)	0(0.10)	$y_2 = 95$
3	0(0.50)	0(0.30)	1(0.20)	$y_3 = 100$
4	1/2(0.55)	1/2(0.35)	0(0.10)	$y_{12} = 120$
5	1/2(0.55)	0(0.30)	1/2(0.15)	$y_{13} = 110$
6	0(0.50)	1/2(0.35)	1/2(0.15)	$y_{23} = 108$

根据 $b_i = y_i$ 得:$\begin{cases} b_1 = 90 \\ b_2 = 95 \\ b_3 = 100 \end{cases}$

根据 $b_{ij} = 4y_{ij} - 2(y_i + y_j)$ 得:$\begin{cases} b_{12} = 110 \\ b_{13} = 60 \\ b_{23} = 42 \end{cases}$

于是得规范变量(编码值)正则多项式回归方程为

$$\hat{y} = 90x_1 + 95x_2 + 100x_3 + 110x_1x_2 + 60x_1x_3 + 42x_2x_3 \tag{10-22}$$

可根据编码值 x_i 与实际成分 Z_i 的转化公式,将规范变量回归方程转化为实际成分的回归方程。由式(10-13)得:

$$x_i = \frac{Z_i - a_i}{1 - \sum_{j=1}^{p} a_j} \tag{10-23}$$

本例中 Z_1,Z_2,Z_3 的最小值 $a_1 = 0.50$,$a_2 = 0.30$,$a_3 = 0.10$,所以,

$$x_1 = 10Z_1 - 5$$
$$x_2 = 10Z_2 - 3$$
$$x_3 = 10Z_3 - 1$$

代入式(10-22),得实际成分的回归方程为

$$\hat{y} = 90(10Z_1 - 5) + 95(10Z_2 - 3) + 100(10Z_3 - 1) + 110(10Z_1 - 5)(10Z_2 - 3) +$$
$$60(10Z_1 - 5)(10Z_3 - 1) + 42(10Z_2 - 3)(10Z_3 - 1) \tag{10-24}$$

整理后得

$$\hat{y} = 1241 - 3000Z_1 - 4970Z_2 - 3260Z_3 + 11000Z_1Z_2 + 6000Z_1Z_3 + 4200Z_2Z_3 \tag{10-25}$$

(5)最优配方的确定　根据回归方程以及有关约束条件,通过 Minilab 软件,可以预测最佳的试验指标值及其对应 z_j 的最佳取值,将其转换成自然变量,就可得到最优配方。

(6)回归方程的回代　如果各组分 x_j 无约束,则不需要转换,如果各组分 x_j 有下界约束,需将 y 与 z_j 的回归方程转换成 y 与 x_j 的回归方程。

（7）回归方程的应用　对检验合格的回归方程进行等值线（等产线）分析，是配方试验结果分析常用的方法之一。在单形坐标系下绘制的三维等值线，可以直观形象地表述试验指标与因素以及因素间的变化规律，便于确定最优组合，寻找适宜的生产条件。

如对式（10 – 22），可绘出其三维等值线图。方法是取一固定的 $\hat{y}$ 值，如取 $\hat{y} = 90$，即可得到 x_1, x_2, x_3 的一个方程。

$$90 = 90x_1 + 95x_2 + 100x_3 + 110x_1x_2 + 60x_1x_3 + 42x_2x_3 \tag{10 – 26}$$

在单形坐标系中凡满足（10 – 26）式的一切点 x_1, x_2, x_3 所连成的曲线就是 $\hat{y} = 90$ 的等值线。同理可绘出 $\hat{y} = 95, 100, \cdots$ 的等值线。

若回归方程中的变量个数多于 3 个，如 $p = 4$ 时，则可将其中的一个变量固定，绘制三个变量的等值线图。

实际上，在绘制等值线图之前，可利用曲线的判别式大概确定等值线的形状，为研究系统的状态和规律提供信息。已证明，在单形坐标系下，二次曲面 $\hat{y} = \sum\limits_{i=1}^{3} b_i x_i + \sum\limits_{i<j} b_{ij} x_i x_j$ 的三维等值线的判别式是

$$\Delta = (b_{12}^2 + b_{13}^2 + b_{23}^2) - 2(b_{12}b_{13} + b_{12}b_{23} + b_{13}b_{23}) \tag{10 – 27}$$

$$当 \Delta = \begin{cases} =0 \ 时，等值线是抛物线 \\ <0 \ 时，等值线是椭圆 \\ >0 \ 时，等值线是双曲线 \end{cases}$$

如【例 10 – 1】得到回归方程（10 – 24）中：

$$b_{12} = 110,\ b_{13} = 60,\ b_{23} = 42, \Delta = -10016 < 0$$

故其等值线是椭圆。

三、单纯形重心设计

（一）基本原理

在一个 $\{p, d\}$ 单纯形格子设计中，当回归模型的阶数 $d > 2$ 时，某些配方试验中格子点的非零坐标不相等，这种非对称性反映在估计响应函数（即回归多项式或规范多项式）的系数时，就会出现某些观测值对回归方程影响大，而某些观测值对回归方程影响小的情况。此外，单纯形格子设计的试验次数还是比较多用 C_{p+d-1}^d 计算。

为了改进上述两个缺点，Scheffé（1958）提出单纯形重心设计，对单纯形格子设计进行改进，使配方试验中格子点的非零坐标相等。

（二）单纯形重心设计的设计方法

在 p 维单纯形中，任意两个顶点组成的一条棱边之中点即其重心，称为两顶点重心；任意三个顶点组成一个正三角形，该三角形的中心即其重心，称为三顶点重心；如此，p 顶点重心就是该单纯形的重心。显然，单个顶点的重心就是顶点本身，称为顶点重心。很明显，一个 p 维正单形中，j 顶点重心（$j = 1, 2, \cdots, p$）计有 C_p^j 个。

配方设计时，如果仅取 j 顶点重心（$j = 1, 2, \cdots, p$）作为试验点，这种设计就称为单纯形重心设计。如 $p = 3$ 时，单纯形重心设计 $\{3, 3\}$ 的试验点包括三个顶点（1,0,0）、（0,1,0）、（0,0,1），三个棱的重心（1/2,1/2,0）、（1/2,0,1/2）、（0,1/2,1/2）及一个三顶点重心（1/3,1/3,1/3）（即单纯形的重心），共七个点，如图 10 – 5 所示，试验方案如表 10 – 5 所示。

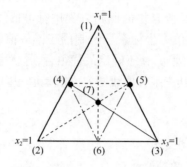

图 10 – 5　单纯形重心设计 ${3,3}$ 的试验点分布

表 10 – 5　　　　　　　　　　单纯形重心设计 ${3,3}$ 试验方案

试验点	x_1	x_2	x_3	y
1	1	0	0	y_1
2	0	1	0	y_2
3	0	0	1	y_3
4	1/2	1/2	0	y_{12}
5	1/2	0	1/2	y_{13}
6	0	1/2	1/2	y_{23}
7	1/3	1/3	1/3	y_{123}

（三）单纯形重心设计的统计分析

单纯形重心设计回归系数的计算方法与单纯形格子设计相类似。对于 ${p,3}$ 单纯形重心设计，回归方程为

$$\hat{y} = \sum_{i=1}^{p} b_i x_i + \sum_{i<j}^{p} b_{ij} x_i x_j + \sum_{i<j<k}^{p} b_{ijk} x_i x_j x_k \qquad (10-28)$$

上式中回归系数的计算公式为（回归系数的推导与单纯形格子设计相同）

$$\left.\begin{array}{l} b_i = y_i, (i = 1,2,3) \\ b_{ij} = 4y_{ij} - 2(y_i + y_j), (i,j = 1,2,3, i < j) \\ b_{123} = 27y_{123} + 3(y_1 + y_2 + y_3) - 12(y_{12} + y_{13} + y_{23}) \end{array}\right\} \qquad (10-29)$$

【例 10 – 2】　某产品由 A、B、C 三种成分组成，三种成分的最小值分别为 0.20、0.40 和 0.20。选用 ${3,3}$ 单纯形重心设计安排试验。

解：（1）试验方案的设计　采用编码值公式对实际成分 Z_i 进行编码，方法同前。

知 $a_1 = 0.20$、$a_2 = 0.40$ 和 $a_3 = 0.20$

代入编码值公式得

$$\begin{array}{l} Z_1 - 0.20 = 0.20x_1 \\ Z_2 - 0.40 = 0.20x_2 \quad Z_i - a_i = \left(1 - \sum_{j=1}^{p} a_j\right) x_i \\ Z_3 - 0.20 = 0.20x_3 \end{array} \qquad (10-30)$$

求出 ${3,3}$ 单纯形重心设计表中不同编码值 x_i 对应的实际成分如表 10 – 6 所示，将 x_i 不同水平所对应的实际成分填入 ${3,3}$ 单纯形重心设计表中，即得试验方案如表 10 – 7 所示。试验结果列于表 10 − 7 最后一列。

表 10 − 6   **编码值表**

	Z_1	Z_2	Z_3
1	0.40	0.60	0.40
1/2	0.30	0.50	0.30
1/3	0.266	0.466	0.266
0	0.20	0.40	0.20

表 10 − 7   **试验方案及试验结果**

处理号	$x_1(A)$	$x_2(B)$	$x_3(C)$	试验结果(y)
1	1(0.40)	0(0.40)	0(0.20)	$y_1 = 2350$
2	0(0.20)	1(0.60)	0(0.20)	$y_2 = 2450$
3	0(0.20)	0(0.40)	1(0.40)	$y_3 = 2650$
4	1/2(0.30)	1/2(0.50)	0(0.20)	$y_{12} = 2400$
5	1/2(0.30)	0(0.40)	1/2(0.30)	$y_{13} = 2750$
6	0(0.20)	1/2(0.50)	1/2(0.30)	$y_{23} = 2950$
7	1/3(0.266)	1/3(0.466)	1/3(0.266)	$y_{123} = 3000$

（2）建立回归方程   将表 10 − 7 中的试验结果分别代入式（10 − 29），得回归系数的值。

$$b_1 = 2350, b_2 = 2450, b_3 = 2650$$
$$b_{12} = 0, b_{13} = 1000, b_{23} = 1600$$
$$b_{123} = 6150$$

于是得编码值回归方程为

$$\hat{y} = 2350x_1 + 2450x_2 + 2650x_3 + 1000x_1x_3 + 1600x_2x_3 + 6150x_1x_2x_3 \tag{10 − 31}$$

所得回归方程是否能描述所研究的整个混料系统，也需要进行适合度检验，检验方法同于单纯形格子设计。若检验合格，就可利用该方程对研究的混料系统进行分析。Minilab 软件，利用此方程绘制的等值线图，估计出的较好混料点为：$x_1 = 0.05$，$x_2 = 0.41$，$x_3 = 0.54$。

可由转化公式（10 − 23）将上述编码值转化为自然变量

$$Z_1 = 0.21$$
$$Z_2 = 0.482$$
$$Z_3 = 0.308$$

所以，选择该产品的较好配比为 A 成分 21%，B 成分 48.2%，C 成分 30.8%。为便于使用，也可采用转换公式（10 − 23）将编码值回归方程，转化为实际成分的回归方程。

第三节   配方均匀设计

单纯形配方设计虽然简单，但是试验点在试验范围内的分布并不十分均匀，而且试验边界上的试验点过多，为了克服上述缺点，可以运用配方均匀设计。

配方均匀设计表规定了每号试验中每种组分的百分比,这些试验点均匀地分散在试验范围内,用配方均匀设计表。安排好试验后,获得试验指标 y_i 的值。

因配方均匀设计的试验点分布比较均匀,所以试验结果的分析可用直观分析法直接选用其中最好的试验点作为最优配方。也可利用"试验数据的回归分析"章节的知识建立回归方程,然后利用 Excel"规划求解"工具由回归方程确定最优。

对于无约束的配方设计, m 种组分的试验范围是单纯形,如果需要比较 n 种不同的配方,这些配方对应单纯形中的 n 个点,配方均匀设计的思想就是使这 n 个点在单纯形中散布得尽可能均匀。其设计方案可用以下步骤获得。

(1)根据配料中的组分数 m 和试验次数 n,选择合适的等水平均匀设计表 $U_n(n^l)$ 或 $U_n \times (n^l)$,这里要求均匀设计表所能安排的因素数 $\geq m$,然后根据均匀表的使用表,选择相应的 $m-1$ 列进行变换。例如,如果试验次数 $n=7$,组分数 $m=3$,则可以选择均匀表 $U_n(n^l)$ 或 $U_n \times (n^l)$ 中的 $(m-1)$ 列(第 1,3 列)进行变换。

(2)如果用 q_{ji} 表示所选均匀表某列中的第 $i(i=1,2,\cdots,n)$ 个数,将这些数进行如下转换。

$$C_{ji} = \frac{2q_{ji}-1}{2n}, j = 1,2,\cdots,m-1 \tag{10-32}$$

(3)将 $\{C_{ji}\}$ 转化成 $\{x_{ji}\}$,计算公式如下。

$$\begin{cases} x_{ji} = (1 - C_{ji}^{\frac{1}{m-j}}) \prod_{k=1}^{j-1} C_{ji}^{\frac{1}{m-j}} \\ x_{mi} = \prod_{k=1}^{m-1} C_{ki}^{\frac{1}{m-k}} \end{cases} \tag{10-33}$$

式(10-33)中 $\prod$ 为连乘符号。

于是 $\{x_{ji}\}$ 就给出了对应 n,m 的配方均匀设计,并用代号 $UM_n(n^m)$ 或 $UM_n \times (n^m)$,表示,其中 n 表示了试验次数, m 表示了组分数。

当 $m=3$ 时,计算式(10-33)可简化成式(10-34)

$$\begin{cases} x_{1i} = 1 - \sqrt{C_{1i}} \\ x_{2i} = \sqrt{C_{1i}}(1 - C_{2i}) \\ x_{2i} = \sqrt{C_{1i}}C_{2i} \end{cases} \tag{10-34}$$

例如,表 $UM_7 \times (7^3)$ 中, $n=7$, $m=3$,应选用 $U_7 \times (7^4)$ 中的两列进行交换,根据 $U_7 \times (7^4)$ 的使用表,这两列为第 1,3 列。在表 10-8 中,当 $i=1$ 时,在第 1 号试验中, $q_{11}=1$(第 1 列第 1 个数), $q_{21}=5$(第 2 列第 1 个数),所以根据式(10-32)得

$$C_{11} = \frac{2q_{11}-1}{2n} = \frac{2 \times 1 - 1}{2 \times 7} = 0.071$$

$$C_{21} = \frac{2q_{21}-1}{2n} = \frac{2 \times 5 - 1}{2 \times 7} = 0.643$$

又根据式(10-33)或式(10-34)可得

$$x_{11} = 1 - \sqrt{C_{11}} = 1 - \sqrt{0.0714} = 0.733$$

$$x_{21} = \sqrt{C_{11}}(1 - C_{21}) = \sqrt{0.0714} \times (1 - 0.643) = 0.095$$

$$x_{31} = \sqrt{C_{11}}C_{21} = \sqrt{0.0714} \times 0.643 = 0.172$$

同理可以就算出余下试验的配方组成,结果如表 10-8 所示。

表 10 - 8 $UM_7 \times (7^3)$ 及其生成过程

试验号	1	3	C_1	C_2	x_1	x_2	x_3
1	1	5	0.0714	0.643	0.733	0.095	0.172
2	2	2	0.214	0.214	0.537	0.364	0.099
3	3	7	0.357	0.929	0.402	0.043	0.555
4	4	4	0.500	0.500	0.293	0.354	0.354
5	5	1	0.643	0.071	0.198	0.745	0.057
6	6	6	0.786	0.786	0.114	0.190	0.696
7	7	3	0.929	0.357	0.036	0.619	0.344

因 $x_1 + x_2 + x_3 = 1$，所以可以只计算其中两个成分的百分比。注意将计算过程中多余的数字舍去，使配方均匀设计表中每号试验因 $x_1 + x_2 + x_3 \approx 1$，但不影响使用。用同样的方法也可以生成其他的配方均匀设计表。

注意利用回归分析法分析配方均匀设计结果，在选择配方均匀设计表时，试验次数应多于回归方程系数的个数。

配方均匀设计表规定了每号试验中每种组分的百分比，这些试验点均匀地分散在试验范围内。用配方均匀设计安排好试验后，获得试验指标 $y_i (i = 1, 2, \cdots, n)$ 的值，试验结果的分析可用直观分析或回归分析。

【例 10 - 3】　以玉米秸秆粉为主料，栎木屑和麦麸为辅料，采用有限制的配方均匀设计对玉米秸秆代料栽培香菇的配方进行了优化研究。

解：有限制的配方均匀设计

（1）确定约束条件　设玉米秸秆粉的质量分数为 x_1，栎木屑的质量分数为 x_2，麦麸的质量分数为 x_3，三者在配方中的比例有如下约束条件。

$$50\% \leqslant x_1 \leqslant 90\%$$
$$5\% \leqslant x_2 \leqslant 25\%$$
$$5\% \leqslant x_3 \leqslant 15\%$$
$$x_1 + x_2 + x_3 = 1$$

（2）选择均匀设计表　选择均匀设计表 $UM_n(n^m)$ 进行以下各步骤运算（如果运算结果符合条件的组合过少，可以返回来，重新选择均匀设计表 $UM_n(n^m)$ 进行运算，直到满足要求）。通过运算，本例选择 $U_{24}^*(24^9)$ 及其使用表。

（3）计算 C_{ji}　计算公式见式（10 - 32）。

（4）确定 C_{ji} 的取值范围　依据公式（10 - 34）和约束条件得式（10 - 35）。

$$0.01 \leqslant C_{j1} \leqslant 0.25$$
$$1 - \frac{0.25}{\sqrt{C_{j1}}} \leqslant C_{j2} \leqslant 1 - \frac{0.05}{\sqrt{C_{j1}}}$$
$$\frac{0.05}{\sqrt{C_{j1}}} \leqslant C_{j2} \leqslant \frac{0.15}{\sqrt{C_{j1}}} \tag{10 - 35}$$

依据公式（10 - 35）可以确定区域 D 和 R，D 为矩形区域，R 为落入 D 矩形区域内 4 条函数线围成的区域。

(5)C_{ji}^{*} 计算 C_{ji}^{*} 是约束条件的区域坐标范围内各配方的坐标值。计算公式如式（10-36）。

$$\begin{cases} C_{j1}^{*} = 0.5 + (0.9 - 0.5)C_{ji} \\ C_{j2}^{*} = 0.1667 + (0.75 - 0.1667)C_{j2} \end{cases} \qquad (10-36)$$

(6)选择符合条件的配方 由式（10-36）计算的坐标（C_{j1}^{*}，C_{j2}^{*}）确定的点落在 R 区域内，即为对应的满足条件的配方。落入 R 区域内的组合为 1、2、3、4、5、6、7、8、10、12，其余 14 个组合均不满足约束条件。

(7)计算符合条件配方的 x_i 值 依据公式（10-34），可计算符合条件配方的 x_i 值。计算结果如表 10-9 所示。

表 10-9 　　　　　　　　　　　　　【例 10-5】配方设计及结果

组别	秸秆粉质量分数 /%	栎木屑质量分数 /%	麦麸质量分数 /%	香菇产量 /kg
1	87.75	7.08	5.17	0.132
2	84.19	4.91	10.90	0.132
3	81.29	12.18	6.53	0.141
4	78.79	8.14	13.07	0.139
5	76.55	11.64	13.85	0.142
6	74.50	11.64	13.85	0.142
7	72.61	21.82	5.56	0.154
8	70.85	15.44	13.72	0.142
9	67.60	23.88	11.48	0.158
10	64.64	23.88	11.48	0.158

(8)回归分析 对表 10-9 的回归分析结果表明，玉米秸秆粉质量分数（x_1）与香菇产量（y_1）存在显著线性回归关系：$y_1 = 0.166 - 0.029x_1$，$r = -0.743$；栎木屑质量分数（x_2）与香菇产量（y_1）存在显著线性回归关系：$y_1 = 0.139 + 0.035x_2$，$r = 0.755$。但在 x_1、x_2、x_3 共同存在及其交互影响的作用下，x_1 与 y_1、x_2 与 y_1 不存在显著线性关系。通过逐步筛选法可得：$y_1 = 0.162 + 0.009x_1x_2 - 0.068x_1x_3 - 0.0038x_{21}$，$r = 0.969$（$F = 35.446$，$P = 0.0001$），各相关系数均显著（$P < 0.05$）。

玉米秸秆粉质量分数（x_1）与绝对生物学效率（y_2）存在显著线性回归关系：$y_2 = 8.3 - 1.45x_1$，$r = -0.745$；栎木屑质量分数（x_2）与绝对生物学效率（y_2）存在显著线性回归关系：$y_2 = 6.95 + 6.75x_2$，$r = 0.757$。但在 x_1、x_2、x_3 共同存在及其交互影响的作用下，x_1 与 y_1、x_2 与 y_2 不存在显著线性关系。通过逐步筛选法可得：$y_2 = 8.1 + 4.5x_1x_2 - 3.4x_1x_3 - 1.9x_{12}$，$r = 0.9694$（$F = 35.447$，$P = 0.0001$），各相关系数均显著（$P < 0.05$）。对以上 2 个回归方程求导，得最佳值 $x_1 = 0$，$x_2 = 56.96\%$，$x_3 = 43.04\%$。

注意如果用回归分析法分析配方均匀设计结果，在选择配方均匀设计表时，试验次数应多于回归方程回归系数的的个数。

有约束的配方均匀设计比较复杂,可以借助软件 Minilab 软件在确定的试验结果中进行分析找出最优的配方组合。

第四节 配方试验设计实例及计算机软件在结果分析中的应用

【例 10 - 4】 通过配方试验设计优选纤维素酶的复配条件,选取杰能科、高润杰、泽生三个不同商品纤维素酶源,采用配方试验设计中的单纯形重心设计方法对纤维素酶进行配方设计,通过分析试验结果建立回归方程,考察各组分对水解效果的影响,以纤维素酶的水解率为评价指标,并进行优化,探讨纤维素酶复配优化的新方法。配方试验设计成分和约束条件如表 10 - 10 所示。

表 10 - 10	试验设计分量和约束	
分量	下限/mL	上限/mL
A 高润生	0.00	3.00
B 泽生	0.00	3.00
C 杰能科	0.00	3.00

解:

(1)试验方案的设计

①打开 Minitab17.0 软件,进入主界面,在菜单栏"统计"中点击"DOE",选择混料,如图 10 - 6 所示。

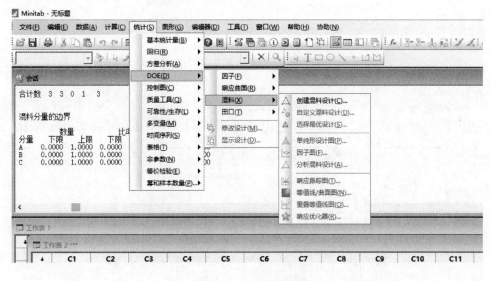

图 10 - 6 方案的创建

②进入混料试验设计界面。选择设计类型为:单纯形质心,即为单纯形重心设计;分量数选择 3。对分量和上下限依次进行选择设计,如图 10 - 7 ~ 图 10 - 10 所示。

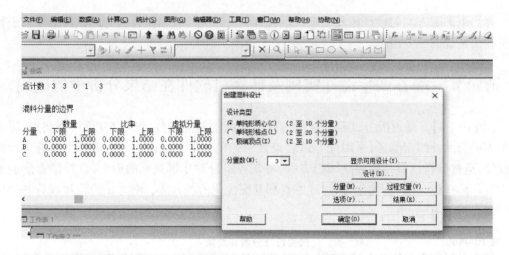

图 10 - 7　配方试验设计界面

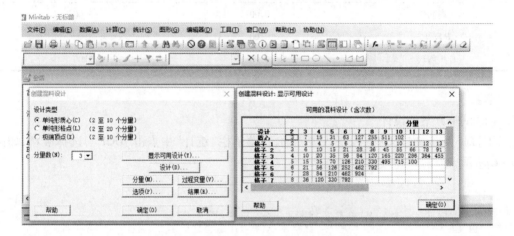

图 10 - 8　可用次数的选择对话框

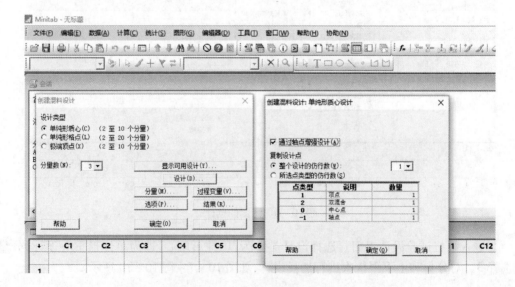

图 10 - 9　仿行的设置对话框

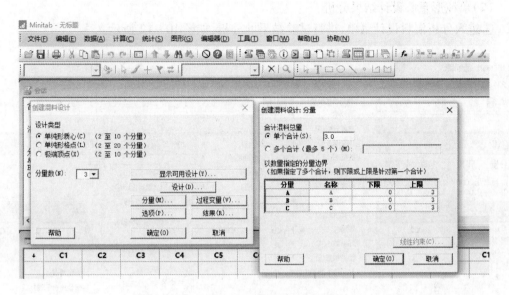

图 10 – 10　创建设计分量对话框

③按照试验方案实施试验,并将试验结果输入软件中,如图 10 – 11 所示。

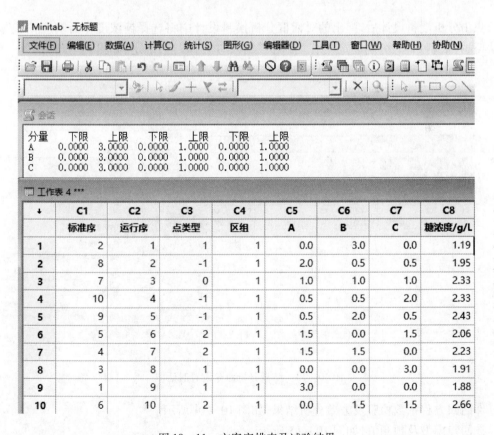

图 10 – 11　方案安排表及试验结果

（2）单纯形重心设计结果分析

①进入分析混料设计菜单，进行试验结果的分析，如图 10 - 12 所示。

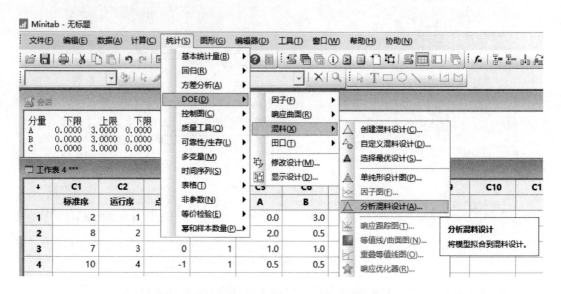

图 10 - 12　启动数据分析命令对话框

点击分析混料设计后，弹出的对话框分析换料设计中将选择糖浓度作为响应，"模型拟合法"选择混料回归，分别设定"项""预测""结果""存储"后，确定，如图 10 - 13 所示。

图 10 - 13　结果分析命令设置对话框

②回归方程系数检验及方差分析结果，如图 10 - 14 所示。
③回归模型及预测值，如图 10 - 15 所示。

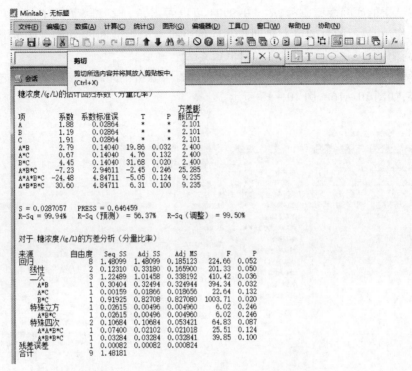

图 10 – 14 回归方程系数检验及方差分析结果显示

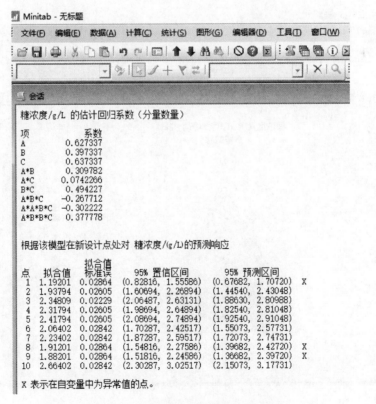

图 10 – 15 回归模型及预测值显示结果

从水解结果的回归模型方程,$R^2 = 0.9994$ 可以看出,3 个纤维素酶复配后,组分间存在显著的相互作用,复配的目的也就是通过不同的纤维素酶组分间的酶系相互作用来调节酶系组成,提高酶解效率减小酶用量进而降低成本。

④选择配方试验结果分析中的"等值线/曲面图",分析不同纤维素组成比例之间糖浓度的变化趋势,如图 10 – 16 ~ 图 10 – 18 所示。

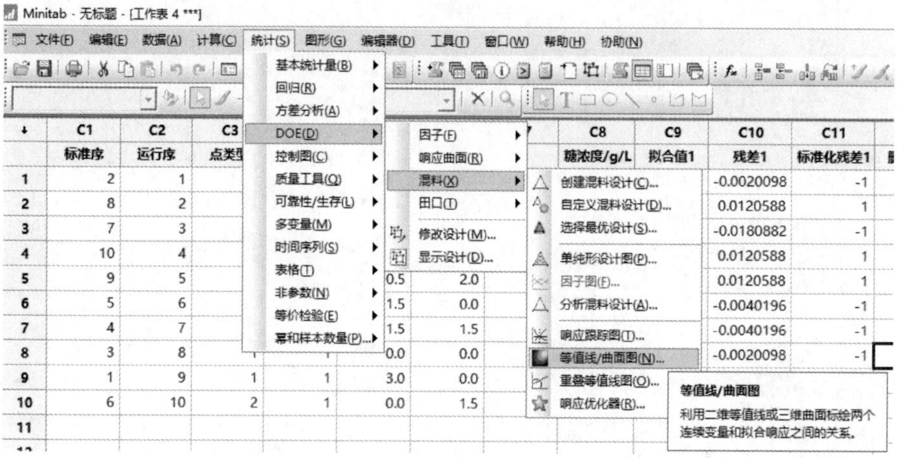

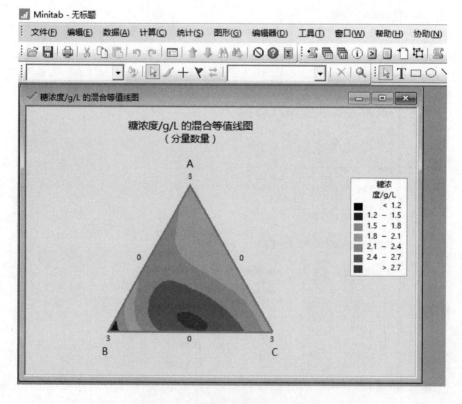

图 10 – 16　等值线与曲面图生成方法

图 10 – 17　等值线与曲面图生成方法

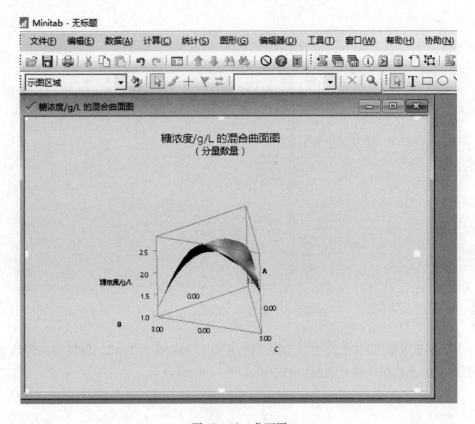

图 10 - 18 曲面图

由曲面图和等值线图可以看出,纤维素酶经过复配后可以提高玉米秸秆的水解率,杰能科纤维素酶与泽生纤维素酶体积比为 1∶1 时水解效率最高糖浓度为 2.66g/L。

⑤通过响应优化器寻求最佳组合,如图 10 - 19、图 10 - 20 所示。

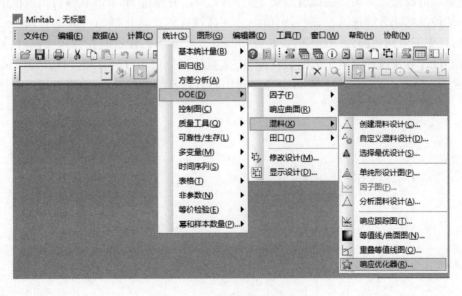

图 10 - 19 最佳组合生成方法

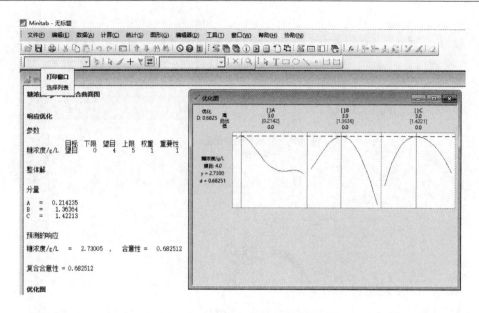

图 10 - 20　最优组合输出及趋势图

由分析结果可知,最佳配比为 A 为 0.213,B 为 1.364,C 为 1.422,即高润杰纤维素酶∶泽生纤维素酶∶杰能科纤维素酶的比例为∶0.213∶1.364∶1.422。

习　题

1. 某种葡萄汁饮料主要是由纯净水(x_1)、白砂糖(x_2)、红葡萄浓缩汁(x_3)三种成分组成,按{3,2}单纯形格子设计进行试验。其中 $a_1 \geq 15\%$,$a_2 \geq 20\%$,$a_3 \geq 5\%$,以消费者接受评定值为指标。其试验结果分别为:65.02,86.41,70.81,62.82,74.64,79.81,试得出各分量实际变量取值及按此方案实施试验后确定的回归方程,并通过 Minitab 软件得出最优组合。

2. 某种蛋糕配方筛选试验,进行鸡蛋(x_1)、白砂糖(x_2)、乳化剂(x_3)和泡打粉(x_4)的配比试验,且受下限约束:$a_1 \geq 20\%$,$a_2 \geq 20\%$,$a_3 \geq 0.5\%$,$a_3 \geq 0$,设试验指标越大越好,运用单纯形重心设计寻找该种蛋糕工艺的最优配方,试验结果分别为:124,136,144,150,156,158,178。试确定回归方程,并通过 Minitab 软件对回归方程系数进行检验,并确定最优配比。

附录一 统计处理软件

发展到现在,随着计算机技术的发展和进步,出现了各种针对试验设计和试验数据处理的软件,使试验数据的分析计算不再繁杂,极大地促进了本学科的快速发展和普及。SAS、STATA、SPSS 一起并称为三大权威统计软件。

一、SAS 简介

SAS(Statistical Analysis System 统计分析系统)是目前国际著名的数据分析软件系统,被誉为统计分析软件中的巨无霸。SAS 是由美国北卡罗来纳州立大学 1966 年开发,1976 年 SAS 软件研究所(SAS Institute Inc)成立,开始进行 SAS 系统的维护、开发、销售和培训工作。SAS 系统功能强大,由数十个专用模块构成,功能包括数据访问、数据储存及管理、应用开发、图形处理、数据分析、报告编制、运筹学方法、计量经济学与预测等。SAS 系统基本上可以分为四大部分:SAS 数据库部分;SAS 分析核心;SAS 开发呈现工具;SAS 对分布处理模式的支持及其数据仓库设计。SAS 系统以 C 语言为工作母语编程,并把数据处理、数据分析、写报告融为一体。目前,SAS 已在全球 100 多个国家和地区拥有 29000 多个客户群,直接用户超过 300 万人。在我国,国家信息中心、国家统计局、卫生部、中国科学院等都是 SAS 系统的大用户。SAS 已被广泛应用于政府行政管理、科研、教育、生产和金融等不同领域,并且发挥着越来越重要的作用。

(一)SAS 系统窗口

SAS 系统实现程序主要通过 4 个窗口:程序编辑器(PROGRAM)窗口、日志(LOG)窗口、输出(OUTPUT)窗口和图形(GRAPH)窗口。

1. 程序编辑器(PROGRAM)窗口

用于存放给电脑的命令(一般为 SAS 程序)。

2. 日志(LOG)窗口

用于记录计算过程,当程序有错误时,日志窗口将错误语句用红字标出,往往还给出错误原因和修改建议。

3. 输出(OUTPUT)窗口

用于存放电脑计算的结果。SAS 计算结果很多,在输出窗口形成许多数表,每个数表用表头区分。

4. 图形(GRAPH)窗口

用于输出图形型结果,具有较高分辨率,如附图 1 所示。

(二)SAS 数据集命名与程序规则

1. SAS 数据集命名规则

(1)只能以英文字母或下划线开始;

(2)名称中可包括数字、字母和下划线;

(3)长度可以是 1 至 32 个字符;

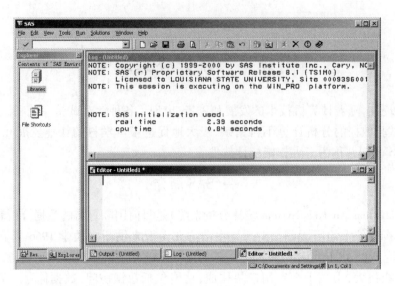

附图 1　SAS 运行窗口

（4）大小写被视为等价；

（5）只能理解英语符号，汉语符号"；""'"等不能理解。

2. SAS 程序规则

SAS 程序由若干条 SAS 语句组成，每条语句由"；"号结束。每条语句一般以关联词（如 DATA，PROC，INPUT，CARDS，BY）开头。SAS 程序一般由 DATA 步和 PROC 步组成。DATA 步又称为数据步，功能是产生数据集。PROC 步又称为加工步，功能是对数据集加工（计算、画图等）。一般程序包括 DATA 步和 PROC 步，有的程序可以没有数据步。DATA 步产生的数据集称为临时数据集，这种数据集一经形成，只要不退出系统或修改，就不被取消，可以随时调用。但退出 SAS 系统后，该数据集就不存在了。因此，SAS 程序编好后应当保存一下。

（1）DATA 步语句　DATA 步用于产生数据集，其程序比较规则，常用的语句有：DATA 语句、INPUT 语句、CARDS 语句、数据体、赋值语句和空语句。

DATA 语句以关联词 DATA 开头，后跟数据集名。功能是：开始数据步；指示 SAS 产生数据集；指定产生的数据集名。如语句 data hang6；指示 SAS 生成名为 hang6 的数据集。

INPUT 语句以关联词 INPUT 开头，后跟变量名。用于指示 SAS 输入数据时，数据对应的变量。字符串型变量后要加 $ 号，以说明该变量是字符串变量。如果字符串型变量长于八个字母或中有空格，可在变量名后加数字说明在哪些列的符号是字符串。如 input no name % $x_1 \sim x_4$ z；表示数据体的顺序应当是：数值型变量 no、字符串变量 name、数值型变量 x_1、数值型变量 x_2、数值型变量 x_3、数值型变量 x_4、数值型变量 z。所有变量名只能用英文表示，字符串变量值可为中文。字符型变量不分整型和实型。

CARDS 语句只由关联词 CARDS 组成。表示以下为数据体。

数据体每行写一次观察值，不同变量的值用至少 1 个空格分开（不加任何符号）。有时每次观测只写一行不方便，可以在 INPUT 语句末尾加"@@"号，电脑见此符号就会连读数据。例如对于程序：

```
data w;
    input x y @@;
    cards;
1 2 3 4 5
6
;
```

执行此程序后,w 数据集有 2 个变量 x、y,每个变量有 3 次观测,x 的值是 1、3、5;y 的值是 2、4、6。

赋值语句由变量 + 等号 + 表达式组成,如 $y = x_1 + 2.5 \times x_2 + x_3$。它的作用是产生新的变量 y,其每次观察值由相应 x_1, x_2, x_3 观察值计算。

空语句只由分号组成,表示数据体结束。

（2）PROC 步语句　PROC 步用于调用各种过程,加工数据集。各种过程需要不同语句,因而 PROC 步语句变化较多。通用的语句有 PROC 和 VAR 语句。

PROC 语句的一般形式是:PROC = xxx　DATA = yyy;意指调用 xxx 过程,加工数据集 yyy。当缺少 DATA = yyy 时,SAS 加工最新生成的数据集。

VAR 语句的一般形式是 VAR 变量名;意指对这些变量加工。

（三）常用的一些 SAS 过程

1. PRINT 过程

PRINT 过程的功能是将数据集的内容打印到 OUTPUT 窗口。PRINT 过程主要由 2 条语句构成:PROC PRINT 语句和 VAR 语句。

PROC PRINT 语句的一般形式是 PROC PRINT DATA = 文件名,用于调用 PRINT 过程。

VAR 语句的一般形式是 VAR 变量名,用以指定打印的变量。当没有 VAR 语句时 SAS 打印数据集的全部变量。

2. MEANS 过程

MEANS 过程用于求出变量的观察值的样本均值和样本标准差。MEANS 过程主要有 2 条语句:PROC MEANS 语句和 VAR 语句,PROC MEANS 语句的功能是调用 MEANS 过程。其一般形式是 PROC MEANS DATA = 文件名。

VAR 语句的一般形式是 VAR 变量名;用以指定求均值和标准差的变量。当没有 VAR 语句时 SAS 求数据集的全部变量的均值和方差。

3. CORR 过程

CORR 过程用于求若干变量间样本相关系数和样本协方差,其主要语句为 PROC CORR 语句和 VAR 语句。

PROC CORR 语句的功能是调用 CORR 过程,其一般形式是 PROC CORR DATA = 文件名,用以调用 CORR 过程,如果想得到样本协差阵,则要加选项 COV。

VAR 语句功能是指出要求相关系数的变量。一般形式是 VAR 变量名。

4. GPLOT 过程

GPLOT 过程主要用于画散点图特别是连线图。GPLOT 过程主要有 3 条语句:PROC GPLOT 语句、SYMBOL 语句和 GPLOT 语句。

PROC GPLOT 语句的功能是调用 GPLOT 过程。其一般形式是 PROC GPLOT DATA = 文

件名。

SYMBOL 语句的功能是规定连线的线型,其一般形式为 SYMBOLK I = xx V = xx C = xx; I = 选项规定连线方式:SYMBOL1 表示第一条线型,SYMBOL2 表示第 2 条线型;I = JOIN 要求线段连接,I = SPLINE 要求样条插值连接,I = NONE 要求只画点不连线;V = STAR 要求用星号标出点,V = PLUS 要求用加号标出点,V = NONE 要求只画线不标出点;C = 选项要求 SAS 对线条着色,C = RED 要求线条为红色。

GPLOT 语句的功能是规定点的坐标变量。其一般形式为 GPLOT XX * YY = k;" * "号前为纵轴变量," * "号后为横轴变量, = k 表示线型号。如果想把若干条曲线画在同一坐标系,可加"/"号再加选项 OVERLAY。

二、STATA 简介

STATA 是一套由 Stata 公司(StataCorp)研制开发,提供其使用者数据分析、数据管理以及绘制专业图表的完整及整合性统计软件,目前在欧美最为流行,具有操作简单、功能强大的特点。由于使用 Stata 的用户很多,对于最新的计量方法,常常可以下载由用户写的 Stata 命令程序,十分方便。而官方的 Stata 版本也经常更新,以适应计量经济学迅猛发展的需要。

(一)STATA 的功能与特点

(1)STATA 的统计功能很强,除了传统的统计分析方法外,还收集了近 20 年发展起来的新方法,如 Cox 比例风险回归,指数与 Weibull 回归,多类结果与有序结果的 logistic 回归,Poisson 回归,负二项回归及广义负二项回归,随机效应模型等。具体说,STATA 具有以下统计分析能力。

①数值变量资料的一般分析。参数估计,t 检验,单因素和多因素的方差分析,协方差分析,交互效应模型,平衡和非平衡设计,嵌套设计,随机效应,多个均数的两两比较,缺项数据的处理,方差齐性检验,正态性检验,变量变换等。

②分类资料的一般分析。参数估计,列联表分析(列联系数,确切概率),流行病学表格分析等。

③等级资料的一般分析。秩变换,秩和检验,秩相关等。

④相关与回归分析。简单相关,偏相关,典型相关,以及多达数十种的回归分析方法,如多元线性回归,逐步回归,加权回归,稳健回归,二阶段回归,百分位数(中位数)回归,残差分析、强影响点分析,曲线拟合,随机效应的线性回归模型等。

⑤其他方法。质量控制,整群抽样的设计效率,诊断试验评价,kappa 等。

(2)STATA 提供了严谨、简练而灵活的程序语句,用户可以编写自己的命令和函数,也可以制作自己的对话框和窗口菜单。STATA 使用上远比 SAS 简单。其生存数据分析、纵向数据(重复测量数据)分析等模块的功能甚至超过了 SAS。

(3)由于 STATA 在分析时是将数据全部读入内存,在计算全部完成后才和磁盘交换数据,因此计算速度极快。一般来说,SAS 的运算速度要比 SPSS 至少快一个数量级,而 STATA 的某些模块和执行同样功能的 SAS 模块比,其速度又比 SAS 快将近一个数量级。

(4)强大的矩阵运算功能　Mata 是 STATA 的矩阵运算语言,实现各种运算。

(5)兼容性　在 STATA 中可以直接运行其他程序;其他语言编写的程序可以作为插件

（Plugin）直接嵌入到 STATA 中。

（6）用 STATA 绘制的统计图形相当精美，很有特色。

（二）STATA 的窗口

STATA 共有四个窗口，如附图 2 所示，分别为：

左上"Review"（历史窗口）：此窗口记录着自启动 Stata 以来执行过的命令。

左下"Variables"（变量窗口）：此窗口记录着目前 Stata 内存中的所有变量。

右上"Results"（结果窗口）：此窗口显示执行 Stata 命令后的输出结果。

右下"Command"（命令窗口）：在此窗口输入想要执行的 Stata 命令。

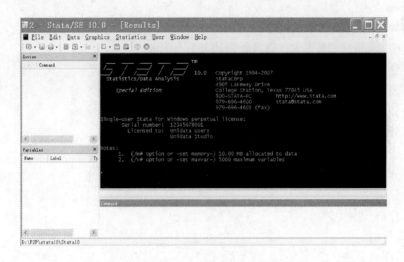

附图 2 STATA 运行窗口

三、SPSS 简介

SPSS 是软件英文名称的首字母缩写，原意为 Statistical Package for the Social Sciences，即"社会科学统计软件包"。但是随着 SPSS 产品服务领域的扩大和服务深度的增加，SPSS 公司已于 2000 年正式将英文全称更改为 Statistical Product and Service Solutions，意为"统计产品与服务解决方案"，标志着 SPSS 的战略方向正在做出重大调整。

SPSS 最突出的特点就是操作界面极为友好，他使用 Windows 的窗口方式展示各种管理和分析数据方法的功能，使用对话框展示出各种功能选择项，只要掌握一定的 Windows 操作技能，粗通统计分析原理，就可以使用该软件为特定的科研工作服务。

输出结果十分美观漂亮（从国外的角度看），存储时则是专用的 SPO 格式，可以转存为 HTML 格式和文本格式。SPSS 采用类似 Excel 表格的方式输入与管理数据，数据接口较为通用，能方便的从其他数据库中读入数据。

其统计过程包括了常用的、较为成熟的统计过程，完全可以满足非统计专业人士的工作需要。

（一）SPSS 的基本特点

1. 数据自动处理

2. 强大的统计功能

3. 完全的 Windows 风格

4. 良好的帮助系统合自学功能

5. 简单的编程

6. 完美的图形处理功能

7. 丰富的数据对接功能

8. 支持 DLE 与 Active 技术

9. 内置 VBA 客户语言

10 强大的函数功能

11. Intenet 功能

(二)样本数据的描述和预处理；

1. 假设检验（包括参数检验、非参数检验及其他检验）

2. 方差分析

3. 列联表

4. 相关分析

5. 回归分析

6. 对数线性分析

7. 聚类分析

8. 判别分析

9. 因子分析

10. 对应分析

11. 时间序列分析

12. 生存分析

13. 可靠性分析

(三)SPSS 主要窗口及其功能

1. 数据编辑窗（Data Editor）

2. 结果输出窗（Viewer）

3. 程序编辑窗（Syntax Editor）

(四)SPSS 的功能

SPSS 主要功能可分为两个方面：一个是对数据文件的建立和管理；另一个是提供了各种统计分析方法。前者主要通过 Data 菜单和 Transfom 菜单实现，可以对数据进行修改编辑、查找、排序、合并、分割、抽样、加权、重新编码、编秩、设定种子数及计算或转换新的变量等多种功能；后者则是通过 Aanlyze 菜单实现，可以对数据集进行一般统计分析，如描述性统计、探索性分析、t 检验、单因素和多因素方差分析、协方差分析、四格表和列联表卡方检验、相关分析、线性回归分析、非参数检验、生存分析等，同时也提供了多种高级统计方法，如非线性回归、多元线回归归、Logistic 回归、Cox 回归、典型相关分析、因子分析、聚类分析、判别分析、对应分析、对数线性模型等。

(五)SPSS 统计分析基本步骤

在 SPSS 统计软件中进行数据分析，大致可分为四个步骤，首先要创建或调入数据文件，然后再根据资料的性质和研究者的需要调用一定的统计分析模块，这主要在 Aanlyze 菜单中选择相应的统计方法,接着在弹出的对话框中选择要进行统计分析的源变量使其变为目标变量,设定统计学参数并提交系统运行,最后查看输出结果并且作出相应的统计和专业解释。

四、Minitab 简介

Minitab 的意义是"Mini + Tabulator = 小型 + 计算机",1972 年美国宾夕法尼亚州立大学基础统计学的学生最先开发。Minitab 以菜单的方式构成,所以无需学习高难的命令,只需拥有基本的统计知识便可使用。Minitab 图表支持良好,特别是与六西格玛关联,为持续质量改善和概率应用提供准确、易用的工具。同时,作为统计学入门教育方面技术领先的软件包,Minitab 直观、易用,与微软的产品相兼容,Minitab 数据的输入,输出方式与 Excel 相似,因此将复杂的统计分析简单化。

(一)Minitab 特征和功能

1. 基础和高级统计学

2. 回归分析和方差分析(ANOVA)

3. 时间序列分析

4. 最高水平的图形和图形编辑能力

5. 模拟和分布

6. 灵活的数据导入、导出和处理

7. 统计过程控制(SPC)

8. 试验设计(DOE)

9. 测量系统分析(MSA)

10. 可靠性分析

11. 多元分析

12. 功效和样本大小计算

13. 宏和可定制性

(二)Minitab 菜单

1. 文件

新建,打开,保存,打印文件等指令的菜单

2. 编辑

复制,粘贴,剪切,删除单元格等操作的菜单

3. 数据

将数据集分离,合并,排序,转换等操作的菜单

4. 计算

数据的计算,随机数据的产生及与概率函数有关的菜单

5. 统计

使用频率最大的菜单,检验,推断及试验设计法等主菜单

6. 图形

以数据为基础绘画出各种图形有关的菜单

7. 编辑器

变换处理窗口的模式,或变化字体的菜单

8. 工具

一些 Windows 常用工具切换菜单

9. 窗口

选择窗口及 Minitab 画面处理相关菜单

10. 帮助

对 Minitab 中使用的主要术语的解释的菜单

11. 协助

对六西格玛中的主要工具进行解释

(三) Minitab 窗口

如附图 3 所示。

1. 图形视窗

2. 数据视窗

3. 任务视窗

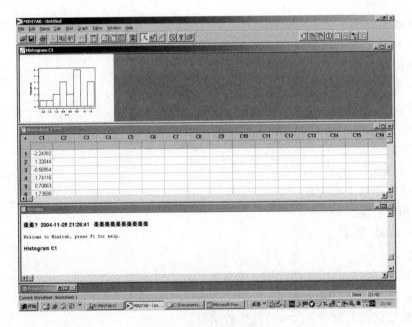

附图 3　Minitab 运行窗口

五、Matlab 简介

　　Matlab(Matrix Laboratory 矩阵试验室)是美国 MathWorks 公司出品的商业数学软件,可以进行矩阵运算、数据获取、分析研究和可视化、建模、模拟和原型设计、绘制科学和工程图形、实现算法、创建图像用户界面等,主要应用于工程计算、控制设计、信号处理与通讯、图像处理、信号检测、金融建模设计与分析等领域。Matlab 的基本数据单位是矩阵,它的指令表达式与数学,工程中常用的形式十分相似,故用 Matlab 来解算问题要比用 C,Fortran 等语言完成相同的事情简捷得多。

　　Matlab 主要包括 Matlab 和 Simulink 两大部分。拥有数百个内部函数的主包和三十几种工具包(Toolbox)。工具包又可以分为功能性工具包和学科工具包。功能工具包用来扩充 Matlab 的符号计算,可视化建模仿真,文字处理及实时控制等功能。学科工具包是专业性比较强的工具包,控制工具包,信号处理工具包,通信工具包等都属于此类。它将数值分析、矩阵计算、科学数据可视化以及非线性动态系统的建模和仿真等诸多强大功能集成在一个易于使用的视窗环境中,代表了当今国际科学计算软件的先进水平。

　　Matlab 具有以下六个特点。

　　1. 编程效率高

　　用 Matlab 编写程序犹如在演算纸上排列出公式与求解问题,Matlab 语言也可通俗地称为演算纸式的科学算法语言。因其编写简单,所以编程效率高,易学易懂。

　　2. 用户使用方便

　　Matlab 语言把编辑、编译、连接和执行融为一体,其调试程序手段丰富,调试速度快,需要学习时间少。它能在同一画面上进行灵活操作,快速排除输入程序中的书写错误、语法错误以至语意错误,从而加快了用户编写、修改和调试程序的速度,可以说,在编程和调试过程中它是一种比 VB 还要简单的语言。

　　3. 扩充能力强

　　高版本的 Matlab 语言有丰富的库函数,在进行复杂的数学运算时可以直接调用,而且 Matlab 的库函数同用户文件在形成上一样。所以,用户文件也可作为 Matlab 的库函数来调用。因而,用户可以根据自己的需要方便地建立和扩充新的库函数,以便提高 Matlab 使用效率和扩充它的功能。

　　4. 语句简单,内涵丰富

　　Matlab 语言中最基本最重要的成分是函数,其一般形式为 $(a, b, c \cdots) = \mathrm{fun}(d, e, f \cdots)$,即一个函数由函数名,输入变量 $d, e, f \cdots$ 和输出变量 $a, b, c \cdots$ 组成,同一函数名 F,不同数目的输入变量(包括无输入变量)及不同数目的输出变量,代表着不同的含义。这不仅使 Matlab 的库函数功能更丰富,而大大减少了需要的磁盘空间,使得 Matlab 编写的 M 文件简单、短小而高效。

　　5. 高效方便的矩阵和数组运算

　　Matlab 语言像 Basic、Fortran 和 C 语言一样规定了矩阵的一系列运算符,它不需定义数组的维数,并给出矩阵函数、特殊矩阵专门的库函数,使之在求解诸如信号处理、建模、系统识别、控制、优化等领域的问题时,显得大为简捷、高效、方便,这是其他高级语言所不能比拟的。

　　6. 方便的绘图功能

　　Fortran 的绘图是十分方便的,它有一系列绘图函数(命令),使用时只需调用不同的绘图函数(命令),在图上标出图题、XY 轴标注,格绘制也只需调用相应的命令,简单易行。另外,在调用绘图函数时调整自变量可绘出不变颜色的点、线、复线或多重线。

六、Origin 简介

　　Origin 是 Windows 平台下用于数据分析、工程绘图的软件。它的功能强大,在各国科技工作者中使用较为普遍。下面将 Origin4.1 版的基本功能向大家做一个介绍。

Origin 像 Microcal Word、Excel 等一样,是一个多文档界面(Multiple Document Interface,MDI)应用程序,如附图 4 所示。它将用户所有工作都保存在后缀为 OPI 的工程文件(Project)中,这点与 Visual Basic 等软件很类似。保存工程文件时,各子窗口也随之一起存盘;另外各子窗口也可以单独保存(File/Save Window),以便别的工程文件调用。一个工程文件可以包括多个子窗口,可以是工作表窗口(Worksheet)、绘图窗口(Graph)、函数图窗口(Function Graph)、矩阵窗口(Matrix)、版面设计窗口(Layout Page)等。一个工程文件中各窗口相互关联,可以实现数据实时更新,即如果工作表中数据被改动之后,其变化能立即反映到其他各窗口,比如绘图窗口中所绘数据点可以立即得到更新。然而,正因为它功能强大,其菜单界面也就较为繁复,且当前激活的子窗口类型不一样时,主菜单、工具条结构也不一样。

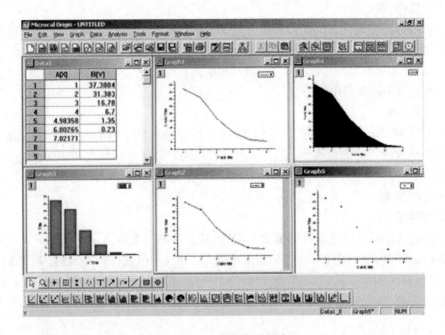

附图 4 Origin 数据与绘图窗口

(一)工作表(WorkSheet)窗口

当 Origin 启动或建立一个新的工程文件时,其默认设置是打开一个 Worksheet 窗口,如附图 5 所示。该窗口缺省为两列,分别为 A(X)、B(Y),代表自变量和因变量。A 和 B 是列的名称,将影响到绘图时的图例。可以双击列的顶部进行更改。此时你可以在该工作表窗口中直接输入数据;用光标键或鼠标移动插入点,也可以从外部文件导入数据,但应选择 File/Import,Origin 可以识别的数据文件格式,如文本型(ASCII)、Excel(XLS)、Dbase(DBF)等,甚至可以导入一个声音文件(.WAV),Origin 可以分析这个声音文件并绘出其声波的波形图。

当数据输入工作表后,你可以先对输入的数据进行调整,选 Edit/Set As Begin 使选定的行作为绘图的起始行,Edit/Set As End 则将选定行作为绘图终止行。在该种情况下可以只绘出某一段数据。选 Column/Set as X、Y、Z,可以将选定列分别设为 X、Y、X 轴。也可以选

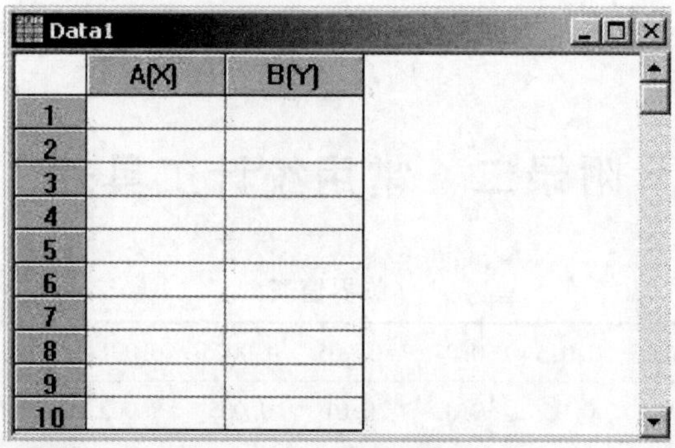

附图 5　Origin 数据录入窗口

Column/Add New Columns，在工作表中加入新的一列。当选定某列后再选 Column/Set Column Values，可以对该列的数据进行设置。Origin 内置了一些函数，可以在文本框中输入某个函数表达式，Origin 将计算该表达式并将值填入该列。例如新增加一个 $C(Y)$ 列，选定该列后，其缺省的表达式为 $Col(C) = Col(B) - Col(A)$，表示把每行对应的 B 列值减去 A 列值，所得结果填入 C 列。当然你完全可以输入一个新的函数以完成相应的功能，具体函数名称及其用法请参见 Origin 的用户手册或其帮助文件。

（二）绘图（Graph）窗口

在 Edit 菜单下选 Copy Page，可将当前 Graph 窗口中所绘的整个图形拷贝至 Windows 系统剪贴板。这时就可以在其他应用程序，如 Word 中进行粘贴等操作了。而这时的 Plot 菜单与刚才激活窗口为工作表窗口时的就完全不一样了。选 Add Plot to Layer，可在当前层中加入新的一组数据点，这个命令用于将几组数据绘于同一个图上，如附图 5 所示。如果所加入的数据还要进行拟合等操作，这时应加入描点图（Scatter）。一幅图中的数据组数，将在新增加的 Data 菜单的底部显示，数据组名称前面打勾的是当前激活的数据组。如果要对图中已有的数据进行拟合等操作，应先在 Data 菜单下点击该组数据，把该组数据设为激活状态，同时在 Data 菜单下可选 Move Data Points，光标变为方格状，这时即可以在所绘图上移动数据点，或选 Remove Bad Data Points，可删去不满意的数据点（可不要用这两项功能篡改试验数据哟）。操作结束后，相应工作表窗口中数据也随之自动变化。

（三）其他窗口

在矩阵（Matrix）窗口中，可以方便地进行矩阵运算，如转置、求逆等，也可以通过矩阵窗口直接输出各种三维图表。在函数图（Function Graph）窗口中可以绘制出各种函数图形，其对应的菜单、工具条等与 Graph 窗口完全类似。而在版面设计（Layout Page）窗口中可以放置以上提及的各种窗口对象，如可以把一个 Worksheet 窗口和其对应的 Graph 窗口并列置于同一个 Layout Page 窗口中，以便最终输出，该窗口中的可以移动、改变大小等，但不能编辑。以上几类窗口，一则用法相对简单，二则平时数据处理、绘图输出中用得也相对较少，在此就不详细介绍了。

附录二 常用统计工具表

附表 1 t 临界值表

	单 0.25	0.1	0.05	0.025	0.01	0.005	0.0025	0.001	0.0005	0.00025	0.0001	0.00005
	双 0.5	0.2	0.1	0.05	0.02	0.01	0.005	0.002	0.001	0.0005	0.0002	0.0001
1	1.0000	3.0777	6.3138	12.7062	31.8205	63.6567	127.32	318.31	636.62	1273.2	3183.1	6366.2
2	0.8165	1.8856	2.9200	4.3027	6.9646	9.9248	14.089	22.327	31.599	44.705	70.700	99.993
3	0.7649	1.6377	2.3534	3.1824	4.5407	5.8409	7.4533	10.215	12.924	16.326	22.204	28.000
4	0.7407	1.5332	2.1318	2.7764	3.7469	4.6041	5.5976	7.1732	8.6103	10.306	13.034	15.544
5	0.7267	1.4759	2.0150	2.5706	3.3649	4.0321	4.7733	5.8934	6.8688	7.9757	9.6776	11.178
6	0.7176	1.4398	1.9432	2.4469	3.1427	3.7074	4.3168	5.2076	5.9588	6.7883	8.0248	9.0823
7	0.7111	1.4149	1.8946	2.3646	2.9980	3.4995	4.0293	4.7853	5.4079	6.0818	7.0634	7.8846
8	0.7064	1.3968	1.8595	2.3060	2.8965	3.3554	3.8325	4.5008	5.0413	5.6174	6.4420	7.1200
9	0.7027	1.3830	1.8331	2.2622	2.8214	3.2498	3.6897	4.2968	4.7809	5.2907	6.0101	6.5937
10	0.6998	1.3722	1.8125	2.2281	2.7638	3.1693	3.5814	4.1437	4.5869	5.0490	5.6938	6.2111
11	0.6974	1.3634	1.7959	2.2010	2.7181	3.1058	3.4966	4.0247	4.4370	4.8633	5.4528	5.9212
12	0.6955	1.3562	1.7823	2.1788	2.6810	3.0545	3.4284	1.7579	4.3178	4.7165	5.2633	5.6945
13	0.6938	1.3502	1.7709	2.1604	2.6503	3.0123	3.3725	3.8520	1.8140	4.5975	5.1106	5.5125
14	0.6924	1.3450	1.7613	2.1448	2.6245	2.9768	3.3257	3.7874	1.8140	1.8657	4.9850	5.3634
15	0.6912	1.3406	1.7531	2.1314	2.6025	2.9467	3.2860	3.7328	4.0728	1.8657	1.9285	5.2391
16	0.6901	1.3368	1.7459	2.1199	2.5835	2.9208	3.2520	3.6862	4.0150	4.3463	1.9285	1.9725
17	0.6892	1.3334	1.7396	2.1098	2.5669	2.8982	3.2225	3.6458	3.9651	4.2858	1.9285	1.9725
18	0.6884	1.3304	1.7341	2.1009	2.5524	2.8784	3.1966	3.6105	3.9216	4.2332	4.6480	1.9725
19	0.6876	1.3277	1.7291	2.0930	2.5395	2.8609	3.1737	3.5794	3.8834	4.1869	4.5899	1.9725
20	0.6870	1.3253	1.7247	2.0860	2.5280	2.8453	3.1534	3.5518	3.8495	4.1460	4.5385	4.8373
22	0.6858	1.3212	1.7171	2.0739	2.5083	2.8188	3.1188	3.5050	3.7921	4.0769	4.4520	4.7361
24	0.6848	1.3178	1.7109	2.0639	2.4922	2.7969	3.0905	3.4668	3.7454	4.0207	4.3819	4.6544
26	0.6840	1.3150	1.7056	2.0555	2.4786	2.7787	3.0669	3.4350	3.7066	3.9742	4.3240	4.5870
28	0.6834	1.3125	1.7011	2.0484	2.4671	2.7633	3.0469	3.4082	3.6739	3.9351	4.2754	4.5305
30	0.6828	1.3104	1.6973	2.0423	2.4573	2.7500	3.0298	3.3852	3.6460	3.9016	4.2340	4.4824
40	0.6807	1.3031	1.6839	2.0211	2.4233	2.7045	2.9712	3.3069	3.5510	3.7884	4.0942	4.3207
50	0.6794	1.2987	1.6759	2.0086	2.4033	2.6778	2.9370	3.2614	3.4960	3.7231	4.0140	4.2283
100	0.6770	1.2901	1.6602	1.9840	2.3642	2.6259	2.8707	3.1737	3.3905	3.5983	3.8616	4.0533
Z	0.6745	1.2816	1.6449	1.9600	2.3263	2.5758	2.8070	3.0902	3.2905	3.4808	3.7190	3.8906

附表 2		秩和检验 T 临界值表			
n_1	n_2	$\alpha = 0.025$		$\alpha = 0.05$	
		T_1	T_2	T_1	T_2
2	4			3	11
	5			3	13
	6	3	15	4	14
	7	3	17	4	16
	8	3	13	4	18
	9	3	21	4	20
	10	4	22	5	21
3	3			6	15
	4	6	18	7	17
	5	6	21	7	20
	6	7	23	8	22
	7	8	25	9	24
	8	8	28	9	27
	9	9	30	10	29
	10	9	33	11	31
4	4	11	25	12	24
	5	12	28	13	27
	6	12	32	14	30
	7	13	35	15	33
	8	14	38	16	36
	9	15	41	17	39
	10	16	44	18	42
5	5	18	37	17	36
	6	19	41	20	40
	7	20	45	22	43
	8	21	49	23	47
	9	22	53	25	50
	10	24	56	26	54
6	6	26	52	28	50
	7	28	56	30	54
	8	29	61	32	58
	9	31	65	33	63
	10	33	69	35	67

续表

n_1	n_2	$\alpha = 0.025$		$\alpha = 0.05$	
		T_1	T_2	T_1	T_2
7	7	37	68	39	66
	8	39	73	41	71
	9	41	78	43	76
	10	43	83	46	80
8	8	49	87	52	84
	9	51	93	54	90
	10	54	98	57	95
9	9	63	108	66	105
	10	66	114	69	111
10	10	79	131	83	127

附表3　　　　　　　　　　配对秩和检验 T 临界值表

n	单0.05	双0.05	单0.01	双0.01	n	单0.05	双0.05	单0.01	双0.01	n	单0.05	双0.05	单0.01	双0.01
5	0-15	—	—	—	13	21-70	17-74	12-79	9-82	21	67-164	58-173	49-182	42-189
6	2-19	0-21	—	—	14	25-80	21-84	15-90	12-93	22	75-178	65-188	55-198	48-205
7	3-25	2-26	0-28	—	15	30-90	25-95	19-101	15-105	23	83-193	73-203	62-214	54-222
8	5-31	3-33	1-35	0-36	16	35-101	29-107	23-113	19-117	24	91-209	81-219	69-231	61-239
9	8-37	5-40	3-42	1-44	17	41-112	34-119	27-126	23-130	25	100-225	89-236	76-249	68-257
10	10-45	8-47	5-50	3-52	18	47-124	40-131	32-139	27-144	26	110-241	98-253	84-267	75-276
11	13-53	10-56	7-59	5-61	19	53-137	46-144	37-153	32-158	27	119-259	107-271	92-286	83-295
12	17-61	13-65	9-69	7-71	20	60-150	52-158	43-167	37-173	28	130-276	116-290	101-305	91-315

附表 4 χ^2 临界值表

df	单 0.995	0.99	0.975	0.95	0.9	0.75	0.25	0.1	0.05	0.025	0.01	0.005
	双侧						0.5	0.2	0.1	0.05	0.02	0.01
1	0.0000	0.0002	0.0010	0.0039	0.0158	0.1015	1.3233	2.7055	3.8415	5.0239	6.6349	7.8794
2	0.0100	0.0201	0.0506	0.1026	0.2107	0.5754	2.7726	4.6052	5.9915	7.3778	9.2103	10.597
3	0.0717	0.1148	0.2158	0.3519	0.5844	1.2125	4.1083	6.2514	7.8147	9.3484	11.345	12.838
4	0.2070	0.2971	0.4844	0.7107	1.0636	1.9226	5.3853	7.7794	9.4877	11.143	13.277	14.860
5	0.4117	0.5543	0.8312	1.1455	1.6103	2.6746	6.6257	9.2364	11.071	12.833	15.086	16.750
6	0.6757	0.8721	1.2373	1.6354	2.2041	3.4546	7.8408	10.645	12.592	14.449	16.812	18.548
7	0.9893	1.2390	1.6899	2.1673	2.8331	4.2549	9.0371	12.017	14.067	16.013	18.475	20.278
8	1.3444	1.6465	2.1797	2.7326	3.4895	5.0706	10.219	13.362	15.507	17.535	20.090	21.955
9	1.7349	2.0879	2.7004	3.3251	4.1682	5.8988	11.389	14.684	16.919	19.023	21.666	23.589
10	2.1559	2.5582	3.2470	3.9403	4.8652	6.7372	12.549	15.987	18.307	20.483	23.209	25.188
11	2.6032	3.0535	3.8158	4.5748	5.5778	7.5841	13.701	17.275	19.675	21.920	24.725	26.757
12	3.0738	3.5706	4.4038	5.2260	6.3038	8.4384	14.845	18.549	21.026	23.337	26.217	28.300
13	3.5651	4.1069	5.0088	5.8919	7.0415	9.2991	15.984	19.812	22.362	24.736	27.688	29.819
14	4.0747	4.6604	5.6287	6.5706	7.7895	10.165	17.117	21.064	23.685	26.119	29.141	31.319
15	4.6010	5.2294	6.2621	7.2609	8.5468	11.037	18.245	22.307	24.996	27.488	30.578	32.801
20	7.4338	8.2604	9.5908	10.851	12.443	15.452	23.828	28.412	31.410	34.170	37.566	39.997
50	27.991	29.707	32.357	34.764	37.689	42.942	56.334	63.167	67.505	71.420	76.154	79.490
100	67.328	70.065	74.222	77.929	82.358	90.133	109.14	118.50	124.34	129.56	135.81	140.17
500	422.30	429.39	439.94	449.15	459.93	478.32	520.95	540.93	553.13	563.85	576.49	585.21

附表 5

F 临界

df_2	df_1											
	1	2	3	4	5	6	7	8	9	10	11	12
1	16211	20000	21615	22500	23056	23437	23715	23925	24091	24225	24334	24426
	4052.2	4999.5	5403.4	5624.6	5763.7	5859.0	5928.4	5981.1	6022.5	6055.9	6083.4	6106.4
	647.79	799.50	864.16	899.58	921.85	937.11	948.22	956.66	963.29	968.63	973.03	976.71
	161.45	199.50	215.71	224.58	230.16	233.99	236.77	238.88	240.54	241.88	242.98	243.91
2	198.50	199.00	199.17	199.25	199.30	199.33	199.36	199.37	199.39	199.40	199.41	199.42
	98.503	99.000	99.166	99.250	99.299	99.333	99.356	99.374	99.388	99.399	99.408	99.416
	38.506	39.000	39.166	39.248	39.298	39.332	39.355	39.373	39.387	39.398	39.407	39.415
	18.513	19.000	19.164	19.247	19.296	19.330	19.353	19.371	19.385	19.396	19.405	19.413
3	55.552	49.799	47.467	46.195	45.392	44.839	44.434	44.126	43.882	43.686	43.524	43.387
	34.116	30.817	29.457	28.710	28.237	27.911	27.672	27.489	27.345	27.229	27.133	27.052
	17.443	16.044	15.439	15.101	14.885	14.735	14.624	14.540	14.473	14.419	14.374	14.337
	10.128	9.5521	9.2766	9.1172	9.0135	8.9407	8.8867	8.8452	8.8123	8.7855	8.7633	8.7447
4	31.333	26.284	24.259	23.154	22.456	21.975	21.622	21.352	21.139	20.967	20.824	20.705
	21.198	18.000	16.694	15.977	15.522	15.207	14.976	14.799	14.659	14.546	14.452	14.374
	12.218	10.649	9.9792	9.6045	9.3645	9.1973	9.0742	8.9796	8.9047	8.8439	8.7935	8.7512
	7.7086	6.9443	6.5914	6.3882	6.2561	6.1631	6.0942	6.0410	5.9988	5.9644	5.9358	5.9117
5	22.785	18.314	16.530	15.556	14.940	14.513	14.201	13.961	13.772	13.618	13.491	13.385
	16.258	13.274	12.060	11.392	10.967	10.672	10.456	10.289	10.158	10.051	9.9626	9.8883
	10.007	8.4336	7.7636	7.3879	7.1464	6.9777	6.8531	6.7572	6.6811	6.6192	6.5678	6.5246
	6.6079	5.7861	5.4095	5.1922	5.0503	4.9503	4.8759	4.8183	4.7725	4.7351	4.7040	4.6777
6	18.635	14.544	12.917	12.028	11.464	11.073	10.786	10.566	10.392	10.250	10.133	10.034
	13.745	10.9248	9.7796	9.1483	8.7459	8.4661	8.2600	8.1016	7.9761	7.8741	7.7896	7.7184
	8.8131	7.2599	6.5988	6.2272	5.9876	5.8198	5.6955	5.5996	5.5234	5.4613	5.4098	5.3662
	5.9874	5.1433	4.7571	4.5337	4.3874	4.2839	4.2067	4.1468	4.0990	4.0600	4.0274	4.0000
7	16.236	12.404	10.882	10.051	9.5221	9.1553	8.8854	8.6781	8.5138	8.3803	8.2697	8.1764
	12.246	9.5466	8.4513	7.8467	7.4604	7.1914	6.9928	6.8401	6.7188	6.6201	6.5382	6.4691
	8.0727	6.5415	5.8898	5.5226	5.2852	5.1186	4.9949	4.8993	4.8232	4.7611	4.7095	4.6658
	5.5915	4.7374	4.3468	4.1203	3.9715	3.8660	3.7871	3.7257	3.6767	3.6365	3.6030	3.5747
8	14.688	11.042	9.5965	8.8051	8.3018	7.9520	7.6941	7.4959	7.3386	7.2106	7.1045	7.0149
	11.259	8.6491	7.5910	7.0061	6.6318	6.3707	6.1776	6.0289	5.9106	5.8143	5.7343	5.6667
	7.5709	6.0595	5.4160	5.0527	4.8173	4.6517	4.5286	4.4333	4.3572	4.2951	4.2434	4.1997
	5.3177	4.4590	4.0662	3.8379	3.6875	3.5806	3.5005	3.4381	3.3881	3.3472	3.3130	3.2839
9	13.614	10.107	8.7171	7.9559	7.4712	7.1338	6.8849	6.6933	6.5411	6.4171	6.3142	6.2274
	10.561	8.0215	6.9919	6.4221	6.0570	5.8018	5.6129	5.4671	5.3511	5.2566	5.1779	5.1114
	7.2093	5.7147	5.0781	4.7181	4.4844	4.3197	4.1971	4.1020	4.0260	3.9639	3.9121	3.8682
	5.1174	4.2565	3.8626	3.6331	3.4817	3.3738	3.2927	3.2296	3.1789	3.1373	3.1025	3.0729
10	12.827	9.4270	8.0808	7.3428	6.8724	6.5446	6.3025	6.1159	5.9676	5.8467	5.7462	5.6613
	10.044	7.5594	6.5523	5.9943	5.6363	5.3858	5.2001	5.0567	4.9424	4.8492	4.7715	4.7059
	6.9367	5.4564	4.8256	4.4683	4.2361	4.0721	3.9498	3.8549	3.7790	3.7168	3.6649	3.6209
	4.9646	4.1028	3.7083	3.4780	3.3258	3.2172	3.1355	3.0717	3.0204	2.9782	2.9430	2.9130
20	8.8279	6.0664	4.9758	4.3738	3.9860	3.7129	3.5088	3.3498	3.2220	3.1167	3.0284	2.9531
	7.3141	5.1785	4.3126	3.8283	3.5138	3.2910	3.1238	2.9930	2.8876	2.8005	2.7274	2.6648
	5.4239	4.0510	3.4633	3.1261	2.9037	2.7444	2.6238	2.5289	2.4519	2.3882	2.3343	2.2882
	4.0848	3.2317	2.8388	2.6060	2.4495	2.3359	2.2490	2.1802	2.1240	2.0773	2.0376	2.0035
100	10.384	7.3536	6.1556	5.4967	5.0746	4.7790	4.5594	4.3894	4.2535	4.1424	4.0496	3.9709
	8.3997	6.1121	5.1850	4.6690	4.3359	4.1015	3.9267	3.7910	3.6822	3.5931	3.5185	3.4552
	6.0420	4.6189	4.0112	3.6648	3.4380	3.2767	3.1556	3.0610	2.9849	2.9222	2.8696	2.8249
	4.4513	3.5915	3.1968	2.9647	2.8100	2.6987	2.6143	2.5480	2.4943	2.4499	2.4126	2.3807

值表

df_1												单侧 P
13	14	15	16	17	18	19	20	50	100	200	500	
24505	24572	24630	24682	24727	24767	24803	24836	25211	25338	25401	25459	双 0.01
6125.9	6142.7	6157.3	6170.1	6181.5	6191.6	6200.6	6208.7	6302.5	6334.1	6350.0	6359.6	单 0.01
979.84	982.53	984.87	986.92	988.73	990.35	991.80	993.10	1008.1	1013.2	1015.7	1017.2	双 0.05
244.69	245.36	245.95	246.46	246.92	247.32	247.69	248.01	251.77	253.04	253.68	254.06	单 0.05
199.42	199.43	199.43	199.44	199.44	199.44	199.45	199.45	199.48	199.49	199.50	199.50	双 0.01
99.422	99.428	99.433	99.437	99.440	99.444	99.447	99.449	99.479	99.489	99.494	99.497	单 0.01
39.421	39.427	39.431	39.435	39.439	39.442	39.445	39.448	39.478	39.488	39.493	39.496	双 0.05
19.419	19.424	19.429	19.433	19.437	19.440	19.443	19.446	19.476	19.486	19.491	19.494	单 0.05
43.272	43.172	43.085	43.008	42.941	42.881	42.826	42.777	42.213	42.022	41.925	41.867	双 0.01
26.983	26.924	26.872	26.827	26.787	26.751	26.719	26.690	26.354	26.240	26.183	26.148	单 0.01
14.305	14.277	14.253	14.232	14.213	14.196	14.181	14.167	14.010	13.956	13.929	13.913	双 0.05
8.7287	8.7149	8.7029	8.6923	8.6829	8.6745	8.6670	8.6602	8.5810	8.5539	8.5402	8.5320	单 0.05
20.603	20.515	20.438	20.371	20.311	20.258	20.210	20.167	19.667	19.497	19.411	19.359	双 0.01
14.307	14.249	14.198	14.154	14.115	14.080	14.048	14.020	13.690	13.577	13.520	13.486	单 0.01
8.7150	8.6838	8.6566	8.6326	8.6113	8.5924	8.5754	8.5599	8.3808	8.3195	8.2885	8.2698	双 0.05
5.8912	5.8733	5.8578	5.8441	5.8320	5.8211	5.8114	5.8026	5.6995	5.6641	5.6462	5.6353	单 0.05
13.293	13.215	13.146	13.086	13.033	12.985	12.942	12.904	12.454	12.300	12.222	12.175	双 0.01
9.8248	9.7700	9.7222	9.6802	9.6429	9.6096	9.5796	9.5526	9.2378	9.1299	9.0754	9.0425	单 0.01
6.4876	6.4556	6.4277	6.4031	6.3814	6.3619	6.3444	6.3286	6.1436	6.0800	6.0478	6.0283	双 0.05
4.6552	4.6358	4.6188	4.6038	4.5904	4.5785	4.5678	4.5581	4.4444	4.4051	4.3851	4.3731	单 0.05
9.9501	9.8774	9.8140	9.7582	9.7087	9.6644	9.6247	9.5888	9.1697	9.0257	8.9528	8.9088	双 0.01
7.6575	7.6049	7.5590	7.5186	7.4827	7.4507	7.4219	7.3958	7.0915	6.9867	6.9336	6.9015	单 0.01
5.3290	5.2968	5.2687	5.2439	5.2218	5.2021	5.1844	5.1684	4.9804	4.9154	4.8824	4.8625	双 0.05
3.9764	3.9559	3.9381	3.9223	3.9083	3.8957	3.8844	3.8742	3.7537	3.7117	3.6904	3.6775	单 0.05
8.0968	8.0279	7.9678	7.9148	7.8678	7.8258	7.7881	7.7539	7.3544	7.2166	7.1466	7.1044	双 0.01
6.4100	6.3590	6.3143	6.2750	6.2401	6.2089	6.1808	6.1554	5.8577	5.7547	5.7024	5.6707	单 0.01
4.6285	4.5961	4.5678	4.5428	4.5206	4.5008	4.4829	4.4667	4.2763	4.2101	4.1764	4.1560	双 0.05
3.5503	3.5292	3.5107	3.4944	3.4799	3.4669	3.4551	3.4445	3.3189	3.2749	3.2525	3.2389	单 0.05
6.9384	6.8721	6.8143	6.7633	6.7180	6.6776	6.6411	6.6082	6.2216	6.0875	6.0194	5.9782	双 0.01
5.6089	5.5589	5.5151	5.4766	5.4423	5.4116	5.3840	5.3591	5.0654	4.9633	4.9114	4.8799	单 0.01
4.1622	4.1297	4.1012	4.0761	4.0538	4.0338	4.0157	3.9995	3.8067	3.7394	3.7050	3.6842	双 0.05
3.2590	3.2374	3.2184	3.2016	3.1867	3.1733	3.1613	3.1503	3.0204	2.9747	2.9513	2.9371	单 0.05
6.1530	6.0887	6.0325	5.9829	5.9388	5.8994	5.8639	5.8319	5.4539	5.3224	5.2554	5.2148	双 0.01
5.0545	5.0052	4.9621	4.9240	4.8902	4.8599	4.8327	4.8080	4.5167	4.4150	4.3631	4.3317	单 0.01
3.8306	3.7980	3.7694	3.7441	3.7216	3.7015	3.6833	3.6669	3.4719	3.4034	3.3684	3.3471	双 0.05
3.0476	3.0255	3.0061	2.9890	2.9737	2.9600	2.9477	2.9365	2.8028	2.7556	2.7313	2.7166	单 0.05
5.5887	5.5257	5.4707	5.4221	5.3789	5.3403	5.3055	5.2740	4.9022	4.7721	4.7058	4.6656	双 0.01
4.6496	4.6008	4.5581	4.5205	4.4869	4.4569	4.4299	4.4054	4.1155	4.0137	3.9618	3.9302	单 0.01
3.5832	3.5504	3.5217	3.4963	3.4737	3.4534	3.4351	3.4186	3.2214	3.1517	3.1161	3.0944	双 0.05
2.8872	2.8647	2.8450	2.8276	2.8120	2.7981	2.7855	2.7740	2.6371	2.5884	2.5634	2.5482	单 0.05
2.8880	2.8312	2.7811	2.7365	2.6966	2.6607	2.6281	2.5984	2.2295	2.0884	2.0125	1.9647	双 0.01
2.6107	2.5634	2.5216	2.4844	2.4511	2.4210	2.3937	2.3689	2.0581	1.9383	1.8737	1.8329	单 0.01
2.2481	2.2130	2.1819	2.1542	2.1293	2.1068	2.0864	2.0677	1.8324	1.7405	1.6906	1.6590	双 0.05
1.9738	1.9476	1.9245	1.9038	1.8851	1.8682	1.8529	1.8389	1.6600	1.5892	1.5505	1.5260	单 0.05
3.9033	3.8445	3.7929	3.7473	3.7066	3.6701	3.6372	3.6073	3.2482	3.1192	3.0524	3.0115	双 0.01
3.4007	3.3533	3.3117	3.2748	3.2419	3.2124	3.1857	3.1615	2.8694	2.7639	2.7092	2.6757	单 0.01
2.7863	2.7526	2.7230	2.6968	2.6733	2.6522	2.6331	2.6158	2.4053	2.3285	2.2886	2.2640	双 0.05
2.3531	2.3290	2.3077	2.2888	2.2719	2.2567	2.2429	2.2304	2.0769	2.0204	1.9909	1.9727	单 0.05

附表 6 　　　　　　　　　　　格拉布斯临界值表

n	90.00%	95.00%	97.50%	99.00%	99.50%
3	1.148	1.153	1.155	1.155	1.155
4	1.425	1.463	1.481	1.492	1.496
5	1.602	1.672	1.715	1.749	1.764
6	1.729	1.822	1.887	1.944	1.973
7	1.828	1.938	2.020	2.097	2.139
8	1.909	2.032	2.126	2.22	2.274
9	1.977	2.110	2.215	2.323	2.387
10	2.036	2.176	2.290	2.410	2.482
11	2.088	2.234	2.355	2.485	2.564
12	2.134	2.285	2.412	2.550	2.636
13	2.175	2.331	2.462	2.607	2.699
14	2.213	2.371	2.507	2.659	2.755
15	2.247	2.409	2.549	2.705	2.806
16	2.279	2.443	2.585	2.747	2.852
17	2.309	2.475	2.620	2.785	2.894
18	2.335	2.501	2.651	2.821	2.932
19	2.361	2.532	2.681	2.954	2.968
20	2.385	2.557	2.709	2.884	3.001
21	2.408	2.580	2.733	2.912	3.031
22	2.429	2.603	2.758	2.939	3.060
23	2.448	2.624	2.781	2.963	3.087
24	2.467	2.644	2.802	2.987	3.112
25	2.486	2.663	2.822	3.009	3.135
26	2.502	2.681	2.841	3.029	3.157
27	2.519	2.698	2.859	3.049	3.178
28	2.534	2.714	2.876	3.068	3.199
29	2.549	2.730	2.893	3.085	3.218
30	2.583	2.745	2.908	3.103	3.236
31	2.577	2.759	2.924	3.119	3.253
32	2.591	2.773	2.938	3.135	3.270
33	2.604	2.786	2.952	3.150	3.286
34	2.616	2.799	2.965	3.164	3.301
35	2.628	2.811	2.979	3.178	3.316

续表

n	90.00%	95.00%	97.50%	99.00%	99.50%
36	2.639	2.823	2.991	3.191	3.330
37	2.650	2.835	3.003	3.204	3.343
38	2.661	2.846	3.014	3.216	3.356
39	2.671	2.857	3.025	3.228	3.369
40	2.682	2.866	3.036	3.240	3.381
41	2.692	2.877	3.046	3.251	3.393
42	2.700	2.887	3.057	3.261	3.404
43	2.710	2.896	3.067	3.271	3.415
44	2.719	2.905	3.075	3.282	3.425
45	2.727	2.914	3.085	3.292	3.435
46	2.736	2.923	3.094	3.302	3.445
47	2.744	2.931	3.103	3.310	3.455
48	2.753	2.940	3.111	3.319	3.464
49	2.760	2.948	3.120	3.329	3.474
50	2.768	2.956	3.128	3.336	3.483
51	2.775	2.943	3.136	3.345	3.491
52	2.783	2.971	3.143	3.353	3.500
53	2.790	2.978	3.151	3.361	3.507
54	2.798	2.986	3.158	3.388	3.516
55	2.804	2.992	3.166	3.376	3.524
56	2.811	3.000	3.172	3.383	3.531
57	2.818	3.006	3.180	3.391	3.539
58	2.824	3.013	3.186	3.397	3.546
59	2.831	3.019	3.193	3.405	3.553
60	2.837	3.025	3.199	3.411	3.560
61	2.842	3.032	3.205	3.418	3.566
62	2.849	3.037	3.212	3.424	3.573
63	2.854	3.044	3.218	3.430	3.579
64	2.860	3.049	3.224	3.437	3.586
65	2.866	3.055	3.230	3.442	3.592
66	2.871	3.061	3.235	3.449	3.598
67	2.877	3.066	3.241	3.454	3.605
68	2.883	3.071	3.246	3.460	3.610

续表

n	90.00%	95.00%	97.50%	99.00%	99.50%
69	2.888	3.076	3.252	3.466	3.617
70	2.893	3.082	3.257	3.471	3.622
71	2.897	3.087	3.262	3.476	3.627
72	2.903	3.092	3.267	3.482	3.633
73	2.908	3.098	3.272	3.487	3.638
74	2.912	3.102	3.278	3.492	3.643
75	2.917	3.107	3.282	3.496	3.648
76	2.922	3.111	3.287	3.502	3.654
77	2.927	3.117	3.291	3.507	3.658
78	2.931	3.121	3.297	3.511	3.663
79	2.935	3.125	3.301	3.516	3.669
80	2.940	3.130	3.305	3.521	3.673
81	2.945	3.134	3.309	3.525	3.677
82	2.949	3.139	3.315	3.529	3.682
83	2.953	3.143	3.319	3.534	3.687
84	2.957	3.147	3.323	3.539	3.691
85	2.961	3.151	3.327	3.543	3.695
86	2.966	3.155	3.331	3.547	3.699
87	2.970	3.160	3.335	3.551	3.704
88	2.973	3.163	3.339	3.555	3.708
89	2.977	3.167	3.343	3.559	3.712
90	2.981	3.171	3.347	3.563	3.716
91	2.984	3.174	3.350	3.567	3.720
92	2.989	3.179	3.355	3.570	3.725
93	2.993	3.182	3.358	3.575	3.728
94	2.996	3.186	3.362	3.579	3.732
95	3.000	3.189	3.365	3.582	3.736
96	3.003	3.193	3.369	3.586	3.739
97	3.006	3.196	3.372	3.589	3.744
98	3.011	3.201	3.377	3.593	3.747
99	3.014	3.204	3.380	3.597	3.750
100	3.017	3.207	3.383	3.600	3.754

附表 7   狄克逊检验的临界值 $D_{(\alpha, n)}$ 表

n	统计量 γ_{ij} 或 γ'_{ij}	$\alpha = 0.05$	$\alpha = 0.01$
3	γ_{10} 和 γ'_{10} 中较大者	0.970	0.994
4		0.829	0.926
5		0.710	0.821
6		0.628	0.740
7		0.569	0.680
8	γ_{11} 和 γ'_{11} 中较大者	0.608	0.717
9		0.564	0.672
10		0.530	0.35
11	γ_{21} 和 γ'_{21} 中较大者	0.619	0.709
12		0.583	0.660
13		0.557	0.638
14	γ_{22} 和 γ'_{22} 中较大者	0.586	0.670
15		0.565	0.647
16		0.546	0.627
17		0.529	0.610
18		0.514	0.594
19		0.501	0.580
20		0.489	0.567
21		0.478	0.555
22		0.468	0.544
23		0.459	0.535
24		0.451	0.526
25		0.443	0.517
26		0.436	0.510
27		0.429	0.502
28		0.423	0.495
29		0.417	0.489
30		0.412	0.483

附表 8 t 检验法的系数 $k_{(\alpha, n)}$

n	σ		n	σ		n	σ	
	0.01	0.05		0.01	0.05		0.01	0.05
4	11.46	4.97	13	3.23	2.29	22	2.91	2.14
5	6.53	3.56	14	3.17	2.26	23	2.90	2.13
6	5.04	3.04	15	3.12	2.24	24	2.88	2.12
7	4.36	2.78	16	3.08	2.22	25	2.86	2.11
8	3.96	2.62	17	3.04	2.20	26	2.85	2.10
9	3.71	2.51	18	3.01	2.18	27	2.84	2.10
10	3.54	2.43	19	3.00	2.17	28	2.83	2.09
11	3.41	2.37	20	2.95	2.16	29	2.82	2.09
12	3.31	2.33	21	2.93	2.15	30	2.81	2.08

附表9　　　　　　　　　　　　总体均数 μ 置信区间

c	0.95		0.99		c	0.95		0.99		c	0.95		0.99	
1	0.025	5.570	0.005	7.430	11	5.490	19.68	4.320	22.78	21	13.79	33.31	11.79	37.22
2	0.242	7.220	0.103	9.270	12	6.200	20.96	4.940	24.14	22	12.22	30.89	10.35	34.67
3	0.619	8.770	0.338	10.98	13	6.920	22.23	5.580	25.00	23	14.58	34.51	12.52	38.48
4	1.090	10.24	0.672	12.59	14	7.650	23.49	6.230	26.84	24	15.38	35.71	13.25	39.74
5	1.620	11.67	1.080	14.15	15	8.400	24.74	6.890	28.16	25	16.18	36.90	14.00	41.00
6	2.200	13.06	1.540	15.66	16	9.150	25.98	7.570	29.48	26	16.98	38.10	14.74	42.25
7	2.810	14.42	2.040	17.13	17	9.900	27.22	8.250	30.79	27	17.79	39.28	15.49	43.50
8	3.450	15.76	2.570	18.58	18	10.67	28.45	8.940	32.00	28	18.61	40.47	16.24	44.74
9	4.120	17.08	3.130	20.00	19	11.44	29.67	9.640	33.38	29	19.42	41.65	17.00	45.98
10	4.800	18.39	3.720	21.40	20	13.00	32.10	11.07	35.95	30	20.24	42.83	17.77	47.21

附表10　　　　　　　　　　　　Dunnett $-t$ 临界值表

df_e	k												P
	2	3	4	5	6	7	8	9	10	11	12	13	
2	9.9296	12.394	13.832	14.831	15.589	16.196	16.699	17.129	17.502	17.831	18.125	18.391	双0.01
	6.9664	8.7136	9.7321	10.439	10.975	11.404	11.760	12.063	12.327	12.560	12.768	12.955	单0.01
	4.3031	5.4184	6.0655	6.5135	6.8529	7.1242	7.3492	7.5409	7.7079	7.8541	7.9853	8.1037	双0.05
	2.9202	3.7210	4.1819	4.5000	4.7404	4.9322	5.0912	5.2264	5.3438	5.4473	5.5398	5.6232	单0.05
3	5.8419	6.9739	7.6386	8.1042	8.4595	8.7457	8.9848	9.1885	9.3666	9.5242	9.6654	9.7933	双0.01
	4.5408	5.4488	5.9793	6.3502	6.6332	6.8639	7.0503	7.2126	7.3539	7.4790	7.5911	7.6924	单0.01
	3.1825	3.8666	4.2626	4.5383	4.7479	4.9163	5.0564	5.1760	5.2801	5.3724	5.4548	5.5293	双0.05
	2.3534	2.9121	3.2318	3.4530	3.6206	3.7549	3.8663	3.9614	4.0441	4.1171	4.1824	4.2415	单0.05
4	4.6058	5.3657	5.8107	6.1231	6.3626	6.5559	6.7175	6.8561	6.9770	7.0844	7.1807	7.2680	双0.01
	3.7477	4.3972	4.7754	5.0402	5.2428	5.4060	5.5424	5.6592	5.7612	5.8516	5.9326	6.0058	单0.01
	2.7767	3.3106	3.6179	3.8318	3.9947	4.1257	4.2349	4.3283	4.4097	4.4818	4.5464	4.6049	双0.05
	2.2500	2.5983	2.8632	3.0462	3.1851	3.2963	3.3888	3.4678	3.5365	3.5973	3.6517	3.7009	单0.05
5	4.0334	4.6286	4.9759	5.2197	5.4067	5.5579	5.6844	5.7931	5.8881	5.9724	6.0481	6.1168	双0.01
	3.3656	3.8953	4.2021	4.4169	4.5813	4.7139	4.8247	4.9198	5.0029	5.0766	5.1427	5.2027	单0.01
	2.5708	3.0305	3.2933	3.4761	3.6153	3.7273	3.8207	3.9006	3.9703	4.0321	4.0875	4.1376	双0.05
	2.2361	2.4335	2.6695	2.8323	2.9558	3.0547	3.1370	3.2073	3.2684	3.3226	3.3710	3.4148	单0.05
6	3.7086	4.2135	4.5067	4.7126	4.8703	4.9980	5.1049	5.1967	5.2770	5.3484	5.4125	5.4705	双0.01
	3.1432	3.6051	3.8714	4.0575	4.1999	4.3148	4.4109	4.4934	4.5655	4.6294	4.6868	4.7387	单0.01
	2.4472	2.8629	3.0995	3.2636	3.3885	3.4891	3.5729	3.6446	3.7072	3.7627	3.8124	3.8575	双0.05
	1.9000	2.3324	2.5507	2.7010	2.8149	2.9061	2.9820	3.0468	3.1032	3.1532	3.1978	3.2383	单0.05

附表 11　　　　　　　　　　　　　　　　相关系数 r 临界值表

df	单 0.25 / 双 0.5	0.2 / 0.4	0.15 / 0.3	0.1 / 0.2	0.05 / 0.1	0.025 / 0.05	0.01 / 0.02	0.005 / 0.01	0.0025 / 0.005	0.001 / 0.002	0.0005 / 0.001
1	0.707107	0.809017	0.891007	0.951057	0.987688	0.996917	0.999507	0.999877	0.999969	0.999995	0.999999
2	0.500000	0.600000	0.700000	0.800000	0.900000	0.950000	0.980000	0.990000	0.995000	0.998000	0.999000
3	0.403973	0.468059	0.585137	0.687049	0.805384	0.878339	0.934333	0.958735	0.974045	0.985926	0.991139
4	0.347296	0.416930	0.511195	0.608400	0.729299	0.811401	0.882194	0.917200	0.941696	0.963259	0.974068
5	0.309072	0.379570	0.459166	0.550863	0.669439	0.754492	0.832874	0.874526	0.905564	0.934964	0.950883
6	0.281127	0.346804	0.420164	0.506727	0.621489	0.706734	0.788720	0.834342	0.869738	0.904896	0.924904
7	0.259573	0.320771	0.389582	0.471589	0.582206	0.666384	0.749776	0.797681	0.835905	0.875145	0.898260
8	0.242303	0.299813	0.364790	0.442796	0.549357	0.631897	0.715459	0.764592	0.804608	0.846691	0.872115
9	0.228067	0.282475	0.344176	0.418662	0.521404	0.602069	0.685095	0.734786	0.775893	0.819927	0.847047
10	0.216072	0.267827	0.326690	0.398062	0.497265	0.575983	0.658070	0.707888	0.749608	0.794953	0.823305
11	0.205787	0.255239	0.311615	0.380216	0.476156	0.552943	0.633863	0.683528	0.725534	0.771726	0.800962
12	0.196841	0.244270	0.298445	0.364562	0.457500	0.532413	0.612047	0.661376	0.703439	0.452530	0.779998
13	0.188966	0.234601	0.286812	0.350688	0.440861	0.513977	0.592270	0.641145	0.683107	0.730074	0.449433
14	0.181967	0.225995	0.276439	0.338282	0.425902	0.497309	0.574245	0.622591	0.664339	0.711389	0.436243
15	0.175690	0.218270	0.267113	0.327101	0.412360	0.482146	0.557737	0.605506	0.646963	0.693959	0.724657
20	0.151827	0.188834	0.231460	0.284140	0.359827	0.422713	0.492094	0.536800	0.576268	0.621926	0.652378
30	0.123696	0.154016	0.189081	0.232681	0.295991	0.349370	0.409327	0.448699	0.484042	0.525739	0.554119
50	0.095645	0.119192	0.146512	0.180644	0.230620	0.273243	0.321796	0.354153	0.383579	0.418829	0.443201
100	0.067540	0.084223	0.103623	0.127947	0.163782	0.194604	0.230079	0.253979	0.275921	0.302504	0.321095
200	0.047726	0.059533	0.073280	0.090546	0.116060	0.138098	0.163592	0.180860	0.196788	0.216192	0.229840

附表 12　　　　　　　　　　　　Spearman 等级相关 rs 临界值表

n	单 0.1 / 双 0.2	0.05 / 0.1	0.025 / 0.05	0.01 / 0.02	0.005 / 0.01	0.0025 / 0.005	n	单 0.1 / 双 0.2	0.05 / 0.1	0.025 / 0.05	0.01 / 0.02	0.005 / 0.01	0.0025 / 0.005
4	1.000	1.000					13	0.385	0.484	0.560	0.648	0.703	0.747
5	0.800	0.900	1.000	1.000			14	0.367	0.464	0.538	0.626	0.679	0.723
6	0.657	0.829	0.886	0.943	1.000	1.000	15	0.354	0.446	0.521	0.604	0.654	0.700
7	0.571	0.714	0.786	0.893	0.929	0.964	16	0.341	0.429	0.503	0.582	0.635	0.679
8	0.524	0.643	0.738	0.833	0.881	0.905	17	0.328	0.414	0.485	0.566	0.615	0.662
9	0.483	0.600	0.700	0.783	0.833	0.867	18	0.317	0.401	0.472	0.550	0.600	0.643
10	0.455	0.564	0.648	0.745	0.794	0.830	19	0.309	0.391	0.460	0.535	0.584	0.628
11	0.427	0.536	0.618	0.709	0.755	0.800	20	0.299	0.380	0.447	0.520	0.570	0.612
12	0.406	0.503	0.587	0.678	0.727	0.769	21	0.292	0.370	0.435	0.508	0.556	0.599

续表

n	单0.1 / 双0.2	0.05 / 0.1	0.025 / 0.05	0.01 / 0.02	0.005 / 0.01	0.0025 / 0.005	n	单0.1 / 双0.2	0.05 / 0.1	0.025 / 0.05	0.01 / 0.02	0.005 / 0.01	0.0025 / 0.005
22	0.284	0.361	0.425	0.496	0.544	0.586	37	0.216	0.275	0.325	0.382	0.421	0.456
23	0.276	0.353	0.415	0.486	0.532	0.573	38	0.212	0.271	0.321	0.378	0.415	0.450
24	0.271	0.344	0.406	0.476	0.521	0.562	39	0.210	0.267	0.317	0.373	0.410	0.444
25	0.265	0.337	0.398	0.466	0.511	0.551	40	0.207	0.264	0.313	0.368	0.405	0.439
26	0.259	0.331	0.390	0.457	0.501	0.541	41	0.204	0.261	0.309	0.364	0.400	0.433
27	0.255	0.324	0.382	0.448	0.491	0.531	42	0.202	0.257	0.305	0.359	0.395	0.428
28	0.250	0.317	0.375	0.440	0.483	0.522	43	0.199	0.254	0.301	0.355	0.391	0.423
29	0.245	0.312	0.368	0.433	0.475	0.513	44	0.197	0.251	0.298	0.351	0.386	0.419
30	0.240	0.306	0.362	0.425	0.467	0.504	45	0.194	0.248	0.294	0.347	0.382	0.414
31	0.236	0.301	0.356	0.418	0.459	0.496	46	0.192	0.246	0.291	0.343	0.378	0.410
32	0.232	0.296	0.350	0.412	0.452	0.489	47	0.190	0.243	0.288	0.340	0.374	0.405
33	0.229	0.291	0.345	0.405	0.446	0.284	48	0.188	0.240	0.285	0.336	0.370	0.401
34	0.225	0.287	0.340	0.399	0.439	0.475	49	0.186	0.238	0.282	0.333	0.366	0.397
35	0.222	0.283	0.335	0.394	0.433	0.468	50	0.184	0.235	0.279	0.329	0.363	0.393
36	0.219	0.279	0.330	0.388	0.427	0.462	60		0.214	0.255	0.300	0.331	

附表 13　　　　　　　　　　　**Kendall 等级相关 rk 临界值表**

df	单侧 P 0.05	单侧 P 0.01	df	单侧 P 0.05	单侧 P 0.01	df	单侧 P 0.05	单侧 P 0.01
5	0.800	1.000	17	0.309	0.426	29	0.222	0.310
6	0.733	0.867	18	0.294	0.412	30	0.218	0.301
7	0.619	0.810	19	0.287	0.392	31	0.213	0.295
8	0.571	0.714	20	0.274	0.379	32	0.210	0.290
9	0.500	0.667	21	0.267	0.371	33	0.205	0.288
10	0.467	0.600	22	0.264	0.359	34	0.201	0.280
11	0.418	0.564	23	0.257	0.352	35	0.197	0.277
12	0.394	0.545	24	0.246	0.341	36	0.194	0.273
13	0.359	0.513	25	0.240	0.333	37	0.192	0.267
14	0.363	0.473	26	0.237	0.329	38	0.189	0.263
15	0.333	0.467	27	0.231	0.322	39	0.188	0.260
16	0.317	0.433	28	0.228	0.312	40	0.185	0.256

附表 14 　　　　　　　　　　　　　　　　　　**常用正交表**

$(1)L_4(2^3)$

试验号 \ 列号	1	2	3
1	1	1	1
2	1	2	2
3	2	1	2
4	2	2	1

注:任两列的交互列为第三列。

$(2)L_8(2^7)$

试验号 \ 列号	1	2	3	4	5	6	7
1	1	1	1	1	1	1	1
2	1	1	1	2	2	2	2
3	1	2	2	1	1	2	2
4	1	2	2	2	2	1	1
5	2	1	2	1	2	1	2
6	2	1	2	2	1	2	1
7	2	2	1	1	2	2	1
8	2	2	1	2	1	1	2

$L_8(2^7)$ 两列间的交互作用列

1	2	3	4	5	6	7	列号
(1)	3	2	5	4	7	6	1
	(2)	1	6	7	4	5	2
		(3)	7	6	5	4	3
			(4)	1	2	3	4
				(5)	3	2	5
					(6)	1	6
						(7)	7

$(3)L_{12}(2^{11})$

试验号 \ 列号	1	2	3	4	5	6	7	8	9	10	11
1	1	1	1	1	1	1	1	1	1	1	1
2	1	1	1	1	1	2	2	2	2	2	2

续表

试验号 \ 列号	1	2	3	4	5	6	7	8	9	10	11
3	1	1	2	2	2	1	1	1	2	2	2
4	1	2	1	2	2	1	2	2	1	1	2
5	1	2	2	1	2	2	1	2	1	2	1
6	1	2	2	2	1	2	2	1	2	1	1
7	2	1	2	2	1	1	2	2	1	2	1
8	2	1	2	1	2	2	2	1	1	1	2
9	2	1	1	2	2	2	1	2	2	1	1
10	2	2	2	1	1	1	1	2	2	1	2
11	2	2	1	2	1	2	1	1	1	2	2
12	2	2	1	1	2	1	2	1	2	2	1

$$(4)\ L_{16}(2^{15})$$

试验号 \ 列号	1	2	3	4	5	6	7	8	9	10	11	12	13	14	15
1	1	1	1	1	1	1	1	1	1	1	1	1	1	1	1
2	1	1	1	1	1	1	1	2	2	2	2	2	2	2	2
3	1	1	1	2	2	2	2	1	1	1	1	2	2	2	2
4	1	1	1	2	2	2	2	2	2	2	2	1	1	1	1
5	1	2	2	1	1	2	2	1	1	2	2	1	1	2	2
6	1	2	2	1	1	2	2	2	2	1	1	2	2	1	1
7	1	2	2	2	2	1	1	1	1	2	2	2	2	1	1
8	1	2	2	2	2	1	1	2	2	1	1	1	1	2	2
9	2	1	2	1	2	1	2	1	2	1	2	1	2	1	2
10	2	1	2	1	2	1	2	2	1	2	1	2	1	2	1
11	2	1	2	2	1	2	1	1	2	1	2	2	1	2	1
12	2	1	2	2	1	2	1	2	1	2	1	1	2	1	2
13	2	2	1	1	2	2	1	1	2	2	1	1	2	2	1
14	2	2	1	1	2	2	1	2	1	1	2	2	1	1	2
15	2	2	1	2	1	1	2	1	2	2	1	2	1	1	2
16	2	2	1	2	1	1	2	2	1	1	2	1	2	2	1

续表

$L_{16}(2^{15})$ 两列间的交互作用列															
1	2	3	4	5	6	7	8	9	10	11	12	13	14	15	列号
(1)	3	2	5	4	7	6	9	8	11	10	13	12	15	14	1
	(2)	1	6	7	4	5	10	11	8	9	14	15	12	13	2
		(3)	7	6	5	4	11	10	9	8	15	14	13	12	3
			(4)	1	2	3	12	13	14	15	8	9	10	11	4
				(5)	3	2	13	12	15	14	9	8	11	10	5
					(6)	1	14	15	12	13	10	11	8	9	6
						(7)	16	14	13	12	11	10	9	8	7
							(8)	1	2	2	4	5	6	7	8
								(9)	3	2	5	4	7	6	9
									(10)	1	6	7	4	5	10
										(11)	7	6	5	4	11
											(12)	1	2	3	12
												(13)	3	2	13
													(14)	1	14
														(15)	15

(5) $L_9(3^4)$				
试验号　＼　列号	1	2	3	4
1	1	1	1	1
2	1	2	2	2
3	1	3	3	3
4	2	1	2	3
5	2	2	3	1
6	2	3	1	2
7	3	1	3	2
8	3	2	1	3
9	3	3	2	1

注:任意两列间的交互列是另外二列。

(6) $L_{27}(3^{13})$													
试验号　＼　列号	1	2	3	4	5	6	7	8	9	10	11	12	13
1	1	1	1	1	1	1	1	1	1	1	1	1	1
2	1	1	1	1	2	2	2	2	2	2	2	2	2

续表

试验号 \ 列号	1	2	3	4	5	6	7	8	9	10	11	12	13
3	1	1	1	1	3	3	3	3	3	3	3	3	3
4	1	2	2	2	1	1	1	2	1	2	1	2	3
5	1	2	2	2	2	2	2	3	1	3	1	3	1
6	1	2	2	2	3	3	3	1	2	1	2	1	2
7	1	3	3	3	1	1	3	3	2	3	2	3	2
8	1	3	3	3	2	2	1	1	3	1	3	1	3
9	1	3	3	3	3	3	2	2	1	2	1	2	1
10	2	1	2	3	1	2	1	1	1	2	3	3	2
11	2	1	2	3	2	3	2	2	2	3	1	1	3
12	2	1	2	3	3	1	3	3	3	1	2	2	1
13	2	2	3	1	1	2	3	2	3	3	2	1	1
14	2	2	3	1	2	3	1	3	1	1	3	2	2
15	2	2	3	1	3	1	2	1	2	2	1	3	3
16	2	3	1	2	1	2	3	3	2	1	1	2	3
17	2	3	1	2	2	3	1	1	3	2	2	3	1
18	2	3	1	2	3	1	2	2	1	3	3	1	2
19	3	1	3	2	1	3	2	1	1	2	2	2	3
20	3	1	3	2	2	1	2	2	2	1	3	3	1
21	3	1	3	2	3	2	1	3	3	2	1	1	2
22	3	2	1	3	1	3	2	2	3	1	1	2	2
23	3	2	1	3	2	1	3	3	1	2	2	1	3
24	3	2	1	3	3	2	1	1	2	3	3	2	1
25	3	3	2	1	1	3	2	3	2	2	3	1	1
26	3	3	2	1	2	1	3	1	3	3	1	2	2
27	3	3	2	1	3	2	1	2	1	1	2	3	3

$L_{27}(3^{13})$ 两列间的交互作用列

1	2	3	4	5	6	7	8	9	10	11	12	13	列号
(1)	3	2	2	6	5	5	7	11	8	9	8	9	1
	4	1	3	7	7	6	12	13	12	13	10	11	
(2)		1	1	8	10	11	5	5	6	7	7	6	2
		4	3	9	13	12	9	8	13	12	11	10	

续表

1	2	3	4	5	6	7	8	9	10	11	12	13	列号
		(3)	1	10	9	8	7	6	55	5	6	7	3
			2	11	12	13	13	12	11	11	9	8	
			(4)	12	8	9	6	7	7	6	5	5	4
				13	11	10	11	10	9	3	13	12	
				(5)	1	1	2	2	3	3	4	44	5
					7	6	9	8	11	10	13	12	
					(6)	1	4	3	2	4	3	2	6
						6	11	12	13	3	9	10	
						(7)	3	4	4	2	2	3	7
							13	10	9	12	11	8	
							(8)	2	1	4	1	3	8
								5	12	6	10	7	
								(9)	4	1	3	1	9
										13	6	11	
									7	3	1	2	
									(10)	5	8	8	10
										(11)	2	1	11
											7	9	
											(12)	4	12
												5	
												(13)	13

$(7)\ L_{16}(4^{5})$

试验号 \ 列号	1	2	3	4	5
1	1	1	1	1	1
2	1	2	2	2	2
3	1	3	3	3	3
4	1	4	4	4	4
5	2	1	2	3	4
6	2	2	1	4	3
7	2	3	4	1	2
8	2	4	3	2	1

续表

列号 试验号	1	2	3	4	5
9	3	1	3	4	2
10	3	2	4	3	1
11	3	3	1	2	4
12	3	4	2	1	3
13	4	1	4	2	3
14	4	2	3	1	4
15	4	3	2	4	1
16	4	4	1	3	2

注:任意两列间的交互列是另外三列。

$(8)L_8(4\times2^4)$

列号 试验号	1	2	3	4	5
1	1	1	1	1	1
2	1	2	2	2	2
3	2	1	1	2	2
4	2	2	2	1	1
5	3	1	2	1	2
6	3	2	1	2	1
7	4	1	2	2	1
8	4	2	1	1	2

$(9)L_{12}(3\times2^4)$

列号 试验号	1	2	3	4	5
1	1	1	1	1	1
2	1	1	1	2	2
3	1	2	2	1	2
4	1	2	2	2	1
5	2	1	2	1	1
6	2	1	2	2	2
7	2	2	1	1	1
8	2	2	1	2	2
9	3	1	2	1	2

续表

试验号 \ 列号	1	2	3	4	5
10	3	1	1	2	1
11	3	2	1	1	2
12	3	2	2	2	1

$(10) L_{12}(3 \times 2^4)$

试验号 \ 列号	1	2	3
1	2	1	1
2	5	1	2
3	5	2	1
4	2	2	2
5	4	1	1
6	1	1	2
7	1	2	1
8	4	2	2
9	3	1	1
10	6	1	2
11	6	2	1
12	3	2	2

$(11) L_{18}(6 \times 3^6)$

试验号 \ 列号	1	2	3	4	5	6	7
1	1	1	1	1	1	1	1
2	1	2	2	2	2	2	2
3	1	3	3	3	3	3	3
4	2	1	1	2	2	3	3
5	2	2	2	3	3	1	1
6	2	3	3	1	1	2	2
7	3	1	2	1	3	2	3
8	3	2	3	2	1	3	1
9	3	3	1	3	2	1	2
10	4	1	3	3	2	2	1

续表

列号 试验号	1	2	3	4	5	6	7
11	4	2	1	1	3	3	2
12	4	3	2	2	1	1	3
13	5	1	2	3	1	3	2
14	5	2	3	1	2	1	3
15	5	3	1	2	3	2	1
16	6	1	3	2	3	1	2
17	6	2	1	3	1	2	3
18	6	3	2	1	2	3	1

$$(12)\, L_{20}(5 \times 2^5)$$

列号 试验号	1	2	3	4	5	6	7	8	9
1	1	1	1	1	1	1	1	1	1
2	1	1	1	1	1	2	2	2	2
3	1	2	2	2	2	1	1	1	1
4	1	2	2	2	2	2	2	2	2
5	2	1	2	1	2	1	1	1	2
6	2	1	2	2	1	1	2	2	1
7	2	2	1	1	2	2	1	2	1
8	2	2	1	2	1	2	2	1	2
9	3	1	1	2	1	1	1	2	2
10	3	1	2	2	2	2	2	1	1
11	3	2	1	1	2	1	1	2	1
12	3	2	2	1	1	2	2	1	2
13	4	1	1	2	2	1	2	1	2
14	4	1	2	1	2	2	1	2	2
15	4	2	1	2	1	2	2	1	1
16	4	2	2	1	1	1	1	2	1
17	5	1	1	1	2	2	2	1	1
18	5	1	2	2	1	2	1	2	1
19	5	2	1	2	2	1	1	1	2
20	5	2	2	1	1	1	2	1	2

附表 15 　　　　　　　　　　　**均匀试验设计表**

(1) $U_5(5^3)$

试验号	1	2	3
1	1	2	4
2	2	4	3
3	3	1	2
4	4	3	1
5	5	5	5

$U_5(5^3)$ 的使用表

因素个数	列号			D
2	1	2		0.3100
3	1	2	3	0.4570

(2) $U_6^*(6^4)$

试验号	1	2	3	4
1	1	2	3	6
2	2	4	6	5
3	3	6	2	4
4	4	1	5	3
5	5	3	1	2
6	6	5	4	1

$U_6^*(6^4)$ 的使用表

因素个数	列号				D
2	1	3			0.1875
3	1	2	3		0.2656
4	1	2	3	4	0.2990

(3) $U_7(7^4)$

试验号	1	2	3	4
1	1	2	3	6
2	2	4	6	5
3	3	6	2	4
4	4	1	5	3
5	5	3	1	2
6	6	5	4	1
7	7	7	7	7

续表

(3) $U_7(7^4)$ 的使用表					
因素个数		列号			D
2	1	3			0.2398
3	1	2	3		0.3721
4	1	2	3	4	0.4760

(4) $U_7^*(7^4)$				
试验号	1	2	3	4
1	1	3	5	7
2	2	6	2	6
3	3	1	7	5
4	4	4	4	4
5	5	7	1	3
6	6	2	6	2
7	7	5	3	1

$U_7^*(7^4)$ 的使用表				
因素个数		列号		D
2	1	3		0.1582
3	2	3	4	0.2132

(5) $U_8^*(8^5)$					
试验号	1	2	3	4	5
1	1	2	4	7	8
2	2	4	8	5	7
3	3	6	3	3	6
4	4	8	7	1	5
5	5	1	2	8	4
6	6	3	6	6	3
7	7	5	1	4	2
8	8	7	5	2	1

$U_8^*(8^5)$ 的使用表					
因素个数		列号			D
2	1	3			0.1445
3	1	3	4		0.2000
4	1	2	3	5	0.2709

续表

(6) $U_9(9^5)$

试验号	1	2	3	4	5
1	1	2	4	7	8
2	2	4	8	5	7
3	3	6	3	3	6
4	4	8	7	1	5
5	5	1	2	8	4
6	6	3	6	6	3
7	7	5	1	4	2
8	8	7	5	2	1
9	9	9	9	9	9

$U_9(9^5)$的使用表

因素个数	列号				D
2	1	3			0.1944
3	1	3	4		0.3102
4	1	2	3	5	0.4066

(7) $U_9^*(9^4)$

试验号	1	2	3	4
1	1	3	7	9
2	2	6	4	8
3	3	9	1	7
4	4	2	8	6
5	5	5	5	5
6	6	8	2	4
7	7	1	9	3
8	8	4	6	2
9	9	7	3	1

$U_9^*(9^4)$的使用表

因素个数	列号			D
2	1	2		0.1574
3	2	3	4	0.1980

续表

(8) $U_{10}^*(10^8)$

试验号	1	2	3	4	5	6	7	8
1	1	2	3	4	5	7	9	10
2	2	4	6	8	10	3	7	9
3	3	6	9	1	4	10	5	8
4	4	8	1	5	9	6	3	7
5	5	10	4	9	3	2	1	6
6	6	1	7	2	8	9	10	5
7	7	3	10	6	2	5	8	4
8	8	5	2	10	7	1	6	3
9	9	7	5	3	1	8	4	2
10	10	9	8	7	6	4	2	1

$U_{10}^*(10^8)$ 的使用表

因素个数	列号						D
2	1	6					0.1125
3	1	5	6				0.1681
4	1	3	4	5			0.2236
5	1	3	4	5	7		0.2414
6	1	2	3	5	6	8	0.2994

(9) $U_{11}(11^6)$

试验号	1	2	3	4	5	8
1	1	2	3	5	7	10
2	2	4	6	10	3	9
3	3	6	9	4	10	8
4	4	8	1	9	6	7
5	5	10	4	3	2	6
6	6	1	7	8	9	5
7	7	3	10	2	5	4
8	8	5	2	7	1	3
9	9	7	5	1	8	2
10	10	9	8	6	4	1
11	11	11	11	11	11	11

续表

$U_{11}(11^6)$ 的使用表

因素个数			列号				D
2	1	5					0.1632
3	1	4	5				0.2649
4	1	3	4	5			0.3528
5	1	2	3	4	5		0.4286
6	1	2	3	4	5	6	0.4942

$(10)\,U_{11}^*(11^4)$

试验号	1	2	3	4
1	1	5	7	11
2	2	10	2	10
3	3	3	9	9
4	4	8	4	8
5	5	1	11	7
6	6	6	6	6
7	7	11	1	5
8	8	4	8	4
9	9	9	3	3
10	10	2	10	2
11	11	7	5	1

$U_{11}^*(11^4)$ 的使用表

因素个数		列号		D
2	1	2		0.1136
3	2	3	4	0.2307

$U_{12}^*(12^{10})$

试验号	1	2	3	4	5	6	7	8	9	10
1	1	2	3	4	5	6	8	9	10	12
2	2	4	6	8	10	12	3	5	7	11
3	3	6	9	12	2	5	11	1	4	10
4	4	8	12	3	7	11	6	10	1	9
5	5	10	2	7	12	4	1	6	11	8
6	6	12	5	11	4	10	9	2	8	7
7	7	1	8	2	9	3	4	11	5	6
8	8	3	11	6	1	9	12	7	2	5

续表

试验号	1	2	3	4	5	6	7	8	9	10
9	9	5	1	10	6	2	7	3	12	4
10	10	7	4	1	11	8	2	12	9	3
11	11	9	7	5	3	1	10	8	6	2
12	12	11	10	9	8	7	5	4	3	1

$U_{12}^*(12^{10})$ 的使用表

因素个数			列号				D
2	1	5					0.1163
3	1	6	9				0.1838
4	1	6	7	9			0.2233
5	1	3	4	8	10		0.2272
6	1	2	6	7	8	9	0.2670
7	1	2	6	7	8	9	10	0.2768

$(12)\ U_{13}^*(13^8)$

试验号	1	2	3	4	5	6	7	8
1	1	2	5	6	8	9	10	12
2	2	4	10	12	3	5	7	11
3	3	6	2	5	11	1	4	10
4	4	8	7	11	6	10	1	9
5	5	10	12	4	1	6	11	8
6	6	12	4	10	9	2	8	7
7	7	1	9	3	4	11	5	6
8	8	3	1	9	12	7	2	5
9	9	5	6	2	7	3	12	4
10	10	7	11	8	2	12	9	3
11	11	9	3	1	10	8	6	2
12	12	11	8	7	5	4	3	1
13	13	13	13	13	13	13	13	13

$U_{13}^*(13^8)$ 的使用表

因素个数		列号			D
2	1	3			0.1405
3	1	4	7		0.2308
4	1	4	5	7	0.3107

续表

因素个数			列号					D
5	1	4	5	6	7			0.3814
6	1	2	4	5	6	7		0.4439
7	1	2	4	5	6	7	8	0.4992

参 考 文 献

[1]袁志发,周静芋主编.试验设计与分析.北京:高等教育出版社,2000.

[2]邱轶兵主编.试验设计与数据处理.合肥:中国科学技术大学出版社,2008.

[3]潘丽军,陈锦权主编.试验设计与数据处理.南京:东南大学出版社,2008.

[4]王钦德,杨坚主编.食品试验设计与统计分析.北京:中国农业大学出版社,2003.

[5]方开泰,马长兴著.正交与均匀试验设计.北京:科学出版社,2001.

[6]吴有炜著.试验设计与数据处理.苏州:苏州大学出版社,2002.

[7]刘魁英主编.食品研究与数据分析.第2版.北京:中国轻工业出版社,2005.

[8]李云雁,胡传荣主编.试验设计与数据处理.北京:化学工业出版社,2008.

[9]尹丽华,张喜军,崔灏.优选法在化学合成中的灵活应用.化工管理,2013,24(12):85~86.

[10]邓振伟,于萍,陈玲.SPSS 软件在正交试验设计、结果分析中的应用.电脑学习,2009,5:15~17.

[11]王如德,怀燕,程琮.SPSS13.0 在空白列正交试验设计及其数据处理中的应用.中国卫生统计,2007,24(4):426~427.

[12]王玄静.正交试验设计的应用及分析.兰州文理学院学报(自然科学版),2016,30(1):17~22.

[13]张国秋,王文璇.均匀试验设计方法应用综述.数理统计与管理,2013,32(1):89~99.

[14]周鸣谦,刘云鹤,夏久云.均匀试验设计优化黑莓叶黄酮的提取及组分分析.食品科学,2013,34(16):129~133.

[15]李秀昌;韩曦英;孙健.利用 DPS 数据处理系统进行均匀试验设计与分析.中国卫生统计,2010,27(2):201~203.

[16]杨海涛.二次回归正交试验设计优化桐油超声辅助提取工艺.江苏农业科学,2012,40(12):296~298.

[17]赵雅明,王翠艳,刘向东.回归正交试验设计在水飞蓟素提取工艺中的应用.2000,20(5):1~6.

[18]李贞.基于 Minitab 应用的蛋糕配方筛选.食品科技,2015,22(4):63~66.

[19]林增祥,张红漫,严立石.混料试验设计在纤维素酶复配中的应用研究.2009,30(15):169~171.

[20]郭亚丽,李芳,洪媛.D-最优混料试验设计优化模拟米制品的配方.食品科技,2015,40(9):164~168.

[21]夏敏,余明玉,杜瑞卿.配方均匀设计对玉米秸秆代料栽培香菇的配方优化.南京农业大学学报.2011,34(4):138~142.

[22]宁建辉.混料均匀试验设计.武汉:华中师范大学,2008.